LES PETITES
CHRONIQUES
DE LA SCIENCE

PAR

S. HENRY BERTHOUD

NOUVELLE ÉDITION REVUE PAR L'AUTEUR

DEUXIÈME ANNÉE

PARIS
GARNIER FRÈRES, LIBRAIRES-ÉDITEURS
6, RUE DES SAINTS-PÈRES, 6.

1875

LES PETITES

CHRONIQUES DE LA SCIENCE

DEUXIÈME ANNÉE

Clichy. — Imprimerie Paul Dupont, rue du Bac-d'Asnières, 12

LES PETITES

CHRONIQUES DE LA SCIENCE

ANNÉE 1862

JANVIER

Quatre anneaux romains trouvés dans l'ancien terrain du Ranelagh, à Passy. — La chronique de saint Hilaire. — Pouvoir magique attribué à certaines pierres précieuses.

6 janvier 1862.

La semaine dernière, en faisant creuser un puisard dans un terrain voisin du Ranelagh, près de Passy, on a trouvé, au milieu de fragments de cette poterie romaine que caractérisent si bien sa couleur d'un rouge particulier et son extrême légèreté, quatre anneaux de forme différente.

Le premier, en or et de grosseur moyenne, est probablement une des bagues que les chevaliers portaient au quatrième doigt. Deux autres, l'un d'une extrême pesanteur, richement ciselé et orné d'une onyx gravée, représentant un triomphe de Vénus; le second, très-léger et en cornaline, appartiennent sans doute à la catégorie des anneaux d'hiver et d'été dont parle Junéval, et qu'il nomme *aurum semestre*, *aurum æstivum*, *annuli semestri*, ce qui signifie : *or des six mois, or d'été, anneaux semestriels.*

Le quatrième, et le plus curieux, se compose de trois cercles réunis; chacun des cercles porte une inscription assez bien conservée. Nous avons déchiffré ou du moins nous avons cru déchiffrer sur le premier : *Livia* ou *Sylvia lumen meum*, Livie (ou Sylvie) ma lumière ; *tecum felicitas*, avec toi le bonheur, et enfin, *memento*, souviens-toi.

D'où proviennent ces anneaux? Ont-ils été déposés dans la tombe d'un des nombreux chevaliers romains morts sur les hauteurs de Passy en combattant le terrible Camulogène? Ont-ils appartenu à quelque belle patricienne qui accompagnait dans les Gaules un des généraux de César, peut-être César lui-même? Ces hypothèses sont d'autant plus permises, qu'on ne saufait leur donner une solution, et que l'imagination peut s'abandonner à tous ses ébats sans crainte de recevoir un démenti.

Les Romains, qui avaient emprunté aux Grecs la mode des bagues, les nommaient *annuli* ou *anelli*, du mot *annus* ou *anus*, qui signifie cercle. Ils désignaient par les mots *funda* et *patea* le chaton et la partie gravée qui servait de sceau. Certains auteurs emploient encore, pour les désigner, l'expression d'*unguli*, parce que, dans l'origine, on plaçait la bague à la première phalange, près de l'ongle, et de *symbolum*, à cause des caractères symboliques gravés sur la *funda*.

Les sénateurs romains ne portaient que des anneaux

en fer, à moins qu'ils n'allassent remplir près de quelque roi barbare une mission diplomatique; en ce cas, ils adoptaient l'anneau d'or.

Les triomphateurs n'avaient au doigt qu'un anneau de fer, et les patriciennes, en se mariant, recevaient de leur mari une bague en même métal, « afin, dit Pline, qu'elles conservassent le goût des mœurs simples, et qu'elles comprissent que la modestie sied mieux que le faste à celle qui doit porter désormais le titre pieux de mère de famille. »

L'anneau des chevaliers se plaçait, comme nous l'avons dit, au quatrième doigt. La flamine de Jupiter ne pouvait orner sa main que d'un seul anneau d'or creux; enfin, les jours de fête, on s'offrait mutuellement des bagues de formes diverses.

Personne ne pouvait se soustraire à cette mode, excepté les esclaves, à qui on l'interdisait sous peine des verges. On fabriquait pour le menu peuple des anneaux en fer ornés de pierres communes, telles que des agates, des cornalines et même des verroteries imitant les pierres fines et portant des empreintes symboliques.

Dans un spectacle qu'il donna à l'occasion du prix de chant qu'il s'était fait décerner, Néron distribua, dans le cirque, aux spectateurs, plus de deux millions de bagues.

Dès le règne d'Auguste, les femmes, et même certains hommes, ornaient leurs doigts de pieds de riches anneaux.

L'usage des bagues remonte aux époques les plus

reculées, quoique cependant Homère et Hérodote n'en parlent point.

Jupiter imposa, en signe de servage, à Prométhée, délivré du vautour qui le dévorait sur le Caucase, la condition de porter au doigt un anneau de métal. Pharaon, en nommant Joseph son ministre, lui remit un anneau, comme signe de la puissance qu'il lui confiait. Enfin on peut voir au Louvre, dans les vitrines du musée égyptien, un grand nombre de bagues trouvées sur des momies dont plusieurs étaient contemporaines du roi Mœris.

Au moyen âge, les anneaux jouaient un grand rôle. Non-seulement ils servaient de sceau aux souverains et aux seigneurs qui ne savaient pas écrire, mais encore on les employait comme moyen de transmettre des ordres et des signes de reconnaissance.

Chez les Arabes qui, sous tant de rapports, rappellent les mœurs du moyen âge, l'anneau et les caractères gravés sur son chaton servent encore aux usages dont nous venons de parler.

Peu de temps après la bataille d'Isly, époque à laquelle l'auteur de ces notes visita l'Algérie, on ne la parcourait pas facilement et sans danger. Le khalifat El Karoubi remit au touriste français un anneau en argent sur lequel se trouvaient gravés des caractères arabes, enlacés d'une certaine façon. Non-seulement il suffisait au voyageur de montrer cette bague, soit pour recevoir l'hospitalité, soit pour se tirer d'un danger; mais encore, dès qu'on l'en sut possesseur, chacun s'empressa de venir à lui, et de lui rendre sa pérégrination aussi agréable et aussi facile que possible.

Au moyen âge encore, certaines bagues servaient de talisman. On les coulait à minuit avec d'étranges cérémonies, et on les jetait, pour les refroidir, dans un bain infusé de plantes et d'ingrédients non moins étranges; enfin, on les polissait et on les ciselait en récitant des paroles d'incantation.

Mais aussi, quelles bagues on obtenait! Les unes, comme l'anneau de Gigès, rendaient invisible; les autres donnaient le succès dans toutes les entreprises; celle-ci faisait aimer des femmes celui qui la possédait; celle-là servait à découvrir les trésors, à assoupir les dragons et même à rendre inefficaces les tentations dont n'entoure que trop, hélas! les fidèles l'esprit du mal, toujours en quête d'une victime : *Circuit quærens quem devoret.*

Saint Druon, le grand évêque du Cambrésis, comptait parmi ses disciples les plus chers un jeune moine que son père mourant lui avait confié. Hilaire se montrait le digne élève de l'apôtre de l'Artois et des Flandres. Rien n'égalait sa piété, sa douceur, sa pureté et son profond savoir des livres saints.

Or saint Druon, se voyant à la veille de partir pour convertir une peuplade sauvage et lointaine jusqu'à laquelle n'avait jamais pénétré la lumière de l'Évangile, fit mander Hilaire, lui donna sa bénédiction épiscopale et lui mit au doigt un anneau.

— Mon fils, dit-il, ne quittez jamais, même pour un moment, ce bijou qui a touché aux plus saintes reliques, et qui, je l'espère, vous préservera de tout malheur.

Hilaire jura de ne jamais ôter de son doigt le précieux talisman.

Or, à quelques semaines de là, comme il faisait ses oraisons dans une petite chapelle bâtie au milieu de la campagne, une jeune fille d'une merveilleuse beauté s'assit en face de lui et le regarda avec un sourire.

Hilaire, qui tenait ses yeux attachés sur l'anneau de saint Druon, ne vit même pas cette jeune fille.

Celle-ci se mit à chanter des virelais où elle vantait le bonheur de l'amour. Hilaire se leva avec dédain, et, passant près d'elle sans daigner lui accorder un regard, reprit en paix le chemin de son couvent.

La jeune fille s'élança sur un cheval fougueux qui se trouvait près de là, et se prit à galoper d'une façon insensée sur les traces d'Hilaire, qu'elle rencontra dans les marais de Cantimpré. Alors elle lança sa monture au milieu de la fange, et s'y prit de façon à couvrir de boue les mains d'Hilaire.

Celui-ci s'approcha d'une fontaine pour y purifier ses mains. Pendant son ablution, il ôta un instant de son doigt la bague de saint Druon.

Aussitôt la jeune fille recommença ses chansons : Hilaire, surpris et ému, non-seulement l'écouta et tourna la tête pour la regarder, mais encore il laissa tomber à ses pieds la bague, sans songer à la ramasser.

Heureusement que saint Druon avait recommandé à un ange de veiller sur Hilaire. L'ange descendit donc prestement des nuées, ramassa la bague, et la remit au doigt du jeune homme, qui sembla sortir d'un rêve et reprit paisiblement le chemin de son couvent, au grand dépit de la soi-disant jeune fille, qui n'était autre qu'un démon.

Du reste, on pouvait, sans être un saint, se procurer et donner des bagues à talisman; il suffisait d'y faire sertir quelque pierre précieuse.

Le diamant, affirmait-on, se ternissait quand il touchait à la main d'un traître; l'émeraude se brisait au doigt d'une femme adultère; le rubis calmait la colère; la topaze consolait; l'agate rendait joyeux; le jaspe guérissait des maladies de langueur; l'améthyste préservait de l'ivresse; la jacinthe chassait l'insomnie; le saphir rendait impossible l'action du venin des reptiles la calcédoine faisait réussir dans les entreprises difficiles; la turquoise ôtait aux chutes leur danger; la cornaline égayait; l'opale, à l'aide de certaines incantations, permettait de devenir invisible; et les perles, enfin, gouttes d'eau tombées du ciel, disait-on, et durcies en touchant la terre, inspiraient l'amour. Cléopâtre, d'après un savant anglais, n'aurait fait dissoudre dans du vinaigre la plus précieuse de ses perles que pour inspirer à Antoine la passion insensée qui coûta à ce dernier l'empire du monde, la vie et l'honneur.

La collection de M. de Montigny. — Un collectionneur chinois. — L'encre de la petite vertu.

12 janvier.

Je sortais hier de visiter la collection d'objets chinois recueillie par M. de Montigny. Encore sous la vive impression de tout ce que j'avais vu, je m'en allais, rêvant à tant de produits presque inexplicables d'une industrie aussi savante et aussi patiente — sinon plus — que notre industrie européenne. Je me demandais comment les artisans de l'empire du Milieu pouvaient couler d'un seul jet des bronzes que nos fondeurs français seraient impuissants à produire, et ce qu'il fallait de temps et d'adresse pour sculpter des bas-reliefs en ivoire qui se vendent, à Canton, quelques francs, et qu'à Paris on payerait dix fois leur poids d'or à l'artiste chargé de les exécuter.

Des pagodes ruisselantes de nacre, des idoles étranges et peintes avec des couleurs inconnues, mille objets nouveaux pour moi, étranges, d'un usage problématique, éblouissaient donc mon imagination, devant laquelle ils tournoyaient confusément, quand je me trouvai tout à coup, sur le boulevard, en face d'un de mes amis, brave officier, grand collectionneur d'armes orientales, et qui a fait la campagne de Chine en soldat intrépide et en savant antiquaire.

Naturellement je lui fis part des impressions qui me tenaient si fort. Il se mit à rire.

Je le regardai avec étonnement et presque avec mécontentement.

— Mon ami, me répondit-il, pardonne-moi; mais ce que tu viens de me dire me rappelle une singulière journée que j'ai passée, il y a quelques mois, à Pékin. Tu riras d'aussi bon cœur que je le fais lorsque tu en connaîtras les bizarres détails; sans compter que mon récit se termine, à l'instar d'une fable d'Esope, par un *épimuthion* à l'usage d'un collectionneur d'armes comme moi et d'un collectionneur d'ethnologie comme toi.

Sur ces entrefaites, nous étions arrivés à la porte du capitaine, nous montâmes chez lui et nous nous installâmes dans son cabinet, au milieu de sa riche collection.

— Figure-toi, dit-il, tandis que je m'installais commodément devant la cheminée, dans son meilleur fauteuil, et en allumant un cigare, figure-toi qu'à peine entré à Pékin je me suis mis à courir les boutiques pour y acheter des curiosités. Tout m'émerveillait et me tentait si fort, je fis tant d'emplettes, que je ne tardai point à être connu de tous les marchands de la ville. Ils m'obsédaient de leurs offres et me relançaient jusque chez moi.

« L'un d'eux me parla un jour d'un mandarin qui possédait une collection réputée la plus rare et la plus riche du Céleste-Empire, et, moyennant salaire, car tout se paye en Chine, il me proposa de me la faire visiter. Ledit mandarin, ajouta le drôle, était un de ses clients et aimait de plus à montrer ses trésors et à jouir de l'admiration que leur vue causait à ceux qu'il admettait à la voir. Je n'ai pas besoin de te dire que j'acceptai cette offre, et que le lendemain matin je me trouvai avec une rigoureuse ponctualité au rendez-vous donné.

« Le mandarin me reçut avec la politesse obséquieuse qui caractérise les Chinois, et m'introduisit dans une immense galerie où je vis des merveilles à faire perdre la tête à un fanatique de curiosités comme toi et moi. Assurément la collection de M. de Montigny est la plus complète que possède l'Europe ; mais cette collection ne peut te donner qu'une idée imparfaite de celle de mon mandarin. C'était un monde entier de manuscrits de la plus haute antiquité, des bronzes accomplis, des porcelaines vieilles de quatre siècles, et qu'on paye au poids de l'or à Pékin, comme nous payons à Paris nos faïences du temps d'Henri II et nos émaux de Limoges. Je m'arrêtais à chaque pas, confondu, abasourdi et avouant que nous n'avions, en France, aucune idée de l'industrie et de l'art des Chinois.

« Le mandarin semblait heureux comme le dieu Fo en personne, ce dieu dont les statues portent sur leurs lèvres dorées un sourire stéréotypé. Il se frottait les mains, il se congratulait, il me donnait des explications sur la main-d'œuvre de ses trésors, il me faisait remarquer leurs détails d'exécution, il m'en disait l'origine, la rareté et le prix ; le prix surtout !

« Comme dans toutes les collections, il se trouvait là des bibelots dont, moi ignorant, je n'eusse point donné cinquante centimes et qui coûtaient des sommes fabuleuses. Je pus me convaincre une fois de plus combien la valeur de certaines raretés est de convention. M. de

Rothschild paye, en France, dix mille francs une salière en faïence du fameux et unique service du roi Henri II; on donne en Chine le même prix pour une écuelle de bois ciselé provenant de je ne sais quelle époque de l'empire du Milieu.

« Après quatre heures passées à visiter la collection du mandarin, je comptais me retirer, car le papillotage de tant d'objets de formes, de couleurs et d'usages divers, me fatiguait singulièrement. Mais l'antiquaire chinois n'était pas homme à me lâcher ainsi. Il me supplia d'accepter une légère collation, et m'obligea gracieusement à passer dans un charmant petit salon d'été où nous attendaient les deux filles de mon hôte.

« Je te l'avoue, ces charmantes créatures me firent bientôt oublier la collection de leur père. La riche étrangeté de leur costume seyait merveilleusement à leur teint bronzé, à leurs grands yeux noirs, à leur luxuriante chevelure; enfin, quand elles surent que je parlais tant bien que mal la langue chinoise, leur physionemie élégante et fine s'anima et devint toute joyeuse.

« Nous nous mîmes donc gaiement à table, et je t'assure que je fis honneur aux confitures exquises que les deux belles mandarines daignèrent me servir de leurs mignonnes mains, les plus accomplies que j'aie jamais vues.

« Elles prirent ensuite des guitares et me chantèrent des romances chinoises dont la mélodie, si différente de la nôtre, ne m'étonna pas trop, car déjà en Algérie les *quadria* arabes m'avaient familiarisé avec une musique dont la mélodie repose sur d'autres bases que la musique dont notre oreille européenne a l'habitude.

Et puis n'avons-nous pas entendu, l'année dernière, chez lady ***, des misses anglaises chanter de la musique italienne ! Après cette dernière épreuve, on peut sans sourciller entendre toute espèce de musique exotique.

« Quand mon Chinois me vit bien reposé, il me dit :

« — Je ne vous ai point montré la partie la plus précieuse de ma collection, celle qui excite surtout l'admiration de mes compatriotes, et que des lettrés et des savants viennent visiter des extrémités les plus lointaines de l'empire. Je ne veux pas que vous quittiez ma maison sans l'avoir admirée.

« Il prit à sa ceinture une clef en or, m'obligea à quitter mes deux jolies hôtesses, et, après avoir ouvert une de ces serrures chinoises dont les complications effrayeraient les plus habiles de nos serruriers, il m'introduisit dans une galerie qui prenait son jour d'en haut.

« Jamais je n'éprouvai pareille mystification ! Jamais je ne sentis pareille envie d'éclater de rire !

« Figure-toi un amas incohérent d'armes, de vêtements et de costumes européens de toutes les époques et de tous les pays ! Des habits de troupiers français sous un casque autrichien, un chapeau tromblon de 1830 surmontant un habit brodé du temps de Louis XVI, un uniforme des grenadiers de la vieille garde sous une perruque poudrée, à côté d'une paire de culottes bretonnes ! Et puis des faïences comme on en vend dans nos foires, des jouets d'enfant à deux sous, des ménageries en bois de la forêt Noire, des lithographies peintes, des fusils de munition à bassinet, des briquets de gardes nationaux ; que sais-je, moi ! Un ramassis de bric-à-brac informe, vulgaire, rassemblé au hasard et classé plus encore au hasard. Je n'oublierai jamais une veste de pierrot, rebut de bal masqué, chargée de paillettes, que le mandarin me présenta comme un costume de dame de la cour, et une botte à l'écuyère dépareillée, qu'il me donna pour une chaussure royale.

« Il finit par prendre mystérieusement, à l'une des places d'honneur, une bouteille en terre grossière, et plaça sur un plateau d'argent deux petits verres, dans lesquels il versa parcimonieusement quelques gouttes de la liqueur qu'elle contenait. Cette liqueur noire et qui sentait fortement le fer me fit regarder plus attentivement le flacon informe qui la renfermait et que recouvrait une étiquette.

« — Mais c'est de l'encre que vous buvez là ! m'écriai-je.

« — De l'encre! répéta dédaigneusement le mandarin en faisant rubis sur l'ongle de la dernière goutte de la liqueur qu'il savourait et en frappant la langue contre son palais. De l'encre ! Cherchez d'autres dupes à vos plaisanteries de barbare d'Occident. Croyez-vous donc que je ne me sois pas fait traduire par un lettré, qui sait sur le bout des doigts vos langues chrétiennes, l'étiquette placée sur cette bouteille ? Lisez ce que l'illustre polyglotte a écrit : *Ange de la petite vertu.*

« Le malheureux lettré avait traduit *encre* par *ange.*

« Cependant le Chinois, évidemment offensé, me conduisit vers la porte de la galerie. Là, me faisant un profond salut, il prit sèchement congé de moi. »

— Plaisante histoire! m'écriai-je.

— Plaisante histoire! reprit le capitaine, mais histoire dont l'analogue se passe chaque jour chez tous les collectionneurs. Ils n'en savent guère plus que mon mandarin relativement aux objets exotiques qu'ils rassemblent à grands frais et avec tant de peine. Ne rions pas trop du Chinois, car nous en ririons à la façon des spectateurs qui, sans s'en douter, rient de leurs propres travers aux comédies de Molière.

L'Académie des sciences. Ses élections et ses réprimandes. Les *Mémoires et Souvenirs* de M. de Candolle. — L'Académie de médecine et la salubrité des hôpitaux. — Les livres scientifiques : les *Etudes sur l'histoire naturelle*, par M. Delvaille; *Voyage pittoresque dans les grands déserts du nouveau monde*, par l'abbé Domenech; *Excursion botanique*, par M. Chatin; *Parny*, par M. Sainte-Beuve. — Physiologie de la main. — Histoire d'une brosse. — Le matelas de la reine Marie-Antoinette.

20 janvier.

L'Académie des sciences vient d'élire pour son vice-président, après trois tours de scrutin, M. le docteur Velpeau.

Cette lutte électorale n'est point le seul incident inusité qu'il y ait à signaler dans la séance de lundi.

M. Flourens a demandé que les dernières discussions de MM. Le Verrier et Delaunay à propos d'astronomie ne figurassent pas dans les *Comptes rendus*. « Elles sont, a-t-il dit, trop en dehors des habitudes d'urbanité de l'Académie.

Dans la séance précédente, l'Institut avait reçu les *Mémoires et souvenirs* de M. de Candolle.

Nous regretons vivement que, mû par un sentiment de piété filiale mal entendu, on ait livré à la publicité un volume composé en grande partie d'opuscules, de lettres et de vers sans valeur sérieuse et sans intérêt pour la science. Tout cela n'est point digne du professeur illustre dont M. Flourens a dit « qu'avant lui la science se perdait dans des détails, et que le premier il avait enseigné à généraliser les méthodes. »

L'Académie de médecine, qui vient d'installer son nouveau président, M. Bouillaud, se préocupe en ce moment d'une des plus importantes questions d'hygiène publique, celle de la salubrité des hôpitaux.

La discussion a été soulevée à propos d'un Mémoire de M. Lefort, qui signale la supériorité des hôpitaux anglais sur les hôpitaux français. Après plusieurs séances, cette discussion se résume à peu près aujourd'hui à ce point que les grands hôpitaux, dans lesquels on agglomère les malades, présentent beaucoup plus d'inconvénients que les petits établissements moins peuplés.

« Tel air, tel sang, a dit M. Renault. La médecine vétérinaire, surtout aux armées, en fournit de bien remarquables exemples. Les pertes qu'occasionne l'insuffisance des écuries sont immenses ; toutes les commissions d'enquête reconnaissent que le défaut d'espace pour chaque cheval est la principale cause de la mortalité des chevaux. Depuis longtemps on a vu qu'il fallait que chaque cheval pût disposer de un mètre quarante-cinq centimètres et eût vingt mètres cubes d'air à respirer. C'est en 1845 qu'on commença à élargir les casernements, et, à dater de cette époque, la morve, par exemple, diminua de plus de moitié : de cinquante et un pour mille elle tomba à vingt et un pour mille. Ce résultat eût pu être prévu, si l'on eût pris en considération ce qui se faisait à l'étranger, et particulièrement en Allemagne. En Autriche, où la cavalerie est presque toujours cantonnée dans les villages, la mortalité est à peine sensible.

« Le 11 décembre dernier, d'après les bons résultats obtenus par M. Auger, vétérinaire, la commission d'hygiène hippique a ordonné des expériences à ce sujet au nord, au midi et dans le centre de la France; on laissera un escadron dans des écuries toujours ouvertes, un autre escadron restant dans les conditions anciennes. Il est probable que, dans deux ou trois ans, les résultats seront tellement favorables, que la ventilation large et permanente prendra droit de domicile dans tous les quartiers de cavalerie.

« L'histoire de l'établissement d'Alfort confirme de tous points ces données : les infirmeries se sont assainies proportionnellement aux moyens de ventilation et à l'espace de plus en plus grand qu'on a ménagé pour les chevaux. »

De son côté, M. Davenne est venu confirmer ces observations, en faisant remarquer que, par exemple, à l'hôpital Saint-Louis, il a longtemps existé un service de femmes en couches installé dans les conditions les moins hygiéniques possibles, dans une petite salle basse, humide et sombre. Les accidents de la puerpéralité y étaient fort rares et la mortalité était presque nulle.

On a changé ce service; on l'a installé dans une salle haute, vaste, bien aérée, bien ventilée; les accidents y y deviennent fréquents, et la mortalité y a augmenté considérablement. Quelle cause en peut-on accuser, si ce n'est une augmentation dans le nombre des femmes en couches, l'agglomération, en un mot, source de tout le mal?

En ceci, nous nous rangeons complétement à l'opinion de MM. Renault et Davenne; l'agglomération des malades est la plus fatale cause des épidémies et de la mortalité. Aussi faisons-nous des vœux sincères pour voir prendre un développement de plus en plus grand au traitement à domicile.

Déjà, du reste, j'ai signalé les graves inconvénients de l'agglomération du public dans les théâtres, et les tristes conséquences d'une ventilation vicieuse ou insuffisante.

Depuis un mois, les livres traitant de sciences se sont accumulés sur mon bureau.

Tous, à l'exception de deux ou trois, visent à rendre faciles et clairs les enseignements qu'ils contiennent.

Les *Études sur l'histoire naturelle*, par M. Camille Delvaille, qui traitent de l'origine des races humaines et de leur unité, des hommes à queue et de l'alimentation par la viande de cheval, ne font guère que reproduire les idées émises par M. Isidore Geoffroy Saint-Hilaire, que le Muséum et l'Institut viennent de perdre. Le nom de ce professeur se retrouve à chaque page et domine tout le volume. Nous en excepterons toutefois quelques biographies de savants, d'autant mieux que M. Delvaille déclare lui-même qu'il en a puisé les éléments dans le cours professé au collége de France par M. Flourens.

L'abbé Domenech se présente, lui, avec un volume in-8 orné de gravures, ne comptant pas moins de six cents pages et portant le titre de *Voyage pittoresque dans les grands déserts du nouveau monde.*

L'abbé Domenech a beaucoup vu, mais sa manière de voir, selon nous, reste souvent incomplète ; il esquisse à grands traits plutôt qu'il ne peint. Or, ce qui intéresse surtout dans l'histoire des races sauvages, qui n'ont guère d'histoire, ce sont les détails de mœurs et de costumes ; M. Domenech s'en montre singlièrement sobre. Nous lui reprocherons d'autant plus cette sobriété que ses rares descriptions se recommandent par une saisissante vérité ; j'en prends à témoin l'histoire de Jennie.

« Jennie était la femme d'un Chactas qui tua un Indien de sa propre tribu et voulut se sauver ensuite à la nage à travers le Mississipi, mais il fut pris et mis à mort par les parents de la victime. Tom, le fils aîné de Jennie, se rendit également coupable du meurtre d'un vieillard chactas, et selon les lois de sa nation il devait mourir en punition de son crime. Mais, au moment où la sentence allait recevoir son exécution, Jennie traversa la foule des spectateurs, et, s'adressant aux chefs, elle leur demanda la vie de son enfant, s'offrant de mourir à sa place.

« — Tom est jeune, dit-elle, il a une femme, des enfants, des frères et des sœurs; tous ont besoin de lui pour des conseils et pour leur existence. Je suis vieille, je n'ai plus que peu de jours à vivre, et ne puis guère être utile à ma famille. Il n'est pas juste, du reste, et c'est une honte pour vous, de vouloir prendre une neuve chemise pour une vieille.

« Cette offre magnanime fut acceptée, et on donna quelques heures à Jennie pour se préparer à mourir. Pendant ce temps, elle alla auprès d'un colon qui demeurait à une petite distance du camp indien, et le pria de faire faire aussitôt un cercueil pour Tom. Quand on lui demanda de quelle grandeur elle le voulait :

« — Faites-le de ma taille, répondit-elle, et il servira pour mon fils.

« Deux heures après, elle retourna au camp, portant sur ses épaules son funèbre fardeau, et fut mise à mort.

« Durant cinq années après ce douloureux événement Tom devint le sujet des railleries et du mépris des amis du vieillard qu'il avait tué.

« — Tu es un lâche, lui disait-on, tu as laissé ta mère mourir pour toi; tu as peur de la mort, tu es un lâche.

« Tom ne put supporter ces insultes ; il s'en vengea en tuant le fils du vieillard qu'il avait assassiné. Puis il retourna chez lui en confessant son crime et s'en vantant partout. Alors, ne pouvant plus supporter la vie, il dit à ses amis qu'il ne voulait plus vivre, et les invita ainsi que d'autres personnes à assister à ses derniers moments. Par ses ordres, on lui prépara une tunique pour linceul; il creusa sa fosse lui-même et se plaça dedans plusieurs fois pour savoir si elle avait bien la dimension voulue. Ensuite il chargea le fusil avec lequel il devait se tuer. Tous ces préparatifs étant achevés, il se mit deux foulards noirs autour de la poitrine, des rubans bleus autour des bras et dans sa longue chevelure, il fuma le calumet et entonna le chant de mort :

« Le temps est passé, la mort approche, etc.

« Un blanc, qui passait là par hasard et le connaissait, lui dit :

« — Tom, où vas-tu dans ce costume ?

« — Je vais voir ma mère, répondit-il.

« — Et où est ta mère ?

« — Dans une bonne place.

« Le colon, comprenant alors ce qu'il voulait dire, tâcha de le détourner de son funeste projet, en l'assurant que les parents du jeune homme qu'il avait tué accepteraient sans doute une rançon. Mais Tom répliqua :

« — Non, je veux mourir !

« Puis il reprit le chant de mort, se plaça dans la fosse, mit le canon de son fusil contre son cœur, lâcha la détente et cessa de vivre. »

M. Esnest Grand-Didier a réduit son *Voyage dans l'amérique du Nord* aux proportions d'un simple itinéraire. Assurément personne n'a jeté plus de lumière que lui sur la géographie et les ressources de contrées si peu connues encore des Européens ; mais il ne faut chercher dans ce volume ni drame, ni description de costumes, ni détails de mœurs. Le livre est écrit strictement au point de vue de l'utilité pratique ; mais le poëte, l'ethnologiste et le rêveur n'y trouvent point leur affaire.

L'exactitude de la science peut cependant s'accommoder à merveille du charme et de l'intérêt. L'*Excursion botanique* de M. Ad. Chatin est là pour le témoigner. Il règne dans ce récit une allure jeune et gaie qui atteste le bonheur qu'éprouvait le professeur de l'école de pharmacie à grimper au milieu de ses élèves sur les montagnes, pour y recueillir des plantes rares et compléter la flore de contrées devenues désormais françaises.

La science ressemble singulièrement au roi Clovis : souvent elle brûle ce qu'elle a adoré et adore ce qu'elle a brûlé. Elle met sur l'autel le dieu qu'elle traitait naguère d'idole, et proclame avec enthousiasme et ferveur les miracles qu'il opère.

Pour ne citer, entre mille, qu'un seul exemple, hélas ! trop éclatant, n'a-t-elle pas ri aux éclats de la vapeur et haussé dédaigneusement les épaules, en appelant Fulton un charlatan ?

Voici maintenant la chiromancie, traitée si longtemps de billevesée, qui réapparaît, et que déclare une science sérieuse un médecin sérieux, un médecin à qui l'on doit des études sur l'hygiène et sur les professions insalubres.

Le docteur Maxime Vernois, élu récemment membre de l'Académie de médecine, vient de publier un Mémoire sur les traces que les états manuels laissent aux mains des ouvriers par les pressions mécaniques des instruments de travail et par l'action chimique des réactifs que met en œuvre l'industrie.

C'est une monographie véritable, où l'auteur fait l'histoire de cent quarante-quatre industries dont les stigmates inévitables s'impriment lisiblement sur les mains des ouvriers. Il décrit successivement les altérations survenues à l'épiderme, au derme, aux ongles, dans le tissu cellulaire, dans les vaisseaux, dans les ligaments, les tendons, les muscles, les articulations et les os; il s'occupe spécialement des modifications de couleur, d'odeur, de coloration, d'interposition et des lésions de sensibilité. Enfin il donne des tableaux indiquant, par nature de profession, le siége, le nombre et souvent la forme des lésions de l'épiderme et du derme, la liste des poches séreuses et celle des corps étrangers qui, sous forme de poussière, peuvent être recherchés à la surface de la peau et sous les ongles.

Il déduit encore avec beaucoup de logique les interprétations que la science, la philosophie et au besoin la médecine légale peuvent tirer de ce genre d'observations.

On le voit, la main, cet outil intelligent de l'homme, s'identifie peu à peu à la profession, aux goûts et aux habitudes de son maître. Elle lui emprunte pour ainsi dire sa physionomie. Les lignes qui la sillonnent, les muscles qui la composent, et même ses os, se modifient par l'emploi et par l'habitude. Il devient donc aisé de lire à livre ouvert sur la main du désœuvré et du travailleur intellectuel, comme sur la main de l'artisan.

Les penchants humains s'y formulent, comme les traces d'un métier s'y impriment. Du reste, le bon sens des proverbes, qui a devancé tant de sciences, ne dit-il pas : *Crochu comme les doigts d'un avare*, et *bête comme un pouce mal emmanché?*

Parmi les professions qui laissent les témoignages le plus irrécusablement écrits sur la main de ceux qui les exercent, il faut citer celle des fabricants de brosses.

Les soies qui ornent les brosses proviennent en général de la Russie, de la Prusse, de la Pologne et de l'Allemagne ; la France en a produit pendant longtemps ; ce qu'elle en fournissait ne servait qu'à fabriquer des brosses communes ; aujourd'hui, grâce à une meilleure préparation, elles commencent à pouvoir lutter avec les soies étrangères.

On appelle soies les longs crins qui recouvrent certaines parties du porc et du sanglier ; on les récolte particulièrement sur le dos de l'animal, au moment où on vient de l'abattre.

Pendant que le corps conserve encore de la chaleur, on l'asperge d'eau bouillante, afin de laver les soies et d'en faciliter l'arrachement.

Pour cela, l'ouvrier s'arme d'une tige de fer ou de bois, légèrement crochue à son extrémité libre, et, à l'aide de la main gauche qui la tient, il enroule sur cette tige les soies de l'animal : on dirait un coiffeur manœuvrant son fer à friser. De la main droite il presse sur la racine des soies enroulées, qui se détachent assez facilement sous cette pression.

On les met ensuite en balle, et voici la série d'opérations auxquelles on les soumet quand elles arrivent chez le fabriçant.

D'abord on lave les soies à grande eau, puis on les sèche, on les ramollit à l'aide de la vapeur, on les soumet à un peignage à la main, afin de les débarrasser des matières étrangères qui peuvent encore les souiller; puis on les secoue fortement dans de grands tambours ouverts à leur partie supérieure et communiquant avec de hautes cheminées qui emportent au loin la poussière.

Au sortir des tambours, des ouvrières redressent les soies, légèrement mouillées, les disposent par catégories de grosseur, de finesse, de grandeur et de couleur, les lient ensemble et en forment de petits paquets arrondis du poids de cent cinquante à deux cents grammes. On nomme ces paquets des *carottes*.

On soumet à l'action de l'acide sulfureux, pour les blanchir, les soies destinées à fabriquer la brosserie de luxe. Le blanchiment obtenu, on les désulfure afin que l'action de cet agent n'attaque pas le fil de laiton qui sert à fixer les soies à la brosse et ne réagisse pas sur l'ivoire ou les bois précieux qui la recouvrent.

Pour travailler les soies, l'ouvrier délie la *carotte* et la débarrasse de la poussière qu'elle contient sans détruire leur ordre symétrique et leur position, et, en saisissant successivement quelques portions, les froisse vivement entre ses deux mains. Cette opération produit une quantité considérable de poussière qui se répand sur la table de travail, sur les vêtements et même sur les murs. Elle se mêle à l'air que respire l'ouvrier, elle s'attache à la peau du visage, au pourtour des paupières et des ailes du nez, et s'introduit dans les cheveux et la barbe.

On réunit les soies débarrassées de leur poussière en petits pinceaux ou faisceaux plus ou moins gros, selon la dimension des brosses.

Des pinceaux, à l'aide d'une ficelle, sont successivement insérés par un de leurs bouts dans les trous du dos en bois (hêtre au noyer) et retirés par l'autre extrémité vers la face inférieure de la brosse. Quand tous les trous sont occupés, on coule une couche d'un mélange de cire, de résine ou de colle-forte chaude et liquide sur le dos de la brosse, afin d'y faire adhérer les soies, et on plaque au-dessus d'elles une lame de bois. Il ne reste plus qu'à égaliser la brosse. On le fait à l'aide de ciseaux appelés *forces*, qui produisent, surtout vers la fin de l'opération, une seconde poussière fine, fort incommode pour les yeux.

Les débris de soies que la brosserie ne peut utiliser servent à fabriquer certains coussins de voiture. Mélangés à des laines et à des crins de rebut, on en fait ces lamentables matelas que l'on vend aux pauvres sous le nom de *matelas du Temple*, et à travers la toile desquels ne tardent point à percer de véritables aiguillons courts et acérés qui produisent sur la peau l'effet de l'ortie.

Ce fut sur un matelas du Temple que la reine Marie-Antoinette passa presque toutes les longues nuits de sa captivité à la Conciergerie.

Quand elle remuait le matin sa couche, il s'en échappait une espèce de poussière âcre qui la faisait beaucoup tousser. Jamais une plainte ne sortit de ses lèvres à ce sujet; enfin, la fille du concierge, un jour, à l'insu de la reine, et surtout de ses gardiens, substitua un autre matelas au *matelas du Temple.*

Éloge de Tiedmann, par M. Flourens. — *Physiologie de la pensée*, par M. Lelut. — La dernière séance de l'Institut. — La lactation n'est qu'un prolongement de la gestation. — Les chiffons du Japon. — Changement de parages de la morue et de la baleine. — Le pot-au-feu sans feu.

27 janvier.

M. Flourens vient de publier l'éloge de Frédéric Tiedmann, lu dans la séance publique de l'Institut, le 23 décembre dernier.

Tiedmann était un naturaliste allemand de bon sens, que Shelling, auteur du *Philosophe de la nature*, avait guéri, de prime abord, « de la tentation d'abandonner le chemin des recherches empiriques et de l'observation pour la contemplation fantastique du monde physique. » Aussi les travaux de Tiedmann sont-ils marqués, la plupart, au cachet d'un esprit net et d'une philosophie franche. Sa *Physiologie de l'homme*, ses études sur le cerveau du nègre et des singes, ne présentent rien de rêveur et d'utopique. Il découvre le fait, le constate, l'analyse, mais ne cherche point à en déduire des conséquences forcées. Il accepte la faiblesse de l'homme devant les merveilles de la nature et prend son parti du *Ne transieris amplius* imposé à l'esprit humain plus encore qu'aux flots de la mer.

Tous les véritables savants, tous les esprits élevés en sont là. Nous en prenons à témoin et nous donnons comme preuves M. Dumas et M. Flourens lui-même.

Voici encore M. Lelut, esprit audacieux, aventureux jusqu'au paradoxe, impatient du doute jusqu'au désespoir, qui en arrive à se soumettre lui-même à cette loi dure, mais inflexible imposée à l'orgueil humain.

La PHYSIOLOGIE DE LA PENSÉE ou *Recherches critiques des rapports du corps et de l'esprit* n'est que le développement en deux volumes de l'idée que nous venons d'exprimer. M. Lelut cite, recherche, analyse, discute, exprime la quintessence de la matière qu'il traite, et finit par avouer, que dis-je ? par proclamer qu'il n'y a point possibilité, non-seulement d'atteindre, mais même d'entrevoir un but.

Citons ses propres expressions.

Il y a longtemps que je suis de l'avis de Malebranche. J'en étais avant d'avoir lu la *Recherche de la vérité*. Les rapports de l'âme à Dieu, ou ce que nous devenons à la mort (car ces deux questions n'en font qu'une), le corps, le principe de la pensée et leurs relations réciproques, voilà en effet toute la science. Malebranche a cru pouvoir l'embrasser tout entière et beaucoup d'autres ont eu la même prétention. Ce n'a jamais été la mienne, non-seulement parce que j'ai toujours bien senti ce que peuvent porter mes faibles épaules, mais parce que je crois connaître ce que peuvent porter les épaules les plus fortes. *Il y a des choses qu'il faut se résoudre à croire sans les savoir.* Dieu et la vie à venir sont de ces choses-là. J'ai assez lu, entendu et fait de philosophie pour être bien convaincu que de cela la philosophie ne sait et ne saura jamais plus que le premier passant de la rue, et qu'en dehors du catéchisme elle n'a qu'à se résigner à l'aspiration et au doute. Comme Sisyphe, depuis des siècles, elle ne fait, sur ces questions, que pousser au sommet de la montagne un rocher qui retombe toujours. De temps à autre, et sans qu'on sache trop pourquoi, elle ressaisit avec plus de fureur sa pierre ; elle est reprise d'une sorte d'exacerbation métaphysique dont les caractères sont toujours les mêmes, obscurité, suffisance et insuffisance. Elle traverse, en ce moment, un de ces paroxysmes. En présence de tant d'efforts si pompeusement et si inutilement dépensés, de toutes ces opinions contradictoires, exprimées avec une hauteur si gratuite, on se prendrait à sourire, si le sujet n'était pas si grave. Au moins se rappelle-t-on involontairement ce mot qu'appliquait Voltaire à ces sortes de discussions : querelles d'aveugles qui se battent dans une cave où ne pénétrera jamais la lumière.

Voilà qui est bien ; mais alors pourquoi ces deux gros volumes, pleins d'érudition ? Pourquoi toute cette science mise en œuvre sans but ? Pourquoi ce bâtiment parti du port avec la certitude qu'il n'arrivera pas ?

La dernière séance de l'Institut n'a rien offert de nature à intéresser nos lecteurs. Aussi nous contenterons-nous d'indiquer en peu de mots une lettre de M. Gervais sur un *Essai de propagation du saumon dans la Méditerranée*, et un mémoire de M. Martins intitulé : *Anatomie philosophique*. (Hélas ! encore de l'anatomie philosophique !)

Les essais de pisciculture dont parle M. Gervais ont été commencés en 1857, dans le bassin de l'Hérault.

Quatre mille saumons, provenant d'alevinage (petits

poissons) obtenu par la méthode de M. Coste, avec des œufs expédiés de l'établissement de Huningue, ont été déposés dans l'Hérault et dans ses affluents.

Aujourd'hui on pêche, à Lodève et à Ganges, des saumons de la taille de ceux que l'on nomme *tacons*, quoique jusqu'alors les rivières situées sur le versant de la Méditerranée n'eussent jamais fourni cette espèce de poisson.

Or, comme ces *tacons* ont de la laite et des œufs, et que, par conséquent, ils peuvent se reproduire, l'acclimatation est complète.

N'oublions pas, quoiqu'elle appartienne à la séance précédente, une expérience ingénieuse, mais un peu barbare, faite par M. Flourens pour confirmer un fait, déjà connu d'ailleurs, que « la mère ne cesse point d'être *une* avec son enfant, même après la naissance de ce dernier. »

Il en a coûté la vie à je ne sais combien de petits surmulots et de lapins au berceau, pour que M. Flourens constatât que le lait de la nourrice transmet au nourrisson sa propre substance.

J'ai fait soumettre à un régime mêlé de garance une femelle de surmulot qui venait de mettre bas. Au bout de onze jours, j'ai examiné les petits : tout ce qui était déjà osseux dans leur squelette était rouge.

J'ai fait soumettre au même régime mêlé de garance une femelle de lapin qui venait également de mettre bas. Au bout de neuf jours, tout ce qu'il y avait d'osseux dans le squelette du jeune lapin était rouge.

De plus, j'ai scrupuleusement examiné la bouche, l'œsophage, l'estomac, les intestins de tous ces animaux, rats et lapins, et je n'ai trouvé nulle part aucune trace de garance.

Ce fait est donc certain, la *lactation* agit comme la *gestation;* le *lait* a le même pouvoir que le *sang* de porter au fœtus le principe colorant de la garance, de rougir ses os. En d'autres termes, la mère influe sur le petit par la *lactation* comme elle influait sur lui par la *gestation;* et, sous ce point de vue, la *lactation* n'est qu'une prolongation de la *gestation;* prolongation précieuse de l'influence de la nourriture sur le petit, phénomène physiologique du plus haut ordre, et ressource thérapeutique dont la médecine savante de nos jours ne manquera sûrement pas de tirer parti.

On se préoccupe beaucoup, en ce moment, de la question du coton, et la crainte de manquer pendant une année ou deux de ce produit, surtout américain, tient en échec et met en émoi l'industrie de toute l'Europe.

Il est une autre question presque aussi grave dont le danger a déjà, depuis longtemps, été signalé, et qu'on semble oublier : c'est la question des chiffons et par conséquent la question du papier.

Or, les chiffons devenant de plus en plus rares et l'emploi du papier de plus en plus considérable, les fabricants français ont jeté de justes cris de détresse quand il s'est agi de permettre l'exportation des chiffons en Angleterre, tandis qu'au rebours l'Angleterre battait joyeusement des mains.

Grâce à Dieu, la disette des chiffons est en bon chemin, sinon de disparaître, du moins de diminuer singulièrement. La nécessité rend ingénieux et entreprenant, et le commerce demande aujourd'hui au Japon et en obtient abondamment ces chiffons destinés à devenir des livres et des journaux. L'humble prix que coûte, achetée sur place, une matière restée jusqu'ici sans exploitation chez les Japonais compense largement le prix du fret et de la commission.

On pourra donc, sans trop d'inquiétude, attendre que la science et l'industrie, sa sœur, arrivent à formuler pratiquement une théorie désormais incontestable, à savoir que toute substance ligneuse peut se transformer en papier.

On sait d'ailleurs que déjà les Chinois fabriquent, depuis des siècles, avec la paille du riz et d'autres substances végétales un papier fort beau.

Espérons qu'il en adviendra de ces craintes comme de la plupart de celles qui préoccupent tour à tour l'humanité. Le déboisement des forêts faisait redouter un manque prochain de combustible, et la houille, que l'on trouve en tous lieux, et pour ainsi dire à chaque pas, presque à la surface du sol, est venue apaiser ces craintes. La morue disparaissait des côtes d'Islande; mais ses colonnes reparaissent plus considérables que jamais dans la direction de Rockall, au sud-ouest des Orcades. Les baleines elles-mêmes, s'il faut en croire le docteur Dawson, prendraient la même route; et non-seulement la pêche deviendrait aussi productive qu'autrefois sur les côtes de Terre-Neuve, mais encore elle se ferait avec moins de danger et sans qu'on ait à redouter les redoutables tempêtes qui, chaque année, détruisent tant de bâtiments!

Le proverbe basque : *Latsari onari estaquidio falta*

latsari, a raison une fois de plus. Une bonne blanchisseuse ne saurait manquer de pierre pour battre la lessive.

Terminons cette chronique en racontant la manière de faire un excellent pot-au-feu *sans feu*, procédé tout à fait nouveau que vient de découvrir un de nos plus illustres chimistes.

On place la viande dans un vase de métal en forme de tube et à double paroi, au fond et sur les côtés.

Le creux formé par la double paroi est rempli de charbon de bois pilé, corps fort mauvais conducteur du calorique, on le sait.

Après quoi, on verse de l'eau bouillante sur la viande, et l'on clôt le premier tube en le recouvrant d'un autre tube tout à fait semblable, comme on le ferait avec une cloche.

On peut sans inconvénient découvrir une ou deux fois l'appareil, pour ôter l'écume et mettre les légumes.

Huit heures après, on enlève tout à fait le tube supérieur, et l'on obtient un potage délicieux, concentré, et qui conserve presque intacte la température de l'eau bouillante. La déperdition de la chaleur du liquide est à peine sensible, et ne dépasse guère un ou deux degrés.

FÉVRIER

Le soleil. — Analyse chimique de son atmosphère. — Sa constitution réelle. — Ses taches. — Atmosphère terrestre. — Paris manque d'ozone. — L'âge d'un squelette. — *Histoire du tulle*, par M. Fergusson, d'Amiens. — Ce que coûtait le tulle en 1805 et ce qu'il coûte aujourd'hui. — *Mémoire de la Société des Antiquaires de Picardie.* — *Le Luwislied*, chant du neuvième siècle. — La pluie sans nuages. — Les pentes économiques des chemins de fer. — Histoire d'une paire de bas. — Qu'il ne faut pas croire à la fidélité des inventeurs. — Marie de Médicis et ses dames d'atour. — Sully et William Lee. — Les portes de l'enfer et les paysans de l'Isère. — L'enquête ouverte à propos du traité de commerce avec l'Angleterre. — Le borax. — Le mont Cerbère. — M. de Larderelle. — Le comte de Monte-Cerbolli.

3 février.

Si l'on eût dit à Lavoisier qu'avant un siècle on analyserait chimiquement l'atmosphère du soleil, et que cette analyse s'obtiendrait à l'aide d'un prisme, d'une lentille en verre et d'un écran, peut-être ce grand génie eût-il hésité à croire à une pareille merveille.

Eh bien, non-seulement, grâce aux procédés de MM. Kerchhoff et Bunzen, grâce à l'*analyse spectrale* dont je vous ai entretenus à diverses reprises dans ces Chroniques, non-seulement on connaît en grande partie la composition de cette atmosphère, mais encore on peut aujourd'hui se former une théorie presque certaine de la constitution, jusqu'à présent fort hypothétique, de l'astre lui-même.

Il paraîtrait à peu près acquis à la science que le soleil est un noyau liquide, incandescent, entouré d'une épaisse atmosphère, à peu près, ou peu s'en faut, selon la théorie de Laplace.

Cette atmosphère se composerait de corps simples, métaux en ignition, à l'état de vapeur. On y a constaté d'abord le *cæsium* et le *rubidium*, naguère inconnus, puis le *potassium*, le *calcium*, le *baryum*, qui entrent dans la composition des alcalis et des terres de notre globe; après cela, le fer, le cuivre, le zinc, le nickel et le chrome.

Vous figurez-vous ce que doit être une pareille atmosphère, épaisse, bouillante, rougie à blanc, qui, d'après M. Pouillet, émet par *seconde* la quantité de chaleur nécessaire pour élever un kilogramme d'eau de la température de *zéro* à la température de *soixante-quinze* degrés? Employée à un usage mécanique, elle élèverait d'un mètre un corps pesant *cinq millions six cent mille* kilogrammes !

Par quelles forces s'entretient un tel foyer produisant des nuages plus grands que notre continent, nuages qui constituent les taches du soleil? Quelles infernales tempêtes doivent bouleverser une pareille atmosphère, et comment les météores qui composent le phénomène appelé *lumière zodiacale* l'alimentent-ils, ainsi qu'on le prétend?

Arrêtons-nous devant de telles questions, pour humblement conclure que la théorie des deux enveloppes atmosphériques jusqu'à présent attribuées, d'après Herschell et Arago, au soleil, et la *photosphère*, reçoivent un coup assez rude. Avant peu, sans doute, elles passeront au rang des fables proclamées, admises, et admirées longtemps comme de grandes vérités découvertes par le génie humain.

Hélas ! que de semblables déceptions attendent et menacent encore notre génération et les générations qui doivent lui succéder !

Revenons bien vite à l'atmosphère terrestre et à l'air que nous respirons.

S'il faut s'en rapporter aux expériences de M. Pietra Santa, communiquées à l'Institut dans la séance de lundi dernier, l'air de Paris serait bien loin de ressembler, pour la salubrité, à l'air des montagnes des Pyrénées.

Cette vérité n'est pas nouvelle; mais ce qui est nouveau, c'est la démonstration exacte qu'en fait l'auteur du mémoire.

Ce qui manque à l'air de Paris, et ce dont abonde l'air des Pyrénées, c'est l'ozone.

Or l'ozone, dont on constate la présence à l'aide d'un appareil de M. Berigny, appareil dont un papier, rendu sensible, forme la base, l'ozone, dis-je, est de l'oxygène électrisé qui joue un rôle important et utile dans les phénomènes de la respiration.

Nous savons donc maintenant pourquoi on respire plus salubrement à Pau qu'à Paris. Il reste à découvrir comment on pourrait respirer aussi bien à Paris qu'à Pau.

Hélas ! la science croit avoir remporté une grande victoire quand elle a obtenu un *pourquoi*. Mais qu'importe de savoir *pourquoi* notre fille est muette, si nous ne savons *comment* la guérir !

Est-ce une chose bien importante que de pouvoir constater depuis combien de siècles un squelette se trouve dans le sol où il gît ?

Oui, quelquefois, au point de vue légal ; oui, encore, au point de vue archéologique.

Ainsi, par exemple, on a trouvé récemment, sous les remparts du château de Vertheuil, deux tombes en pierre à gros grain, renfermant chacune un squelette humain parfaitement conservé.

M. Couerbe, analysant la tête d'un humérus, a constaté qu'elle ne renfermait que 10,47 0/0 de matière organique azotée, tandis que l'analyse des os frais en fournit 33 0/0 ; déficit, 22, 53.

Or Volgelsans a autrefois constaté que des os enterrés depuis onze cents ans ne renfermaient plus que des traces à peine appréciables de matières azotées.

M. Couerbe écrit à l'Académie qu'ayant analysé les os trouvés à Vertheuil, il en conclut, en prenant pour base le calcul de Vogelsans, que ces os ont dû être inhumés vers 1110.

Pourquoi cette fraction de dix années? Sur quelles appréciations repose cette supposition?

Personne à l'Institut n'a songé à le demander à

M. Couerbe, et à lui rappeler les paroles de saint Louis à un chevalier qui racontait avoir tué dans une bataille, à lui seul, quatre-vingt-un infidèles. « Faisons un compte rond ; mettons-en un de moins, dit le roi, qu certes se connaissait en vaillantes prouesses ; cela sera plus vraisemblable. ».

Quant à moi, je n'ai jamais cru aux mille et trois (*mil e tre*) conquêtes du *Don Juan* de Mozart, uniquement à cause de cette malheureuse superfétation de *trois*.

M. de Freycinet vient de publier un ouvrage intitulé : *les Pentes économiques des chemins de fer, et Recherches sur les dépenses des rampes.*

D'après lui, comme chaque kilomètre de nouveau chemin entraîne une pente certaine, on doit s'attacher à en diminuer le nombre par une ascension plus hardie des obstacles principaux.

Quelle est la limite de ces inclinaisons croissantes ?

Au delà de quel point commence-t-on à perdre les avantages qu'on comptait obtenir ?

Quelle pente mérite véritablement le nom de pente économique ?

M. de Freycinet veut donner une solution mathématique de ce problème. Il en discute la nature : les dépenses de construction ; les dépenses d'exploitation ; le calcul de la pente économique pour une pente exploitée isolément ; le calcul de la rampe économique pour une rampe exploitée concurremment avec une section horizontale, et divers autres problèmes exclusifs aux pentes ; enfin il donne les applications numériques de ces formules.

Il y a là, comme on le voit, sinon la solution absolue de vastes questions, du moins un grand pas fait vers cette solution.

M. Fargeaud a publié un mémoire sous le titre fantastique de *la Pluie sans nuages*.

Le récit qu'il fait du phénomène se recommande par une forme naïve et qui ne manque pas de gaieté.

C'était vers la fin de mars, l'hiver de 1846 avait été froid, et une neige abondante avait couvert le sol pendant trois mois. Je sortais du lycée de Strasbourg, entre quatre et cinq heures du soir, et, pour aller prendre la rue de la Nuée-Bleue, je dus faire en grande partie le tour de la cathédrale. La place, du côté du lycée et du château (au midi), était sèche dans toute son étendue : quel ne fut donc pas mon étonnement, lorsque, en arrivant sur la place opposée (au nord), je vis qu'elle était complétement mouillée et qu'il y pleuvait à grosses gouttes. Ni les rues les plus voisines, ni aucune des autres parties de la ville que je dus parcourir pour me rendre à Schiltigheim, n'étaient mouillées. Le ciel, dans sa partie visible de la place de la Cathédrale, paraissait d'ailleurs, en ce moment, pur et serein.

Une seule personne s'était arrêtée, étonnée et regardant de tous côtés, comme pour avoir des renseignements. C'était un facteur de la poste, qui courut vers moi, et à qui je donnai, en peu de mots, une explication du phénomène. La nef était encore couverte de neige et les murs de la tour abondamment enduits de givre. Le vent du sud, en passant d'abord sur une partie de la ville, et en venant ensuite glisser contre le monument, se trouvait suffisamment refroidi, dans ce dernier point de son trajet, pour que la vapeur abondante qu'il contenait fût dans le cas de se condenser; ce changement, influencé par les divers remous qui se font toujours dans les rues, près des grands bâtiments, s'opérait en quelque sorte par parties et trop près au-dessus de nos têtes, pour troubler sensiblement la transparence de l'atmosphère. Deux autres personnes vinrent se joindre au facteur, examinèrent les lieux, dirent leur mot, et, le phénomène se ralentissant bientôt, chacun de nous continua son chemin.

Puisque nous voici à parler de phénomènes atmosphériques, revenons sur un de ces phénomènes dont nous avons plusieurs fois déjà entretenu nos lecteurs : de la *neige rouge*.

La *Revue savoisienne* en contient une histoire curieuse et complète :

La neige rouge est un des phénomènes les plus curieux que puisse nous offrir la météorologie dans les stations élevées de nos Alpes. Voici bientôt un siècle qu'elle a frappé pour la première fois les regards d'un grand observateur dont la vie entière fut employée avec une rare persévérance et une merveilleuse sagacité à l'étude des hautes régions. Dès lors introduite dans le domaine de la science, cette étrange production a subi des fortunes bien diverses et a provoqué de nombreuses expériences en Suisse, en Italie, en Angleterre et en Allemagne.

Ce n'est pas uniquement dans la neige des hautes sommités qu'on rencontre ce phénomène de rubéfaction : les eaux de la mer, certains lacs, certaines fontaines, présentent parfois des faits analogues. M. Evenor Dupont a observé le phénomène de la coloration des eaux mont Blanc, en septembre dernier, la question de la neige rouge a été ravivée par une explication toute nouvelle. Quoi qu'il en soit, sans avoir la prétention de juger définitivement la question, il est peut-être opportun d'en faire l'histoire, d'en réunir les traits épars et de fournir sur la nature du phénomène ce qu'il y a de plus plausible en ce moment.

De Saussure est le premier qui ait remarqué l'existence de la neige rouge. Voici ses propres paroles à ce sujet :

« Lorsque je montais, dit-il, pour la première fois sur le Brévent, en 1760, ces pentes étaient encore couvertes de neige en différents endroits. Je fus très-étonné de voir leur surface teinte par places d'un rouge extrêmement vif. Cette couleur avait la plus grande vivacité dans le milieu des espaces dont le centre était plus abaissé que les bords. Quand j'examinais de près cette neige rouge, je voyais que sa couleur dépendait d'une poudre fine mêlée avec elle et qui pénétrait jusqu'à deux ou trois pouces de profondeur, mais pas plus avant. Cette poudre ne paraissait point être descendue ou coulée du haut de la montagne, puisqu'on en trouvait dans des endroits séparés et même éloignés des rochers ; elle ne semblait pas non plus avoir été jetée par les vents, puisqu'on ne la voyait point semée par jets : on aurait dit qu'elle était une production de la neige même, un résidu de sa fonte qui restait attaché à sa surface comme un tapis, lorsque les eaux produites par sa liquéfaction la pénétraient et descendaient plus bas. »

En 1761, de Saussure retourna au Brévent et y retrouva la même quantité de cette neige rouge. Il la retrouva encore, dix-sept ans après, en 1778, au Grand-Saint-Bernard, et en recueillit pour l'observer de plus près. Après l'avoir soumise à différents procédés, il ajoute :

« Ces épreuves semblent prouver que cette poudre

La Picardie ne reste pas étrangère au mouvement scientifique et littéraire.

La *Société des Antiquaires* vient de publier un excellent volume de mémoires où l'on remarque un travail de M. Bazon sur les *Billets de confiance*, du département de la Somme, et un autre, de M. Salmon, sur les *Actes inédits des martyrs saints Fascien, Vistoric et Gentien.*

Il y aurait encore de l'injustice à ne pas mentionner une notice de l'abbé Corbles, sur *Quatre religieuses de Port-Royal*, exilées dans divers monastères d'Amiens, et un excellent mémoire de M. d'Ault-Dumesnil sur le *Ludwigslied.*

Le *Ludwigslied* est un chant remontant à l'an 881, et célébrant une victoire remportée par Louis III sur les Normands, à Saucourt, village picard.

Il saisit alors son bouclier et sa lance, et s'élança sur son cheval. Il voulait véritablement tirer vengeance de ses ennemis, et l'intervalle qui le séparait des Normands n'était pas grand. Dieu soit loué, disait-il en voyant ses désirs au moment d'être accomplis. Il s'avance bravement, et entonne le chant auquel toutes les voix s'unissent en répétant : *Kirie eleison.* Le sang paraissait sur les joues des Francs, qui brûlaient de combattre. Le chant fut chanté, et la bataille commença. Tous coururent également à la vengeance, mais aucun comme Louis. Prompt et intrépide, avec cette vaillance qui lui était naturelle, il frappait l'un, il pourfendait l'autre. Il fit boire à ses ennemis la coupe amère de la défaite, et un grand nombre perdirent la vie.

Bénie soit la puissance de Dieu, Louis est vainqueur! Grâces soient rendues à tous les saints ! La lutte a été pour lui une victoire. Louis a été un roi heureux ; il a été aussi agile, aussi fort qu'il fallait l'être. Conserve-le, Seigneur, dans sa majesté.

Un autre enfant de la Picardie — un enfant adoptif — M. S. Fergusson, vient d'écrire une *histoire du tulle*, industrie anglaise qu'il a importée à Amiens.

Les premiers tulles mécaniques, dit-il, ont été obtenus en 1780, par Robert Frost.

Au début, on le tissait en fil de lin et à la main, comme la dentelle blanche; aussi coûtait-il des prix fous et restait-il l'apanage du luxe et de la richesse.

Aujourd'hui le tulle peut contribuer à la toilette de la plus humble ouvrière, et l'on s'en convaincra en songeant qu'à l'heure qu'il est, l'Angleterre seule exporte annuellement pour 28,750,000 francs de tulle, et que ce même tulle, qui se vendait en 1809 le yard ou les 0m833 c. carrés *cent vingt et un francs*, coûte en 1861 30 centimes.

Le livre de M. Fergusson contient sur l'industrie dont il écrit l'histoire des détails complets et curieux.

Il serait à désirer que de pareils travaux se fissent dans les départements sur les grandes industries qui constituent leur richesse. Nous préférerions de beaucoup des études aussi utiles aux vers mort-nés et aux romans insipides qui ne passent que trop souvent sous nos yeux.

Racontons maintenant l'histoire du métier à bas.

Avant le traité de commerce, on faisait venir à grands frais d'Angleterre des bas de coton dont on vantait la finesse et l'excellente qualité. A entendre les fanatiques de la mode, la France ne produisait et ne pouvait rien produire de pareil.

Or, depuis que les bas de coton anglais entrent en France librement, nous avons voulu avoir le cœur net de cette soi-disant supériorité des bas anglais, et nous avons formé un jury composé de jeunes femmes d'un goût incontestable et de filateurs d'une expérience et d'un savoir plus incontestables encore.

Tous et toutes, après mûr examen, ont déclaré, comme de véritables jurés : sur leur honneur et leur concience, devant Dieu et devant les hommes — et les femmes aussi, — que cette soi-disant supériorité des produits anglais n'était qu'une question de prix, et qu'à prix égal, la France pouvait non-seulement lutter avec sa rivale, mais même souvent l'emporter sur elle.

Par suite de ce mémorable arrêt, il ne reste donc plus aux Anglais que le mérite, fort grand d'ailleurs, d'avoir inventé la fabrication des bas au métier.

Depuis quand fabrique-t-on au métier des bas ? Est-ce sous Henri IV, est-ce sous Louis XIV qu'on en a chaussé en France pour la première fois ?

C'est là une grosse question, sur laquelle on pas mal discuté jusqu'à présent.

L'inventeur du métier à bas est un ministre protestant, du nom de William Lee. Il remplissait les fonctions de curé de la paroisse de Calverton, dans le comté de Nottingham.

Lee éprouvait un violent amour pour une charmante fille du nom de miss Mary Patson. Celle-ci habitait

Woodborought, ville du comté de Notingham, que sept ou huit milles seulement séparent de Calverton. Aussi William dépensait-il une grande partie de son existence sur la route qui conduit à Woodborough, afin de passer quelques heures près de celle qu'il aimait éperdument.

Or, suivant la coutume du temps, miss Mary, assise, ou plutôt hissée sur une de ces hautes chaises en chêne sculpté et à dossier roide et perpendiculaire dont le seizième siècle nous a légué le modèle incommode, employait ses journées, depuis le matin jusqu'au soir, à tricoter des bas. Rien au monde ne la faisait suspendre, même pour un moment, cette besogne acharnée.

Donc le passionné ministre, tandis qu'il exprimait avec ardeur les tendres sentiments de son âme, voyait constamment sa fiancée absorbée par un point de couture, par une maille à relever, par les calculs qu'exigeait un talon à combiner, ou par une jambe à rétrécir.

Se plaignait-il? miss Mary lui alléguait la nécessité de ne point ralentir un travail aussi pressé. Son père, riche marchand de bœufs, toujours en voyage, n'attendait-il pas une demi-douzaine de bons gros bas en forte laine bleue pour se préserver du froid pendant ses excursions à cheval? sans compter deux petits frères qui, certes, ne pouvaient marcher nu-pieds, et les pauvres de la paroisse à qui elle devait consacrer la dîme du produit de ses aiguilles.

Il y avait là de quoi lasser la patience même d'un ministre de l'Évangile, et William Lee donna plus d'une fois au diable les bas tricotés et celui qui les avait inventés.

De cette haine naquit peu à peu dans l'esprit de William, furieux — en sa double qualité d'amoureux et de prédicateur — de n'être jamais écouté, le désir d'abolir à tout jamais les aiguilles et le tricot.

Il possédait quelques connaissances en mécanique, et, comme toutes les personnes vivant dans la solitude, il ne manquait pas d'adresse manuelle. A six mois de là, il entra dans la cour de miss Mary, suivi d'une voiture chargée de diverses pièces d'un appareil qu'il transporta près de la fenêtre où l'infatigable tricoteuse manœuvrait ses aiguilles.

Il assembla ensuite tous ces morceaux de fer et de bois, et, toujours sans dire un mot, il se mit à tisser des bas avec une promptitude fabuleuse. Il faisait en une demi-heure la besogne que miss Mary n'eût point su en un mois mener à bonne fin.

— Maintenant, dit-il, que je vous apporte les moyens de faire des bas tant que vous le voudrez, daignerez-vous laisser votre tricot de côté, quand je viendrai vous rendre visite?

Miss Mary rougit, baissa les yeux et se pencha vers le ministre, de façon que celui-ci pût poser ses lèvres sur le front de la jeune fille.

Après quoi elle jeta son tricot et ses aiguilles au feu.

— Je jure de ne plus me servir d'une seule! s'écria-t-elle, je jure de ne plus fabriquer de bas qu'avec ce métier inventé par vous, mon cher fiancé.

— C'est ce que je verrai demain et tous les jours, répondit l'heureux William, car je ne veux point désormais laisser passer un seul jour sans venir vous voir.

Il tint en effet parole pendant une semaine, mais peu à peu il se montra distrait, rêveur, préoccupé; c'était à son tour de ne point écouter les tendres paroles de Mary. A chaque instant, elle le surprenait le regard fixe, et il tressaillait et semblait sortir d'un rêve, quand elle élevait la voix pour l'interpeller tendrement.

Hélas! l'ambition avait peu à peu transformé le métier à bas, inventé par l'amour, en un obstacle à cet amour même.

Lee se demandait pourquoi il ne tirerait point de sa découverte les avantages de renommée et de fortune qu'elle ne pouvait manquer de lui valoir. Or le moyen d'exploiter cette découverte et d'atteindre la double récompense due à son invention, en demeurant et en végétant dans une humble cure de campagne?

Si bien qu'un jour miss Mary apprit que son fiancé avait donné sa démission de ministre, et était brusquement parti pour Londres, sans même prendre congé de sa fiancée.

Tandis que la pauvre enfant se livrait au désespoir, Lee cherchait à Londres à tirer parti de son métier à bas et à recueillir le prix de son génie.

Hélas! il ne trouva partout que mauvais vouloir.

— Qu'avons-nous besoin de cette machine? lui répondait chacun. Pensez-vous que nous voulions devenir vos complices et réduire à la misère les innombrables familles qui vivent du produit des bas qu'elles tricotent?

Ce fut bien pis quand il eut monté ses métiers et mis en vente leurs produits. Il devint un objet de haine et de malédiction unanimes. Une nuit même, une bande de tricoteuses assiégea sa maison, la força, mit en pièces les métiers et les brûla sous les fenêtres mêmes de l'inventeur. Elles l'eussent sans doute associé-lui même à cet auto-da-fé, s'il n'eût pris la fuite.

Lee, indigné, partit pour la France et alla trouver Sully.

Sully comprit le parti qu'il y avait à tirer des métiers de Lee et le chargea d'en faire un certain nombre : on les installa dans l'Arsenal, qu'habitait le ministre de Henri IV.

A trois mois de là, le jour de la nouvelle année étant venu, Sully offrit en étrennes à la reine Marie de Médicis une douzaine de paires de bas de soie fabriqués par Lee.

Je vous laisse à penser l'admiration de la belle et coquette souveraine, jusqu'alors réduite à porter des bas de laine d'agneau tricotés. A la vue de ce tissu brillant, souple, léger et doux, elle remit de ses mains à ses dames d'atours le précieux cadeau, pour qu'elles le lui chaussasent à son lever. Car, Sully le raconte dans ses Mémoires, la reine, le premier jour de l'an, recevait au lit les visites officielles des ministres et des grands seigneur de sa cour.

Les dames d'atours, chargées de tricoter et de fournir les bas de la reine, trouvèrent plaisant et avantageux pour elles de découdre çà et là les bas fabriqués par Lee, de sorte qu'ils s'ouvrirent en deux ou peu s'en faut quand la reine les essaya.

Le soir, à dîner, Marie de Médicis n'épargna pas à

Sully, qu'elle aimait peu, vous le savez, les railleries sur la mauvaise qualité de son cadeau.

Sully, de retour à l'Arsenal, passa naturellement sa mauvaise humeur sur Lee qu'il faillit chasser de France.

Cependant on finit par découvrir la ruse des dames d'atours ; la reine les réprimanda sévèrement, et, dès lors, elle ne cessa plus de porter des bas de soie.

Lee croyait sa fortune faite, quand, à peu de temps de là, Ravaillac assassina Henri IV. Sully quitta le pouvoir, la reine se trouva aux prises avec les troubles de la régence, et Lee, délaissé, oublié, réduit à la misère, mourut de chagrin en 1610.

En 1656, Jean Hindres, dont le père avait été apprenti de William Lee, construisit et fit mettre en œuvre, en France, des métiers à bas. De son côté l'Angleterre, si dédaigneuse et si dure pour l'inventeur, faisait depuis longtemps bon accueil au frère de Lee, et la reine Élisabeth, non-seulement portait des bas de soie, mais encore en envoyait, comme des dons précieux, aux reines ses sœurs. Enfin, une corporation nouvelle et puissante s'était formée à Londres, sous le titre de *frame work knitters* (tisseurs au métier).

Un des apprentis du frère de Lee acquit une fortune brillante et devint un des plus grands seigneurs de l'Angleterre, sous le nom de lord Hudson.

Ce fut lui, comme vous le voyez, qui réalisa les rêves de l'inventeur.

Avant d'être le chroniqueur de la science, l'auteur

de ces causeries périodiques était le chroniqueur des légendes populaires. Dans sa jeunesse, il parcourait les départements de la France et des Pays-Bas, s'enquérant de ville en ville, et plus souvent de village en village, des récits de veillée, des traditions et des vieux contes légués par le moyen âge et transmis de bouche en bouche sans jamais avoir été écrits.

Or, il vit un jour, dans un hameau du département de l'Isère, presque au pied de la Grande-Chartreuse, une vieille fileuse dont il évoqua les souvenirs à l'aide d'un écu de six livres. Elle lui raconta que, depuis un temps immémorial, le diable promettait de faire la fortune d'un enfant de l'Isère au moyen des portes de l'enfer.

Voici la cause de cette promesse.

Depuis plus d'un siècle, un disciple de saint Benoît avait attaché ledit diable sur un rocher avec des clous trempés dans de l'eau bénite. Les déchirantes lamentations du démon, qu'on entendait surtout pendant les nuits d'hiver, finirent par émouvoir un paysan qui consentit à le délivrer, à la condition que jamais il ne porterait préjudice aux enfants du pays, et que, suivant l'expression biblique, *les portes de l'enfer ne prévaudraient pas contre eux*.

— Je le jure! s'écria Satan. Non-seulement ces portes ne prévaudront jamais contre eux, mais encore elles feront un jour la fortune de l'un d'entre eux, qui sera proclamé suzerain.

Tout à l'heure cette histoire m'est revenue au souvenir, tandis que je parcourais les énormes in-quarto de l'*Enquête ouverte à propos du traité de commerce avec l'Angleterre*, qui révèlent tant d'innombrables faits d'immense intérêt, en dépit de leur titre si sévère.

Parmi les centaines de produits dont il y est question, et dont bien peu de personnes connaissent l'usage et même les noms, on peut, je crois, sans se compromettre, citer le borax. Une maison anglaise a conquis le monopole de cette matière, qui joue un rôle indispensable dans l'industrie de la céramique, depuis la faïence la plus vulgaire jusqu'à la porcelaine la plus artistique et la plus fine.

Essentiellement propre à dissoudre les oxydes métalliques, le borax sert à l'orfévrerie et à la bijouterie pour faciliter la soudure des métaux; la serrurerie et la chaudronnerie l'emploient aussi au même usage. On y a recours encore dans les verreries, afin de hâter la fusion de la matière mise en œuvre pour la préparation du strass et des émaux, pour le vernis et le glacis des faïences et des porcelaines tendres, enfin pour l'application des couleurs qui décorent ces dernières.

Le borax existe dans certains lacs de Perse, de Chine, de l'île de Ceylan, de la Tartarie méridionale, de la Saxe, du Pérou, et surtout de l'Inde, proche des montagnes du Thibet. Les Arabes le désignaient sous le nom de *bourath*, d'où l'on a fait le mot borax, qui s'est conservé jusqu'à nous.

Probablement la matière saline que Pline appelait *chrysocolla* (soudure de l'or), à cause de la propriété qu'il lui connaissait de servir à souder l'or et les autres métaux, était le borax.

Ce sel est formé de soude et d'un acide particulier que Homberg isola le premier, en 1702, et qu'on a depuis reconnu pour un composé d'oxygène et de bore. On l'a donc appelé acide borique et ensuite borate de soude.

Dans la plupart des applications industrielles dont nous parlions tout à l'heure, on le remplace par l'acide borique, que le commerce apporte de Toscane en énormes quantités.

On ne connaît dans la nature qu'un très-petit nombre de borates : ceux de soude, de chaux et de magnésie.

Le borate de chaux, qui paraît exister en quantités considérables dans les terrains d'Iquique, dépendant de la république de l'Equateur, arrive maintenant en Europe, et on l'exploite à Marseille pour en retirer l'acide borique.

Depuis quelques années, on a découvert qu'il existe des traces de cet acide combiné dans les eaux douces, salines et de certains puits. Enfin, on l'a signalé depuis longtemps, en belles masses lamellaires, parmi les produits volcaniques des îles de Lipari, et jusque dans l'intérieur du cratère du volcan appelé Vulcano.

C'est surtout en Toscane, dans la vallée circulaire qui entoure les monts de Castel-Nuovo, non loin de Poméranie, qu'on remarque une production incessante d'acide borique.

Des fissures du terrain bouleversé, sur une ligne de quarante kilomètres environ, les vapeurs chaudes qui s'échappent continuellement répandent dans l'air des nuages épais et blanchâtres, obscurcissent l'atmosphère et s'élèvent en colonnes. On appelle ces fissures *soffioni* (soufflets).

Les vapeurs se composent d'eau à la température de cent degrés, chargée d'acide borique, d'hydrogène sulfuré, de carbonate d'ammoniaque, de matières huileuses, de quelques sels, et, de plus, de matières terreuses. Elles se condensent en grande partie au milieu de la vase qui s'accumule autour de leurs jets, et y déposent les substances qu'elles entraînent avec elles du sein de la terre.

Autrefois, la contrée où ce phénomène naturel s'accomplit, depuis probablement des milliers d'années, était regardée par les paysans comme l'entrée de l'enfer ; sans nul doute cette superstition remontait à une très-haute antiquité, car la montagne qui avoisine les plus puissants *soffioni* porte encore le nom de *monte Cerbero*, mont Cerbère.

En 1776, Hoefer découvrit et révéla le premier l'existence de l'acide borique dans les Maremmes, et Mascagni appela l'attention sur la fabrication et l'importance du borax.

Néanmoins, on commença seulement en 1815 à exploiter régulièrement les *soffioni*, qui fournissent aujourd'hui, année commune, 750,000 kilogrammes d'acide cristallisé. Cette exploitation est très-simple. La localité elle-même en fournit les instruments.

Il existe dans la vallée de Castel-Nuovo des établissements formés pour l'extraction de l'acide borique.

Un chimiste italien, nommé Ciaschi, les fonda. Il ne jouit pas longtemps de son ouvrage, car il périt, en 1816, en tombant dans un des bassins bouillants creusés par ses ordres.

Un an après, un Français, *né dans le département de l'Isère*, M. Larderelle, obtint le privilége de l'exploitation, qui devint pour lui une source de richesses, plus précieuse peut-être, dit M. Girardin dans ses *Leçons de chimie*, « que toutes les mines d'argent du Mexique et du Pérou, et, sans contredit, moins capricieuse. En faisant une fortune colossale, notre compatriote a transformé en une source de richesse des maremmes jadis désertes, improductives, qui rapportent annuellement douze cent mille francs et occupent une petite armée d'ouvriers. »

Le grand-duc de Toscane donna à M. Larderelle le titre de comte de Monte-Cerboli, le 30 novembre 1838. Aujourd'hui la société d'Heseck a succédé à M. Larderelle, et s'est constituée au capital de neuf millions de francs.

« Nous sommes complètement tributaires de l'Angleterre pour la fabrication du borax, » dit de son côté M. de Geiger, dans l'*Enquête sur le traité de commerce*. « Le borax et l'acide borique, ajoute dans ce même traité M. Boulenger, directeur de la manufacture de faïences fines de Choisy-le-Roi (Seine), sont aujourd'hui le monopole d'une maison de Liverpool, à qui l'a cédé la maison Larderelle. »

Espérons que la chimie et l'industrie ne tarderont point à affranchir la France de ce tribut payé à l'étranger.

Mort de M. Biot. — Le *Journal des Savants*. — La télégraphie maritime. — Encore les fatals inconvénients de l'agglomération. des malades dans les hôpitaux. — M. Renaut et les moutons. — M. Guérin-Meneville et les vers à soie. — Mœurs russes.

10 février.

La science vient de perdre un véritable savant, *rara avis in terris*, phénomène bien autrement rare qu'on ne le pense généralement.

M. Biot aimait la science pour elle-même et non pour les avantages qu'elle procure. Membre de l'Académie des Sciences dès 1803, c'est-à-dire à l'âge de vingt-neuf ans, nommé professeur à l'Observatoire l'année suivante, il se livra d'abord avec ardeur à l'étude des pouvoirs réfringents des gaz, et, pour compléter cette étude, il entreprit, en compagnie de Gay-Lussac, un voyage aérien, qui ne fut pas sans dangers. Leur ballon s'éleva à quatre mille mètres, et, mal construit et surtout mal dirigé, il mit plusieurs fois les observateurs à deux doigts de leur perte.

M. Biot, deux ans après, partit pour l'Espagne, afin d'y continuer les travaux de triangulation de la méridienne, interrompus par la mort de Méchain. On sait quelles romanesques aventures firent de son compagnon, François Arago, un prisonnier des corsaires algériens. Resté seul, Biot n'en persista pas moins, en dépit des périls et des obstacles, à poursuivre et à atteindre le but scientifique pour lequel il avait quitté la France.

Dès son retour à Paris, on l'appela à la chaire d'astronomie physique de la faculté des sciences.

On doit citer, parmi les nombreux travaux de M. Biot, un Mémoire sur l'*intégration des équations aux différences partielles* inséré dans le *Journal de l'École polytechnique;* des études sur les pouvoirs réfringents des gaz, sur les anneaux colorés des plaques épaisses, sur la diffraction, sur les propriétés optiques rotatoires du quartz, de l'essence de térébenthine et des dissolutions sucrées ; de nombreux mémoires relatifs à l'étude de la constitution moléculaire des corps au moyen de la lumière polarisée, et plusieurs rapports sur l'invention de Daguerre et les réfractions astronomiques.

M. Biot assistait avec une grande assiduité aux séances de l'Institut. Toujours plein de bienveillance, toujours accessible au plus humble inventeur, toujours prêt à écouter et à encourager une idée pour peu qu'elle présentât de l'exactitude et de l'utilité, il savait, en outre, par la vénérable autorité de son nom, de son âge et de son caractère, réprimer l'aigreur de certaines discussions, devenues, hélas! aujourd'hui, trop fréquentes à l'Institut.

Du reste, M. Biot était trois fois académicien, car il appartenait non-seulement à l'*Académie des Sciences*, mais encore à l'*Académie française* et à l'*Académie des Inscriptions et Belles-Lettres.*

A vrai dire, ses titres littéraires consistaient simplement dans un *Éloge de Montaigne.*

Enfin, M. Biot faisait partie de la rédaction du *Journal des Savants*, dont la fondation remonte à Louis XIV.

Le *Journal des Savants* est une sorte de petite académie dans les académies. Placé naguère sous la présidence du ministre de l'Instruction publique, il se trouve aujourd'hui dans les attributions du ministre d'État.

Sa direction et sa rédaction se composent de quatre membres, qui prennent le titre d'*assistants*, et de douze collaborateurs désignés par le nom d'*auteurs*.

Les *assistants* sont MM. Lebrun, Naudet, Giraud et Mérimée ;

Les *auteurs*, MM. Cousin, Chevreul, Flourens, Villemain, Patin, Magnin, Mignet, Hase, Vitet, Barthélemy Saint-Hilaire et Littré.

Jusqu'à présent, le *Journal des Savants* était assez mal imprimé, sur papier gris et avec des caractères usés qu'on appelle, en termes de typographie, des *têtes de clous*.

Depuis le 1er janvier de cette année 1862, il s'est transfiguré; il a abdiqué sa physionomie négligée et passée en proverbe. Le papier en est de bonne qualité et d'un œil satisfaisant, les caractères neufs, ou peu s'en faut. La couverture elle-même, d'un bleu doux, a cessé enfin de rappeler l'enveloppe à pain de sucre à laquelle elle faisait naguère une lamentable concurrence.

Le dernier numéro contient : un *Projet de nouveau musée de sculpture grecque*, par M. Vitet ; un troisième article sur les *Luttes des papes et des empereurs de la Souabe*, par M. Mignet ; une étude de M. Patin sur les *Ouvrages du poëte Nævius*, et la première partie d'un travail de M. Chevreul sur l'*Art de découvrir les sources*.

Les personnes qui ont quelque idée du commerce marritime connaissent l'importance de Belle-Isle-en-Mer comme point d'atterrage. Le nombre des navires qui viennent y prendre langue après une longue navigation s'accroît tous les jours d'une façon considérable. Dans toutes nos colonies, dans les mers de l'Inde et du Sud principalement, il ne se signe guère de chartes parties où l'on ne stipule que le navire devra prendre des ordres à Belle-Isle.

La *Chambre de commerce de Nantes* a pensé qu'il y aurait, pour le commerce maritime de toutes les nations, une utilité très-réelle et très-grande à ce que les capitaines fussent prévenus qu'ils pourraient désormais, même en restant sous voiles, communiquer par signaux avec un mât qu'elle vient de faire placer à bâbord de l'entrée du port de Palais, du côté opposé à la citadelle. Ce mât est destiné à servir d'intermédiaire entre les navires d'un côté, et de l'autre avec l'île, et par suite avec le continent, qui s'y relie par le télégraphe électrique. Peu d'instants suffiront donc pour rendre à ces navires, toujours sous voiles, la réponse de leurs armateurs, que ceux-ci habitent Nantes, le Havre, Paris, Londres ou Saint-Pétersbourg.

Comment un navire anglais ou russe pourra-t-il faire comprendre ses signaux aux employés du télégraphe français?

De la manière la plus simple et la plus facile.

Un ancien officier de port de notre marine, M. Renold, a composé un code de signaux dont chaque mot, chaque phrase correspond à un numéro.

Les signaux se font à l'aide de pavillons ou de feux

de différentes couleurs et disposés d'une certaine façon, selon les phrases à exprimer.

Cet ouvrage, rendu réglementaire en France, a été, sur la proposition de notre gouvernement, traduit officiellement en sept langues, dans lesquelles les mêmes numéros ont identiquement la même signification qu'en français.

Ainsi donc, un navire russe ou anglais, à l'aide de cette langue universelle, peut, en signalant les dix chiffres de la numération, figurés par dix pavillons, former des millions de combinaisons, se faire comprendre dans les sept langues de la traduction, et se mettre ainsi en relation instantanée avec tous les points de l'Europe reliés à Belle-Isle par le télégraphe électrique. La dépêche et la réponse se transmettent au moyen des numéros du Code-Reynold, sans se donner la peine d'en faire la traduction en langage vulgaire, ce qui sera l'affaire des destinataires.

On voit qu'il serait facile d'utiliser au profit du commerce maritime de toutes les nations la ligne de sémaphores qui garnissent le littoral de la France, comme mesure stratégique, et qui déjà communiquent entre eux et avec les lignes télégraphiques.

En mettant chacun de ces sémaphores à même de correspondre également avec les signaux nautiques, la correspondance qui vient d'être établie par la Chambre de commerce de Nantes, seulement pour les navires atterrissant à Belle-Isle, existerait immédiatement sur toute l'étendue de nos côtes.

Que les autres puissances maritimes suivent cet exemple, et désormais un navire, en vue de la côte du Portugal ou de la Grèce, par exemple, télégraphiera, sous voiles, avec Londres, Paris ou Saint-Pétersbourg.

Il vous souvient sans doute des incontestables arguments empruntés à la clinique vétérinaire que M. Renaut a fait récemment valoir à l'Académie de médecine contre l'agglomération des malades dans un espace restreint.

M. Renaut, dans la dernière séance, est venu corroborer son opinion par de nouveaux faits tout aussi concluants.

Pour prévenir la clavelée chez les moutons, a-t-il dit, on les soumet à l'inoculation. Laisse-t-on les inoculés nuit et jour dans les champs, il est rare que des accidents surviennent.

Au contraire, les renferme-t-on dans les bergeries, la mortalité ne tarde point à survenir.

Ajoutons que M. Guérin-Meneville, de son côté, a observé en France et en Italie que les vers à soie, décimés par les maladies dans toutes les grandes magnaneries, s'élevaient au contraire facilement et sans perte dans les petites exploitations ; ce qui, soit dit en passant, démontre les avantages du ver à soie de l'ailante qui vit, file son coton et se récolte en plein air.

Et puisque nous voici arrivés sur le terrain de la médecine, terminons par une curieuse et réjouissante peinture des mœurs de la chirurgie militaire en Russie. C'est un emprunt que nous faisons à l'*Union médicale*.

En Russie, plus que partout ailleurs, il est difficile d'obtenir des malades l'indication du siége précis de leur mal. A l'hôpital militaire de Riga, dit un visiteur, ils le rapportent invariablement au cœur, quant il existe dans les parties supérieures du corps, et à la jambe quand il règne au-dessous du diaphragme. Pour m'édifier à cet égard sur la discipline russe, le médecin en chef, praticien allemand, fit ranger en file tous ceux en état de se lever, comme pour une manœuvre, et demanda brusquement au premier : « Comment allez-vous? — Mal au cœur, fut la réponse attendue. — Tirez la langue, dit-il, » et il en fit de même jusqu'à la fin. Arrivé là, tous ces pauvres patients, une trentaine environ, étaient ainsi dans une attitude militaire et tendant la langue. Nous les inspectâmes dans cette position grotesque pendant un moment, jusqu'à ce que enfin, ne pouvant plus tenir mon sérieux, il donna le commandement : « Rentrez es langues! » qui se retirèrent en un seul temps. Je lui reprochai sa plaisanterie inconvenante. « Au contraire, me dit-il, ils croient que la guérison est avancée en tendant ainsi la langue devant le médecin ; le plus longtemps est le meilleur. »

Cette plaisanterie militaire et de mauvais goût nous rappelle involontairement un ancien médecin de l'Hôtel-Dieu, partisan outré des constitutions médicales, et qui s'écriait en entrant dans la salle : « Purgation sur toute la ligne! » quand le temps lui paraissait indiquer cette médication. Plus d'un systématique en fait encore de même aujourd'hui sans s'en douter.

Oh ! chère *Union,* quel spirituel, mais quel terrible enfant vous faites!

Mort de Léon Gouas. — Une révolution opérée dans les cartes de géographie. — *Atlas universel* de M. Babinet. — La *panicographie.* — Élection d'Émile Blanchard. — Coloration des images photographiques. — Insalubrité des rizières et moyens de les assainir. — Fleurs du vin et du vinaigre. — Le toucan et le nouvel éléphant du Muséum.

17 février.

La semaine dernière, nous vous entretenions de la mort d'un illustre vieillard dont la longue, paisible et glorieuse existence avait été, pendant quatre-vingt-neuf ans, consacrée tout entière à la science.

Aujourd'hui, nous avons à vous parler d'un jeune homme de vingt-huit ans, à qui le temps a manqué, comme à André Chénier, pour formuler *ce qu'il se sentait là.*

Léon Gouas était un charmant et ingénieux esprit, passionné pour les sciences naturelles et surtout pour la botanique. Rien ne l'arrêtait, ni les travaux, ni les veilles prolongées bien avant dans les nuits, ni les longues et lointaines herborisations et leurs fatigues. Ces travaux, ces veilles, l'ont tué. Il voulait mener la science à travers des voies nouvelles, et déclarer une guerre acharnée à la routine, cette fatale ennemie du progrès.

Hélas! à peine quelques amis ont-ils reçu de ses lèvres défaillantes la confidence d'idées destinées peut-être à jeter une éclatante lumière sur tant de mystères obscurs, ignorés, mal compris, et trop souvent mal enseignés, car c'est la routine qui les enseigne.

La routine, triste fille de l'habitude et de la paresse, ne fait-elle pas prévaloir presque exclusivement partout et en tout des idées fausses, surannées, et ne les donne-t-elle pas bel et bien comme vraies et vivantes ?

Ce qu'il existe, grâce à elle, de préjugés ridicules et de croyances absurdes ne saurait s'imaginer. Or, la routine est de granit : rien ne l'ébrèche, pas même les plus rudes coups de l'évidence. Il faut des années d'efforts et de preuves irrécusables pour l'ébranler un peu et la pousser dans une voie nouvelle. Vous avez beau, comme Galilée, frapper du pied la terre et vous écrier avec désespoir : *Cependant elle tourne !* la routine vous répond constamment avec la solennité entêtée de la bêtise : « J'ai toujours cru qu'elle ne tournait pas ; je continue et je continuerai à le croire, parce que je l'ai toujours cru. »

Et ainsi de tout ! des grandes idées comme des petites ! Aujourd'hui, en plein dix-neuvième siècle, plus des neuf dixièmes d'entre nous en sont encore aux quatre éléments, à l'horreur de la nature pour le vide, et aux remèdes de bonnes femmes !

Par exemple, M. Babinet vient de commencer une croisade contre la forme absurde donnée jusqu'ici aux cartes géographiques du globe. Combien de temps aura-t-il à lutter avant de planter son labarum sur les ruines de la routine ? car pour cela, il faut qu'on désapprenne *sa* géographie et qu'on en apprenne une nouvelle. Quelle révolution à opérer chez une nation intelligente qui n'a point encore pu, depuis près d'un siècle, adopter le système décimal, et qui dira encore, Dieu sait combien de temps! *un sou* au lieu de *cinq centimes!*

M. Babinet, dans son *Nouvel Atlas universel de géographie*, a rejeté sans pitié le système vicieux des anciennes cartes et leur méthode arriérée : il a substitué la projection *homolographique* — pourquoi ne pas dire *régulière?* — à l'ancienne et fausse projection *stéréographique* (du grec *stéréos*, solide).

On avait eu recours jusqu'ici à différents systèmes, tous défectueux, et dont quelques-uns, et ce sont les plus usités, réduisent *au quart* les contrées situées au centre des cartes, comparativement à celles qui composent les bords de ces mêmes cartes.

M. Babinet susbtitue des *parallèles rectilignes* aux *parallèles courbes* consacrées par la routine. Ces cartes, grâce à une modification bien simple assurément, représentent les véritables proportions du globe.

Ainsi l'Amérique du Nord et la Sibérie se rétrécissent sur le nouvel atlas, tandis que l'Afrique prend un développement vaste, surtout dans le sens méridional. Il en est de même de l'Australie.

Quant à notre pauvre Europe, il faut, bon gré mal gré, qu'elle accepte sa taille véritable. Jusqu'ici, on avait fait un peu pour elle ce que les missionnaires jésuites faisaient pour la Chine, lorsqu'ils jouissaient de la protection des souverains de ce pays. Quoique des plus érudits en géographie, ces pères mettaient en plein milieu de la carte la Chine, et lui faisaient occuper les deux tiers de la mappemonde en lui donnant en belles lettres d'or le titre imposant d'*Empire du milieu*.

Disons encore que, sur les cartes de M. Babinet,

sont tracées des lignes perpendiculaires entre elles, formant de petits carrés égaux. Il suffit de compter le nombre de ces carreaux entiers et fractionnaires, pour obtenir le rapport exact qui existe sur notre globe entre l'eau et la terre, et constater l'étendue superficielle des diverses contrées.

Les cartes qui composent l'Atlas universel de géographie de M. Babinet représentent l'étendue occupée :

1° Par les divers états physiques ou par les différents états politiques;

2° Par les divers terrains ou formations géologiques;

3° Par les divers bassins des fleuves;

4° Par les diverses sortes de fossiles;

5° Par les diverses cultures ou productions végétales ou animales;

6° Par les diverses races humaines et les diverses religions.

L'Atlas a été dressé par M. Villemin et gravé par les procédés *panicographiques* en relief de M. Gillot. — Quel nom absurdement barbare pour une chose destinée devenir populaire !

On ne connaît point assez ces procédés ingénieux qui, chaque jour, acquièrent une nouvelle perfection et qui peu à peu envahissent le domaine de la gravure sur bois avec laquelle ils luttent de pureté, de précision, et surtout de prix. Ils ont, de plus qu'elle, la fidélité et n'altèrent pas le dessin en le traduisant.

La *panicographie* consiste à s'emparer d'un dessin ou d'une épreuve à l'encre de report lithographique, à les décalquer sur une plaque de métal, à faire agir un mordant qui fouille la partie non dessinée, accuse minutieusement les reliefs et les creux, et permet de placer immédiatement la planche sous la presse typographique ordinaire.

On obtient également des doubles en relief des gravures en taille-douce; l'étendue de ces dernières n'est jamais un obstacle ; enfin, grand nombre des vignettes des journaux illustrés sortent des ateliers de M. Gillot.

Tandis que M. Babinet réforme les cartes de géographie, l'Institut s'occupe de remplir les vides que la mort a faits dans ses rangs. Il vient d'élire M. Émile Blanchard pour succéder à M. Isidore Geoffroy Saint-Hilaire.

L'auteur de ce livre est trop l'ami de M. Blanchard, pour pouvoir dire en toute liberté combien ce laborieux savant mérite l'honneur qu'il vient de recevoir. Depuis vingt ans, nous sommes le témoin assidu de ses infatigables et fécondes études d'anatomie comparée et d'entomologie ; depuis vingt ans nous le suivons pas à pas en le soutenant parfois dans ses heures trop nombreuses de découragement, hélas ! trop justifiées !

Sans parler des luttes, des dégoûts, des obstacles que Blanchard a eu à subir et à surmonter, celui que l'Académie des Sciences vient, au premier tour de scrutin — c'est-à-dire sans opposition et sans hésitation — de proclamer un de ses membres ne porte encore aujourd'hui que l'humble titre d'*aide naturaliste du Muséum.* Enfin, sans l'aide de M. Rouland, que l'on trouve partout où il y a un vrai mérite à mettre en évidence et un courage à relever, M. Blanchard n'appartiendrait pas encore à la Légion d'honneur ; M. le ministre de l'instruction publique lui a donné cette distinction il y a trois ans à peine.

On peut encore citer, parmi les persévérants que ne rebutent ni le temps, ni les insuccès, ni les obstacles qui se dressent et s'accumulent entre l'idée et sa réalisation, M. Niepce de Saint-Victor.

Voilà bien des années qu'il poursuit le problème de reproduire par la photographie les objets avec leur couleur naturelle. Chemin faisant, — le chemin a été long et n'est même point, hélas ! encore tout à fait parcouru, — il a fait plusieurs découvertes ingénieuses sur la lumière, qu'il a rendue captive.

Aujourd'hui, opérant sur une plaque sensible, il obtient des images colorées, encore peu complètes, il faut le reconnaître, qui s'effacent après avoir subi dix ou douze heures la lumière diffuse; mais, le principe une fois trouvé, les perfectionnements arriveront vite.

M. Niepce de Saint-Victor chlorure la plaque avec de l'hypochlorite de chaux, et l'enduit ensuite d'un vernis de dextrine et de chlorure de plomb ; après quoi la chaleur à laquelle il expose cette plaque y fait apparaître des teintes qui, sans être encore franchement les couleurs elles-mêmes des objets, s'en rapprochent cependant beaucoup.

Mentionnons encore un Mémoire de M. Raoul Buffon sur la possibilité de remédier, par un aménagement approprié des eaux stagnantes, à l'insalubrité des rizières et aux maladies épidémiques qu'occasionnent ces eaux.

Le Muséum vient de s'enrichir de deux animaux précieux, d'un éléphant de l'Inde *à petites défenses* et d'un toucan.

Ce toucan et le premier oiseau de son espèce qui soit arrivé vivant en France, et, je pense, en Europe. Il a été déniché sur les bords du fleuve de l'Amazone, dans un tronc d'arbre à demi creusé. Son bec présente à peu près le double des proportions de sa tête, et son plumage, d'un magnifique noir, se mélange de blanc sur la gorge et à la naissance de la queue et prend une teinte rouge sous le ventre ; enfin son grand œil noir s'entoure d'une aréole d'un bleu pur et doux.

Le bec du toucan n'est pas aussi lourd que son volume le ferait supposer ; il réunit la légèreté à la masse du tissu spongieux qui le compose, et des nombreuses cloisons intérieures qui l'arc-boutent. Quand le singulier oiseau mange, il saisit avec son bec largement fendu les fruits dont il fait sa nourriture, les lance en l'air et les rattrape.

L'éléphant provient d'un échange fait entre le Muséum de Paris et le Jardin zoologique d'Anvers qui a reçu en retour une paire de yacks.

Arrivé dans une grande loge en bois, assourdi par la route et par le bruit des machines à vapeur, séparé du cornac pour lequel il ressentait une vive affection, l'éléphant indien a signalé son arrivée à Paris en blessant deux de ses nouveaux gardiens. L'un de ces derniers, terrassé par un coup de trompe, aurait été écrasé sous les pieds du redoutable animal, sans le secours d'un camarade.

Cet acte de violence est de mauvais augure pour la conservation de l'éléphant. Nous craignons fort qu'il ne succombe bientôt au changement d'habitudes et à l'éloignement du gardien qui l'a élevé et soigné depuis dix ans.

Le pauvre animal refuse de manger; il passe ses journées et ses nuits à balancer tristement de droite et de gauche sa grosse tête, sans prendre garde aux visiteurs et aux friandises qu'ils lui présentent : il a déjà beaucoup maigri; son œil devient terne, et, comme Valentine de Milan, le nostalgique Belge semble dire : *Plus ne m'est rien, rien ne m'est plus.*

La Nouvelle-Hollande a fait partie du continent. — Carte antédiluvienne. — Les méreaux trouvés dans la Seine. — Philadelphie est bâtie sur un lit d'or. — Le nœud vital.

25 février.

M. F. Unger a publié récemment, à Vienne, un mémoire intitulé : *la Nouvelle-Hollande en Europe.*

La thèse développée par le naturaliste allemand est celle-ci :

La Nouvelle-Hollande, avec son monde animal et végétal si particulier, si différent de celui des autres continents, a conservé intact un caractère que les révolutions géologiques ont enlevé aux autres parties de la terre.

M. Unger base son système sur l'existence, dans la Nouvelle-Hollande, de beaucoup de plantes qu'on retrouve à l'état fossile dans les terrains tertiaires de l'Europe, terrains classés sous le nom d'*éocène* (Éocène vient de deux mots grecs : *èos*, aurore, et *kaïnos*, nouvelle).

Ces terrains éocènes se composent de diverses assises d'argile plastique qui alternent souvent avec des couches de sable, de grès et de lignite, et où l'on rencontre des coquilles marines et terrestres dont la plupart des espèces n'existent plus aujourd'hui.

Parmi les végétaux disparus d'ailleurs et qu'on ne retrouve que dans la Nouvelle-Hollande, M. Unger cite une foule de genres dont nous nous garderons bien de reproduire les noms barbares.

Nous constaterons seulement avec lui que l'on rencontre dans presque toutes les parties de la formation éocène le *podocarpus* et l'*araucaria*.

L'Europe redemande aujourd'hui ces végétaux à la Nouvelle-Hollande, et vous pouvez les voir dans le bois de Boulogne, qui les a empruntés, à grands frais, aux forêts de Botany-Bay.

Il reste à expliquer comment une si grande ressemblance de production a pu exister, même il y a des milliers d'années, entre des parties de la terre placées aux antipodes l'une de l'autre.

M. Unger prétend à ce sujet qu'un continent a dû exister entre l'Europe et l'Amérique, et que ce continent a disparu pendant un des derniers cataclysmes qui ont bouleversé notre planète. Il donne même à ce continent le nom d'*Atlantide*, et il invoque comme témoin de son opinion les traditions mystérieuses que l'antiquité nous a laissées sur cette terre aux *fruits d'or*.

On le voit, la science et ses théories laissent souvent bien loin derrière elles les rêves les plus fantastiques de l'imagination ; de ce nombre est sans contredit l'étrange carte géographique d'un monde antédiluvien, où l'on pouvait aller de plain-pied des bords de la Seine aux montagnes mystérieuses de la Nouvelle-Hollande, au sein desquelles, de nos jours, l'homme n'a pu pénétrer encore.

Joignez-y l'aspect de ses forêts ténébreuses, de ses volcans commençant à s'éteindre, de ses marais souvent aussi vastes que nos mers actuelles et que peuplaient des rhinocéros géants, des anoplothériums, des palæothériums, sortes de tapirs, parfois luttant de force et de taille avec les rhinocéros, parfois atteignant à peine les proportions d'un lièvre, puis, parmi d'autres espèces, perdues aujourd'hui, des loutres, des renards, des écureuils et des civettes ! Sans compter que les maisons et les édifices de Paris sont construits avec des pierres de taille empruntées au *calcaire grossier* qui provient des terrains éocènes, et que ce calcaire lui-même se compose presque exclusivement de carapaces pétrifiées de milliards d'êtres microscopiques.

Ce ne sont point seulement des mondes inconnus que révèle et que reconstitue la science. Les archéologues, sous ce rapport, ne le cèdent en rien aux naturalistes : à l'aide de patientes investigations, de livres compulsés, de documents retrouvés et classés, ils parviennent à nous initier aux mœurs, aux usages, à l'histoire des civilisations perdues et d'époques sociales aux trois quarts effacées par le temps. Ils rassemblent les fragments épars de ces curieux débris, ils leur donnent un ensemble, ils ravivent leurs couleurs éteintes ; et, viennent un romancier comme Walter Scott, un historien comme Augustin Thierry, un antiquaire comme Mariette, un monde détruit renaît de ses cendres, et tous les lecteurs peuvent, au coin de leur feu, s'initier nonchalamment, en quelques heures, à mille conquêtes obtenues par d'autres à force de labeurs, de persévérance et de talent.

Et notez que, pour bien mériter de la science et de l'histoire, il n'est besoin d'être riche ni d'argent ni même de loisir; il suffit de ressentir le feu sacré et de se laisser aller à l'inspiration.

Voici, par exemple, un homme studieux, *Parisien riverain de la Seine, dont la situation de fortune réduisait la curiosité à chercher un aliment en dehors de longs voyages.* (Ce sont les propres expressions de M. A. Forgeais.)

Ne pouvant explorer ni la France ni les pays étrangers, il se met à voyager dans le passé. Pour cela, il ramasse les épaves enfoncées au fond de la Seine, que la drague et le hasard tirent du lit du fleuve ; et au bout de douze ans il a formé une collection unique et d'un haut intérêt, que l'empereur a fait acheter pour le musée de Cluny ; enfin il publie un livre intitulé : *Collection des plombs historiés trouvés dans la Seine.*

La première série se compose des *méreaux.*

Les méreaux sont des jetons de plomb que les diverses corporations faisaient frapper à l'image de leur patron et avec les symboles de leur profession.

A quoi servaient-ils? étaient-ce des récompenses données à certains services? des jetons de présence? une sorte de monnaie représentative, ayant cours parmi les membres d'un même corps de métier?

Quoi qu'il en soit, chaque profession de Paris avait des méreaux : les imprimeurs, avec l'image glorieuse et deux fois nimbée de saint Jean à la porte Latine; les bourreliers, avec l'effigie de Dieu le Père en personne, couronnant la sainte Vierge ; les boulangers, avec saint Honoré, une miche dans la main droite et sa crosse dans la main gauche, tandis qu'au revers un mitron enfourne deux pains en invoquant son patron. Comme l'a dit Santeuil :

Dans sa chapelle,
Avec sa pelle,
Saint Honoré
Est honoré.

Les chapeliers et les étuvistes invoquaient saint Michel ; les chandeliers et les ceinturonniers saint Jean ; et sur les plombs des fabricants d'épingles on voit la sainte Madone emmaillotant l'enfant Jésus.

M. Forgeais, par exemple, apprend encore que les fruitiers s'étaient placés sous le patronage de saint Christophe, ce géant des légendes catholiques du moyen âge, frère mitoyen du Juif errant.

Le Juif errant symbolisait la dureté et son expiation; Christophe, la charité et sa récompense.

Le premier avait refusé d'aider le Sauveur à soutenir

sa croix; le second, géant redoutable, n'avait pu sans compassion voir Marie, Joseph et le petit Jésus arrêtés, dans leur fuite vers l'Égypte, par une rivière qu'ils ne savaient comment traverser. Lui qui jusqu'alors n'avait vécu que de pillage, et, j'en ai bien peur, de meurtre, il s'émeut à la vue de cette famille désolée, brise un palmier qu'il jette en travers sur le fleuve, et, tandis que les deux époux passent sur ce pont improvisé, il charge sous son bras l'âne traditionnel, et place le petit Jésus à cheval sur son cou.

La rivière franchie, l'enfant posa ses lèvres sur le front du géant. Celui-ci sentit aussitôt la lumière divine éclairer son âme, et, renonçant à sa vie d'autrefois pour marcher à la suite de saint Jean, il devint un des anachorètes les plus édifiants du désert.

Quel rapport les fruitiers trouvaient-ils entre saint Christophe et leur profession? Je n'en sais trop rien, d'autant plus qu'ils accolaient à saint Christophe saint Léonard, et que, si la face de leurs méreaux montrait le géant, l'enfant Jésus sur ses épaules, entre une lanterne et une cruche, le revers portait l'image de saint Léonard brisant les chaînes de deux prisonniers agenouillés à ses pieds.

Il y a loin de là aux « fruits, pommes, poires, cerises, marrons, citrons, grenades, oranges, herbages et fromages, » que les autorisaient à vendre exclusivement des statuts datés de 1412.

Les règlements des fruitiers voulaient que l'apprentissage de leur métier durât six ans; je n'aurais jamais cru qu'il fallût tant de temps pour apprendre à vendre des pommes, des poires, des cerises, des herbages et des fromages.

M. Arthur Forgeais a fait imprimer son livre avec beaucoup de recherche. Chacun des méreaux se trouve gravé en tête du chapitre qui le concerne, et un texte court et lucide, — notez ces deux points-ci, — donne une note historique sur la corporation.

Mais voici bien une autre affaire.

En dépit de la guerre et des cinq cent millions de dollars qu'elle coûte déjà, en dépit de l'armée de musiciens militaires, — dix-sept mille cinq cents, s'il vous plaît, — en dépit des rapines exercées et légalement poursuivies des patriotiques fournisseurs yankees, Philadelphie et ses habitants sont dans une joie extrême : on n'y rêve qu'opulence et or.

Figurez-vous qu'il y a quatre à cinq mois, un chimiste indigène s'est avisé d'analyser le banc d'argile sur lequel s'élève la ville américaine au nom grec. Bientôt, malgré le mystère dont s'entoura ledit chimiste, M. Eckfeld, essayeur de la monnaie, chacun connut que, pris à quatre mètres de profondeur, *cent trente grammes* d'argile chimiquement traités donnaient un *huitième de milligramme d'or.*

Dès lors chacun devint chimiste dans la ville; chacun répéta l'expérience, et un journal de l'endroit démontra qu'il se trouvait sous la ville pour *cent vingt-six millions de dollars* d'or, soit *sept cents millions* de francs. Un tombereau d'argile suffit pour payer les frais d'extraction de quatorze tombereaux.

Déjà la plupart des caves se trouvent transformées en souterrains, les champs en fossés, et la fièvre de l'or fait tout oublier aux Philadelphiens. Ne les en blâmons pas : si pareille découverte avait lieu à Paris, j'aurais bien peur que Paris ne finît par disparaître tout entier sous la pioche des chercheurs d'or.

Encore une *découverte*, mais d'un tout autre genre. M. Flourens vient de déterminer le point précis où doit être coupée transversalement la moelle allongée chez les vertébrés à sang froid pour déterminer l'extinction subite de tous leurs mouvements respiratoires.

Ce point précis, que M. Flourens nomme le nœud vital, avait déjà été déterminé par lui pour les vertébrés à sang chaud.

A force de tâtonnements, d'essais, d'expériences constamment suivies, je suis parvenu à marquer, dans les vertébrés à sang chaud, le point précis où doit être coupée transversalement la moelle allongée pour l'extinction subite de tous les mouvements respiratoires. C'est ce point précis qu'il s'agit maintenant de marquer dans les vertébrés à sang froid.

Dans les animaux à sang chaud, si je coupe transversalement la moelle allongée, en faisant passer la section juste au centre du *V de substance grise,* tous les mouvements respiratoires de l'animal sont abolis sur-le-champ et simultanément. De plus, l'animal meurt immédiatement, parce que, immédiatement, il cesse de respirer : il perd en même temps et soudainement la respiration et la vie.

Les choses ne se passent pas tout à fait ainsi dans les vertébrés à sang froid. Je commence par les batraciens.

celle-ci la sensibilité, celle-là la motricité. Enfin, il n'est pas jusqu'aux *quatre* mouvements principaux de l'homme : le mouvement de droite à gauche et celui de gauche à droite, celui d'avant en arrière et celui d'arrière en avant, dont chacun ne réponde à la direction d'un *canal semi-circulaire;* le mouvement de droite à gauche et celui de gauche à droite aux deux canaux horizontaux, l'un droit et l'autre gauche; le mouvement d'avant en arrière au canal antéro-postérieur; le mouvement d'arrière en avant au canal antéro-antérieur : dernier et grand phénomène qui n'est point encore expliqué, qui m'occupe depuis trente ans, et que je n'abandonnerai point, j'espère, sans l'avoir pénétré.

Il ne faut pas, du reste, s'y tromper. Ces curieuses recherches peuvent finir par nous rendre un éminent service, en nous faisant pénétrer de plus en plus le secret de notre vie, jusqu'à ce jour, hélas! trop inconnue à nous-mêmes!

MARS

M. Pucheran et les animaux de la Nouvelle-Guinée. — M. Chevalier et les appareils à études microscopiques. — M. Jaenisch et son traité de l'analyse mathématique au jeu d'échecs. — M. Hoffman et l'aniline. — M. Morin et la ventilation. — Le dernier numéro des *Archives* du Muséum d'histoire naturelle. — Le *Cynomorium coccineum*. — M. Alphonse Milne-Edwards et les crustacés. — M. Auguste Duméril et les reptiles. — Note d'un échanson ou d'un marchand de vin égypto-araméen, contemporain d'Artaxerxès. — Le vin cuit et le vin de Sidon.

3 mars.

Notre compte sera court avec l'Académie des sciences, car peu des communications qu'elle a reçues cette semaine sont de nature à intéresser les lecteurs à qui nous nous adressons.

M. Pucheran a essayé de déterminer les *caractères généraux des oiseaux et des mammifères de la Nouvelle-Guinée;* M. Chevalier a disserté de certains perfectionnements apportés aux instruments d'optique destinés aux études microscopiques; enfin M. Jaenisch a envoyé de Saint-Pétersbourg un *Traité de l'analyse mathématique au jeu d'échecs*, et M. Hoffmann a énuméré les matières colorantes qui dérivent de l'aniline.

En revanche, M. Morin est venu toucher à cette question du chauffage dont on parle sans cesse et qu'on ne résout jamais. Son mémoire a rapport à la marche de l'air dans les ventilateurs, et il insiste sur l'importance de la largeur relative des conduits, sur leur rectitude et sur la nécessité de donner à leurs parois intérieures beaucoup de poli.

Encore la conquête d'un accessoire!

L'art de la ventilation ressemble à ce dragon du moyen âge dont chaque jour les chevaliers à sa poursuite abattaient une des cent mille têtes, mais dont aucun d'entre eux n'avait touché ni même vu la queue.

Nous raillons quelquefois de certaines formules de la science. Voici comment un de nos confrères rend compte du travail de M. Morin :

M. le général Morin lit un mémoire sur les lois du mouvement de l'air déduites de l'équation des forces vives et du principe de la transmission du travail. Il arrive ainsi à une formule susceptible d'être traitée géométriquement, ou qui est représentée par une parabole, et qui donne avec une très-grande approximation la vitesse de l'écoulement de l'air dans tous les modes connus de ventilation. La différence entre les résultats du calcul et l'observation est assez petite pour que cette formule, d'ailleurs très-simple, puisse être employée dans toutes les applications pratiques à l'hygiène et à l'industrie.

Assurément, avec un peu d'attention, un membre de l'Institut comprendrait cette note ; mais quelle distance sépare, hélas ! un membre de l'Institut et l'application pratique à l'hygiène et à l'industrie de cette formule, *d'ailleurs très-simple.*

Le dernier numéro des *Archives du Muséum d'histoire naturelle* (tome X, liv. IV) se compose d'un Mémoire de M. Weddell sur le *cynomorium coccineum;* d'*Études zoologiques sur les crustacés récents de la famille des portuniens*, par M. Alph. Milne-Edwards, et d'une *lettre* de M. Auguste Duméril, *relative au catalogue des poissons et à la ménagerie des reptiles.*

Le cynomorium coccineum est une plante parasite qui a longtemps joui de la réputation d'arrêter miraculeusement les hémorrhagies, et dont la chirurgie a complétement abandonné l'emploi. Sa vogue a disparu avec l'ordre des chevaliers de Malte, qui, les premiers, en avaient découvert et mis en œuvre les propriétés hémostatiques.

Les études de M. Aph. Milne-Edwards sont la suite de ses travaux paléontologiques sur les crustacés fossiles. Ils l'ont conduit naturellement à s'occuper des animaux contemporains de la même espèce qui peuplent nos mers.

La lettre de M. Aug. Duméril contient beaucoup de détails curieux sur les individus qui ont vécu ou qui vivent encore dans la ménagerie des reptiles, fondée par son père.

On y apprend, par exemple, que le grand caïman, long de deux mètres, ne vit guère en réalité que trois mois de l'année, et qu'il passe le reste du temps dans un engourdissement à peu près complet.

Il en est de même d'un petit iguanien de la Havane, le *Tropilodepis undulatus.*

M. l'abbé Bargès, professeur d'hébreu à la Sorbonne, vient de publier chez Duprat, libraire de l'Institut, un

Mémoire in-quarto de trente-six pages, sur un fragment de compte de marchand de vins, plein de mots en patois.

Hâtons-nous de dire que ce compte est écrit sur un *papyrus égypto-araméen*, appartenant au musée égyptien du Louvre.

On appelle *égypto-araméens* les textes égyptiens écrits en caractères phéniciens.

Ces textes forment une branche à part de l'archéologie sémitique et se distinguent par certaines formes particulières de lettres, et par le mélange de mots araméens et hébreux.

Il n'existe dans les musées d'Europe que huit pièces de cette nature : une à Turin, deux chez le duc de Blacas, une à la bibliothèque de la Propagande, une à la bibliothèque du Vatican, deux au Caire, et enfin une au Louvre ; celle dont traite M. Bargès.

Voici la traduction de ce curieux Mémoire, qui peut-être a été écrit par Joseph, quand il était l'échanson de Pharaon. Hâtons-nous d'ajouter cependant que M. Bargès attribue au papyrus une date plus récente, et le croit postérieur à la domination des Perses en Égypte.

Dépenses faites dans le mois de paôphi. — Le 1er, pour un festin : vin cuit de Sidon, une amphore, vin d'Égypte... — Le 2, pour un festin, vin commun d'Égypte, une amphore ; vin cuit, trois amphores ; dû à Soha Bar Phourmath, vin d'Égypte, sept cents amphores. — Au milieu du mois courant, vin commun, trois amphores ; vin cuit, également trois amphores. *Sois toi, ô jeune d'années!* avec *Tout cela sur la loi devant ton peuple.* Vin commun d'Égypte, une amphore. — Vin commun d'Égypte, deux amphores. — Vin commun, qui est avec ma marque; vin commun d'Égypte, une amphore pour un festin. — Vin cuit de Sidon, une amphore d'Égypte du gouverneur. — Pour un festin, vin cuit, une amphore.

VERSO

Le 4 de Khoihak, pour un festin, vin commun, une amphore; vin cuit, également une amphore. — Le 5 de Khoihak, vin cuit, trois amphores; — pour une purification devant Phtah, le dieu très-grand, vin cuit, une amphore; — pour une purification devant Osiris, vin cuit, une amphore; — pour un festin, vin cuit de Sidon, une amphore. — Le 6 de Khoihak, jour consacré par nous à l'accomplissement d'un vœu, pour un festin, vin commun, trois amphores. Le 7 de Khoihak, devant Osiris...; — *Sur toi, nous et quiconque.* — Le 9 au... — Le 10... *Le temps compté* — pour les prêtres... pour...

Malgré ses lacunes et ses déchirures, le papyrus du Louvre est le document égypto-araméen le plus complet connu. Ceux que nous énumérions tout à l'heure ont tant souffert du temps, que l'on peut à peine en déchiffrer quelques mots. Reste donc seule à opposer à ce trésor paléographique une fameuse inscription de Carpentras interprétée par l'abbé Barthélemy.

Disons maintenant que les mois de *Paôphi* et de *Koihak* étaient des mois civils (il y avait un calendrier religieux qui commençaient, chez les Égyptiens, le premier, le 28 ou le 29 septembre, et le second, le 27 ou le 28 novembre.

Que signifient les phrases : *Sois toi, ô jeune d'années! — Tout cela sur la loi devant ton peuple — Sur toi, nous et quiconque — Le temps compté ?*

Ne serait-ce pas une manière d'indiquer certaines fêtes par les premiers mots des offices du jour, coutume transmise par les Israélites et encore en usage dans le rite catholique : le dimanche de *Quasimodo*, de *Lœtare?* etc., etc.

Quant au vin cuit, M. Castaing, qui s'est fort occupé de ce genre d'études, prétend qu'il remonte à la plus haute antiquité, et que le nectar n'était pas autre chose. Il ajoute, d'après Athénée, qu'on le fabriquait au mont Olympe avec un mélange de vin, de miel et de fleurs d'une agréable odeur.

Chez les Romains, il y avait :

Le *defratum* qui consistait en une espèce de confiture épaisse ;

Le *sapa*, plus liquide et moins cuit ;

Le *carenum*, réduit d'un tiers seulement ;

Le *passum*, produit de raisins à demi desséchés sur pied, et assez voisin, comme on le voit, des vins de Malaga ;

Enfin, le *lora*, espèce de piquette.

Terminons cette notice en faisant remarquer que l'échanson auteur du papyrus qui nous occupe ne sert qu'aux bons jours les *vins de Sidon*, qui probablement étaient les *Château-Laffitte* de l'époque.

Les limaçons des jardins et leurs nids creusés dans le roc. — Les polypiers; leur production. — Quelques détails sur l'industrie américaine. — Les bâtons des watchmen.

11 mars.

Déjà, depuis quelques années, on savait que les limaçons terestres (les hélices), et particulièrement l'espèce vulgaire des jardins, se réfugiaient, durant l'hiver, dans des nids de pierre qu'ils se creusaient au milieu des rochers; mais on ignorait de quelle façon ces animaux mous et sans squelettes arrivaient à perforer les rocs les plus durs.

Était-ce par des moyens mécaniques ou par des moyens chimiques?

Après de longues et sérieuses études, Constant Prevost adopta la dernière de ces opinions, et voici qu'aujourd'hui un naturaliste de province, M. Bouchard-Chantereaux, démontre jusqu'à l'évidence que Constant Prevost a vu juste.

Le *Bois-des-Roches*, situé dans la commune de Réty, sur la droite de la route départementale d'Hardingen, à environ seize kilomètres de Boulogne-sur-Mer, prend son nom des masses considérables de calcaire carbonifère qui, depuis le dernier cataclysme, gisent en affleurement, bouleversées les unes les autres, au-dessus de la surface du sol.

Ces blocs, recouverts de ronces, de mousses et de lierre dont les tiges et les racines enveloppent tous leurs contours et semblent les étreindre, sont criblés d'ouvertures, la plupart en forme d'entonnoir. Elles présentent un diamètre ordinaire de trois à quatre centimètres, s'évasent extérieurement de manière à ne laisser à l'entrée tubuleuse de la loge qu'un diamètre de vingt-deux à vingt-six millimètres. La profondeur de ces loges ne dépasse guère douze à quatorze centimètres.

L'intérieur s'agrandit souvent dans tous les sens et forme des chambres plus ou moins boyautées, plus ou moins spacieuses.

On ne saurait nier que les hélices font un choix calculé de la partie de la roche qu'elles veulent habiter, puisqu'on ne constate des loges que sur les parties du roc abritées contre les pluies hivernales.

Les hélices creusent le roc, ou plutôt le décomposent et l'effritent, au moyen de la liqueur que sécrète leur corps.

Par un phénomène remarquable, cette liqueur, quand les hélices ne travaillent point, ne présente à l'analyse chimique aucune trace d'acide, et n'altère en aucune façon la couleur du papier de tournesol.

Au contraire, introduit-on sous une hélice, quand elle perfore des pierres, un petit rouleau de ce même papier de tournesol, il se teint en un bleu qui démontre la présence d'un acide et la transformation chimique de la matière sécrétée par l'animal.

Quelle est la nature de cette matière? Comment jouit-elle de la propriété de dissoudre à la façon d'un énergique mordant le marbre et le granit?

Ici s'arrête la science.

Ajoutons encore, néanmoins, que cette propriété n'est pas exclusivement particulière aux hélices.

Citons, avec M. Bouchard-Chantereaux, les *buccins*, les *pourpres* et les *rochers* de nos côtes, qui perforent, en quelques minutes, les valves des coquilles des moules, au moyen d'une liqueur que sécrète leur estomac et que leur trompe applique directement sur la partie de la coquille à percer.

Quant au *vioa* ou *éponge térébrante* de Duvernoy, on n'a même pas la ressource d'un suc gastrique pour expliquer ses facultés corrosives. On ignore encore s'il possède un estomac. Quel est donc son appareil sécréteur? Quel est l'instrument de perforation de cette petite éponge informe, charnue et jaunâtre, souvent grosse à peine d'un millimètre? Elle pénètre cependant dans tous calcaires organisés ou non organisés, s'y introduit au moyen d'une perforation parfaitement circulaire, s'étend ensuite dans toutes les couches en les rongeant en galeries, les traverse et les perfore de toutes les manières, jusqu'à ce quelle en forme un squelette poreux et rigide. De nombreuses coquilles et des bancs rocheux sous-marins entiers sont minés de la sorte par cet infiniment petit.

Le docteur G. Drumond suppose que ces animaux ont le pouvoir de décomposer l'eau de mer, et d'en extraire *un acide chlorhydrique* libre, qu'ils emploieraient à leur œuvre de destruction.

Après les animaux qui décomposent les pierres les plus solides, doivent ici prendre place naturellement d'autres animaux qui construisent des pierres d'une dureté sans égale, et qui, pour ainsi dire, finissent par se transformer eux-mêmes en pierres.

Il s'agit des polypiers pommés de l'*astroides calycularis*, observés sur les côtes d'Afrique par M. Lacaze du Thiers.

Au mois de juin 1861, tous les polypes des polypiers que je détachais des rochers renfermaient des embryons. Placés dans mes aquariums, ils me donnèrent des masses considérables de jeunes qui vécurent avec une grande facilité, se transformèrent sous mes yeux et formèrent, dans les vases où je les plaçai, leurs petits polypiers.

Ordinairement ovoïdes, ils s'allongent souvent pour prendre la forme du ver. Ils nagent avec facilité à l'aide de cils vibratiles qui les couvrent. On les voit s'éviter quand ils se rencontrent en suivant les bords du vase qui les renferme. Ils montent et descendent, mais en avançant toujours à reculons.

Leurs transformations se sont effectuées après un mois ou un mois et demi de vie libre dans les eaux, que je changeais avec soin. Ce qu'ils gagnent en largeur, ils le perdent en longueur, et, de vermifores, ils deviennent discoïdes (*en forme de disque*).

L'extrémité buccale se trouve au centre du disque et comme rentrée. Puis le disque présente des stries au nombre d'abord de six et ensuite de douze. Alors, l'accroissement reprenant sa marche en longueur, et des tentacules se développant entre chaque trie, on arrive à une forme qui rappelle celle d'une jeune actinie.

Le jeune *astroïde*, nageant à reculons, a, par cela même, une tendance à s'accoler aux corps qu'il rencontre; si bien que j'en ai vu quelquefois deux, accolés base à base, rester flottants dans l'eau. Lorsque le jeune animal a pris une forme que j'appellerai *actinoïde*, il commence à sécréter la matière calcaire qui formera son polypier.

des recherches embryogéniques. Lorsque les bases des classifications sont tirées de la nature des choses, il est important d'avoir une idée nette de cette nature. Or comment s'en rendre un compte exact sans le secours de l'embryogénie? Ce n'est, en effet, qu'en étudiant les parties dès leur origine, dès le commencement de leur apparition, que l'on apprécie avec exactitude ce qu'elles sont et ce qu'elles deviennent.

Les études sur la reproduction du corail, dont je viens de faire connaître les résultats, m'avaient été demandées en vue de réglementer la pêche. Elles devaient logiquement précéder les considérations pratiques que j'aurai l'honneur de présenter à l'Académie dans une prochaine communication. Ces considérations se rapportent à la conservation des bancs de corail et au rappel dans notre colonie d'une industrie passée à peu près entièrement aux mains des étrangers.

Un négociant de nos amis, qui arrive de l'Amérique du Nord, après y avoir fait un séjour de quelques mois, rapporte de New-York, comme échantillons de l'industrie américaine, une collection vraiment curieuse d'objets usuels, dont quelques-uns sont de nature à s'acclimater promptement dans nos habitudes parisiennes.

Nous citerons d'abord deux machines, l'une qui improvise avec une extrême précision des mortaises, l'autre qui fait l'office de tarière et permet d'accomplir en quelques secondes une besogne qui exigerait, du plus habile charron, bon nombre de minutes. Ces machines sont d'une extrême simplicité, de même qu'un double cylindre recouvert en caoutchouc qui sert à exprimer l'eau du linge qu'on vient de laver, et qu'un tout petit outil pour faire les boutonnières et percer en même temps les trous de l'aiguille qui doit les coudre.

D'autres outils, nous l'avouerons, ressemblent plutôt à des *trucs* ingénieux qu'à des objets d'une véritable utilité.

Il y a, par exemple, un cylindre en fil de fer qui remonte le long d'une vis et qui sert à fouetter des blancs d'œufs; un autre, à peu près semblable, mais à double mouvement agissant en sens contraire, qui fouette les omelettes; enfin, on voit cinq ou six espèces différentes de *pelureurs* de pommes.

Vous placez le fruit dans une sorte de main de fer qui le tient; vous faites tourner une poignée, des engrenages et des roues manœuvrent, et la pomme dénudée tombe sur votre table.

Nous recommandons à Hamilton, car c'est un véritable instrument d'escamotage, un escabeau en bois, d'aspect assez disgracieux, qui, au moyen d'une évolution, se transforme en échelle de cabinet.

Notre ami a encore rapporté des voitures à deux roues, qui semblent construites en fêtus de paille, tant les jantes de ces dernières, les brancards et les siéges sont minces et délicats. On pousse un banc, et le tilbury diaphane, au lieu de deux places, en livre quatre. Il faut du courage pour profiter d'une de ces places, car rien n'y protége le voyageur contre le moindre choc. Au premier pavé un peu haut, on doit dire son *In manus* et se préparer à tomber.

Nous citerons, enfin, du cuir de crocodile, tanné pour fabriquer des chaussures, des bottes en caoutchouc, dans lesquelles le pied doit souffrir des étreintes et une chaleur à faire maudire saint Crépin ; un étui large de deux centimètres, qui contient une quarantaine d'outils, tels que vrilles, tarières, poinçons, tourne-vis, pointes, et surtout les singulières fenêtres qui se rencontrent à chaque pas sur les trottoirs de New-York et qui servent à donner du jour aux sous-sols inhérents à chaque maison.

Ce sont des plaques de fonte à six pans, mesurant environ cinquante centimètres de diamètre et perforées par une vingtaine de cônes de cristal à facettes.

De jour, la lumière solaire, en traversant ces morceaux de cristal, arrive pour ainsi dire triplée dans ces sous-sols ; la nuit, le gaz qui brille dans ces sous-sols, à travers ce même cristal, éclaire les trottoirs, qui semblent alors recouverts de charbons ardents.

En examinant bien attentivement toutes ces choses, on constate que la plupart sont des emprunts plus ou moins perfectionnés, faits à l'industrie française, oubliés dans nos bazars et mis en œuvre sur une grande échelle par les Yankees qui se les sont appropriées.

Il n'y a vraiment d'original que les bâtons de watchmen, redoutables massues en bois dur, bien à la main, et dont un seul coup doit abattre son homme.

Singulier moyen de faire respecter la loi dans un pays cité sans cesse comme un modèle de liberté individuelle !

Préparatifs de l'Exposition universelle. — Aspect du Palais de l'Industrie. — Pillage des moineaux. — Nouveau système de soudure au moyen du cyanure de potassium. — Le tripang. — Les oreilles de rat. — Les noix de bancoulier. — L'asclepias. — Le marsdénia. — Le calotropis.

24 mars.

En ce moment le Palais de l'Industrie présente l'aspect d'un monument mis à sac. La fameuse *résidence d'été* de l'empereur de la Chine ne devait point naguère avoir un air plus désolé.

Et cependant, grâce à Dieu, seuls les moineaux pillent au Palais de l'Industrie. Leurs bandes affamées ont largement décimé certains produits agricoles envoyés d'abord en entrepôt aux Champs-Élysées, pour se diriger ensuite sur l'Exposition universelle de Londres. Les brigands ailés dévorent tout ce qui ne se trouve point protégé par des planches épaisses et hermétiquement jointes. J'en ai vu encore, hier, une centaine acharnés sur un tonneau de graines de ricin, dont une des douves se trouve quelque peu déjetée.

En moins de temps que je ne mets à le raconter, les coups de bec avaient assez agrandi l'ouverture pour que le contenu s'en écoulât grain à grain, à l'aide des secousses imprimées au tonneau par les pillards, qui se ruaient dessus à toute volée.

A ces déprédations près, rien n'est amusant et curieux comme les montagnes de caisses entrant et sortant, au milieu d'une foule d'exposants, qui cherchent les commissaires et qui les assiégent de questions et de sollicitations, quand ils peuvent les atteindre. Des centaines d'ouvriers clouent, déclouent, scient, transportent, apportent, ouvrent, ferment, dessoudent, ressoudent, chantent, discutent, et vont et viennent partout leurs outils à la main.

Parmi les procédés nouveaux qu'ils mettent en œuvre, nous avons remarqué surtout l'emploi du *cyanure de potassium* substitué aux anciens systèmes de soudure.

On sait qu'il est essentiel que les surfaces à réunir soient nettes et brillantes, afin que la soudure fondue puisse y adhérer fortement. Aussi, dans le but de protéger ces surfaces contre l'action oxydante de l'air, on est dans l'usage de joindre à la soudure, pour les en frotter, certaines matières fusibles qui forment sur elles une légère couche capable non-seulement de les protéger, mais encore d'exercer une action réductrice.

Si l'on ne veut obtenir qu'une soudure légère, on emploie ordinairement un mélange de résine, de térébenthine, d'huile d'olive ou de suif et de sel ammoniac en poudre, auquel on ajoute quelquefois une solution très-concentrée de chlorure de zinc.

Veut-on au contraire une forte soudure? on se sert de borax ou d'un mélange fondu de borax, de potasse et de sel commun.

Enfin, lorsqu'il s'agit de fer, à cette dernière préparation on joint une certaine quantité de verre à bouteille réduit en poudre.

Or, ces substances, qui agissent avec plus ou moins

d'efficacité, se remplacent avantageusement aujourd'hui par le cyanure de potassium ordinaire du commerce, qui fond très-facilement et agit en réducteur très-actif.

Son action se montre surtout efficace dans les circonstances assez fréquentes où les surfaces métalliques ne peuvent entièrement se décaper par les procédés ordinaires.

Le mode d'application est le même que pour le borax; on en pulvérise une certaine quantité qu'on renferme dans un flacon hermétiquement bouché, et, au moment de s'en servir, on en prend la dose voulue, on l'humecte et on en saupoudre les parties à souder.

Ajoutons que le cyanure de potassium n'exhale, pendant qu'on l'emploie, aucune vapeur corrosive, ce qui le fait préférer au chlorure de zinc, surtout lorsqu'il s'agit de souder des outils.

On doit au docteur Vogel cette nouvelle application industrielle d'un agent chimique qui servait déjà à réduire, par la voie sèche, un grand nombre d'oxydes métalliques, et qui, dissolvant par la voie humide presque tous les oxydes et les cyanures insolubles par eux-mêmes, devient, à cause de cette importante propriété, l'agent principal de la dorure et de l'argenture galvanique.

Revenons aux préparatifs de l'Exposition.

On se demande comment, dans le court délai qui va expirer demain, s'il ne l'est déjà, on pourra débarrasser cette tour de Babel où règne la confusion, non des langues, mais des produits.

Ces produits, qui représentent la seule industrie de la

France, arrivent cependant en certain nombre des contrées les plus éloignées, et portent le timbre de Taïti, des îles Marquises, de la Nouvelle-Calédonie, et même de la Cochinchine et de la Chine.

Le hasard, cette providence du journaliste, nous a fait tomber, entre autres, sur des colis de *tripangs*, d'*oreilles de rats* et de *noix de bancoulier*, qui, expédiés en droite ligne de Papaëti, débarquaient à l'instant des camions du chemin de fer du Havre sur les trottoirs des Champs-Élysées.

Le tripang ou *limaçon de mer*, l'holothurie des naturalistes et le *sea shig* des Anglais, se pêche au Paumoto et se prépare à Taïti.

On le dispose sur une série d'étagères, dans une chambre hermétiquement fermée, et on l'expose à la fumée pendant un temps plus ou moins long.

Parmi plusieurs espèces commerciales, on estime surtout la plus grande, nommée par les indigènes *rori ofoï*, et on en exporte des quantités considérables en Chine, seul pays où l'on en fasse une véritable consommation.

Le tripang s'y vend deux mille cinq cents francs le tonneau (1,000 kilogr.).

L'*oreille de rat* ou *taria ioré* est un tout petit champignon, fort succulent, qui pousse également à Taïti, dans les montagnes, sur les troncs du barao (*hibiscus tilliaceus*). Fort riche en azote et en fongine, il procure aux habitants du Céleste-Empire un condiment très-délicat et très-nourrissant.

Les noix de bancoulier (*aleuristes tribola*) contiennent

une amande douée de propriétés purgatives ; les Chinois, qui adorent l'huile de ricin, ne pouvaient manquer de placer à un haut rang gastronomique un fruit doué d'une propriété analogue à celle qui caractérise cette huile. Aussi le payent-ils chèrement et en consomment-ils des quantités fabuleuses.

A chaque pas on foule aux pieds des richesses coloniales encore sans exploitation et qui doivent un jour, peut-être, créer de nouvelles ressources à l'industrie. Il faut citer surtout plusieurs asclépiadées, et entre autres l'*asclepias curassavica*, la *marsdenia tenacissima*, et notamment le *calotropis gigantea*, qui croît dans les Indes et porte en hindoustani le non de *mudar*.

Il produit à la fois :

Des fibres textiles remarquables par leur grande ténacité, leur finesse et leur solidité ;

Des aigrettes soyeuses que l'on parvient à filer, surtout en y ajoutant un cinquième de coton, et dont on pourrait faire du papier ;

Un jus laiteux, gommeux et résineux, analogue au caoutchouc, et qui existe aussi dans l'*asclepias cornuti* ;

Enfin une racine dont l'écorce s'emploie dans l'Inde, suivant M. Jules Lépine, contre les fièvres typhoïdes et les maladies cutanées. Cette racine, en outre, jouit de propriétés émétiques très-marquées ; on y a découvert un nouvel alcaloïde nommé mudarine.

Les *calotropis* servent encore dans l'Inde, suivant Raxburgh, et dans le Soudan, suivant M. d'Escayrac de Lauture, à la fabrication de la poudre à canon, au moyen du charbon léger que donne la combustion de leurs tiges. Les feuilles de ces plantes, piquées par un insecte, laissent exsuder une manne sucrée.

On rencontre les *calotropis* dans les sols sablonneux et stériles. En les plantant en Algérie, on aurait à la fois, selon M. Madinier, l'avantage d'améliorer de mauvaises terres en leur préparant un engrais naturel, et de retirer des produits utiles de terres infécondes.

Quand toutes ces raretés se transformeront-elles en banalités? Combien d'entre elles sont-elles destinées à devenir d'un usage vulgaire en Europe? On aurait pu adresser, il y a trente ans, les mêmes questions au sujet du caoutchouc, de la gutta-percha, du phormium tenax, du zinc, du phosphore et de tant d'autres substances alors d'une extrême rareté ou tout à fait inconnues, et qui servent aujourd'hui à la confection d'une foule d'objets dont nous nous servons insoucieusement et qui eussent fait s'extasier nos pères.

AVRIL

Alcool minéral. — Procédé de M. Berthelot. — L'ozone appliqué à l'assainissement des hôpitaux. — Nature des poussières d'une salle de l'hôpital Saint-Louis. — Appareil de M. Leroux. — Le printemps au Jardin des Plantes. — L'éléphant saltimbanque. — Nouveau mode de publicité en Angleterre.

1er avril.

« *Ce n'est qu'une production philosophique, et à mille lieues d'une production industrielle.* »

J'ai entendu prononcer deux fois ces paroles : la première, en 1845, par le chimiste allemand Wohler, à propos de l'aluminium qu'il venait de découvrir ; la seconde, il y a peu de jours, à l'Institut, par M. Balard, à propos de la production de l'alcool, devenue possible par la combinaison directe de l'hydrogène et du carbone, que vient d'obtenir M. Berthelot.

Quand Wohler parlait, l'aluminium ne s'obtenait qu'à l'état de poussière grisâtre et coûtait quatre à cinq mille francs le gramme ; aujourd'hui, grâce à M. Sainte-Claire Deville, il est une matière industrielle dont le prix s'abaisse chaque jour, et qui ne tardera pas à lutter d'emploi et de bon marché avec le cuivre, le zinc et le plomb.

Or, depuis 1845, dix-sept ans à peine se sont écoulés.

Qui sait, malgré le pronostic de M. Balard, si l'alcool *philosophique* de M. Berthelot ne sera pas aussi dans dix-sept ans un alcool industriel? Assurément nous ne préjugeons rien, mais nous ne pouvons nous empêcher de dire, comme nous l'avons répété si souvent, que l'impossible d'aujourd'hui peut devenir demain d'une si grande vulgarité, qu'il ne causerait plus à personne le moindre étonnement.

En attendant que le temps décide qui a raison de la science prudente et positive de M. Balard, ou de la rêverie de ces frivoles chroniques, disons comment procède M. Berthelot.

Après de nombreux essais restés infructueux et poursuivis avec cette patience entêtée qui seule, trop souvent, peut conquérir le succès, M. Berthelot, las de recourir aux combinaisons compliquées, en est arrivé à un moyen simple et a tout bonnement fait passer un courant d'hydrogène entre les deux charbons incandescents d'une lampe ou plutôt d'un arc électrique alimenté par soixante éléments de Bunsen.

Alors, il a vu, — jugez de sa joie! — que la chaleur incalculable produite par l'appareil combinait l'hydrogène avec le carbone, et que le produit de cette combinaison était du carbure d'hydrogène (acétylène).

Le chimiste a pu recueillir assez de carbure d'hydrogène pour constater, à l'aide de nombreuses expériences, que sa conquête jouissait de toutes les propriétés de l'acétylène provenant d'origine organique.

« Or, dit M. Berthelot, l'acétylène ainsi formé par la synthèse (union) des éléments n'est point un être isolé, mais un point de départ.

« En effet, j'ai dit comment on pouvait aisément le

changer en *gaz oléifiant* par une simple addition d'hydrogène.

« Avec ce gaz oléifiant on forme l'alcool. »

Déjà, depuis longtemps, M. Berthelot obtenait les principaux carbures d'hydrogène au moyen de composés minéraux, et les transformait en composés alcooliques ; mais l'importance du fait scientifique que nous signalons consiste surtout en ce que, cette fois, il s'agit d'un carbure et d'un alcool provenant de la combinaison *directe* de deux principes se comportant, au point de vue des affinités physiques, comme de véritables métaux, le carbone et l'hydrogène.

Remarquons en passant que cette merveille a encore pour mère l'électricité ; — l'électricité, fée invisible, devenue l'esclave de l'homme, qui la soumet à toutes sortes de besognes, la fait son facteur à la poste aux lettres, s'en fait aider pour opérer des découvertes et des miracles dans ses laboratoires et la réduit à travailler dans ses usines, — ce qui ne l'empêche pas d'en ignorer complétement la nature.

Voici l'exposé textuel de la découverte de M. Berthelot :

Les carbures d'hydrogène et les alcools, dit le jeune chimiste, sont le point de départ de la formation des autres composés organiques. Aussi, après avoir réussi à opérer la synthèse des alcools et celle de leurs éthers au moyen des carbures d'hydrogène, j'ai tourné tous mes efforts vers la formation de carbures d'hydrogène eux-mêmes au moyen des éléments. J'ai exposé diverses méthodes qui permettent d'atteindre le but et d'obtenir les carbures les plus simples en partant du carbone et de l'hydrogène; quelques-unes de ces méthodes ont été rappelées dans une communication que j'ai faite récemment à l'Académie. Mais, si ces méthodes ne laissent ni doute ni équivoque quant au résultat final, cependant elles sont parfois indirectes et ne fournissent que des voies détournées pour réaliser la combinaison initiale du carbone avec l'hydrogène. — Dans l'état de nos connaissances, il n'y avait guère d'espérance de pouvoir procéder autrement. Chacun sait en effet quelle est l'indifférence chimique du carbone à la température ordinaire à l'égard des agents les plus puissants : cette indifférence ne cesse qu'à la température rouge, et pour l'oxygène et le soufre seulement. Mais, quant à l'hydrogène, toutes ses combinaisons avec les carbones, extraites jusque-là de produits organiques, se détruisaient précisément sous l'influence d'une température rouge; il semblait dès lors chimérique de chercher à les former directement.

Mes derniers travaux sur l'acétylène m'ont paru cependant autoriser de nouvelles tentatives. Ce composé est le moins riche en hydrogène de tous les gaz carbonisés, car c'est le seul qui renferme son propre volume sans condensation :

$$C^4 H^2 = 4 \text{ volumes}; \; H^2 = 4 \text{ volumes}.$$

L'acétylène est en même temps le plus stable des carbures d'hydrogène. Non-seulement il se forme en grande quantité aux dépens du gaz oléfiant et du gaz des marais soumis à l'influence de la chaleur ou de l'étincelle d'induction; mais, sous la dernière influence, il peut se produire, quoique en proportion moindre, aux dépens de la benzine et de la naphtaline même, c'est-à-dire aux dépens des carbures que l'on était habitué jusqu'ici à regarder comme les plus stables de tous. En présence de ces faits, j'ai pensé qu'il y aurait lieu de tenter la

J'ai eu l'honneur de réaliser l'expérience devant l'Académie. L'acétylène formé autour des pôles est entraîné à mesure par le courant ; il se condense dans une solution de protochlorure de cuivre ammoniacal en produisant un précipité rouge d'acétylène cuivreux. L'expérience est également frappante par l'emploi de la lumière électrique et par l'apparition caractéristique de ce précipité. Elle est si facile à réaliser qu'elle pourra être reproduite aisément dans tous les cours.

Rien n'est plus aisé que d'obtenir des quantités notables d'acétylène cuivreux. En le traitant par l'acide chlorydrique, on reproduit l'acétylène à l'état pur. Après avoir constaté que le carbone obtenu par cette voie jouissait de toutes les propriétés caractéristiques de l'acétylène, j'en ai fait l'analyse :

20 volumes du carbone obtenu ont fourni 40 volumes d'acide carbonique, en absorbant 46 volumes d'oxygène.

Or 20 volumes d'acétylène doivent produire 40 volumes d'acide carbonique, en absorbant 45 volumes d'oxygène.

L'acétylène, ainsi formé par la synthèse directe de ses éléments, n'est pas un être isolé, mais un point de départ. En effet, j'ai dit comment on pouvait aisément le changer en gaz oléfiant par une simple addition d'hydrogène.

$C^2 H^2$	$+ H^3$	$— C^4 H^4$
Acétylène.	Hydrogène.	Gaz oléfiant.

Avec le gaz oléfiant, on forme l'alcool et on entre ainsi dans cette chaîne de composés dont l'ensemble constitue la chimie organique. A toutes ces synthèses et formations progressives, celle de l'acétylène donne désormais pour premier fondement une synthèse directe.

— Puisque nous venons de parler d'une nouvelle combinaison d'un gaz, mentionnons encore une application de l'oxygène, destinée peut-être à résoudre le problème, insoluble jusqu'à ce jour, de l'assainissement des hôpitaux.

Il s'agit de l'ozone ou de l'*oxygène électrisé.*

Grâce à ses propriétés oxydantes, l'ozone, comme le chlore, et plus que le chlore, détruit l'hydrogène sulfuré et les matières organiques.

Or, dans les poussières recueillies sur les murailles d'une salle d'hôpital à Saint-Louis, M. Chalvet a trouvé, par l'analyse chimique, de *trente-six à quarante-six pour cent* de matières organiques. D'autre part, cinq cents litres d'air puisés dans cette même salle lui ont donné 0,555 à 0, 565 d'acide carbonique.

Le docteur Delahousse propose de combattre ces éléments putrides et contagieux par l'ozone, et de recourir, pour le produire, aux procédés indiqués par M. Leroux.

Donnez à un fil de platine une forme quelconque, soit celle d'une spirale dont la circonférence des pas est très-rapprochée; placez au-dessus un entonnoir renversé, et rendez le fil de platine incandescent au moyen d'un simple élément de Bunsen, immédiatement on sent au-dessus de l'entonnoir qui concentre l'air échauffé et mis en circulation l'odeur caractéristique de l'ozone, et le papier réactif enlève tous les doutes.

Voilà le problème résolu; la théorie devient d'une pratique des plus faciles. En effet, placez dans une salle de malades un fil de platine disposé comme précédemment et d'une longueur convenable avec un simple élément de Bunsen, vous aurez là une source d'ozone constante, et qu'on pourra modifier à volonté, suivant les indications ozonométriques d'un papier réactif. (Placer l'appareil au haut des salles.)

Ce moyen est tellement simple, si peu coûteux, que nous pensons que rien ne peut s'opposer au moins à son expérimentation.

On conçoit immédiatement de quelle importance serait une semblable innovation. Nous nous bornons à rappeler, pour la destruction prompte, facile, des miasmes répandus dans les salles de blessés, émanations si nuisibles au bon état des plaies, la supériorité de l'ozone sur le chlore, qui n'est pas pratique dans une salle de malades.

Je passe sous silence l'influence possible de l'ozone sur la santé générale, influence encore trop hypothétique pour pouvoir la discuter sérieusement.

— Pour respirer librement, après avoir causé de tous ces gaz plus ou moins fétides, car l'ozone exhale une odeur aussi désagréable que celle que produisaient les anciens briquets phosphoriques connus sous le nom de *Fumade*, courons bien vite au jardin des Plantes ; le renouveau s'y épanouit partout ; les arbres se couvrent de feuilles et de fleurs ; les oiseaux construisent ou réparent leurs nids, et il n'est pas jusqu'aux tristes prisonniers de la science qui, du fond de leurs cages sombres, ne semblent s'associer au réveil de la nature.

L'éléphant lui-même sort peu à peu de la morne tristesse et de l'humeur violente qu'il devait à son brusque départ d'Anvers et à son exil forcé.

Vous le savez, les premiers jours de son arrivée, non-seulement il refusait de manger, mais encore il frappait à tour de trompe ses cornacs, si bien qu'il en laissa un sur le carreau, sinon mort, du moins n'en valant guère mieux.

Aujourd'hui le cornac est guéri, et l'éléphant l'a pris en vive amitié, comme pour réparer sa faute et faire oublier des blessures commises dans un accès irréfléchi de désespoir.

Il obéit au convalescent avec une soumission et une tendresse qu'on ne peut voir sans émotion. Non-seulement le gigantesque animal suit partout du regard de son grand œil intelligent les mouvements du nouveau maître qu'il a adopté, mais encore, à sa voix, il s'humilie jusqu'à la dégradante condition de bête savante. « Pataud, — c'est le nom qu'il a reçu à Anvers, — Pataud, lui dit le gardien, montre-moi ton pied droit! Montre-moi ton pied gauche! Avance, recule, tourne, assieds-toi! » Et Pataud obéit sans hésiter, sans se tromper.

Bien plus, il agite, au commandement, une sonnette, prend dans sa trompe un mirliton en cuivre et en tire des sons qui prouvent plus en faveur de sa docilité qu'en faveur de la justesse de son oreille. Enfin, si quelque spectateur lui offre une pièce de monnaie, il la ramasse et la remet à son maître qui lui en achète quelque friandise.

Hier, un Anglais a donné ainsi à Pataud tous les penny qui se trouvaient dans sa poche. Par cette largesse il nous a fait découvrir un nouveau procédé de réclame qu'ont récemment inventé nos voisins d'outre-mer.

La plupart de ces penny portent collé soigneusement et fortement, sur leur revers, c'est-à-dire sur le côté opposé à celui qui représente le profil de la reine Victoria, un petit rond de papier imprimé, et dont voici la légende :

GO TO *Korner*, 302, *Oxford st.*, *London, and save* 20 *per cent.*

Autour de cet avis on lit en guise de légende : *Carthen ware por China glass*, ce qui signifie : « Allez chez Korner, 302, rue d'Oxford, à Londres, et vous gagnerez vingt pour cent sur les porcelaines de Chine, les verres et les poteries. »

C'est du reste, on le voit, une imitation perfectionnée des jetons en cuivre et portant des adresses que distribuent à Paris certains magasins de nouveautés.

Une causerie du soir. — La paléontologie et l'ethnologie. — Les indigènes de la Nouvelle-Hollande et de la Nouvelle-Zélande. — Une révolution dans les îles Sandwich. — L'ava. — Le kalo. — Les huîtres. — Le chauffage au gaz.

6 avril.

Hier soir, nous étions cinq assis autour d'une table, et achevant un de ces excellents dîners que, de l'aveu de toutes les autres nations européennes, on ne sait préparer et véritablement savourer qu'à Paris.

Tantôt folle, tantôt sérieuse, la conversation allait d'un sujet à l'autre, capricieuse comme les blanches volutes de la fumée de nos cigares, qui se perdait en tournoyant avec lenteur au-dessus de nos têtes. Un des convives, comme il arrive en pareil cas, finit par rester maître de l'entretien. C'était un jeune officier de marine, qui déjà deux fois a fait le tour du monde et qui compte à peine trente ans.

— Vous venez de nous démontrer, dit-il en s'adressant plus spécialement à un naturaliste qui avait parlé des merveilles de la paléontologie, comment un ossement fossile suffit pour qu'on puisse connaître et dessiner au besoin, avec une rigoureuse exactitude, le squelette de l'animal auquel il appartenait.

Du squelette aux muscles, avez-vous ajouté, la difficulté n'est pas bien grande, puisque la forme des os indique celle des muscles qui les recouvrent. Ensuite, avec un peu d'étude, on parvient aisément, au moyen des analogies, à connaître à peu près la nature de la peau. Donc, on arrive à une restauration satisfaisante de l'être mystérieux dont l'espèce vivante a disparu du globe depuis des milliers de siècles.

— Oui, répondit le naturaliste. Boitard, le premier, a poussé jusque dans ses dernières limites cette branche de la paléontologie. Bien des naturalistes ont copié et copient les travaux de l'éminent zoologiste, sans faire de lui la plus petite mention. Je vois encore, dans son salon plus que modeste, des tableaux à l'huile, peints par lui, qui représentaient avec leurs formes réelles et leurs couleurs probables, la végétation et les animaux des diverses périodes du globe jusqu'à l'homme.

— Eh bien ! reprit le marin, sous ce rapport, l'ethnographie, ou la science des mœurs et des coutumes des peuplades étrangères, ressemble singulièrement à la paléontologie. Il suffit d'une arme, d'un outil, d'un morceau d'étoffe, pour juger du degré d'intelligence et d'industrie de ceux qui les fabriquent. Certes, pour peu qu'on en ait l'habitude, on ne confondra pas les produits grossiers des naturels de la Nouvelle-Hollande avec les merveilleuses œuvres de sculpture des indigènes de la Nouvelle-Zélande; on comprendra sans peine que la race des premiers gît dans une complète dégradation, tandis que les seconds cherchent à s'entourer de tout le bien-être et de tout le luxe relatifs que leur permet d'atteindre une civilisation à peine ébauchée.

« Le progrès les pousse — hélas! lentement, sans doute — en avant; mais enfin ils les y pousse, tandis que les autres croupissent dans un abrutissement dont ils ne cherchent même point à sortir.

« A l'aide de ces données, on se figure, sans se tromper, les Néo-Hollandais avec leur front déprimé, leur ventre gonflé, leurs jambes de singe, sans mollets, et les Néo-Zélandais avec leur agilité, leurs mains adroites, leur front large et haut ; ils tournent à l'homme et les autres tournent au singe.

« Du reste, cette civilisation ébauchée des sauvages touche par plus d'un point — et le plus vermoulu hélas! — à la civilisation européenne ; ils ont même des révolutions, et voici l'histoire de l'une d'elles.

« Après avoir assassiné son prédécesseur et fait massacrer ses enfants, le roi Hakau régnait à Havaï, l'une des îles Sandwich, témoin autrefois du meurtre du capitaine Cook.

« Hakau abusait de son autorité, se faisait craindre et détester par son peuple, et accablait d'humiliations tous les chefs placés sous ses ordres. Un de ses grands plaisirs consistait à faire tatouer, d'une façon horrible et de manière à les défigurer complétement, les personnes de sa cour qui lui paraissaient douées de quelque beauté.

« Un jour, deux vieux chefs, dépouillés par ce tyran de tout ce qu'ils possédaient, réduits à la misère la plus complète et mourant littéralement de faim, envoyèrent un de leurs serviteurs au roi pour le supplier de leur donner un peu de poisson et d'*ava*.

« Hakau se prit à rire, fit battre le serviteur, et le chassa avec des paroles outrageantes pour ses maîtres.

« Indignés, ceux-ci résolurent d'aller trouver un prêtre, un Joad sauvage, qui avait sauvé de la mort le fils du prédécesseur de Hakau, et qui élevait en secret ce petit Joas dans un village éloigné.

« Ils ne trouvèrent dans la demeure du prêtre Kaleihokuu qu'un jeune homme endormi sur une natte, et ils s'assirent le dos appuyé contre les parois de la case, construite en feuilles de *pandanus*.

« — Enfin, dirent-ils en soupirant, nos *os vont renaître à la vie. (Akahi a ola na ivi.)*

« Puis, s'adressant à l'homme qui dormait : « Tu es donc seul ici ? — Oui, répondit le jeune homme, Kaleihokuu est aux champs. — Nous sommes, ajoutèrent-ils, deux vieillards amis, venus tout exprès pour voir le nourrisson du prêtre.

« Le jeune homme se leva sans mot dire, prépara à la hâte un repas copieux, composé d'un cochon tout entier, d'un chien, de poisson et d'*ava*.

« Les deux vieillards admiraient l'empressement et l'adresse du jeune homme, et se disaient :

« — Au moins, si le nourrisson de Kaleihokuu était « un gars vigoureux comme celui-ci, nous revivrions !

« Le jeune inconnu leur servit à manger, et les enivra d'*ava*.

« Le matin du lendemain, les vieillards dégrisés dirent à Kaleihokuu, qui était rentré pendant la nuit :

« — Nous voici venus pour connaître Umi, ton nourrisson. Plaise aux dieux qu'il soit semblable à ce beau garçon qui nous a reçus chez toi ; nos os revivraient !

« — Eh bien ! répondit Kaleihokuu, celui qui vous a si bien accueillis est mon nourrisson. Je l'avais laissé tout exprès à la case pour qu'il vous rendît les devoirs de l'hospitalité.

« Les vieillards, heureux de ce qu'ils apprenaient, racontèrent au prêtre et à son fils adoptif les mauvais traitements qu'ils recevaient à la cour de Hakau.

« Il n'en fallut pas davantage pour organiser une conspiration et allumer aussitôt la guerre.

« A la tête d'une foule considérable de gens attachés au service de Kaleihokuu, Umi se dirigea à marches forcées sur Honolulu, et, le lendemain, Hakau avait cessé de régner. Il avait été tué de la main même du nourrisson du prêtre.

« C'est, on le voit, sauf le texte, l'histoire d'Athalie; les sauvages des îles Sandwich ont parodié, sans s'en douter, un chapitre de la Bible. »

En achevant ces mots, le marin jeta les yeux sur la pendule, se leva et prit son chapeau.

— Pourquoi nous quitter si tôt? lui demanda-t-on.

— C'est que je pars dans une heure.

— Et où donc allez-vous pour y mettre tant d'empressement?

— Où je vais? répondit-il en souriant; je retourne à la Nouvelle-Zélande. Dans quatre jours, mon bâtiment met à la voile pour cette île. Au revoir!

Je viens de vous raconter une révolution aux îles Sandwich.

Les révolutions, vous pouvez le voir, ne sont pas le seul vilain côté des « enfants de la nature, » comme on disait du temps de M. Jacques Delille.

La courte histoire que vous avez lue vous a fait connaître, entre autres, que l'ivrognerie fleurit parmi eux tout autant qu'en Europe, et que l'*ava* ne vaut guère mieux que l'eau-de-vie.

L'*ava* croît naturellement dans l'archipel havasien, et a reçu des botanistes le nom de *piper methysticum*.

Voici comment se prépare la liqueur enivrante qu'on en extrait :

Les femmes mâchent les racines et les jettent dans une calebasse; elles y ajoutent une faible portion d'eau, et en expriment ensuite le jus en les pressant dans leurs mains; puis elles passent le liquide dans de la bourre de coco, pour le débarrasser de toutes ses fibres ligneuses.

On boit environ un demi-litre d'*ava*. Cette liqueur se prend avant le repas ou aussitôt après. Épaisse et d'un vert jaunâtre, elle n'a rien d'agréable au goût; mais bientôt elle cause au buveur un sommeil irrésistible. Ce sommeil dure vingt-quatre heures et quelquefois davantage, suivant la dose et le tempérament. Des rêves délicieux charment ce long engourdissement.

Souvent aussi le sommeil ne vient pas, ce qui a lieu quand la dose est trop forte ou trop faible; on subit alors un hébétement, accompagné d'idées fantastiques et d'une envie furieuse de gambader, sans qu'il soit pourtant possible de se tenir une seconde sur ses jambes.

L'*ava* produit sur la constitution des insulaires qui en font un usage habituel des effets désastreux; leur corps s'amaigrit et leur peau se couvre de larges écailles, qui ne tardent pas à tomber, en laissant pour toujours après elles des taches blanches et des ulcères.

Quant aux chiens, les Havasiens s'en sont montrés de tous temps très-friands.

L'espèce qu'ils élèvent pour leurs festins est petite et susceptible de s'engraisser comme les cochons. On ne les nourrit que de légumes, afin de donner à leur chair plus de délicatesse et à leur fumet moins de force. Souvent même les femmes allaitent ces chiens au préjudice de leurs propres enfants, afin d'obtenir des rôtis plus délicats. Un chien nourri de cette façon se nomme chien de lait (*ilio poli*).

L'assaisonnement d'un bon chien rôti est le *poi*, pâte faite avec le rhizome en forme de tubercule du *kalo*, espèce de coloquinte. On en cultive les différentes espèces dans des terrains marécageux ; on les fait bouillir pour les débarrasser de leur arête ; on les pile, on les réduit en pâte, et l'on sert froide cette pâte, assez semblable à un potage au potiron.

Les feuilles du kalo se préparent à la manière de nos épinards, et les fleurs (spathe et spadice), cuites dans de grandes feuilles, forment, dit-on, un mets digne d'être servi sur la table du plus difficile des gastronomes parisiens.

Ce n'est pas seulement à l'état de *poi* qu'on mange la racine du kalo : on la fait aussi frire par tranches, comme des pommes de terre, ou bien encore on la fait rôtir en entier sur des cailloux rougis. « C'est, dit un officier de marine dans un récit de voyage de circumnavigation, sous cette dernière forme que je l'apprêtais dans mes excursions. Un tubercule, que je portais dans ma poche, a souvent fait toute ma provision d'une journée. »

On cultive en Algérie, sous le nom de *chou caraïbe*, une espèce de kalo qui produit des rhizomes beaucoup plus forts, mais moins féculents.

De ces détails gastronomiques polynésiens, nous pouvons passer sans trop de brusquerie aux huîtres vertes de Marennes.

On ignore tout à fait la cause qui leur donne cette

couleur verte et le goût exquis qui en est la conséquence.

Les uns attribuent ce principe colorant à la nature particulière du sol marneux des *claires* (fosses) où on élève ces huîtres, et les autres à une espèce d'infusoire fort abondante dans ces claires (*vibrio-ostrearius*) : enfin, il y en a qui veulent y voir une maladie de foie, produite artificiellement, comme celle qu'on donne aux oies pour en obtenir des foies gras.

La chimie s'est mêlée de la discussion, et M. Berthelot, après avoir soumis à l'analyse chimique d'innombrables cloyères d'huîtres, donne à penser que le fer est un des éléments essentiels de la matière colorante qui rehausse tant la valeur du bivalve.

Voici, du reste, l'analyse de M. Berthelot :

1° L'eau est devenue visqueuse sans se colorer ni diminuer la coloration des branchies;

2° L'action de l'éther sur la matière colorante a été également nulle;

3° L'acide acétique cristallisable a dissous des traces d'une substance jaune et dénuée d'action sur le cyanure ferroso-potassique, pendant qu'il a augmenté considérablement la coloration des branchies;

4° La solution aqueuse de potasse caustique a atténué la coloration exaltée par l'acide acétique, mais sans la faire disparaître. Pour cette série de traitements, les branchies ont perdu en partie la coloration qu'elles présentaient, et se sont désagrégées en flocons visqueux au sein desquels s'est concentrée la matière colorante;

5° La matière verte traitée par l'acide sulfureux en dissolution ne s'est pas décolorée; au contraire, elle s'est foncée comme par l'acide acétique;

6° L'eau chlorée l'a entièrement décolorée;

7° Enfin, chauffée au rouge et incinérée, puis traitée par une goutte d'acide chlorhydrique dilué, elle a précipité en bleu par la solution de cyanure ferroso-potassique, ce qui indique la présence d'une proportion sensible de fer dans les tissus incinérés.

On sait que la coloration de l'huître n'est pas générale, qu'elle se montre particulièrement sur l'appareil respiratoire, et n'apparaît que d'une façon indécise sur le foie, ce qui doit un peu déconcerter la théorie qui attribue la teinte verte à une maladie de cet organe.

Autre problème : les huîtres ne prennent dans les *claires* la couleur verte que pendant l'hiver, et y restent parfaitement blanches tant que durent l'été et l'automne.

Les claires de Marennes fournissent annuellement à la consommation cinquante millions d'huîtres, dont le prix varie de 1 fr. 50 à 6 francs le cent, soit 3 francs en moyenne, ce qui représente le chiffre de 1,500,000 francs.

O Rabelais! que vous aviez raison de professer que : « le gouffre qui engloutit le plus d'or est l'entre-deux des mâchoires de l'homme. »

Le chauffage au gaz est destiné à remplacer un jour le système encore barbare des cheminées et des calorifères; système qui dépense avec les premières tant de combustible en pure perte, et qui ne produit avec les seconds qu'une chaleur dangereuse, puisqu'elle laisse froide la partie inférieure des appartements pour s'élever et se maintenir exclusivement dans leur partie supérieure.

Quel motif s'oppose à l'adoption du chauffage au gaz, qui serait si économique et si hygiénique ?

Il ne faut point en accuser la routine, cette fois, mais bien les appareils inventés jusqu'ici ; appareils trop peu complets et encore insuffisants. Rien n'est plus simple à trouver, et, en réalité, rien n'est plus difficile que l'appropriation de ce système à nos habitudes et à nos besoins.

Quant à son application aux exigences culinaires, c'est bien différent. Le gaz peut remplacer avec une incontestable supériorité le charbon de bois, la braise, même la houille, et faire disparaître, en partie du moins, l'acide carbonique que dégagent les premiers et la malpropreté qu'il apportent tous les trois.

Nous avons vu fonctionner hier, dans un de nos grands établissements publics, une rotissoire au gaz. Elle se compose d'une caisse en fonte haute d'un mètre, un peu moins longue, et profonde de 50 centimètres. On attache la viande sur une broche, on allume une trentaine de petits becs de gaz garnissant l'intérieur de cette boîte, tous construits de façon à ne produire qu'une chaleur graduée à volonté, et disposés de telle sorte qu'ils n'approchent pas trop du rôti.

Une fois ces becs allumés, on ferme la rôtissoire, dans laquelle la chaleur se concentre, et il ne reste plus qu'à calculer le temps nécessaire pour cuire la pièce et qu'à favoriser et ralentir l'activité du gaz.

Cet appareil a l'avantage d'être d'une grande propreté, de ne communiquer aucune odeur à la viande et de n'exiger, durant toute l'opération, d'autre surveillance de la part du chef que celle de retirer cette viande au fur et à mesure qu'elle est cuite; car, les morceaux qu'on y met n'étant pas d'une égale dimension, il est facile de comprendre que le temps de la cuisson ne doit pas être égal pour tous.

La partie inférieure de la rôtissoire forme une grande lèche-frite, dans laquelle tombe le jus qui sert à arroser la viande.

En voyant combien ce nouveau système améliore les habitudes culinaires de nos établissements publics, on se rappelle involontairement cette pensée du grand maître d'hôtel Carême :

« La cuisine ne sera véritablement de la cuisine que le jour où elle aura résolu trois problèmes, hélas! restés jusqu'ici, ou peu s'en faut, insolubles :

« La substitution de la mécanique à la main de l'homme pour la préparation des substances ;

« Une égalité de feu qui permette de rôtir mathématiquement une pièce de viande ;

« Et le bannissement du charbon de bois, de ses cendres et de son acide carbonique. »

Éloges historiques, par M. Flourens. — Arago. — Dufresnoy. — Thénard. — Magendie. — Déclaration loyale de M. Morren.

7 avril.

Le véritable événement scientifique de la semaine est, sans contredit, la publication que viennent de faire les frères Garnier des *Éloges historiques*, par M. Flourens.

Ces éloges, ou plutôt ces biographies, sont celles de Bexon et de Guéneau de Montbeillard, collaborateurs de Buffon, de Daubenton, de Dufresnoy, d'Arago, de Tiedemann, de Thénard, de Chaptal, de Bell et de Magendie.

La manière de procéder de M. Flourens est nette, claire, loyale, et parfois caractérisée par un laisser-aller d'une bonhomie qui, certes, n'est pas exempte parfois de malice. Si j'osais employer une expression du jargon théâtral, qui commence à faire son chemin dans le langage des gens du monde, je dirais qu'il *entre dans la peau* de son héros ; il le peint si fidèlement, il le fait agir et parler avec tant de vérité, que le lecteur semble l'avoir sous les yeux.

Souvent une phrase, quelques mots lui suffisent pour tracer un portrait ; Arago n'est-il pas tout entier dans ces trois lignes :

A une pénétration sans égale se joignait chez lui un talent d'analyse extraordinaire ; l'exposition des travaux des autres semblait un jeu pour son esprit.

Parle-t-il du géologiste M. Dufresnoy :

C'était un de ces hommes qui travaillent pour être instruits et non pour le paraître ; qui ne s'arrêtent pas à la surface des choses et qui les pénètrent ; qui ont sondé la nature et qui l'ont trouvée infinie.

Et Thénard le chimiste :

Grand, vigoureux, il portait haut une tête forte, qu'ombrageait une chevelure abondante et noire. Ses traits, bien accentués, étaient animés par un œil vif, qui décelait la sagacité. On ne pouvait méconnaître en lui une de ces constitutions auxquelles la nature a prodigué tous les éléments d'une complète existence. Pour lui, tout fut facile et simple, parce qu'il était facile et bon.

Pendant une leçon faite à l'École polytechnique, il arriva que l'un des produits néccessaires à la démonstration manqua. M. Thénard le demande avec impatience ; tandis que le préparateur court de toutes ses jambes, le professeur, comme moyen de gagner du temps, met la main sur un verre et le porte à ses lèvres sans examen.

Après avoir avalé deux gorgées, il le replace.

— Messieurs, dit-il avec sang-froid, je me suis empoisonné.

Un frisson électrique se produit aussitôt et fait pâlir tous les visages; M. Thénard démontre que c'est du sublimé corrosif qu'il a avalé, et ajoute que le blanc d'œuf en combat les effets.

— Qu'on aille me chercher des œufs, dit-il.

A peine ce mot est-il lâché, que portes et fenêtres ne sont plus assez larges ; on court, on se précipite ; les consignes sont forcées, les cuisines aussi, point d'œufs! Le voisinage mis à contribution est bientôt pillé; chacun apporte sa part; une montagne s'élève.

Pendant ce temps, un élève vole à la Faculté de médecine. Interrompant un examen, il crie : « Un médecin! Thénard s'est empoisonné à l'École en faisant sa leçon. »

Dupuytren se lève. « Vous entendez? dit-il. Et il s'enfuit. Un cabriolet se trouve sur son passage; il y monte, fouette, arrive, saute à terre, abandonnant le tout.

Déjà, grâce à l'albumine, Thénard était sauvé. Mais Dupuytren exige l'emploi d'une sonde, afin d'être sûr que l'estomac n'absorbe aucune matière corrosive. Cet organe s'enflamme, et, sauvé du poison, Thénard fut mis en danger par le remède.

Il avait été reporté chez lui. De chez lui, les abords sont gardés; les élèves de toutes les écoles se confondent pour tripler le rempart; des sentinelles avancées se détachent afin d'éloigner les importuns : silencieux et mornes, tous attendent les nouvelles transmises de l'intérieur; là, les plus capables ont peine à contenir leur zèle; dans la sincérité de leur affection, ils envient à la famille ses priviléges; on veille nuit et jour sans relâche, sans fatigue, car cet homme, qui exerce le tout-puissant empire de la bonté, est le bien de la jeunesse; elle veut se le conserver. Chaque matin, des bulletins exacts sont affichés dans tous les grands établissements. On ignore quels en sont les auteurs.

Lorsque Thénard reparut à la Sorbonne, dans sa chaire, l'enivrement fut tel, que chacun sortit sans savoir précisément ce qu'il avait fait; le professeur lui-même avoua ne pouvoir se rendre compte que de sa douce et profonde émotion.

Mais le chef-d'œuvre du volume, c'est sans contredit le chapitre consacré à Magendie.

Esprit ferme mais sceptique, droit mais frondeur, si sa vive perspicacité lui a permis de découvrir la vérité, s'il a su la mettre au jour avec simplicité et justesse, aussi bien a-t-il employé une rude énergie à la combattre toutes les fois qu'elle ne lui est pas venue de lui-même.

On eût pu se le représenter armé de la lanterne de Diogène, et en concentrant la lumière pour ne voir que les résultats qu'il obtenait.

... Une chaire de médecine était devenue vacante au Collége de France; le ministre, désireux de concilier l'opinion publique avec les tendances du gouvernement, crut avoir à demander quelques concessions au rigide candidat qu'elle lui désignait. Celui-ci, amené par un ami jusqu'auprès de M. Frayssinous, et tout surpris de s'y être laissé prendre, se roidit tellement, que l'habile orateur, le grand maître en fait de *conférences*, vit finir celle-ci sans que l'épineuse rudesse, la fierté glacée de son interlocuteur eussent pu être entamées. Sortant de là, notre frondeur secouait la tête, en disant : « Il n'est pas encore assez fort pour moi. » M. Récamier fut nommé.

Vers le commencement de 1832, le cours ordinaire de l'existence de M. Magendie fut détourné. Des bruits vagues et sinistres se répandaient au milieu de nous : le lointain fantôme ne tarda pas à se dégager de ses ombres pour présenter à nos imaginations effrayées la poignante perspective de l'invasion d'une épidémie. Alors que, sous la pression de la crainte, les personnalités devenaient vives jusqu'à être cruelles, le plus noble réveil s'opéra chez M. Magendie. Venant un lundi à notre séance habituelle, il nous dit : « Je suis médecin, messieurs, ce mandat m'appelle au foyer du mal. Je pars pour Sunderland ; puissé-je, en étudiant le choléra au lieu de son apparition, vous apporter quelques lumières ! Donnez-moi, par votre délégation, plus d'autorité. »

Partout le voyageur rencontre un respect attendri. Il arrive dans un petit port de mer, centre de la contagion. Mais, lui dit-on, une population de pêcheurs, répandue sur les côtes environnantes, a été le point de départ du mal. Il va au milieu de ces malheureux : sous de misérables huttes, exposées à toutes les rigueurs de l'humidité, de la malpropreté et du vice, il trouve des collections d'individus dont la réunion est sans nom. Dans ce pêle-mêle, entre des morts et des mourants, vivent, dorment, mangent, des êtres dont les instincts brutaux excluent toute intervention secourable.

La contagion ordinaire n'était point admissible.

— Qu'est-ce ? que ferons-nous ? lui demandait-on à son retour avec anxiété.

— Je ne sais pas assez ! fut tout ce qu'on put arracher à sa tristesse.

Nous nous arrêtons pour vous parler d'un phénomène unique peut-être dans les fastes de l'Académie des Sciences.

D'ordinaire, quand une découverte importante a lieu, non-seulement chacun travaille à l'amoindrir, mais encore tout le monde veut l'avoir inventée, ou pour le moins prouver qu'elle a été inventée par d'autres. Il pleut des réclamations à n'en plus finir; c'est à qui soufflera de son mieux — sinon pour l'éteindre, du moins pour l'obscurcir — sur la lumière nouvelle qui brille.

Or, dans la dernière séance, M. Dumas a lu une lettre de M. Morren, de Marseille, qu'on avait voulu opposer à M. Berthelot, comme son prédécesseur dans la découverte de la production de l'acétylène par l'hydrogène et le carbone.

M. Morren, avec une délicatesse qu'on ne saurait trop admirer, a écrit cette lettre pour déclarer que ses propres expériences *n'enlèvent en aucune façon le mérite extrême* des procédés de M. Berthelot.

Quant à lui, il a eu recours à l'*étincelle d'induction* pour combiner directement le carbone et l'hydrogène, et il a constaté la présence de l'hydrogène carboné à l'aide de l'analyse spectrale de ce gaz.

Cette loyale protestation dépasse de beaucoup en merveilleux et en inattendu la production elle-même de l'acétylène.

Dans cette même séance, M. le baron Charles Dupin a fait hommage à ses collègues de la cinquième partie des *Études de la force productive des nations*.

Parmi les détails curieux que contient ce livre, on remarque surtout ceux qui traitent de la fabrication du célèbre acier indien appelé *voutz*.

On concasse le fer en petits morceaux, on le jette dans des creusets pêle-mêle avec du bois sec de *Cassia auriculata*, et quelques feuilles vertes d'*Asclepias gigantea*, ou de *Convolvulus laurifolia*; on empile les creusets dans un petit fourneau; on les couvre de charbon de bois auquel on met le feu; pendant deux heures et demie, avec un soufflet, on avive la combustion, on retire les creusets pour les laisser refroidir; on les brise, et l'on obtient l'acier.

Ce moyen, pratiqué depuis une antiquité reculée, acquiert maintenant un nouvel intérêt par la découverte d'un chimiste français. M. Frémy a fait voir quel rôle puissant est joué par le *gaz azote* dans la transformation du fer en acier. Or cet azote existe en abondance, à l'état concret, dans les feuilles de l'*Asclepias gigantea*, et dans celles du *Convolvulus laurifolia*. Enfermées dans un même creuset avec le fer, la chaleur dégage leur azote, en même temps que le carbone fourni par le bois de *Cassia auriculata* s'approprie ce gaz et le fer, pour produire l'acier avec autant de perfection que de promptitude.

Un rapport à l'Académie des sciences. — MM. Percier et Possoz. — Épuration des jus sucrés. — M. Velpeau et un cœur de femme. — Le printemps. — Apparition des hannetons. — Les fourmis baromètres. — Une boule antédiluvienne faite par des mains d'homme.

14 avril.

S'il ne se passe guère de séance sans que l'Académie des sciences nomme plusieurs commissions chargées de lui faire des rapports, en revanche, rien n'est plus rare que la lecture d'un de ces rapports.

A l'appui de ce que je viens de dire, je pourrais raconter ici l'histoire d'un homme éminent dont le nom jouit d'une juste popularité, et qui communiqua, il y a quelque quinze ans, à l'Académie des sciences, une découverte d'une nouveauté et d'une hardiesse presque sans exemple.

En entendant cette communication, le corps savant tout entier battit unanimement des mains, et le président désigna cinq membres pour en faire un rapport.

Un mois, deux mois, six mois, un an s'écoulèrent :

Point de rapport à l'Institut.

Le gouvernement, justement ému de la popularité conquise et des résultats obtenus par une découverte que le temps consacrait de plus en plus, donna la croix de la Légion d'honneur au savant.

Point de rapport à l'Institut.

Aux expositions universelles de France et d'Angleterre, le savant conquit deux grandes médailles d'or.

Point de rapport à l'Institut.

Aujourd'hui, cette découverte a fait la fortune de mille industriels en France, en Angleterre, en Amérique, partout.

Point de rapport à l'Institut.

Aussi, pouvez-vous juger de la surprise que l'on a éprouvée lundi dernier, en entendant M. Payen lire, — non pas un rapport, — mais les conclusions d'un rapport sur un mémoire présenté en 1860, — remarquez la date je vous prie, par MM. Possoz et Percier. Ce mémoire traite d'un *mode d'épuration des jus sucrés de la betterave et de la canne.*

Le mode d'épuration dont il s'agit a, grâce à Dieu, fait son chemin; en attendant le rapport de l'Académie on l'emploie dans beaucoup d'usines, où il a fait disparaître en partie l'usage du noir animal en lui substituant des additions successives de chaux et d'acide carbonique, enfin il diminue considérablement la main d'œuvre et réduit de beaucoup le prix de revient du sucre.

A M. Payen a succédé M. le docteur Velpeau, qui se présente un bocal à la main.

On a cru un instant que le célèbre chirurgien allait aussi faire un rapport et exhumer enfin le coaltar et l'hypnotisme, deux grandes questions assez profondément enterrées à l'Institut; mais on n'a point tardé à voir que le bocal contenait un cœur de femme.

Ce cœur est celui d'une pauvre créature morte des conséquences d'une opération.

Admise à l'hôpital, à la suite d'une fracture de jambe, elle semblait guérie, quand elle tomba morte subitement.

Aucune lésion ne pouvant mettre sur la voie, on fit l'autopsie et l'on trouva dans l'artère pulmonaire un caillot de trente-quatre millimètres de longueur sur sept à huit millimètres d'épaisseur. Ce caillot, parti de l'artère fémorale, emporté dans la circulation, avait passé par le ventricule droit et l'oreillette droite, pour se loger dans l'artère pulmonaire.

Là, il avait arrêté la circulation et étouffé la malade.

Quelque singulier que soit ce cas, a conclu M. Velpeau, il se rencontre plus souvent qu'on ne serait tenté de le penser, et à ce titre il mérite une étude sérieuse.

Que l'Institut nomme donc une commission et que, pour Dieu, cette commision fasse un rapport.

Tout cela est bien lugubre par le beau printemps anticipé qui règne en ce moment.

Le calendrier de Flore est en avance cette année, la température varie de dix à dix-huit degrés centigrades; la pluie tombe tiède et alterne avec les rayons du soleil; de bons brouillards maintiennent la terre humide; les arbres se couvrent de feuilles; la primevère sauvage foisonne dans les champs; les talus des chemins de fer se couvrent des fleurs violettes de la pulsatille et des panaches de l'anémone hépathique; on y voit partout lès violiers d'or, la silvie rose, le muguet parfumé, tandis que le gouet pied-de-veau y étale emphatiquement ses longues feuilles lisses, d'un vert foncé et tachées de noir. Encore quelques jours, et sans doute sa fleur, d'un blanc terne, apparaîtra à côté de l'aristoloche qui hante les buissons, de la tulipe sauvage à pétales barbus, de la cinéraire champêtre couverte d'un duvet cotonneux et de l'herbe Saint-Roch (*inula*) dont le jus frais et onctueux calme les douleurs des nouveaux-nés.

Les insectes eux-mêmes se mettent de la partie. De précoces hannetons commencent à dévorer la feuillée nouvelle du petit nombre d'arbres qui couronnent encore les hauteurs de Montmartre, et font entendre le soir leur bourdonnement, semblable au bruit sourd et lointain d'une cloche d'alarme ; enfin les fourmis sortent de la terre, où elles se sont tenues enfermées pendant l'hiver, et j'ai passé hier deux grandes heures à regarder une fourmilière occupée à restaurer son habitation de l'année dernière.

S'il faut en croire le docteur Ebrard, cette hâte des fourmis à remettre en bon état leurs cases serait un symptôme de plus en faveur de la température modérée que semblent promettre tant de pronostics.

Les fourmis peuvent en outre servir de baromètre, et voici les curieuses observations qu'a faites à ce sujet l'ingénieux entomologiste dont nous venons de citer le nom.

Un jour du mois de juillet, le ciel était clair lorsque je quittai ma demeure, vers une heure. La chaleur était étouffante ; fatigué de ma promenade, j'allai m'asseoir près de la lisière d'un bois, sur les racines d'un vieux chêne. Une de ces racines servait de demeure à des fourmis hercules ; on ne les voyait qu'en petit nombre, et je remarquai tout d'abord qu'elles venaient de la campagne, et qu'aucune ne sortait. Au bout d'un instant, toutes avaient disparu.

La pensée me vint qu'elles rentraient de bien bonne heure ; je me demandai même quelle en était la raison ;

Saint-Acheul et au Bas-Meudon, dans certains terrains du premier *diluvium*.

Dernièrement des mineurs qui travaillaient dans une mine de lignite, près de Laon, ont détaché de la voûte qu'ils exploitaient, à soixante-quinze mètres de profondeur, un amas de cendres noires, au milieu duquel se trouvait une boule de craie blanche, d'un diamètre de six centimètres, et pesant trois cent dix grammes.

Sur cette boule qu'a évidemment travaillée une main humaine, on remarque à la surface des traces imprimées par un instrument grossier, mais habilement dirigé.

Le banc où s'est rencontrée cette trouvaille remonte aux premiers temps de la formation du bassin de Paris et s'enfonce sous une colline tertiaire, où l'on ne peut expliquer la présence de la boule, soit par un éboulement, soit par tout autre accident.

L'homme aurait-il vécu à l'époque de la formation des lignites du bassin de Paris ?

Voici donc encore, hélas ! une nouvelle énigme proposée à la science humaine ; un nouvel éblouissement de la *lumière inaccessible* dont saint Paul parle dans sa première épître à Timothée.

L'embolie et l'Académie des siences. — Beaucoup de bruit pour rien. — Le médecin malgré lui et la Société de chirurgie. — Appareil pour fabriquer la glace. — Immenses pertes de petits poissons; rapport de M. Coste. — Mort du grand crocodile du Muséum. — Visite des Japonais aux serres chaudes. — Nomination de M. Pierre Gratiolet.

18 avril.

Rien n'est décourageant comme les incertitudes des sciences; surtout de celles qui reçoivent, je ne sais trop pourquoi, le titre de *positives*, et au premier rang desquelles figure la chirurgie.

Il y a quinze jours, un praticien, placé parmi les maîtres, est venu faire à l'Académie des sciences une communication qui nous semble, il faut en faire humblement l'aveu, sinon un fait nouveau, du moins un fait concluant.

Il s'agissait, on s'en souvient, d'un cas de mort subite déterminée par *l'embolie* (intercalation). Un caillot de sang entraîné dans la circulation, après avoir traversé le cœur, s'était arrêté dans l'artère pulmonaire ; là, enroulé sur lui-même, il avait fait tampon et provoqué l'asphyxie.

Or, M. Jules Cloquet et M. Jobert de Lamballe, deux autres maîtres non moins éminents, contestent l'exactitude des déductions que M. Velpeau tire d'un fait observé bien avant lui, et entre autres par MM. Trousseau, Breguet, Zombaco, etc.

M. Velpeau prétend que les caillots emportés par la circulation sont du *sang mort*.

Selon M. Cloquet, ces caillots soi-disant morts sont, au contraire, susceptibles d'organisation et agissent d'une façon toute différente des caillots sortis des vaisseaux décomposés.

De son côté, M. Jobert de Lamballe tire de l'observation de M. Velpeau cette déduction tout à fait opposée, à savoir qu'elle démontre la force vitale et organisatrice du sang.

« Le débat, dit le *Moniteur*, se continue sans conclure entre le doute de M. Velpeau et l'affirmation de M. Jobert. »

Qui décidera une question si capitale, une des questions les plus graves de la chirurgie? Hélas! comme i est déjà arrivé une première fois, après avoir provoqué un juste émotion, personne n'en parlera plus désormais, ni à l'Institut, ni autre part. Dès aujourd'hui elle tombe déjà dans le silence et dans l'oubli où gisent tant de faits signalés avec fracas, tant de théories prônées, exaltées, et abandonnées!

D'autre part, à la Société de chirurgie, on a renouvelé ou peu s'en faut cette scène de Molière, si gaie au théâtre, si triste dans la réalité, où le médecin malgré lui, le sentencieux Sganarelle, disserte *unguibus et rostro* pour prouver que le cœur est à droite et le foie à gauche.

— Nous avons changé tout cela! répond-il aux objections de son interlocuteur.

Eh bien! trois chirurgiens émérites, trois hommes

qui passent avec raison pour occuper dans la science un rang honorable, ont, il y a peu de jours, discuté pendant une heure sur la position qu'occupe chez les nouveaux-nés la partie du tube digestif qui porte le nom de côlon! Les uns le disaient à gauche, comme Hippocrate; les autres à droite, comme Sganarelle, et l'on s'est séparé sans rien conclure, littéralement de même qu'à l'Institut.

Il suffisait pourtant d'aller dans une salle de dissection vérifier un fait d'anatomie matérielle; on a préféré n'en rien faire et discuter.

Pour en revenir à l'Académie des Sciences, elle s'est occupée lundi de deux faits importants : l'un a déjà obtenu en partie sa solution; le second touche à d'immenses intérêts du commerce et de l'alimentation publique.

Le premier de ces faits est la formation de la glace par l'appareil réfrigérant de M. Carré.

Cet appareil repose sur ce principe que la vaporisation d'un liquide s'obtient aux dépens de la chaleur empruntée à un corps voisin.

Témoin la bouillotte que vous placez sur le fourneau, et dont l'eau ne tarde point à s'évaporer, grâce à la chaleur qu'elle emprunte, à travers la plaque de tôle de son fond, aux charbons incandescents.

Faites donc évaporer brusquement un liquide volatil dans un récipient, et ce liquide refroidira et congélera au besoin les liquides ambiants, c'est-à-dire qui circulent autour.

L'appareil dont on a entretenu l'Institut peut produire deux cent cinquante kilogrammes de glace par jour. En voici la description :

Une chaudière contient de l'eau riche en ammoniaque ; un foyer incandescent élève et maintien sa température à 130° ; l'ammoniaque se dégage et va se condenser en liquide dans un serpentin ; de ce serpentin il est poussé dans un récipient communiquant avec une chaudière remplie d'eau. L'affinité de l'ammoniaque pour l'eau fixe rapidement la vapeur d'ammoniaque échappée du récipient : un froid intense se produit autour de lui.

Cette eau, qui a repris l'ammoniaque, repasse dans la première chaudière, et la circulation du corps volatil recommence pour se continuer.

L'appareil n'est pas encore employé que pour produire de la glace ; mais d'intéressants essais font espérer qu'il pourra être employé à la création de sulfate de soude par le refroidissement des eaux mères de sel marin. On produit déjà du sulfate de magnésie par le refroidissement atmosphérique simple, et nous avons pu admirer ce spectacle sur les plages du salin de Ber. Si l'on pouvait arriver à appliquer économiquement l'appareil, on ferait d'abord du sulfate de soude, puis de la soude, ce qui causerait une utile révolution dans un grand nombre d'industries.

Le second fait signalé l'a été par M. Coste. Le croirait-on? si une réglementation sévère ne vient bientôt protéger le poisson sur nos côtes, surtout à l'époque de ses premiers développements, on continuera à laisser s'accomplir chaque année la destruction de plus de *deux cents millions* de soles, de barbues, de turbots, qu'on tue de gaîté de cœur, sans profit réel, par insouciance et par routine. On ne retrouve même point dans cette stupide coutume le calcul niais de l'homme à la poule aux œufs d'or; on tue la poule, mais sans l'espoir d'en récolter un trésor.

M. Coste a cité, comme preuve à l'appui des besoins de la réglementation qu'il demande, l'exemple des pêcheurs de Comacchio, qui se sont créé un commerce en cultivant, au lieu de les détruire, les germes précieux que contient la mer.

Le Muséum vient de faire une perte sérieuse : le grand caïman de trois mètres de long, qu'il possédait depuis six ans, est mort, jeudi dernier, de la maladie qui exerce tant de ravages parmi les prisonniers de la science, et qui résulte fatalement de l'état inintelligent de captivité qu'on leur fait subir.

Il avait besoin d'espace, d'eau, de vase, et on le tenait confiné dans une boîte toujours close, contenant trois ou quatre pouces d'eau, qui lui permettait à peine quelques mouvements et qui était doublée en zinc.

Or le zinc est mortel pour les animaux à sang-froid. On peut se convaincre de ses effets désastreux en plaçant des poissons ou des batraciens dans une cuve de ce métal. J'ai vu, au Collége de France, des poissons mis après la fécondation artificielle dans un seau de zinc, s'y débattre bientôt convulsivement et remonter à la surface de l'eau, mourants, le ventre en l'air et le dos en bas.

On a trouvé à l'autopsie, dans le ventre du caïman, des morceaux de racine qu'il avait avalés quand il vivait libre dans les eaux du Nil, c'est-à-dire il y a quelque vingt ans.

Pendant que le crocodille se débattait contre la mort, le médecin qui fait partie de l'ambassade japonaise, et quelques-uns de ses compagnons, visitaient les serres chaudes du Muséum et donnaient à M. Houllet, directeur de ces serres, de précieux détails sur les propriétés et la culture de certaines plantes de leur pays, dont ils voyaient avec joie des échantillons.

En compensation, ils collectaient des feuilles d'arbustes étrangers au Japon, pour les placer dans un herbier portatif.

Un naturaliste d'une grande valeur, et bien longtemps méconnu et retenu sous le boisseau, M. Pierre Gratiolet, qui n'avait porté jusqu'ici que le titre plus que modeste d'*aide d'anatomie au Muséum*, vient d'être chargé du *cours d'anatomie comparée* à la Faculté des sciences de Paris.

C'est là une bonne nouvelle pour la science et une preuve à ajouter à tant d'autres de l'excellence des choix que sait faire M. le ministre de l'instruction publique, M. Rouland.

Les insectes imperméables. — Les poissons électriques. — Nature de leur appareil. — Les vitres chez les Romains. — Visite des ambassadeurs japonais au poste central télégraphique.

24 avril.

On a présenté à l'Académie des Sciences des étoffes rendues imperméables et qui cependant donnent passage à la transpiration. Les tissus de caoutchouc, ou le sait, ne possèdent point cette dernière propriété.

C'est encore là un de ces faits, certains en théorie, mais dont l'application à des usages réels reste jusqu'à présent incomplète et insuffisante.

Il s'agit toujours d'une substance résineuse, dissoute dans un liquide chaud. Ce liquide s'évapore à l'air et enduit chaque fil, chaque poil de l'étoffe d'une couche imperméable d'une grande ténacité, sur laquelle glisse la pluie; la transpiration s'évapore à travers les mailles du tissu. Par malheur, ce liquide chaud rétrécit les étoffes et en altère la couleur.

La nature a depuis longtemps indiqué ce moyen, seulement elle procède avec une perfection qui ne laisse rien à désirer. Les canaux et les fontaines se couvrent, à certaines époques, de petits insectes nommés hydromètres qui courent littéralement sur la surface de l'eau, comme nous marchons sur la terre.

Un savant, pour bien déterminer les causes qui donnent aux hydromètres cette singulière faculté, examina au microscope leur corps et surtout leurs pattes, et il y observa une grande quantité de poils brillants et serrés l'un contre l'autre, de façon à former un véritable velours. Il trempa dans l'éther ces bestioles. L'éther eut bientôt dissous la substance résineuse qui recouvrait chacun des brins du velours; le savant replaça ensuite les hydromètres sur l'eau. Aussitôt, leurs poils mouillés s'alourdirent et rendirent leurs mouvements impossibles. Les hydromètres s'enfoncèrent dans l'eau et s'y noyèrent.

Si les personnes qui s'ingénient à créer des industries nouvelles ou à perfectionner celles qui existent étudiaient l'histoire naturelle, elles y trouveraient mille découvertes, mille procédés inconnus, mille applications simples ou merveilleuses. Quand l'homme croit avoir inventé quelque chose, presque toujours les êtres, même les plus vulgaires, l'ont devancé.

L'Académie des Sciences s'est occupée encore d'un Mémoire de M. Armand Moreau sur la nature des propriétés électriques de la torpille, cette anguille qui possède, comme plusieurs autres poissons d'ailleurs, la propriété de paralyser, voire de tuer ses ennemis et ses proies par un brusque dégagement de fluide.

D'après M. Moreau :

Les nerfs électriques possèdent seuls les propriétés des nerfs moteurs ; l'électricité est élaborée dans l'organe électrique et non dans le cerveau, comme on l'avait avancé ; le cerveau n'est qu'un excitant, composé de centres où les nerfs reçoivent une excitation. L'organe électriqne est donc à ces centres ce que sont les muscles des animaux à l'égard de leurs centres nerveux, lesquels muscles se contractent et produisent des décharges électriques quand on excite les nerfs qui y correspondent ; il existe enfin un état tétanique pour les nerfs et le tissu électrique, analogue à celui que l'on observe pour les nerfs moteurs et les muscles des animaux.

On a discuté longtemps sur l'époque où l'on a commencé à se servir du verre pour éclairer les maisons et les préserver de l'air extérieur. On l'employait déjà à cet usage du temps de Pline, puisqu'on a trouvé et qu'on trouve encore tous les jours, dans les ruines de Pompéi, des vitres d'une fort belle transparence et de grande proportion.

Ce sont la plupart des carreaux hauts de soixante et dix centimètres sur cinquante de largeur.

D'après un travail de M. Bontemps, ces carreaux sont, non pas soufflés, mais bien coulés.

On ne les laminait point comme le fait l'industrie moderne ; mais, après avoir étalé la matière sur une plaque de métal problablement chauffée, on l'égalisait à l'aide d'une palette en bois.

La composition de ce verre, analysé par M. Claudet, a donné :

Silice.	69,43
Chaux.	7
Alumine.	3
Oxyde de fer.	1

Les Japonais ont quitté Paris depuis quinze jours environ, et déjà la curiosité publique, qu'ils avaient si vivement excitée, ne songe plus guère à eux et cherche d'autres aliments.

Toutefois, on ne lira point sans intérêt, nous l'espérons, quelques détails sur la dernière journée qu'ils ont passée à Paris. *Ultima verba.*

Les deux ou trois membres de l'ambassade japonaise qui avaient visité le poste central des télégraphes électriques au ministère de l'intérieur, s'étaient retirés tellement émerveillés de ce mode de correspondance, que l'ambassadeur a lui-même voulu voir de ses yeux l'*art de faire voler les paroles.*

Le 28 mars, après s'être fait attendre près d'une heure, car l'exactitude n'est point leur fort, onze Japonais sont arrivés au poste central et ont été reçus par M. le vicomte de Vougy, entouré de ses principaux employés.

On a beaucoup parlé de la laideur des Japonais qui viennent de quitter Paris, et c'est à tort, selon nous.

Une fois la part faite de leur coiffure bizarre et de leur crâne rasé en partie, on se voit forcé de rendre justice à la finesse de leurs traits, à la vivacité de leurs yeux et à l'élégance de leurs mains mignonnes, d'une pureté de formes qu'envierait la plus jolie femme.

Ils se montrent d'autant plus avares de questions qu'ils ne peuvent converser que par l'intermédiaire d'un interprète, dont presque toujours ils écoutent les traductions orales en cherchant à lire, sur le visage de ceux à qui ils s'adressent, si l'on comprend bien ce qu'ils veulent dire; souvent même ils cherchent à exprimer eux-mêmes leur pensée par une pantomime expressive et sobre.

Par exemple, le chef de l'ambassade, en entrant dans la grande salle où se trouvaient réunis les *stationnaires*, fit un léger geste de la main et un mouvement de lèvres qui dépeignirent, à ne point s'y méprendre, une ruche et son bourdonnement; mais cela sans rien qui sentît l'affectation, et avec la grâce et la discrétion d'un homme du monde européen.

Arrivés devant l'appareil Hugues, qui donne les dépêches en caractères d'imprimerie, ils oublièrent cependant un peu leur dignité orientale, s'éparpillèrent autour des machines comme des enfants, et voulurent frapper de leur doigt les touches de l'appareil, *pour envoyer leur nom au loin.*

— Quel admirable moyen d'exprimer la *parole!* dit l'un d'eux.

— Non pas la parole, mais la *pensée!* interrompit le chef de l'ambassade.

Et tandis que l'interprète me traduisait ce petit dialogue, l'ambassadeur se tourna vers moi, et, me voyant sourire de son ingénieuse distinction, sourit à son tour avec la satisfaction d'un homme d'esprit qui se sent apprécié.

Descendu dans la salle où se trouvent réunis par groupes les fils qui portent les dépêches dans les différentes parties de l'Europe, et qui semblent former des harpes gigantesques, un des plus jeunes Japonais fit remarquer à la personne qui le guidait un fil rompu et demanda en assez bon anglais, avec une malice narquoise : *Et ce fil-ci, avec quoi correspond-il?* Prouvant ainsi que non-seulement il comprenait le mécanisme placé sous ses yeux, mais encore qu'il en saisissait jusqu'aux moindres détails.

Un peu plus loin, M. de Vougy lui donna un échantillon de câble électrique. Le Japonais examina attentivement cette sorte de corde en gutta-percha au milieu de laquelle se trouvent plusieurs fils de laiton tordus entre eux. — Pourquoi plusieurs fils? demanda le Japonais : un seul suffirait et coûterait moins cher. —

leau de papier de soie pour s'essuyer le front, fit observer que, du moins, lui Japonais, il ne remettait pas dans sa poche, comme les Parisiens, un mouchoir ayant déjà servi.

Puis, prenant sans transition un air sérieux, il demanda quand et par quel moyen Paris pourrait correspondre avec le Japon à l'aide du télégraphe.

On lui répondit que le télégraphe Morse s'étendait déjà dans l'Inde sur 11,900 milles et atteignait Thocgyen dans le Pégou oriental. Entre ce point et Canton, ajouta-t-on, on propose au gouvernement anglais l'établissement d'une ligne de 1,500 milles, nécessaire au mouvement commercial entre l'Europe et la Chine, mouvement qui s'élève à près d'un milliard.

On dit encore que la ligne à travers la Sibérie que le gouvernement russe fait actuellement construire, longerait le Japon et la Chine, et offrirait les moyens de communication les plus rapides avec l'Europe.

En effet, les messages du Japon pourraient être envoyés à Wladivostok ou à Saint-Olga, situés sur la mer du Japon, et de là se transmettre télégraphiquement à Londres et à Paris. Les messages de la Chine arriveront par le poste russe de Pékin à Kiatchta, d'où ils pourraient être télégraphiés dans toute l'Europe.

Si l'intérêt commercial l'exigeait, on relierait le Japon et la Chine aux lignes russes par un télégraphe aérien et sous-marin.

Enfin, à la suite d'une conversation sur la peinture européenne et japonaise, un des jeunes ambassadeurs dessina au crayon le portrait du secrétaire de M. de Vougy, et le représenta vidant un verre de vin de Champagne.

On remarquait parmi les personnes, fort peu nombreuses, qui assistaient à ces scènes piquantes, M. Dureau, directeur général au ministère de l'intérieur; et M. Escayrac de Lauture, en compagnie d'un jeune Chinois qu'il a ramené de Canton, et qui suivait avec ses grands yeux fendus en amande et pétillants d'intelligence toutes les péripéties de cette curieuse après-midi.

L'île de Comacchio. — L'élève des anguilles. — Les labyrinthes. — La pêche. — La lampe d'Aladin — L'*Echium*. — L'ortie morte. — Récolte de la stachyde au moyen âge. — Un édredon végétal. — Une dame chez Catherine de Médicis, — Singulier commerce fait par des Carmélites. — La température de l'air à six heures du matin. — Glace fondue semblable à l'eau distillée. — Fabrication de la glace au Bengale. — Glace obtenue dans un creuset rougi à blanc. — L'équation du beau.

30 avril.

Grâce aux bateaux à vapeur, aux chemins de fer, à la rapidité des transports, à la facilité toujours croissante des relations commerciales, la gastronomie parisienne fait chaque jour, pour ainsi dire, de nouvelles découvertes.

Il ne se passe guère, en effet, de semaine sans qu'on voie apparaître aux vitrines des marchands de comestibles et des restaurants aristocratiques certains mets inconnus jusqu'alors, et sur lesquels les passants et les flâneurs attachent des regards ébahis.

Ces importations se succèdent même assez vite pour alimenter la curiosité publique à la fois si ardente à la nouveauté et si prompte à se blaser. Ainsi, le mois dernier, les tripangs, les nids d'hirondelle, certains légumes chinois, des fruits et des primeurs attiraient la foule ; aujourd'hui elle passe dédaigneusement devant ces merveilles pour se montrer du doigt des anguilles fumées, marinées et salées.

Ces anguilles, dont on fait depuis longtemps une immense consommation en Hollande, en Italie, à Trieste, en Allemagne, en Russie, et que caractérise une chair fine et d'une délicatesse extrême de goût, proviennent de la lagune de Comacchio, sur les bords de l'Adriatique, entre Ravenne et l'embouchure du Pô.

Cette lagune forme un immense marécage de cent quarante milles de circonférence, qu'une simple bande de terre sépare de la mer.

On estime à huit ou dix millions de kilogrammes le poisson qui se pêche ou plutôt qui se récolte chaque année à Comacchio.

Six mille kilogrammes se vendent environ de dix à douze mille francs.

En effet, l'industrie seule vaut un immense et lucratif commerce à cette petite ville de douze cent cinquante mètres de longueur sur deux cents de largeur, peuplée de sept mille habitants, composée d'une unique rue, qui commence par une église et qui finissait par une forteresse, dont, grâce à Dieu ! on a fait disparaître en 1848 les derniers vestiges.

Dans un travail à peu près inconnu, M. Coste a le

premier décrit les procédés mis en œuvre à Comacchio pour conquérir et exploiter les anguilles.

L'instinct particulier de certaines espèces de poissons les porte à remonter les cours d'eau par légions innombrables quelque temps après leur éclosion, et à regagner la mer quand ils sont adultes. Ces migrations périodiques et ces montées durent depuis le mois de février jusqu'à celui d'avril ou de mai.

Frappés de ce fait, les habitants de Comacchio imaginèrent d'avoir recours à un double mécanisme, qui, après avoir attiré ces bancs de semence dans leur lagune, les entraînerait ensuite, quand les poissons seraient adultes, vers des magasins où la récolte irait se rendre d'elle-même.

Pour donner à cette semence un accès facile dans la lagune et l'inviter à y rentrer, ils ouvrirent en plusieurs endroits de larges tranchées à travers les digues naturelles séparant cette lagune des deux rivières qui en bordent les côtés. Sur ces larges tranchées, dont plusieur forment d'assez longs canaux, ils articulèrent de fortes écluses mises en jeu par une manivelle ou une vis. Ces écluses sont autant de portes qu'on ouvre à la semence, et qu'on referme dès que cette dernière s'est répandue dans les bassins de la lagune.

Une fois toutes ces écluses achevées, il fallait encore ajouter un perfectionnement de plus à ceux qu'on avait déjà réalisés, et ce fut au moyen d'un endiguement considérable qu'on y arriva.

Ce dernier perfectionnement eut pour résultat de diviser la lagune en un grand nombre de compartiments, et de faire que chacun d'eux devînt l'image raccourcie de la lagune elle-même.

Le 2 février de chaque année, les hommes composant la brigade d'exploitation sont dirigés vers tous les points de la lagune où se trouvent des écluses. Là, après avoir placé des filets destinés à retenir les poissons adultes qui tenteraient de s'évader, ils ouvrent ces écluses et laissent tous les passages libres jusqu'à la fin d'avril.

Les courants qui se produisent alors sont remontés par les jeunes poissons, qui, précisément à cette époque, quittent la mer pour s'engager dans les canaux.

Quand la tête de colonne de ces longues traînées de semence s'est mise en chemin, tout le reste continue à suivre. Les hommes qui, sous le nom de *vallanti*, sont préposés à la garde de chacune des écluses, ont, en ce qui concerne les anguilles, un moyen de reconnaître, sans troubler sa marche, si la montée est en abondance ou clair-semée. Ce moyen consiste à descendre au fond des canaux d'ensemencement des fascines qui y séjournent vingt-quatre heures, et que l'on retire de temps en temps pour faire tomber les jeunes anguilles prises entre les branches, et juger ainsi de l'abondance ou de la médiocrité des semailles.

Pour prévenir les migrations on abaisse toutes les écluses, et, vers la fin d'avril, la lagune se trouve convertie en un bassin clos de toutes parts, et qui retient la montée prisonnière. Ces troupeaux aquatiques vivent dans ces champs et cherchent leur pâture au milieu des conditions qui leur sont imposées.

L'acquadelle, poisson nains qui n'atteint pas la taille du goujon, et qui forme dans ces bassins des bancs innombrables, leurs sert surtout de nourriture.

Le temps que mettent les anguilles à prendre tout leur accroissement, dans des bassins où on leur donne une nourriture suffisante, ne va pas au delà de quatre ou cinq années. Un poids de deux ou trois kilogrammes de montée, composés de dix-huit cents jeunes, peut, au bout de ce laps de temps, produire trois mille kilogrammes de chair. Les récoltes de la lagune attestent que ce calcul n'est point exagéré.

Après l'ensemencement, l'opération la plus importante de l'exploitation est la pêche, dont on renouvelle tous les ans les appareils, fabriqués avec une espèce de roseau cultivé sur les bords de la lagune. On fait avec ces roseaux des nattes et des claies destinées à former les parois des labyrinthes où le jet des eaux salées doit attirer le poisson.

En ajustant ces claies de quatre pieds de longueur sur sept de hauteur, et en les reliant entre elles, on en forme des bandes aussi étendues qu'on le désire. Elles servent à organiser les labyrinthes formés de plusieurs compartiments ou enceintes, d'où le poisson ne peut s'échapper. La dernière chambre où les prisonniers parviennent a la forme d'un cœur, dont l'angle aigu présente deux cloisons se touchant sans adhérer pourtant l'une à l'autre. Ces deux cloisons cèdent à l'impulsion du poison quand il entre, mais se referment dès qu'il les a franchies et le retiennent captif.

Si parfois une anguille insinue la tête ou la queue entre les roseaux et glisse à l'aide d'efforts vigoureux à travers les parois de l'enceinte, ses efforts n'aboutissent qu'à la faire tomber dans un espace triangulaire où, après avoir erré plus ou moins longtemps, sans jamais réussir à traverser d'autres parois dont l'épaisseur et la consistance sont calculées de manière à résister à toutes ses entreprises, elle se résigne à sa captivité.

Le jour de l'ouverture des pêches est pour la ville

de Comacchio un événement important. Les *vallanti* ouvrent les écluses pour laisser pénétrer librement les eaux de l'Adriatique dans tous les bassins de la lagune, dont chaque issue est garnie de labyrinthes. Les flots de la mer se précipitent sans obstacles à travers les parois perméables des labyrinthes, et arrivent, sous forme de courants, dans les bassins où l'évaporation a diminué le niveau des eaux en même temps qu'elle en a augmenté la salure.

Ces courants d'eau fraîche éveillent partout l'instinct de l'émigration, inné chez les poissons; ils les remontent jusqu'aux labyrinthes, où ils ne peuvent avancer qu'à la condition de s'engager dans leurs défilés. Ils en parcourent tous les détours jusqu'aux derniers compartiments, et ils s'y accumulent quelquefois en si grand nombre, qu'il ne reste, pour ainsi dire, plus d'eau dasu les chambres qu'ils comblent.

Les habitants de la colonie choisissent particulièrement les nuits sombres et pluvieuses pour récolter le poisson. Postés près des labyrinthes, ils y veillent dans le plus profond silence, et dès que les chambres sont remplies, ils se hâtent de les dégager, car si, par suite de l'encombrement, les anguilles venaient à éprouver une trop grande gêne, elles pourraient briser les parois de leur prison.

L'extraction de ce riche butin s'opère au moyen d'une bourse en toile qui sert à le transborder dans les *borgazzi*, espèces de corbeilles d'osier à mailles serrées, en forme de globe et s'ouvrant par une bouche circulaire. On introduit dans cette ouverture un entonnoir en forte toile par lequel on verse les anguilles, et on maintient les corbeilles pleines en les attachant à un câble qui les immerge, de façon que le poisson se conserve vivant jusqu'au moment, soit de la vente, soit de sa translation à la manufacture, où on le sale et où on le fume aussitôt pour l'exportation. La récolte et par conséquent la manipulation durent trois ou quatre mois.

Quelquefois on immerge les anguilles vivantes sur les différents points du littoral de l'Adriatique, au moyen de viviers flottants en forme de barques closes percés de trous ou de petites meurtrières, qui les rendent imperméables à l'eau, et qu'on conduit en les remorquant, soit à travers l'Adriatique, soit à travers les fleuves qui s'y rendent.

Il y a, dans les *Mille et une Nuits*, une histoire qui m'a toujours frappé, c'est celle d'Aladin, entre les mains duquel le hasard fait tomber une lampe qu'il suffit de frotter pour opérer toutes sortes de miracles. Par malheur le pauvre garçon ne se doute pas de la vertu du talisman qu'il possède, il souffre toutes sortes de douleurs, il subit mille chagrins qu'il éviterait rien qu'en passant la main sur cette lampe qu'il dédaigne, comme d'une forme trop grossière et trop rugueuse. Des années s'écoulent ainsi avant qu'un autre hasard vienne lui révéler les propriétés de son vase magique.

N'est-ce point là un symbole incontestable de l'homme qui foule aux pieds, sans s'en douter, mille bienfaits du Créateur, et dont il ne tire point parti par ignorance?

Non-seulement l'homme ignore la plupart des qualités bienfaisantes que possèdent les végétaux; mais encore, après les avoir constatées, il les néglige et finit même par les oublier et par les dédaigner pour demander aux contrées lointaines et pour payer au poids de l'or des ingrédients et des médicaments qui n'ont guère plus de vertus.

Telles étaient nos pensées hier, pendant une promenade dans un de ces rares coins de la campagne des environs de Paris, où poussent encore librement et dans toute leur étrange beauté des plantes sauvages.

Qui mange aujourd'hui la graine de la stachyde? disais-je en récoltant pour mon herbier quelques-unes de ces charmantes fleurs qui, par malheur, exhalent une odeur peu avenante. Qui recourt encore au collet de sa tige pour combattre les fièvres printanières? Elle a beau étaler ses grappes de petites fleurs blanches teintes de rose, et qui ressemblent à une gueule d'animal entr'ouverte, on la foule injurieusement aux pieds et les teinturiers eux-mêmes ne la cueillent plus solennellement, comme ils le faisaient au moyen âge, pour colorer les étoffes en jaune éclatant.

C'était pourtant une fête charmante que celle de la cueillette de la stachyde ou *ortie morte!*

Le matin du 3 mai, jour de l'Invention de la sainte Croix, après avoir ouï, dès le point du jour, une messe solennelle en l'honneur de saint Hippolyte leur patron, les *teinturiers du petit teint* se répandaient, musique en tête, dans les campagnes des environs de Paris, et particulièrement dans les marais de Meudon et de Gentilly, et les plaines de Saint-Cloud et de Ville-d'Avray, où foisonnait l'ortie morte. Le soir, chacun des expéditionnaires se réunissait en un lieu donné pour rentrer en cortége dans Paris Les joueurs de cornemuse et de viole marchaient les premiers; les enfants et les femmes suivaient, couronnés de fleurs des champs, et après eux s'avançaient les hommes, pliant sous le faix de leur récolte nouée en bottes et portée sur les épaules.

Arrivé dans la rue de la Cossonnerie, chacun déposait son fardeau dans une vaste grange consacrée à cet usage; après quoi, un grand banquet réunissait au milieu de ce même hangar, par table de trente, tous les compagnons teinturiers avec leurs familles. Les maîtres de la communauté distribuaient aux mieux faisants de la journée des méreaux en plomb représentant, d'un côté, saint Hippolyte à cheval, et de l'autre portant cette légende : « Aulx taincturieurs de petite taincture. »

Cette coutume se continua jusqu'à l'abolition des corporations, quoique déjà depuis longtemps on eût renoncé à l'emploi tinctorial de l'ortie morte.

Le lendemain de la cueillette, on préparait la stachyde de la façon suivante : on détachait sa fleur, qui exhale, comme je vous l'ai dit, une odeur désagréable, et on rassemblait en tas, pour les distribuer aux mères de famille, ses feuilles en forme de cœur, afin qu'elles les fissent dessécher à loisir, pour en remplir les oreillers des nouveaux-nés. Ces feuilles jouissaient, dit-on, de la double propriété de rendre la dentition facile et d'écarter les insectes domestiques.

Quant au collet de la racine, on le coupait avec soin, et on le faisait dessécher sur des tapis ou sur des claies fines et serrées ; on le réduisait ensuite en poudre et on s'en servait pour combattre les fièvres et guérir les pâles couleurs des jeunes filles.

On racontait à ce sujet qu'une jolie teinturière, à la veille de se marier, avait tout à coup commencé à dépérir. Son teint frais et blanc se fanait comme une rose dont un ver pique le bouton naissant. En proie à des frissons qui revenaient chaque jour à la même heure, elle ne gardait plus trace ni de l'activité avec laquelle elle dirigeait le partie de l'atelier de son père confiée aux femmes, ni de la gaieté qui naguère la faisait chanter du matin jusqu'au soir.

Son fiancé, en proie au chagrin, s'adressa à la fois aux trois patrons des teinturiers, saint Maurice, saint Bon et saint Hippolyte. Il leur promit à chacun une couronne d'argent massif s'ils rendaient la santé à celle qu'il aimait éperdument. La nuit qui suivit ce vœu, tous les trois lui apparurent en songe, une plante d'ortie morte à la main. Saint Bon en arracha les feuilles, saint Hippolyte la tige et les fleurs, et saint Maurice, tirant la dague qu'il portait à son côté en qualité d'ancien soldat, détacha le collet de la racine et le présenta à l'amoureux affligé ; puis les trois bienheureux dirent, sur un ton grave de plain-chant : —*Dans sept jours et sept heures*... et ils disparurent.

Le jeune homme se leva précipitamment, alla prendre le plus qu'il put de collet de racine de stachyde dans le hangar où se trouvait amoncelée la récolte, que l'on avait faite précisément la veille, prépara une potion et la fit boire dès l'aube à la belle teinturière.

A sept jours et sept heures de là, la fièvre qui minait celle-ci disparut miraculeusement, et à sept semaines et sept jours de là, les noces se célébrèrent avec un éclat dont, je vous l'assure, on parla pendant plus d'une année dans la rue de la Cossonnerie.

Miracle à part, pourquoi la stachyde est-elle repoussée aujourd'hui de la pharmacopée? pourquoi n'essayerait-on pas son action fébrifuge, quand chaque jour le quinquina devient plus rare, et partant, plus cher?

Un échec ne serait pas bien grave, un succès serait un bienfait.

Autre bonne chose à emprunter au passé :

Aux seizième et dix-septième siècles, un Parisien ne se fût point trouvé bien couché s'il n'eût au préalable placé sous sa tête un oreiller rempli du duvet de l'*herbe aux gueux*.

L'*herbe aux gueux*, ou *plaisir du voyageur*, n'est autre que la *clématite des buissons* (*viticella*), qui grimpe dans toutes les haies, et dont les fleurs bleues produisent aux approches de l'automne un véritable édredon, blanc, léger, élastique, chaud, et qui peut lutter de qualité avec celui qu'on arrache de la poitrine des oies.

Chaque capsule de la clématite contient de cinquante à cent plumules, que l'on récolte sans peine en coupant, par un temps sec, à leur base, les capsules qui les contiennent et auxquelles elles restent attachées fort avant dans l'hiver.

La clématite pousse partout où elle trouve à entortiller ses vrilles; elle n'exige aucune espèce de culture; seulement lorsqu'elle semble vouloir quitter les buissons au pied desquels elle est née et qu'elle enveloppe de ses rameaux, de ses feuilles et de ses fleurs, il suffit d'élaguer quelques-uns des sarments de sa tige onduleuse; enfin on la multiplie tant que l'on veut au moyen de marcottes.

La feuille de la clématite, douée d'une propriété caustique très-prononcée, a été longtemps préférée pour la préparation des vésicatoires aux mouches cantharides, dont elle n'a pas, assure-t-on, les nombreux inconvénients. Elle doit son nom d'*herbe des pauvres* à l'emploi qu'en faisaient autrefois les mendiants pour simuler des plaies.

Si l'*herbe aux gueux*, dont je vous entretenais l'autre jour, se récoltait publiquement et au milieu de fêtes, il n'en était pas de même d'une plante charmante qui commence, au mois qu'il est, à montrer, par les chemins et le long des champs, ses corolles mélangées de pourpre, d'azur et d'or. Les botanistes l'appellent *echium*; elle porte depuis des siècles le nom populaire de *vipérine*.

Une superstition qui remonte aux temps antiques, puisque Pline le Jeune en parle dans ses livres, attribue à cette plante des vertus étranges qu'elle est bien loin de posséder.

A l'aide de ses longs poils jetés sur des charbons ardents, à minuit et avec certains rites, on évoquait les esprits infernaux et l'on obtenait d'eux des pouvoirs sinistres. Sa racine, prétendait-on encore, guérissait les morsures des vipères, et ses feuilles étroites, infusées dans un hanap de cervoise, donnait la faculté de voir les esprits invisibles.

Un chroniqueur du temps dit à ce sujet :

Chaque année, les magistrats faisaient annoncer à son de trompe que, sous peine du fouet et de la prison, il était interdit aux récolteurs de vipérine, herboristes ou bourgeois, de conserver la moindre parcelle des tiges, feuilles, fleurs, fruits et bois de ladite plante; on exigeait que ces tiges, feuilles, fleurs, fruits et bois fussent brûlés en plein champ et en plein jour, entre quatre et cinq heures du matin ou quatre et cinq heures du soir, avec défense expresse de vaquer à cette opération, soit à midi, soit à minuit. Des inspecteurs assermentés surveillaient la stricte exécution de ces règlements de police, et l'on raconte l'histoire d'une jeune fille, battue de verges et promenée par la ville, sur un âne, pour être rentrée dans la ville de Paris en tenant à la main un bouquet au milieu duquel se trouvait une branche de vipérine.

Quant à la racine, il s'en faisait une grande consommation, et les herboristes et apothicaires la débitaient râpée en poudre grossière que l'on mettait dans ses bottes et dans ses chaussures, lorsqu'on avait à traverser soit la forêt de Saint-Germain, soit la forêt de Bondy, où foisonnaient alors les vipères, les crapauds et autres bêtes venimeuses ou réputées telles.

A l'époque où Catherine de Médicis arriva en France, amenant à sa suite une colonie d'astrologues, de parfumeurs et de jeunes et jolies caméristes, l'un de ces parfumeurs, qui portait le nom de Judicelli, ne tarda point à devenir célèbre par un rouge naturel et végétal qu'il vendait au poids de l'or. Ce rouge, habilement mis en œuvre, rendait aux joues pâles et fatiguées une fraîcheur et un éclat de teint qui, le proclamait-on, laissait bien loin derrière lui les fards minéraux employés jusqu'alors.

Par malheur Judicelli, qui gagnait des sommes considérables, s'éprit d'un violent amour pour une jeune dame d'atours de la reine, Maria Gaspardi. Maintes et maintes fois, il mit aux pieds de sa jolie compatriote sa fortune et sa main, comme on disait à cette époque.

Maria, quoique d'un caractère sombre et triste, et jusque-là étrangère à la coquetterie, n'accepta ni l'un ni l'autre, mais elle ne les refusa point non plus nettement. Elle se joua avec autant de cruauté que de perfidie de l'amour de Judicelli, le fit un objet d'amusement et de ridicule pour toute la cour, et rendit presque fou celui dont tout le crime consistait, en apparence, à l'aimer et à la vouloir faire riche.

La reine elle-même prit part à ce jeu cruel; non-seulement elle permit qu'on lût devant elle les lettres de Judicelli, mais encore, assure-t-on, elle s'associa aux réponses dérisoires de Maria, qui assignaient au vieillard amoureux des rendez-vous menteurs, ce qui lui causait des désespoirs à en mourir.

Un jour qu'on riait à la cour des peines du pauvre diable, la reine prétendit que Judicelli, malgré l'ardeur insensée de sa passion, mettait encore l'argent au-dessus de cette passion, et que jamais, par exemple, Maria n'obtiendrait du parfumeur la recette du fameux rouge végétal auquel il devait sa fortune.

Maria répondit qu'avant trois jours ce secret ne serait plus un mystère, non seulement pour la cour, mais encore pour la ville.

Le lendemain matin, de bonne heure, maître Judicelli vit en effet entrer chez lui une femme voilée, et il pensa tomber à la renverse quand il reconnut dans cette femme Maria Gaspardi elle-même.

Celle-ci, feignant de son côté un grand trouble, tendit au parfumeur qui, cette fois tout de bon, manqua de mourir de joie, une main tremblante; puis, avec bien de l'embarras, et de l'émotion, lui dit qu'il fallait s'en prendre à la reine seule si jusqu'à présent le pauvre homme avait fait le pied de grue aux rendez-vous assignés par Maria.

— Aujourd'hui, ajouta-t-elle, je suis prête à braver Catherine de Médicis elle-même, et je viens déjeuner en votre logis, devant tous vos gens, de façon que personne ne puisse plus douter de l'affection que j'ai pour vous.

Judicelli, fou de joie, donna vivement des ordres pour traiter dignement celle qui lui apportait un bonheur si peu prévu, et Maria Gaspardi s'assit en face de lui à sa table.

Il ne fallait pas beaucoup de vin pour griser le parfumeur, déjà ivre d'amour, et, comme Maria lui exprimait quelques doutes sur la grandeur et l'abnégation de la tendresse qu'il éprouvait pour elle, il jura qu'il était prêt à tout afin de lui en donner des preuves.

— Ne faites point de pareils serments, dit-elle; je tiens pour certain que vous me refuseriez du premier coup la moindre preuve que j'en requerrais de vous.

Et comme il se révoltait à ces paroles :

— Vous m'aimez plus que votre vie, continua-t-elle.

Eh bien! je jurerais que vous ne me diriez même point le secret de la composition de votre rouge.

A ces mots, Judicelli devint pâle comme un cadavre.

— Mais c'est toute ma fortune, toute ma renommée! balbutia-t-il.

— Que vous disais-je? s'écria Maria en se levant. Folle que je suis! Moi, je vous sacrifie non-seulement ma fortune et ma renommée, mais encore l'amitié et la protection d'une reine; et voici qu'une plaisanterie qui, par hasard, m'est passée dans la tête, une fantaisie sans rime ni raison suffit pour faire reculer votre soi-disant amour! Que m'importe ou que ne m'importe pas ce secret? Adieu! je n'aime ni l'ingratitude ni la défiance.

Judicelli, éperdu, se jeta aux pieds de la dame d'atours, la supplia de l'écouter, et l'entraîna presque de force dans son laboratoire.

— Tenez, regardez, dit-il, voyez ces petits fruits, ces graines qui par leurs renflements et leurs rides ressemblent à la tête d'un reptile, ce sont celles de la vipérine. Je les distille, et j'en extrais un jus qui me donne la couleur rose avec laquelle je fabrique mon rouge.

Ce fut au tour de Maria Gaspardi à pâlir.

— Ah! s'écria-t-elle, Dieu est juste et vengeur! N'est-ce pas d'une paysanne romaine, de Margarita Pepoli, que vous tenez ce secret? Margarita, séduite, n'a-t-elle point été abandonnée avec son enfant par vous? Je m'explique maintenant la haine que vous m'inspirez : ce sont les larmes de ma sœur, morte de douleur et de misère avec son enfant, en maudissant son séducteur, qui me l'inspiraient! Eh bien! à toi la honte et la pauvreté. Je te hais! et dans une heure tout Paris saura ton double secret.

Et elle s'enfuit.

A quelque temps de là, Judicelli, ruiné, se jetait du haut du pont Neuf dans la Seine.

Un mois après, Maria prenait le voile dans le couvent des carmélites de la rue Chapon.

A dater de ce jour-là, jusqu'en 1790, les carmélites firent un grand commerce de *rouge vipérin*.

Vous le voyez, tout devait être singulier dans l'histoire de ce rouge, puisqu'elle commence par un drame et qu'elle finit par le singulier spectacle de religieuses fabriquant et vendant du fard.

Pendant un voyage récent que l'auteur de ces notes vient de faire en Hollande, il a remarqué, sur les appuis intérieures des fenêtres d'un grand nombre de maisons, des vases de porcelaine contenant des plantes d'apocyn à feuilles d'androcemum.

Dans aucune des maisons où l'on cultive cette plante, ne se rencontre une mouche vivante.

L'apocyn, originaire de l'Amérique du Nord, n'est une plante ni rare de culture difficile. Linnée lui a donné cè nom d'apocyn, quoiqu'on la connaisse beaucoup plus sous le sobriquet d'attrape-mouches.

L'apocyn, haut de tige, se couronne de milliers de fleurs et exhale au loin une forte odeur de miel, qui attire de toutes parts les mouches.

Or, chaque mouche qui touche à cette fleur est perdue, elle se prend à un piége sans rémission.

La pauvre bestiole affriandée s'arrête sur la corolle, et avance la tête et la trompe vers le calice de l'apocyn ; là elle peut pomper sans danger une matière sucrée que suinte légèrement. Mais malheur à elle si elle s'aventure plus avant, si elle entre jusqu'à l'endroit où se trouve, cachée par un miel épais, une fente fortement comprimée par les anthères ! Sa trompe reste saisie entre cette fente, et plus l'infortunée fait d'efforts pour s'échapper, plus sa captivité devient assurée, et sa mort certaine.

Les fleurs de l'apocyn sont littéralement couvertes de cadavres de mouches.

Avant 1835, on savait à peine que l'hiver, par une température au-dessous de zéro, la glace commence à se former, non pas au-dessus d'une rivière, mais bien au fond, et que les glaçons partent du bas du lit pour venir se charrier à la surface, s'y prendre, s'y souder peu à peu entre eux et former une masse immobile.

Arago, le premier, expliqua ce phénomène, en exposant que l'eau se refroidit régulièrement de haut en bas jusqu'au fond de la rivière : elle y établit une température égale par le mouvement de ses molécules ; mais ce même mouvement l'empêche de geler dans les parties supérieures. Ses parties inférieures se consolident sur le lit où des pierres, des graviers, du sable les retiennent, les emprisonnent et les immobilisent çà et là, par petites parties.

Ces parcelles durcies grossissent peu à peu, se développent, s'unissent, prennent des proportions souvent considérables, et détachées par la force d'impulsion de l'eau, remontent à la surface; où les amène leur légèreté relative ; car la glace est moins pesante que l'eau.

M. Enguelhardt, par l'organe de M. de Sénamont, est venu lundi dernier à l'Académie des sciences confirmer, au moyen de nombreuses observations, l'exactitude du mécanisme découvert par Arago.

Dans l'avant-dernière séance de l'Institut, M. Becquerel a lu des observations sur la température de l'air.

Cette température, on le sait, va, pendant la journée, en s'accroissant depuis un mètre trente centimètres jusqu'à vingt mètres, à partir du sol.

M. Becquerel établit que, par suite de nombreuses observations, il a constaté qu'à *six heures du matin*, le thermomètre, dans un lieu donné, indique la *même température*, et par conséquent le même nombre de degrés, depuis le niveau du sol jusqu'à vingt et un mètres d'élévation.

Un chimiste a constaté dans la même séance qu'en faisant fondre la glace, on ne trouvait dans l'eau qui provenait de la fusion aucune trace des sels que l'eau contenait avant la congélation.

Cette eau gelée et fondue est par conséquent analogue à de l'eau distillée.

On savait déjà que ce phénomène existait pour l'eau de mer, mais on ne soupçonnait pas qu'il existât pour l'eau douce.

Le fait n'est pas nouveau, je veux dire qu'il est connu

depuis longtemps dans la science. M. Robinet, dès les premiers mots de sa communication, a pris soin de rappeler que le procédé de la congélation est préconisé dans le *Tableau de chimie*, de MM. Pelouze et Frémy, comme moyen de concentration des liqueurs à analyser. Il a cité aussi diverses circonstances où, dans les arts industriels, ce procédé est employé dans un but de concentration : on fait geler certains vins pour leur donner une force plus grande, etc.

Puisque M. Robinet ne revendique pas la priorité de l'idée, il me saura gré, sans doute, de lui indiquer un travail qu'il n'a pas cité et dans lequel la congélation est envisagée au point de vue de la purification de l'eau. C'est une brochure de huit pages in-8°, écrite en bon italien et intitulée : *Osservazioni sopra il congelamento dell' acqua ed esperienze sopra la conseguente sua depurazione di Giovanni Bizio figlio.* (Lette all' Ateneo di Venezia nella tornata ordinaria del giorno 18 aprile 1842.)

L'auteur, M. G. Bizio, après avoir rappelé les expériences et les paroles de Berzelius, qui établissent la propriété que possède l'eau, partiellement congelée, d'abandonner les substances qu'elle tenait en dissolution, de telle sorte que la portion qui reste liquide soit de plus en plus chargée de ces substances; l'auteur, dis-je, généralise cette propriété et l'étend à toutes les liqueurs qui cristallisent. Puis il rend compte des expériences scientifiquement instituées par lui, dans le but de s'assurer de la dépuration de l'eau successivement gelée et fondue. Il prend un glaçon, le lave avec de l'eau distillée pour le débarrasser des sels dont on aurait pu imprégner la partie de l'eau restée liquide ; il fait fondre ce glaçon, puis congèle de nouveau une partie de l'eau qui en résulte; et après trois opérations conduites de cette façon il constate que les réactifs les plus sensibles sont sans action. Alors il écrit : « Il reste donc clairement démontré qu'au moyen de la congélation on peut obtenir une eau au plus grand degré de pureté, ou pour mieux dire égale à l'eau *distillée* parfaite. » (*Sicchè resta chiaramente dimostrato, che col mezzo della congelazione si puó avere un'acqua al massimo grado di purezza o per meglio dire, tale da uguagliare una perfetta acqua distillata.*)

Puisque nous parlons de glace, disons qu'au Bengale, par la température excessive de ce climat brûlant, on produit artificiellement de la glace, en plaçant, par une nuit calme et sans nuages, dans une plaine bien unie, sur un lit de cannes à sucre ou de paille de maïs, des espèces de pots fort évasés, très-minces de parois, peu profonds et fabriqués avec une terre légère et sans vernis.

Arago, qui le premier a rendu compte de ce fait, l'attribue au seul effet de rayonnement nocturne. D'après lui l'évaporation à travers la terre poreuse des vases n'entre pour rien dans la production de cette glace, puisqu'on les enduit à l'intérieur d'une légère couche de graisse.

Trois cents ouvriers s'occupent, chaque nuit favorable, à fabriquer ainsi de la glace, qui se paye littéralement au poids de l'or dans ces contrées dévorées par le soleil.

Il y a encore une manière de fabriquer artificiellement de la glace : mais cette manière, bien entendu, n'est pas applicable industriellement parlant ; il s'agit simplement d'une opération de laboratoire.

Ce procédé est de l'invention de M. Boutigny, d'Évreux.

Personne de ceux qui suivent le mouvement scientifique n'a oublié la profonde sensation que M. Boutigny produisit, en 1845, à la Sorbonne, en fabriquant de la glace dans un creuset rougi à blanc.

Il me semble encore entendre M. Dumas dire :

Rien de plus simple, messieurs, rien de plus facile à concevoir. Dans une capsule de platine rougie à blanc, M. Boutigny a versé quelques grammes d'acide sulfureux anhydre.

Cet acide, qui bout à dix degrés au-dessous de zéro, passe sur la capsule à l'état sphéroïdal et s'y maintient à une température de onze degrés.

Si on projette de l'eau dans ce sphéroïde, cette eau, mise en contact avec un corps d'aussi base température, se solidifie instantanément comme vous le voyez.

Et M. Boutigny tira du moufle incandescent d'un four à coupelle un magnifique morceau de glace, qu'on se passa de main en main, en jetant un cri d'admiration.

Puis M. Dumas reprit :

Qu'est-ce que l'état sphéroïdal ? me demandez-vous.

Si vous projetez un liquide sur une surface incandescente, ce liquide, quel qu'il soit et de quelque hauteur qu'il tombe, ne mouille pas cette surface, c'est-à-dire qu'il ne vient pas au contact ; il prend la forme globuleuse et reste à une température constante, inférieure à son point d'ébullition, quelle que soit l'élévation de température du milieu qui l'entoure.

Dès ce jour, la découverte de M. Boutigny et ses travaux prirent une place sérieuse et importante dans la science. Ils soulevèrent des polémiques ardentes, et, comme il n'arrive que trop souvent, sans conclusion précise et incontestée ; néanmoins on les cita désormais partout dans les traités de physique et de chimie, et jusque dans les ouvrages élémentaires.

Chacun, à l'étranger, voulut répéter des expériences aussi imprévues, et les honneurs académiques tombèrent en averse sur M. Boutigny. L'Académie des sciences lui décerna, de son propre mouvement, un prix de trois mille francs, et accepta trois rapports faits par trois commissions différentes sur les recherches du physicien ; le célèbre Berzelius lui applaudit à deux mains ; l'*Institut* des ingénieurs de Londres lui accorda sa plus haute récompense en lui décernant la médaille Telford, et l'admit au nombre de ses membres ; enfin la congrégation municipale de Milan classa au premier rang des expériences nouvelles, destinées à être reproduites dans son congrès scientifique, celles du savant français, et lui adressa une somme de deux mille livres autrichiennes pour qu'il vînt faire lui-même ses expériences.

Aujourd'hui, il reste d'immenses recherches à poursuivre, de nombreuses applications à trouver ; mais peu de ceux qui ont si fort battu des mains à M. Boutigny pensent encore à lui. On profite de ses travaux ; chacun se les approprie, chacun les exploite, mais personne ne le nomme ; on le laisse à l'écart, tandis que seul il persiste à suivre la voie qu'il a ouverte, et dans laquelle, à chaque pas, l'arrête et l'entrave l'insuffisance de moyens d'expérimentation. Pour expérimenter il faut être riche, et M. Boutigny ne l'est pas.

Et cependant l'industrie elle-même lui doit de grandes conquêtes ; un membre de l'Institut l'a déjà proclamé depuis longtemps.

Voici comment s'exprime M. Babinet :

Cette température des sphéroïdes est d'ailleurs invariablement proportionnelle à celle de leur ébullition.

On lui doit une chaudière où l'eau, en petite quantité, alimentée par une injonction continue, fonctionne sans danger, et n'admet plus ces vastes amas d'eau intérieure qui, par un effet encore mystérieux, deviennent tout à coup commes des amas de poudre de guerre dont l'explosion anéantit et la chaudière et les bâtiments qui la contiennent, en exterminant tous les travailleurs qui sont alentour.

Au point de vue physique, économique et surtout philantrophique, est-il une étude qui doive être mise en comparaison avec l'étude de l'état sphéroïdal de M. Boutigny et aux essais à faire sur sa machine à vapeur ? Comme physicien, j'ai depuis plus de vingt ans suivi les travaux de M. Boutigny, et je n'ai trouvé de plus important au point de vue industriel et scientifique que son procédé pour produire et ménager sans danger la vapour, ce terrible et irrésistible agent, fils de l'eau et du feu, lesquels, joints au fer qui les enveloppe, donnent à l'homme de notre siècle autant de supériorité sur l'homme des siècles passés que le feu de Prométhée en donne à l'homme civilisé sur l'homme primitivement sauvage.

M. Boutigny, depuis quelques années, a pour collaborateur son fils, à qui, parmi plusieurs observations ingénieuses et fécondes, on doit celle de ce fait remarquable que l'eau peut s'isoler du vase qui la contient et passer spontanément à l'état sphéroïdal.

Ce phénomène, encore inexpliqué, cause trop souvent des explosions fulminantes de chaudières à vapeur.

L'Académie des sciences a reçu communication d'un très-intéressant Mémoire de M. Lagout, ingénieur des ponts et chaussées, sur l'esthétique.

M. Lagout a, pourrions-nous dire, *mesuré* les conditions matérielles qui doivent être remplies pour la production du beau dans les arts. Nous ne saurions reproduire ici tout le curieux travail de M. Lagout, mais nous voulons du moins citer les conclusions suivantes, que nous empruntons à la notice qui résume le Mémoire de cet ingénieur :

En résumé, l'auteur : 1° introduit dans l'analyse, par l'*équation du beau*, sa synthèse des sensations agréables de la vue, qui avait été sanctionnée par l'Académie des Beaux-Arts;

2° Il ramène des impressions à des nombres qui en mesurent la valeur ;

3° Il détermine un comma optique négligeable en toute sûreté dans les arts du dessin ;

4° Enfin il a trouvé, non pas la pierre philosophale, mais une pierre de touche à l'aide de laquelle chacun peut apprécier le degré de justesse des proportions d'un monument ou d'un objet d'art industriel, ce qui affranchira les dessinateurs des tâtonnements parfois inextricables, contre lesquels ils se heurtent entre la phase du croquis et celle du dessin d'exécution.

MAI

Deux princes du sang naturalistes. — Les phoques à tête de tigre et à mâchoire plissée. — Haches de pierre antédiluviennes. — Les petits de deux chiennes atteintes de la rage. — Les femmes médecins aujourd'hui et sous le règne de saint Louis.

1er mai.

Chaque jour, la science, tenue si longtemps sous le boisseau, d'abord par les savants de profession, qui veulent en faire une sorte de sanctuaire accessible à eux seuls, ensuite par l'aversion qu'inspirent aux masses des classifications barbares et une langue plus barbare encore; chaque jour, dis-je la science gagne en popularité, et compte parmi ceux qui la cultivent avec ferveur des adeptes inattendus.

Ainsi, par exemple, deux des fils de la reine d'Angleterre se consacrent passionnément, le prince de Galles, héritier présomptif du trône, à l'étude de l'entomologie; le prince Alfred à l'étude de la paléontologie.

Le prince Alfred, pendant un récent voyage sur les côtes de l'Afrique méridionale, a recueilli un grand nombre d'ossements fossiles. Il n'a guère été moins heureux dans ses fouilles que M. Gaudry en Grèce.

Il a rapporté en Angleterre, entre autres raretés des périodes géologiques, deux crânes d'animaux disparus, qui tiennent à la fois du saurien et de notre phoque, et forment une sorte d'intermédiaire entre le phoque et le crocodile.

Le prince, pour se conformer aux usages barbares et traditionnels des paléontologistes, a baptisé ces deux animaux des noms de *diocyodon tigriceps* et de *ptychognathus.*

Pourquoi ne pas dire tout bonnement *tête de tigre à deux canines* et *à mâchoire plissée?*

Ce ne sont point, du reste, les seules découvertes du même genre qui préoccupent, en Angleterre, les savants qui se consacrent à l'étude des premières époques du globe terrestre.

On vient de recueillir dans le comté de Cornouailles un grand nombre d'ossements de cerfs, d'éléphants, de rhinocéros, de loups, d'hyènes et de renards d'espèces fossiles, auxquels se trouvent mélangées des haches et des pointes de lances en silex, semblables à celles qu'on a déjà rencontrées et qu'on rencontre encore à Saint-Acheul, près d'Abbeville, et à Paris, dans les terrains du Bas-Meudon.

Il en résulte toujours le même problème posé aux recherches de la science. Les hommes qui ont taillé ces armes grossières vivaient-ils contemporains des animaux au milieu des ossements desquels on les trouve? ou bien des révolutions terrestres ont-elles réuni des débris d'âges différents et distincts? On donne d'aussi bonnes raisons en faveur des deux thèses, et lundi dernier encore, l'Académie des Sciences soulevait cette discussion, bien entendu sans la résoudre.

Il se passe en ce moment à l'école vétérinaire d'Alfort un drame d'une sinistre étrangeté. Dernièrement on amena à cette école deux chiennes prêtes à mettre bas et mordues par un chien atteint de la rage.

On enferma chacune des pauvres bêtes dans une loge spacieuse que fermaient de solides barreaux de fer, et bientôt les symptômes les plus significatifs de la maladie dont elles étaient atteintes se manifestèrent avec violence. Elles cherchaient à s'élancer sur tous ceux qui s'approchaient de leur prison; elles se brisaient les dents à mordre leurs barreaux, et leur poil hérissé et souillé, leur œil sanglant, leur gueule pleine de bave, devenaient encore plus effrayants à la vue d'un liquide.

A quelques jours de là, elles mirent bas toutes les deux : alors ce fut un spectacle à la fois attendrissant et terrible que de voir tour à tour la maternité et la maladie se manifester chez les deux chiennes. Tantôt, douces et calmes, elles donnaient à têter à leurs petits, les léchaient tendrement et les abritaient sous leur corps fiévreux; tantôt la rage reprenait le dessus et elles se débattaient plus furieuses que jamais, jusqu'à ce qu'un de leurs petits fît entendre un cri : aussitôt elles revenaient à eux et recommençaient à les allaiter et à leur prodiguer des témoignages d'affection.

Un matin, et à un jour de distance, on les trouva mortes; on fit enlever leurs corps, et on donna à leurs petits du lait, qu'ils burent avidement.

Aujourd'hui, on attend avec anxiété de connaître si ces animaux nourris par des mères atteintes de la rage, et couverts tant de fois de leur bave, subiront les fatales conséquences de l'héritage maternel, et sont prédestinés à succomber comme elles à un mal entouré encore de tant de mystère et resté jusqu'ici un problème insoluble pour la science.

De temps à autre de jeunes femmes arrivent d'Amérique en France pour s'y perfectionner dans l'étude de la médecine et de la chirurgie, et y suivre la clinique des hôpitaux.

L'une d'elles, miss Helena Sears, qui nous a été adressée de New-York par le docteur Botton, se dispose à faire son stage médical à la faculté de Paris, et à y conquérir ses grades jusqu'à celui de docteur inclusivement.

Une femme peut-elle suivre les cours de la faculté de médecine ? Peut-elle recevoir le titre de docteur ? En attendant que cette question soit résolue par la Faculté, disons que déjà, en France, à une époque éloignée, les femmes ont exercé et professé la médecine.

D'une lettre-patente en latin, conservée à la Bibliothèque impériale dans un registre de Philippe-Auguste et datée du mois d'août, l'an du Seigneur 1250 (*Actum Acon, anno Domini MCC quinquagesimo, mense Augusto*), il résulte que saint Louis, en partant pour la Palestine, avait admis à sa suite, en qualité de *phisicienne* ou de médecin, une femme, maîtresse Hersen. Plus tard, il la renvoya en France, on ne sait pour quelle raison, mais il la gratifia d'une pension viagère de douze deniers parisis (environ cinq francs soixante-dix centimes) par jour, à prendre sur la prévôté du Siennois, dont Sens était alors la capitale.

L'acte qui assure cette pension à dame Hersen porte, nous l'avons dit, la date de 1250, époque où le saint roi, après avoir racheté sa délivrance et celle de toute sa suite pour la somme de quatre cent mille livres de notre monnaie, emmena de la ville de Damiette la reine Marguerite de Provence, à peine convalescente de ses couches, et atteignit heureusement avec elle le port de Saint-Jean-d'Acre.

Quelle était la position de la femme Hersen à la suite de Louis IX? Remplissait-elle les fonctions de *phisicienne* du roi? Était-elle attachée à la personne de la reine Marguerite?

Ces questions restent et probablement resteront toujours sans solution; mais il n'en est pas moins fort curieux de voir à la suite de saint Louis une femme revêtue de par le roi du titre de *maîtresse phisicienne.*

Le premier coup porté au droit des femmes d'exercer la médecine remonte à une ordonnance du roi Jean, provoquée par la faculté de médecine de Paris.

Non-seulement le monarque interdit aux femmes, sous des peines sévères, de prendre le titre et d'exercer les fonctions de *maîtresse phisicienne*, mais encore, en 1346, il écrivit au pape Clément VI pour l'inviter à frapper d'anathèmes religieux celles qui persistaient à vouloir exercer la profession de guérir les malades.

De son côté, Guy de Chanliac, médecin au treizième

siècle, se plaint amèrement, dans une requête au roi, des inconvénients de laisser l'exercice de la chirurgie dans les mains de femmes *idiotes* (*stultæ*), qui recourent dans toutes les maladies uniquement à des pratiques superstitieuses.

Il résulte de cette requête qu'à Paris il existait, au quatorzième siècle, des femmes se mêlant ouvertement de l'art de guérir, appendant à leurs boutiques les bannières traditionnelles, et qui s'étaient fait inscrire en qualité de *maîtresses phisiciennes* sur les rôles des contribuables.

Dans le tableau des tailles et impôts pour l'année 1290, qu'a découvert et publié M. Géraud, parmi les quinze mille deux cents contribuables de la ville de Paris, on compte, outre cent cinquante et un barbiers (hommes et femmes), vingt-neuf *mires* ou médecins, et sept *meiresses* ou médecins en cotillon, à savoir : Ysabiau, Haogs, Ysabel, Richaut, Philippe, la juive Sarre et dame Heloys.

Le médecin à qui nous empruntons ces détails, le docteur Lanne, fait observer avec un point d'exclamation — et sans doute avec un soupir — qu'on ne comptait alors à Paris que trente-sept médecins, tandis qu'aujourd'hui plus de quinze cents y pullulent.

Ajoutons, comme consolation au soupir présumé du spirituel docteur, que la population de Paris s'est singulièrement accrue depuis le règne du roi Jean, et que, de nos jours, en France, la concurrence des *maîtresses phisiciennes* n'est plus à redouter.

La télégraphie dans l'avenir. — Ses besoins. — Ses transformations. — Appareil de télégraphie de nature à ne point se déranger.

4 mai.

Ceux qui prétendent que les Orientaux ne rient jamais ne connaissent assurément point les contes de Si-Mohammed-ben-Fegroun, chaque page en semble écrite pour faire naître l'hilarité, et le vrai croyant le plus sérieux ne saurait les lire sans éclater de rire.

Saïb, le héros de la plupart des aventures racontées par Si-Mohammed, est une sorte de jeune homme d'une intelligence plutôt endormie que tout à fait atrophiée. Les génies et les fées s'amusent à le combler de leurs faveurs, faveurs dont, soit dit en passant, il profite assez maladroitement. Par exemple, une péri lui donne un aigle pour le transporter à travers les airs sur les montagnes magiques où se trouve enfermée la femme qu'aime Saïb.

Quelque rapidité que mette l'aigle à voler, Saïb, pour accélérer encore davantage une vitesse qui paraît lente à ses désirs, ne trouve rien de mieux que d'atteler à côté de l'aigle une tortue ; ils seront deux, dit-il, et ils n'en iront que mieux.

Tout à l'heure, cette histoire m'est revenue à la mémoire en voyant un piéton m'apporter du poste central télégraphique une dépêche arrivant de Marseille.

La dépêche avait mis cinq minutes tout au plus à franchir la distance de Marseille à Paris.

Le piéton, si bon marcheur qu'il fût, avait dû passer trois quarts d'heure à franchir la distance qui sépare la rue de Grenelle-Saint-Germain de la rue de la Rochefoucauld.

Or, un piéton attelé à une dépêche télégraphique n'est, après tout, guère plus plaisant qu'une tortue attelée à un aigle.

Je sais bien que M. le directeur général des télégraphes a déjà établi plusieurs bureaux auxiliaires dans les différents quartiers de Paris et qu'il compte en établir bientôt encore de nouveaux. Mais ces bureaux, après avoir reçu les dépêches qu'on leur confie, doivent les envoyer à la direction centrale, qui les expédie alors aux destinataires; tout cela cause des retards inévitables; or, quand on recourt au télégraphe, c'est ordinairement parce qu'on ne veut pas de retards.

Les inconvénients dont je vous parle, déjà graves aujourd'hui, le deviendront encore davantage.

Depuis qu'une mesure intelligente et hardie a réduit à deux francs le prix des dépêches de vingt mots, le nombre de ces dépêches s'est accru en trois mois de cent soixante mille environ. Durant le premier semestre de l'année 1861, on en comptait environ cent quatre-vingt-dix mille; dans le premier trimestre de 1862 elles s'élèvent à trois cent vingt-six mille, et elles ont produit en plus une recette de cent mille francs.

Comme ce mouvement ascensionnel ira toujours croissant, grâce à l'habitude que chaque jour le public adopte de plus en plus de correspondre par le télégraphe, et qu'en matière d'administration, quand on n'avance plus on recule, je ne pense pas que la direction télégraphique, qui est jeune et fille du progrès, puisse songer à s'arrêter. Le prix des dépêches s'abaissera certainement encore de beaucoup, et leur nombre s'accroîtra naturellement en raison de cet abaissement.

Alors l'établissement de la rue de Grenelle, déjà insuffisant, deviendra tout à fait impossible.

Il faut donc s'y prendre à l'avance, pour ne pas se trouver pris au dépourvu.

La première amélioration à faire, selon nous, serait d'installer autre part le bureau dit central, qui n'est pas central du tout.

Renfermée, à son origine, dans un local qui n'a pas été spécialement construit pour ses services, la télégraphie se trouve aujourd'hui, nous venons de le dire, mal à l'aise rue de Grenelle-Saint-Germain, et n'y a point ses coudées franches.

Ensuite, topographiquement, le faubourg Saint-Germain peut, à la rigueur, ne pas se classer dans le bout de Paris; mais, en réalité, il est pour les affaires un des quartiers les plus lointains.

Il faut donc songer à transporter autre part le bureau central de la télégraphie, et le placer là où l'on en a réellement besoin, c'est-à-dire en plein cœur du Paris véritable et commercial, à côté de la Bourse.

Un autre établissement, — et en ceci je ne me fais que l'écho d'opinions exprimées deux fois au sein du Corps législatif, — un autre établissement, dis-je, devrait s'élever à côté du poste central de la télégraphie, car avant peu de temps la force des choses, cette force irrésistible plus puissante que la volonté humaine elle-même, les réunira inévitablement et les confondra ensemble, puisqu'ils ont un même but.

Je veux parler de la poste aux lettres.

Les deux services de la télégraphie électrique et des postes présentent des analogies frappantes et des points de contact nombreux : l'un et l'autre transmettent des dépêches, perçoivent des taxes, s'adressent au public, exigent une discrétion à toute épreuve : dans quelques localités, les bureaux se prêtent même leurs agents.

On pourrait bien, à la rigueur, constater certaines différences : là, en effet, les travaux sont nombreux et mal payés ; ici, on paye beaucoup mieux un travail presque nul ; mais je trouve, dans ces différences mêmes, un motif de plus pour justifier une réunion qui permettrait de niveler les traitements insuffisants sans grever le Trésor.

Sous le rapport de l'intérêt général, il serait moins désirable de voir ces deux services se prêter un mutuel appui, au lieu d'agir séparément et sans ensemble, chacun de son côté. Que l'on se figure chaque bureau de poste relié par un fil télégraphique, et la dépêche et la lettre distribuées par le même facteur, et l'on se rendra facilement compte des avantages que présenterait, pour l'État et pour le public, la réunion de ces deux services en un seul, comme cela a lieu déjà, au surplus, chez nos voisins.

L'avenir de la télégraphie est là.

(*Séance du Corps législatif du* 21 *juin* 1861.)

Mues par des rouages semblables, l'action de la télégraphie et celle de la poste se simplifieront ; leur tarif s'abaissera ; leur puissance se décuplera. L'imagination

nant ensuite les textes originaux dans les casiers chargés de les conserver; enfin, des tuyaux pneumatiques transportant, presque aussi rapidement que l'électricité, les dépêches des diverses succursales établies dans Paris au dépôt central, et du bureau central à ces mêmes succursales? Vous figurez-vous enfin toutes les applications possibles de la science et de l'industrie donnant chaque jour à ces services une amélioration et un progrès!

Et ne criez pas trop à la fantaisie! Toutes ces rêveries d'aujourd'hui deviendront des réalités, bien certainement, demain peut-être!

Il suffit d'entrer, par une température variable, dans le poste télégraphique d'une station de chemin de fer, pour constater à quels dérangements sont sujets les *appareils à cadran* dont on s'y sert, et combien de temps les *stationnaires* perdent souvent en tentatives inutiles avant de parvenir à régler les deux appareils destinés à correspondre entre eux.

Or, en ce moment, des appareils qui ne peuvent plus que très-difficilement se déranger fonctionnent au poste central, rue de Grenelle.

Quelques explications sont nécessaires pour bien faire comprendre leur nature et leur importance.

Cette importance me fera, je l'espère, excuser par le lecteur d'entrer dans des détails un peu abstraits, détails dont, chacun le reconnaîtra, je ne suis guère coutumier.

Comme on le sait, les mouvements de l'aiguille indicatrice des télégraphes à cadran dépendent du mouvement de la roue d'échappement d'un rouage d'horlogerie.

Cette roue d'échappement est commandée par une tige oscillante, dont les mouvements de va-et-vient sont eux-mêmes produits par l'*envoi* et l'*interruption* alternatifs d'un courant électrique.

Ces émissions et ces interruptions de courant se produisent à distance par les mouvements de la *manivelle du manipulateur à cadran* que manœuvre le correspondant pour envoyer sa dépêche.

Quand il fait passer sa manivelle du signe de *la croix* à la lettre A, par exemple, il se produit une émission de courant.

Ce courant arrive par le fil de la ligne jusqu'à des bobines recouvertes d'un fil de cuivre fin, isolé, dont les révolutions enveloppent chacune des deux branches d'une couple de barreaux en fer doux reliés par leur base, et qu'on appelle un *électro-aimant.*

On doit à Ampère de savoir que :

Cet appareil jouit de la propriété de devenir instantanément un aimant, au moment où passe le courant électrique que l'on fait circuler autour de ses branches;

Et qu'il cesse d'être un aimant tout aussitôt que le courant cesse lui-même d'exister.

M. Digney a conçu l'idée d'utiliser cette propriété pour produire à distance et à volonté le *déclenchement* d'une roue d'échappement, et, par conséquent, sa rotation par saccades.

Il suffit pour cela de placer à une faible distance de

l'*électro-aimant* une pièce en fer doux appelée *armature*, formant l'extrémité de la tige oscillante qui mène la roue d'échappement, et d'y appliquer de l'autre côté un ressort qui tend à l'en écarter.

Quand le courant passe, si la force attractive développée dans l'électro-aimant devient prédominante sur la force du ressort, celui-ci obéit et l'armature se porte vers l'électro-aimant.

Dès que le courant cesse, la force attractive cesse elle-même, et le ressort ramène l'armature en arrière.

Il se produit ainsi une allée et une venue de la tige oscillante de l'échappement et, par conséquent, le passage d'une dent ou de deux fois la division correspondant à une demi-dent.

Ceci suppose que la tige oscillante obéit régulièrement à toutes les attractions produites par le magnétisme temporaire d'une part, et à tous les retours en arrière produits par le ressort antagoniste d'autre part.

Or, c'est ce qui est loin d'avoir toujours lieu.

En effet, pour que l'attraction magnétique l'emporte sur la tension exercée par le ressort, le courant électrique doit posséder certains degrés de force. Mais, hélas ! rien n'est plus variable que cette dernière force; elle dépend beaucoup des circonstances atmosphériques, de la force de la pile, de la longueur de la ligne et de l'isolement plus ou moins complet de l'appareil.

Si donc l'appareil a été réglé pour une certaine intensité de courant, et que le courant s'affaiblisse, il arrivera que la force magnétique développée devient insuffisante pour vaincre la résistance du ressort antagoniste.

En ce cas, par conséquent, l'armature demeurera au repos, quand elle devrait se déplacer, ou bien elle ne se déplacera pas assez vite pour que le déclenchement ait lieu avant son retour en arrière.

Réciproquement, si le ressort est trop faible, eu égard à la force attractive de l'électro-aimant, il ne peut ramener en arrière l'armature.

De ces inconvénients il résulte pour les employés la nécessité de procéder, chaque fois qu'ils veulent correspondre entre eux, à un réglage mutuel de leurs appareils. Il leur faut chercher, par une série de tâtonnements, à mettre le ressort antagoniste en rapport avec la force du courant, tâtonnements d'autant plus fâcheux qu'on ne sait souvent dans quels sens on doit les opérer.

C'est à ce grave inconvénient que remédie l'appareil de MM. Digney frères.

Ils ont conçu l'idée de substituer d'abord au *manipulateur* ordinaire, qui produit alternativement des émissions et des interruptions de courant, un *manipulateur inverseur*, déjà, du reste, employé pour le *télégraphe imprimeur à cadran*.

Quand la manivelle marche de la *croix* à la lettre A, elle détermine l'émission du courant positif; quand elle marche de A à B, c'est un courant négatif qui va vers la ligne; de B à C, un courant positif, et ainsi de suite.

Diverses dispositions de détail fort ingénieuses assurent la production régulière de ces effets.

MM. Digney ont ensuite apporté au *récepteur* une modification importante.

L'électro-aimant qui doit déterminer les oscillations

de la tige qui mène l'échappement n'est pas, dans leur appareil, un électro-aimant ordinaire, car lorsque le courant cesse de passer, il ne cesse pas d'être un aimant.

C'est un électro-aimant à deux branches analogues à celui imaginé par M. Siemens.

L'électro-aimant à deux branches, alors même qu'il reste inerte, c'est-à-dire quand aucun courant émis sur la ligne ne vient l'animer, n'est lui-même que la prolongation du *pôle positif* dudit aimant fixe.

Ainsi chacune des deux branches de cet électro-aimant est elle-même polarisée positivement.

Si donc on dispose les choses de manière que l'armature polarisée *négativement* se trouve placée entre les deux extrémités aimantées *positivement* de l'électro-aimant et à *égale* distance de ces deux extrémités, elle sera *également* attirée vers l'un et vers l'autre, et demeurera en équilibre.

Si, au lieu d'être à égale distance, elle est un peu plus rapprochée d'une de ces extrémités que de l'autre, elle se portera vers la première, et si on l'empêche d'y arriver, en interposant un petit *butoir* placé à une faible distance, elle demeurera immobile tant qu'il n'interviendra aucun phénomène nouveau.

Admettons que les choses aient été arrangées de manière que par l'envoi du courant positif sur la ligne, ce soit la branche gauche de l'électro-aimant qui soit aimantée négativement, et l'autre positivement, voici alors ce qui arrivera :

L'état d'équilibre qui existait entre les branches de

l'électro-aimant sera rompu; le pôle gauche, qui était *positif*, deviendra *négatif*, ou du moins s'affaiblira considérablement, et celui de droite, qui était aussi positif, sera renforcé.

Alors l'armature, repoussée ou très-peu attirée par le *pôle* de *gauche* et fortement attirée, au contraire, par le pôle de droite, se portera de gauche à droite.

Envoie-t-on un courant en sens inverse, la polarisation de l'électro-aimant devient également de sens inverse.

Comme on le voit, il n'est plus besoin de ressort antagoniste.

Si l'appareil a été réglé une première fois pour la distance la plus éloignée, on n'a plus besoin encore d'en modifier le réglage.

En outre, il résulte de cet appareil une économie notable dans les dépenses des piles; il faut beaucoup moins d'éléments pour le faire marcher dans les mêmes circonstances.

Enfin, si la main d'un opérateur peu exercé revient en arrière, après avoir un peu dépassé la lettre, le déclenchement qui s'effectue en pareil cas dans le système ordinaire n'a pas lieu, car ce léger retour en arrière reproduit le courant qui vient d'agir sur l'armature, la sollicite dans le même sens, et, par conséquent, lui conserve sa position.

Le nouvel appareil a, toutefois, un inconvénient.

C'est qu'il est à cadran, qu'il ne laisse point de trace des dépêches transmises, et par conséquent qu'il ne donne pas de moyens de contrôle, comme le font les appareils imprimeurs.

Avant peu, nous l'espérons, cet inconvénient disparaîtra; le problème touche à sa solution.

En attendant, néanmoins, grâce à l'impossibilité où il est de se déranger, il servira à établir un grand nombre de postes auxiliaires, et à faire pénétrer la télégraphie jusque dans les moindres communes.

En effet, une femme, un vieux soldat peuvent le faire manœuvrer facilement et sans inconvénient.

Il y a donc là, à la fois, les éléments d'un service utile et fécond, la création, par leur emploi, de fonctions pour une classe d'individus intéressante, et une grande économie pour l'administration.

Le platine, son histoire en 1735, sa fabrication en 1862. — Dénoûment du drame des chiennes de l'École d'Alfort. — Recette mortelle contre la rage. — Le datura stramoine. — L'acide *propyonique*. — L'acide carbonique rival du chloroforme.

11 mai.

En 1735, un nègre, employé dans les mines d'or de la province de Choco, apportait à don Antoine d'Ulloa de petites pépites et des paillettes d'un métal d'une couleur grisâtre, rondes pour la plupart, et variant de la grosseur d'un pois à celle du plus mince plomb de chasse.

Don Ulloa, qui passait pour le plus habile minéralogiste de l'Amérique du Sud, après avoir regardé attentivement ce métal, le déclara du petit argent (*platina*) et ordonna qu'on jetât dans la rivière tout ce qu'on trouverait de semblable, d'abord comme étant de pauvre valeur et au-dessous du plomb, ensuite comme étant de nature *à gâter l'or*.

Cependant don Ulloa ne poussa point le dédain jusqu'à négliger de montrer, comme curiosité, quelques échantillons de cette matière aux académiciens français, envoyés vers cette époque au Mexique pour mesurer un degré du méridien.

Ceux-ci rapportèrent en Europe les échantillons de *platina* (on leur avait laissé ce nom dédaigneux). Watson, Lewis et Schœffer surent du premier coup apprécier la valeur du nouveau corps, le proclamèrent un métal, et proposèrent pour lui le nom d'*or blanc*. Leur opinion allait prévaloir, quand Buffon arrêta cet élan favorable en déclarant que le *platina* n'était autre chose qu'un mélange d'or et de plomb.

Buffon persévéra d'autant plus dans cette opinion qu'il se trompait, et, qu'hélas! l'esprit humain est ainsi fait, qu'il démord plus difficilement d'une idée fausse que d'une idée juste.

Néanmoins, malgré les protestations, les dissertations et la persévérance obstinée du célèbre naturaliste, le platine était un vrai métal et un métal encore aujourd'hui classé comme le plus précieux de tous.

Singulière destinée, et qui n'en est probablement pas à sa dernière péripétie! Tout ne donne-t-il pas à présumer, en effet, que dans un temps voulu, — est-ce demain? sera-ce dans un siècle? — les métaux, regardés jusqu'ici comme des corps simples, subiront l'analyse et prendront place parmi les corps composés?

En attendant, le platine, qu'on rencontre le plus souvent allié au cuivre, à l'or, à l'argent, au fer et à d'autres substances étrangères, nécessite, pour arriver à la pureté, de délicates et nombreuses opérations, d'abord d'une horrible difficulté, plus tard simplifiées par Vauquelin, et récemment encore par MM. Deville et Debray.

M. Henri Sainte-Claire Deville a lu, dans la dernière séance de l'Académie, une note d'un grand intérêt sur le platine.

L'un de nous a pu voir ces procédés appliqués avec un grand succès par un très-habile fabricant anglais, M. Matthey, de Londres; il a pu assister à la fabrication d'un lingot de platine de 100 kilogrammes fondu dans un four en chaux vive, avec le gaz de l'éclairage et l'oxygène.

Cette masse, sous l'influence de ces puissants agents, est devenue tellement fluide que toutes les parties du moule ont été exactement remplies par le métal, qui en a reproduit toutes les imperfections avec une exactitude à laquelle on ne s'attendait pas.

L'expérience a duré quatre heures; mais deux heures environ ayant été employées pour échauffer le fourneau lui-même, ce temps, déjà si court,.peut être considéré comme un maximum.

L'Académie admettra facilement que la vue de cette masse liquide éblouissante est un des spectacles les plus saisissants auxquels on puisse assister.

M. Matthey a employé pour cette grande opération les gazomètres qui lui servent ordinairement à fondre les lingots de 20 à 25 kilogrammes dont il a besoin journellement.

Les chimistes seront peut-être étonnés d'apprendre qu'ayant remplacé, pour cette fois seulement, le manganèse ou l'acide sulfurique, matériaux usuels de la préparation de l'oxygène par le chlorate de potasse, M. Matthey a osé décomposer à la fois et sans précaution trente-deux kilogrammes de chlorate mélangé à son poids de manganèse. La rapidité du dégagement est en effet prodigieuse ; mais, pourvu que les tubes abducteurs soient suffisamment larges, il n'y a effectivement aucun risque d'explosion ; il n'y a même pas augmentation sensible de pression dans les appareils.

Je vous ai parlé, le mois dernier, de deux chiennes mortes de la rage à l'école d'Alfort, et laissant chacune une nichée de petits, soignés par elles jusqu'au dernier moment avec une tendresse que ne diminuaient en rien les plus violentes crises de la maladie à laquelle succombaient les pauvres bêtes.

Les deux nichées ont péri à peu de jours de distance. Malgré les soins qu'on leur a donnés et le lait qu'on leur a fourni en abondance, les petits chiens ont refusé toute nourriture, et ont expiré successivement à la suite d'accidents convulsifs peu prononcés.

La question posée par le hasard reste donc sans la solution qu'on espérait en obtenir.

Ce fait et un accident horrible qui vient de coûter la vie à la femme d'un de nos plus célèbres praticiens préoccupent beaucoup les journaux de médecine.

Il résulte néanmoins des divers travaux publiés sur la rage que, grâce à Dieu, on peut souvent être mordu par des animaux hydrophobes sans pour cela ressentir les symptômes d'une maladie contre laquelle la science n'a pu rien jusqu'ici.

Le journal *le Siècle* a indiqué l'emploi d'une décoction de trois poignées de *datura stramonium* comme un spécifique contre la rage; mais, en empruntant cette recette à un autre journal, il n'a point réfléchi que le *datura* est un poison si violent, que la dixième partie de ces trois poignées de *datura* suffirait à empoisonner le malade et le tuerait en peu d'instants.

Le *datura stramoine* ou *pomme épineuse* appartient cependant à la famille des solanées, dont font partie la morelle, la douce-amère, la pomme de terre et le tabac. Cette plante pousse dans les lieux incultes, les amas de décombres et les terrains sablonneux.

On la reconnaît à ses fleurs blanches ou d'un violet clair, que caractérise un calice grand et tubuleux, et, lors de la fructification, à ses capsules grosses comme une noix, hérissées de pointes aiguës et contenant de nombreuses graines noires et chagrinées; enfin, sa tige robuste ressemble à un petit arbrisseau à feuilles simples et alternées.

Le datura stramoine, selon quelques naturalistes, n'est point originaire d'Europe, où cependant il pullule partout à l'état sauvage.

D'après eux, il aurait été importé du Pérou par le botaniste Dombey, en même temps que le datura en arbre, qui, dans nos jardins, s'élève à deux ou trois mètres, et donne, au mois de juillet, de splendides fleurs d'un beau blanc rayées de jaune pâle, en entonnoir, plissées, et plus grandes que la main.

Cultivé d'abord comme rareté florale, la fécondité du stramoine l'a bientôt rendu commun et vulgaire, et fait expulser de nos jardins ; cette même fécondité lui permis d'envahir peu à peu les campagnes, où il ne foisonne que trop aujourd'hui.

Le seul service réel que rende le stramoine est de fournir, au moyen de sa tige desséchée, une sorte de chandelier rustique.

« Coupée au pied, dit la *Flore agénoise*, cette plante adulte et desséchée devient quelquefois un meuble utile chez nos paysans. Ses rameaux *dichotomes* (qui affectent les formes bifurquées) sont exactement nivelés à son sommet ; elle est renversée ; une chandelle placée dans le canal médullaire éclaire la famille, les voisins, les amis qui, réunis autour de cette espèce de candélabre, passent, en faisant de vieux contes, ou dans une activité laborieuse, les longues soirées d'hiver. »

En dépit de cette peinture églogiaque de l'usage innocent que l'on tire de la tige du stramoine, il n'en est pas moins vrai que cette plante dangereuse cause chaque année les accidents les plus funestes. Si les enfants, séduits par l'aspect de sa graine, la mangent, c'est la mort ; s'ils la broient dans leurs doigts, alors ce sont des inflammations locales sur toutes les parties de leur corps où ils portent les doigts ; bien des ophthalmies et des cécités n'ont pas d'autre point de départ.

Les sorciers, au moyen âge, les *endormeurs*, au commencement du dix-neuvième siècle, recouraient, les premiers pour leurs maléfices, les seconds pour assoupir leurs victimes, aux sucs du stramoine. Aussi lui a-t-on donné longtemps les noms d'*herbe au diable* et d'*herbe aux sorciers*.

La thérapeutique l'emploi comme succédanée de la belladone, et, dans ces derniers temps, M. Moreau (de Tours) a eu recours à elle pour guérir les aliénés, en substituant aux hallucinations naturelles de la maladie les hallucinations factices produites par cette plante.

Pour parler, en terminant, de choses moins pénibles. disons qu'un professeur de la faculté de Montpellier, M. Deschamps, a fait connaître à l'Académie des sciences les caractères des vins *tournés.*

D'après lui, les vins devraient cette maladie à la transformation de leur glycérine en un acide qu'il nomme *propyonique.*

Est-ce que depuis longtemps on ne savait pas chez les vignerons que le vin tourné est du vin aigri? Quoi qu'il en soit, nous apprenons aujourd'hui *pourquoi notre fille est muette.* Propyonique, soit! propyonique nous plaît!

M. Ozanam a signalé dans la même séance l'emploi de l'acide carbonique comme un moyen puissant de produire l'insensibilité, et comme un agent qui ne présente point les dangers des autres anesthésiques.

M. Flourens, en communiquant cette note, a ajouté :

J'ai indiqué le premier le rôle du chloroforme dans l'économie (une sorte d'asphyxie) et montré les avantages que pourrait en retirer la médecine opératoire; mais je serais très-heureux de voir enfin substituer au chloroforme un agent anesthésique complétement dépourvu de danger. Or, l'acide carboniqce paraît remplir cette condition. D'après plusieurs expériences de M. Ozanam, il produirait avec rapidité l'insensibilité absolue, et cette insensibilité ne donnerait lieu, pendant l'opération ou à la suite, à aucun accident secondaire.

Dieu le veuille! Si l'acide carbonique, avec les exhalaisons duquel tant de personnes se sont déjà donné la mort, vient à remplacer le chloroforme, dont le docteur Amédée Forget et une expérience trop souvent fatale, hélas! ont signalé tant de fois les dangers, ce sera là une grande et belle conquête.

On pourra dire alors définitivement ce qu'à l'imitation d'un philosophe grec, on a dit déjà un peu trop vite peut-être : « O douleur, tu n'es qu'un vain mot! »

Que les canons rayés datent du seizième siècle. — Que la *vaccine* devrait se nommer la *chevaline*. — Jouets scientifiques. — Les couronnes en fumée de tabac. — Nouvelle manière de faire des bulles de savon.

15 mai.

Quelque habitude que doivent en avoir prise les personnes qui suivent de près, ou de loin, le mouvement scientifique de notre époque, rien ne les surprend et ne les déconcerte comme les brusques revirements qui s'opèrent tout d'un coup dans telle ou telle théorie, dans telle ou telle doctrine.

Ainsi, par exemple, vous et moi, nous étions convaincus que les canons rayés des armes à feu formaient une des plus belles conquêtes militaires de notre temps.

Point! écoutez l'Académie des sciences et le colonel Favé.

Des canons de mousquet et d'arquebuse ont été rayés en hélice dès le seizième siècle, mais le manque de notions exactes sur l'effet que ces rayures produisaient dans le tir empêcha presque toujours d'en obtenir un accroissement de justesse. Les carabines rayées furent néanmoins utilisées pendant la seconde moitié du dix-septième siècle.

Dans la première moitié du siècle suivant, Robins découvrit la cause de la supériorité des armes rayées sur les armes lisses. Ayant reconnu que les projectiles sphériques tirés dans un canon lisse éprouvent sur leur trajectoire un mouvement de rotation autour d'axes variables, il avait attribué à l'effet de la résistance de l'air des déviations dont l'accroissement est plus que proportionnel à la distance.

L'avantage des rayures était donc, selon lui, d'imprimer au projectile un mouvement de rotation autour d'un axe coïncidant avec l'axe du canon, et, en rendant sa forme comme symétrique autour de cet axe, de supprimer les causes qui produisaient des déviations en hauteur aussi bien que des écarts latéraux.

Après avoir fait divers essais pour appliqur sa théorie aux canons de l'artillerie, Robins formula, dès 1740, cette prédiction remarquable : « La nation chez qui l'on parviendra à bien comprendre la nature et l'avantage des canons rayés, où l'on aura la facilité de les construire, où les armées en feront usage et sauront les manier avec habileté, cette nation, dis-je, acquerra sur les autres une supériorité égale à celle que pourraient lui donner toutes les inventions qu'on à faites jusqu'à présent pour perfectionner les armes quelconques. J'ose même dire que ses troupes auront par là autant d'a[illegible]ages sur les autres qu'en avaient de leur temps les premiers inventeurs des armes à feu, suivant ce que nous rapporte l'histoire... »

Euler crut pouvoir, sans recourir à l'expérience, réfuter la théorie de Robins sur les effets de la résistance de l'air; l'autorité du géomètre qui avait le premier résolu la question de la trajectoire dans l'air fit abandonner la voie que Robins avait ouverte.

Ce n'est que depuis 1825 que les expériences faites par l'artillerie française sur les carabines ont détruit toutes les contestations.

De l'Académie des sciences tournez vos regards vers l'Académie de médecine.

Autre désappointement, autre désillusion.

Non-seulement le vaccin ne serait point originaire des vaches, comme l'indique son nom, comme chacun l'a accepté; mais encore ce serait au cheval qu'on devrait le *cow-pox;* Jenner lui-même aurait professé cette doctrine renversante, et, il faut l'avouer, singulièrement oubliée.

Voici en quels termes s'exprimerait Jenner :

Il y a une maladie à laquelle le cheval est fréquemment sujet, par suite de son état de domesticité. Les maréchaux l'ont appelée *the grease :* c'est une inflammation et un gonflement dans le talon; il s'en écoule une matière qui possède des propriétés d'une espèce toute particulière, car *elle semble capable* d'engendrer dans le corps humain une maladie qui a une si forte ressemblance avec le *small pox* (petite vérole), que je considère comme très-probable qu'elle doit être la source de cette dernière. Mais il faut auparavant qu'elle ait éprouvé (cette matière provenant du cheval) une modification.

Du reste, l'Académie de médecine, qui a exhumé et

discuté l'opinion de Jenner, en est arrivée, à propos du vaccin et après *force bruit* et *peu de besogne*, comme dit le vieux Rabelais, à la conclusion suivante, digne de figurer dans la réception du malade imaginaire :

Il résulte de cette discussion qu'il existe une maladie du cheval qui produit le *cow-pox*, que les caractères de cette maladie ne sont pas encore définis, qu'il faut faire table rase des observations et des expériences antérieures, et qu'il est indispensable de se livrer à de nouvelles observations et à de nouvelles expériences.

Quoi qu'en dise Jenner et la docte cabale...

Le *cow-pox* se produit spontanément sur les vaches, sans contact réel ou présumé avec des chevaux atteints de *grease*. On peut en douter à l'Académie de médecine, mais personne n'en doute dans une ferme.

Tandis que nos corps savants discutent ou plutôt dissertent un peu à vide, on le voit, l'Allemagne invente des jouets scientifiques. Jouets pour jouets, nous préférons ceux-là.

Ainsi, par exemple, un des plus illustres physiciens de Munich vient d'inventer un appareil à produire des couronnes en fumé de tabac.

On sait que parmi les divertissements favoris des fumeurs d'outre-Rhin, il en est un qui consiste à faire sortir de la bouche, en cercles d'une parfaite régularité, à l'aide d'un certain mouvement de la langue et d'une certaine contraction des lèvres, la fumée tirée d'une pipe. Nous avons même vu à Vienne un de ces singuliers artistes qui, par les mêmes procédés, traçait dans l'air, en caractères vaporeux, les quatorze lettres de son nom : la première commençait à s'effacer quand apparaissait la dernière.

Or le physicien que je veux dire, et dont le nom jouit d'une popularité méritée, est des plus maladroits à produire des ronds en fumée. Las des railleries que lui valaient ses efforts infructueux, il descendit un beau soir dans le *bierhauss* en vogue de Munich, — les estaminets sont des caves à Munich ; — et, tirant de sa poche une petite boîte carrée, en carton, en forme de gros dé à jouer, élastique, et ouverte au milieu d'une de ses quatre faces par un petit trou, il introduisit par ce trou, dans la boîte, une forte bouffée de fumée.

Il lui suffit ensuite de presser légèrement avec les doigts les flancs élastiques de cette boîte pour que la fumée en jaillît en ronds successifs innombrables, et d'une régularité à toute épreuve.

Aujourd'hui, on ne peut suffire en Allemagne à fabriquer ce jouet, qui sans doute ne tardera pas à se voir accepter par la fantaisie parisienne.

Une boîte de huit centimètres carrés et deux bouffées de tabac viennent de donner, sous mes yeux, naissance à huit cents cercles de fumée.

Tandis qu'à Munich on inventait la boîte à ronds vaporeux, à Paris on inventait une nouvelle façon de faire des bulles de savon. *Le Cosmos* ne dédaigne pas de proclamer cette grande nouvelle, due à M. Félix Plateau.

Voici en quels termes le jeune chimiste raconte lui-même sa découverte :

Mon père voit dans ce phénomène un argument à l'appui de l'état vésiculaire de la vapeur des nuages. En effet, l'une des principales objections élevées contre cette hypothèse consiste dans l'impossibilité de concevoir comment les molécules de la vapeur gazeuse pourraient, lorsque celle-ci repasse à l'état liquide, s'agglomérer de manière à constituer des enveloppes fermées emprisonnant de l'air; or, on le voit maintenant, cette agglomération immédiate en enveloppes fermées n'est plus nécessaire : il suffit que les molécules d'eau se réunissent en lamelles ouvertes, de figures et de courbures quelconques; chacune de ces lamelles se fermerait aussitôt d'elle-même pour donner naissance à une vésicule.

Sans doute, la génération de ces lamelles n'est pas non plus très-aisée à comprendre, mais elle paraît du moins beaucoup plus admissible que la formation de toutes pièces de vésicule.

Ces deux jouets, futiles en apparence, peuvent se rattacher, on le voit, à la solution ou du moins à l'étude de questions sérieuses. Peut-être ressortira-t-il un jour des couronnes de fumée la découverte de nouvelles propriétés mécaniques, et des bulles gigantesques de savon une preuve nouvelle en faveur du système vésiculaire de la vapeur des nuages.

Les villages *lacustres* ou aquatiques. — Leur découverte en Suisse et en Savoie. — Maisons. — Ustensiles. — Armes. — L'âge de pierre, l'âge de bronze et l'âge de fer. — Parures des femmes. — Du pain de quarante siècles. — Des bombes en terre.

24 mai.

M. Dépine a communiqué à l'Académie des sciences une notice sur les villages lacustres du lac du Bourguet, près d'Aix, en Savoie.

Au centre de la baie de Grézine, à cent mètres environ de la rive sud du lac, il a constaté, à un mètre sous l'eau, la présence de pilotis nombreux. Quelques fouilles faites en cet endroit ont procuré bientôt la découverte de poteries semblables à celles qu'on a trouvées et qu'on trouve encore en Suisse.

En effet, de 1853 à 1854, des pilotis et des débris de même nature ont été trouvés d'abord près du hameau d'Oberleim, en Suisse; une fois l'attention excitée, on en a rencontré d'autres dans toutes les parties de la Suisse, et particulièrement dans le lac de Zurich.

Les villages lacustres qui appartiennent aux trois époques désignées par les noms d'*âge de pierre*, d'*âg de bronze* et d'*âge de fer*, se composent tous de pilotis plus ou moins grossiers, plus ou moins perfectionnés, et enfoncés dans la vase à une certaine distance de la rive, de façon à mettre ceux qui les habitaient à l'abri des attaques des bêtes féroces et probablement des surprises des hommes.

En fouillant autour de ces pilotis, à très-peu de surface du sol recouvert d'eau, on recueille des ossements humains et des ossements de bestiaux, des pierres noircies par le feu, des charbons à demi consumés, des vases de terre, des pans de muraille et des restes de toitures. On a retiré *vingt-cinq mille* objets de diverses espèces rien que d'un seul de ces villages aquatiques, situé dans le lac de Neuchâtel.

Les pilotis, la plupart du temps rangés d'une façon méthodique, semblent avoir servi à soutenir des habitations, et même des ponts, qui sans doute tenaient lieu de rues, comme aujourd'hui, dans la plupart des villes des Pays-Bas.

Des branchages entrelacés, des plaques d'argile durcies par le feu et sur lesquelles on retrouve profondément imprimé le creux de ces branchages, apprennent comment se construisaient les murs et les plates-formes; il existe encore presque entiers des toits coniques recouverts de chaume et de roseaux : l'eau a conservé ces végétaux de la même manière qu'elle les conserve dans les tourbières.

Des pierres grossières, mais qui ne s'en ajustaient pas moins bien entre elles, de façon à former des foyers et des fours, gisent presque sous toutes les places occupées par chaque cabane, à côté de couches de mousses provenant des montagnes voisines et servant probablement de lits. De grands bois de cerfs, des têtes de taureaux sauvages, des armes en pierre, en bronze ou en fer, suivant les localités et suivant les profondeurs, s'y rencontrent encore.

Les armes sont des haches et des pointes de lances et

de flèches. A en juger par la forme des haches, elles semblent avoir été emmanchées à la manière dont certains sauvages indiens emmanchent des armes analogues. Ces sauvages fendent le tronc d'un jeune arbre, enfoncent dans la fente une hache en pierre, l'y maintiennent à l'aide de petites bandelettes végétales et attendent quelquefois plusieurs années que la séve et le temps aient fermé la plaie de l'arbre, et uni ce dernier à la hache avec une solidité à toute épreuve.

Il ne reste plus alors qu'à couper l'arbre du bas et du haut, suivant la longueur à donner au manche de l'arme si ingénieusement faite, si patiemment attendue.

Les chaumières lacustres ressemblaient pour leur grandeur à trop d'appartements parisiens ; elles ne mesuraient guère que trois à cinq mètres en long et en large ; un trou ménagé, en guise de cheminée dans le toit conique, au-dessus du foyer, donnait issue à la fumée.

C'est particulièrement dans la Suisse allemande qu'on rencontre des débris lacustres appartenant à l'âge de pierre.

Les haches qui caractérisent cette époque et remontent peut-être à quarante siècles sont en serpentine et grandes de quatre à cinq centimètres. — On sait que la serpentine est une pierre verdâtre et dure. Les unes manquent de mortaise ; elles étaient sans doute emmanchées à la manière des Indiens et comme nous venons de le dire tout à l'heure ; les autres, au contraire, sont liées à des bois de cerf.

A côté de ces haches, on ramasse des couteaux, des tranchets affilés d'une manière surprenante, des scies, des marteaux, des enclumes également en pierre, des poinçons, des aiguilles en bois de cerf et une multitude de vases, la plupart brisés; on peut, toutefois, reconnaître leurs grandeurs diverses et leur forme constamment la même.

Ces vases se fabriquaient à la main, avec une argile grossière, noirâtre et mélangée de petits grains de quartz, évidemment pétris avec cette argile pour lui donner plus de solidité pendant sa cuisson et à l'user.

Dans les habitations lacustres, où la fabrication des armes et des outils de bronze remplace la pierre, un certain bien-être relatif succède au grossier ameublement des chaumières. Une couche de graphite teint en noir les vases d'une pâte plus fine, des nattes de chanvre et de lin succèdent aux lits en mousse; enfin, les habitants savent fabriquer des cordes en fibres d'arbres, et même de la toile.

Vienne l'âge de fer, et ces hommes ont des épingles en os, des bagues en métal, des bracelets et des colliers formés de perles, en pierres trouées; des boucles en bois de cerf, et en dents d'ours, des colliers de noisettes évidées et percées, des navettes de tisserand en os, des hochets d'enfant, des pandeloques en cristal, des parures en verroterie et en jais, de l'ambre et même du corail. L'ambre et le corail présentent les premières traces de produits étrangers importés, et indiquent des relations entre les indigènes et d'autres peuples.

Les hommes de l'âge de fer avaient encore des palets en grès, soigneusement polis, et qui servaient sans doute à des exercices de gymnastique, et peut-être à des jeux.

Ils savaient cultiver la terre, ainsi que le démontrent des amas presque intacts de végétaux domestiques, tels que de l'orge, du froment, des pepins de pommes, de poires et des noyaux de prunes. On a même découvert dans le lac de Constance un ancien magasin contenant cent mesures d'orge et de blé en épis, et un pain à demi consumé par le feu et fait avec de l'orge grossièrement broyée.

Ce magasin, ce pain avaient été sans doute brûlés par un terrible engin de guerre qu'on retrouve dans les trois âges, et qui prouve que l'un des premiers moyens cherchés par les habitants de ces contrées sauvages a été celui de détruire leurs semblables.

Cet engin de guerre se compose d'une sorte de bombe en terre à demi friable, que l'on remplissait de charbons ardents et qu'on lançait sur les toits de chaume des villages ennemis, s'en rapportant pour le reste à la violence du vent chargé d'allumer et de propager l'incendie. Beaucoup de ces bombes, retrouvées dans la vase où elles s'étaient éteintes, conservent intacts leurs formes et leurs charbons à demi consumés.

Les hommes lacustres avaient déjà su s'attacher le chien comme un gardien et un berger, et le mouton comme un esclave et comme un aliment. Dès le premier âge, des squelettes entiers de chiens se mêlent aux ossements des brebis. Ces derniers ont été la plupart cassés, sans doute pour en extraire la moelle.

Enfin, ils ont l'épée de bronze et de fer et la massue garnie de pointes des mêmes métaux.

Toutes les bourgades lacustres, sans exception, ont

été ravagées et détruites par le feu, et ces incendies sont évidemment l'œuvre fatale de la guerre. C'est à la demi-combustion des pilotis et des objets végétaux trouvés qu'on doit presque exclusivement la conservation de tant de curieuses épaves d'âges si éloignés

Toujours, à une certaine distance des villages aquatiques, on rencontre des tombeaux creusés dans le sol de la rive.

Ces tombes profondes, soigneusement faites, attestent à la fois le respect des indigènes pour les morts et leur horrible coutume des sacrifices humains.

On y retrouve, en effet, des charbons, des débris calcinés d'animaux domestiques, un lit de pierre sur lequel repose un squelette intact, et à côté de lui d'autres squelettes dont tous les ossements sont brisés à coups de hache. La nature de certains de ces derniers ossements, la forme des bassins, des crânes, des dents encore à demi développées, — des dents de sagesse, — des perles, des bracelets et des ornements attestent que non-seulement les esclaves, mais encore les femmes du défunt ont été tués et ensevelis à côté de lui.

C'est à MM. Troyon, F. Keller, Uhlmann, John, Schwab, Forel, Rey et Desor que l'on doit les importantes découvertes que nous venons de résumer rapidement. La plupart d'entre eux poursuivent encore avec activité des recherches qui, chaque jour, amènent la conquête de nouveaux trésors archéologiques et jettent peu à peu de la lumière sur les mystérieuses peuplades des lacs.

JUIN

Ce qu'il y a sur une pierre au bord de la mer. — Les néréides, les anatifes, etc. — Où conduisent la science et le dévouement pour les femmes. — Au bord de la mer. — Les laitues de mer, — beurre d'eau. — Les ballanes. — Les coquillages. — L'herbe du bon conseil.

2 juin.

Paris port de mer a été une des préoccupations du premier Empire : à cette époque, on ne parlait de rien moins que de creuser un bassin immense aux portes de la capitale et d'y faire arriver, par de larges canaux, des bâtiments de toute espèce. Les chemins de fer se sont chargés de réaliser ce rêve de nos pères. Aujourd'hui, Paris est un véritable port de mer, car il ne se trouve plus qu'à quatre heures de la Manche.

Donc il est loisible, à qui le veut, de partir de bon matin le dimanche, de passer ce jour de repos au bord de la mer, de revenir avant minuit retrouver son lit accoutumé et de s'y endormir paisiblement, pour reprendre, frais et dispos, le lundi matin, sa tâche habituelle.

Que de merveilles on peut découvrir et admirer dans ces quelques heures passées au bord de la mer ! Asseyez-vous au pied d'une falaise au moment du reflux, et regardez ! Le sable se durcit à mesure que les vagues s'éloignent, de longues traînées d'écume blanche, dont les clochettes éclatent au contact de l'air, indiquent la dernière limite atteinte par le flot, et une couche de goëmon olivâtre dépose et exhale ces mystérieuses senteurs, âcres et douces à la fois, qu'on ne respire que près de la mer.

Examinez ce goëmon! Il foisonne d'œufs de raies et de mollusques; vous reconnaîtrez les premiers à leur coque noire, terminée par quatre bras, comme un brancard; les œufs du *buccin* affectent au contraire la forme d'une boule de corne, tandis que ceux de la *pourpre des teinturiers* figurent des cornets fragiles attachés à un appendice commun; enfin ceux de la sèche, toujours fixés à des brins de varech, ressemblent à de petites bourses.

Il y a encore çà et là des coquillages en forme de défenses, ce sont des *dentelles*, appelées par nos marins *fuseaux* ou *tuyaux de mer;* ils sont l'œuvre d'un annélide.

Les annélides, les seuls animaux sans vertèbres dont le sang paraisse rouge, possèdent des yeux et une bouche armée de mâchoires. Un grand nombre d'entre eux vivent dans la mer, et on attribue à une transsudation qui leur serait particulière le tube calcaire qui enveloppe certaines espèces. D'autres, dépourvues de cette propriété, se contentent d'agglutiner autour de leur long et mince corps des grains de sable et des débris de coquillages. Pour la plupart carnassiers, ils s'attaquent souvent à des poissons plus gros qu'eux. Ils jouissent encore de la propriété de briller la nuit d'une vive phosphorescence.

Ramassez maintenant ce vieux morceau de bois, venu Dieu sait d'où, porté et ballotté depuis des mois, des années peut-être, par le caprice des vagues... Des coquillages bleuâtres et à cinq pans le recouvrent et s'y tiennent vigoureusement attachés ; ce sont des *anatifes*. Une sorte de pédoncule rose et allongé soutient ces mollusques étranges.

C'étaient d'abord des nageurs intrépides, sans coquilles et qui pêchaient en liberté des infusoires. Leur coquille venue, l'amour du repos leur est aussi venu, et ils ne quitteront plus qu'en mourant le débris flottant sur lequel ils ont élu domicile.

L'anatife a joui longtemps d'une réputation entourée de superstitions et de mystères. Vous trouverez encore des pêcheurs qui prétendent que certains oiseaux de mer naissent de cet être singulier, particulièrement des canards sauvages. Enfin, au moyen âge, on le regardait comme un des aliments les plus fortifiants qu'on pût trouver, et il passait pour rendre la vigueur aux tempéraments, quelque épuisés qu'ils fussent.

Dans les dernières années de sa vie, le roi Louis XI, enfermé au donjon de Plessis-lez-Tours, se faisait apporter tous les matins un potage aux anatifes, que son médecin, André Coictier, lui préparait de ses propres mains, « avec force poivre, graines de cresson, vin de Touraine et *aqua vitæ*. » On appelait cette potion *la boisson de saint Gengulphe*, et voici comment une légende, qui passait alors pour une histoire authentique, en racontait l'origine :

« Saint Gengulphe, à force de macérations et de nuits

passées en prières, était devenu un véritable squelette vivant ; — encore l'épithète de vivant se trouvait-elle à peine juste ! — car ses jambes fléchissaient sous lui, ses bras pouvaient à peine se soulever pour bénir les moines dont il était l'abbé ; enfin on n'entendait plus sa voix expirante quand il donnait un ordre.

« Saint Gengulphe avait pourtant beaucoup d'ordres à donner, car il faisait bâtir une magnifique église près de son couvent. A sa demande, des pèlerins venaient de toutes les parties de la France consacrer les uns un mois, les autres un an de leur travail à la construction du saint édifice, selon la vivacité de leur ferveur, la componction de leur repentir, et l'état plus ou moins net de leur conscience.

« Le saint mort, les maçons pèlerins s'en fussent allés, et l'église fût resté inachevée.

« Donc le pieux abbé, malgré son impatience de quitter cette vallée de larmes et de retourner dans le sein de Dieu pour se mêler aux chœurs célestes qui chantent éternellement : *Sanctus, sanctus, sanctus, Deus sabaoth in excelsis*, regrettait un peu de ne point rester ici-bas quelques années encore afin de mener à bonne fin l'œuvre pie à laquelle il s'était consacré.

« Un matin qu'il contemplait tristement l'édifice en construction et qu'il se sentait mourir de faiblesse, deux jeunes moines qu'il ne connaissait pas apportèrent devant lui une planche couverte d'anatifes. Ils se mirent à les broyer et à les mélanger avec toutes sortes de drogues, et ils en formèrent ainsi une pâte qu'ils déposèrent dans un vase d'or et qu'ils présentèrent à saint Gengulphe.

« Le vieillard hésita, car à cette époque les poisons jouaient un grand rôle, et le saint ne comptait pas peu d'ennemis; il redoutait entre autre un abbé peu orthodoxe du voisinage, qui voyait avec dépit s'élever une église et un cloître rivaux de son propre couvent.

« Cependant les jeunes moines semblaient si doux et si honnêtes, que saint Gengulphe mangea le mets bizarre qu'ils lui présentaient.

« A peine eut-il vidé le vase d'or, qu'il sentit la vie renaître en lui; il se leva, il marcha, et sa voix retentit comme une trompette.

« Quand il se retourna pour remercier ses bienfaitours, ils avaient disparu; seulement, deux magnifiques touffes de lis en fleur balançaient leurs belles tiges à la place où les mystérieux médecins avait préparé leur merveilleux ragoût.

« Saint Gengulphe ne douta pas qu'il n'eût affaire à deux anges, et comme il avait bien observé leur manière de confire les anatifes, il donna ordre que tous les matins on lui servît un pareil déjeuner. Aussi vécut-il jusqu'à l'âge de cent trente ans, et ne mourut-il qu'après avoir consacré son couvent et sa chapelle complétement achevés. »

On comprend sans peine que Louis XI, qui mêlait tant de superstition à tant de génie, et qui, comme saint Gengulphe, se sentait mourir d'épuisement avant que son œuvre fût achevée, eût signalé à son médecin une panacée qui rendait centenaires ceux qui s'en nourrissaient. Hélas! cette fois, le miracle ne s'opéra point! Le vieux lion mourut dans sa tanière en promettant en vain à saint Gengulphe d'élever, sous son vocable, une église qui compterait autant de piliers que son intercession vaudrait de mois de répit au royal malade.

Je ne vous ai encore parlé que de ce qui se trouve à la surface du sable. Fouillez ce sable avec votre canne, et vous en verrez sortir de longs vers bruns, dont les pêcheurs font grand cas pour armer leurs lignes et amorcer le poisson. Ce sont des *arénicoles*. D'autres hôtes, les *sabelles* et les *vrilles* ou *taribelles*, trahissent leur présence par de petits tubes saillants autour desquels bondissent de mignonnes *crevettes fusicoles* et des *talitres*, sauterelles grosses comme des puceron.

Quelle est cette masse gluante, gelée, douée de vie, qui s'étale là, expirante au soleil, qui ne tardera pas à la décomposer rapidement? Elle porte le nom de *méduse*, sans doute parce qu'elle possède cent yeux, et que ses huit bras se brisent plutôt que de lâcher la proie qu'ils étreignent.

La méduse subit d'étranges métamorphoses. Son œuf donne naissance à une larve en forme d'œuf, armée de cils vibratoires, et qui passe les premiers jours de son existence à parcourir le fond de la mer.

Elle s'y fixe ensuite, se déforme, s'allonge et prend l'aspect d'une tige de polypier, c'est-à-dire d'un petit arbuste délicat, composé de cônes, placés la pointe en bas et enfilés les uns dans les autres.

Cette tige ne tarde point à produire des polypiers qui bourgeonnent et enfantent d'autres polypiers, tout en restant fixés au tronc maternel.

Puis, la maturité arrivée, ces bourgeons prennent tous

les caractères des méduses, se détachent et remontent à la surface de la mer pour y pêcher et y naviguer à leur gré.

Maintenant, pieds nus et armés d'un filet, allons un peu plus avant.

Approchez-vous des rochers que la marée laisse à découvert, et prenez garde que votre pied ne glisse sur ces larges ulves verdâtres ou d'un ton vineux qui se drapent sur les pierres et les couvrent d'une glu vivante. On les nomme *laitues de mer*, et plusieurs peuples du Nord les mangent après les avoir dessalées. S'il faut en croire Pallas, elles jouissent de grandes propriétés médicinales.

Ce voyageur raconte qu'un jour un des jeunes naturalistes qui l'accompagnaient dans son expédition à travers la Sibérie fut atteint d'une ophthalmie des plus violentes.

Les médicaments emportés par Pallas, loin de soulager le malade, ne faisaient qu'empirer l'inflammation de ses yeux.

Pallas lui-même ne tarda point à recevoir à la jambe une blessure qui s'envenima rapidement et le mit dans l'impossibilité de continuer son voyage. Il lui fallut donc s'arrêter au bord d'un fleuve sur le rivage duquel il s'estima fort heureux de rencontrer une chétive cabane habitée par un vieux pêcheur et sa femme.

A peine ceux-ci eurent-ils vu l'aveugle et le blessé, qu'ils leur dirent qu'à huit jours de là ils seraient guéris.

En effet, le pêcheur alla recueillir au bord du fleuve une espèce d'ulve d'eau douce, qu'il désigna par le nom de *beurre d'eau* (*ulva proniformis*), et il en fit un cataplasme pour les jambes de Pallas et un autre pour les yeux de l'aveugle. Huit jours après, la plaie se trouvait complétement cicatrisée et la cécité avait disparu.

Dans les parties creuses des rochers où la mer, en se retirant, laisse de petits viviers d'une eau transparente, une nuée de crustacés prisonniers se débattent. Regardez comme s'agitent leurs quatre antennes! Leurs yeux saillants, leur tronc divisé en sept anneaux qui supportent chacun une paire de pattes, et leur abdomen recourbé en dessous, ne permettent pas d'oublier leur physionomie une fois qu'on l'a vue. Ce sont des *corophies*.

A la marée montante, on voit des myriades de ces petits carnassiers, dont je vous ai déjà entretenus ailleurs, nager en tous sens à la surface de la vase, la battre de leurs grandes antennes et y chercher une proie. Malheur au vers qu'on nomme annélides! Fussent-ils cent fois plus gros que les corophies, ceux-ci se réunissent en meute pour les attaquer, les dépècent en tronçons et les dévorent. Rien ne leur résiste, ni mollusques ni même petits poissons. En un clin d'œil le gibier aquatique est chassé, pris et mangé.

A la surface des rochers abondent les *glands de mer* ou *balanes* qui leur donnent un aspect raboteux. Leur test, — leur coquille, — d'un blanc plus ou moins jaunâtre, atteint quelquefois jusqu'à trois centimètres de diamètre, et rappelle, par ses huit valves ou battants mobiles, une tulipe entr'ouverte.

Jeune, le balane possède un œil unique; mais, une fois attaché à toujours par le dos sur une pierre, il perd cet œil désormais inutile, et passe sa vie à pêcher et à dévorer les petits animaux qui nagent autour de lui. Son filet consiste en bras articulés qu'il sort de sa forteresse et qui produisent un courant d'eau pour attirer une proie, qu'ils saisissent avec une précision et une force remarquables.

Sous l'eau végètent de véritables forêts de varechs, parmi lesquels, avec un peu d'attention, on ne tarde point à distinguer les chapelets du fucus à nœuds, les franges délicatement découpées du fucus à feuille de chêne, et çà et là des céramiaires, longs filaments de pourpre qui produisent des capsules bizarres.

Ces coquilles à une valve qui se pressent contre les balanes sont des *littorines* : elles recherchent les parties aiguës des rochers ; car Dieu a assigné à chaque être de la création le milieu dans lequel il doit vivre et la place où il trouvera les meilleures conditions d'existence.

« La famille des littorines est nombreuse, dit M. de Richemond, elle couvre le rivage sous les noms de *guignette*, comestible, verte avec raies brunes, de *granulée*, de *carénée* et de *toupies* ou de *trogues*, comprenant la *cendré* aux bandes violettes, la *toupie mage* aux riches teintes roses. »

Citons encore les *turbos*, dont on a comparé la coquille à un sabot ; les *monodontes*, qui rappellent la fraise par leurs mamelons rouges ; les *patelles*, met excellent, nommées, je ne sais pourquoi, *jambes*, car elles restent immobiles et clouées aux rochers ; les *buccins* (*buccinum lapillus*) ou *burgauds*, dont on mange la chair assez coriace ; les *pourpres*, dont nous avons décrit déjà les œufs, et qui fournissent, quoique en petite quantité, une liqueur violacée; les *murex* ou *rochers*, dont les aspérités valent à l'espèce commune l'épithète de hérisson (*erinaceus*); enfin les *nasses*, à la coquille réticulée d'un violet foncé.

Tous ces mollusques analogues au linaçon, et, comme lui, rampant sur le ventre, appartiennent à la grande classe des *gastéropodes*. Leur appareil respiratoire se compose de branchies en forme de peignes; tous ils possèdent deux tentacules à la base desquelles s'ouvrent les yeux, quelquefois portés sur des pédoncules distincts; leur bouche ressemble à une trompe et renferme une langue armée de petits crochets. Une porte cornée, ou opercule, protége l'animal rentré dans sa coquille.

Voyez maintenant, sur les parois de cette pierre, une demi-boule rougeâtre, bordée d'une raie bleue à sa base qui s'arrondit. Elle ressemble à une cloche percée au sommet. La boule se gonfle, fait jaillir une gerbe d'eau pure, et puis s'affaisse, s'allonge, prend les formes les plus diverses, et enfin s'épanouit comme une fleur, comme une belle anémone. C'est à la fois un *zoophyte*, un animal-plante par son aspect, et un *polype* par la multiplicité de ses bras ou tentacules; on la nomme *actinie pourpre*.

On trouve sur les coquilles, les rochers et tous les corps sous-marins, des *serpules*, petits vers qui construisent des tuyaux serpentant de mille façons (*serpula vermicularis*). Parfois ils se hasardent à sortir de cette gaîne une tête rouge richement panachée et munie d'une trompe d'une admirable délicatesse. Une fois la proie saisie, la serpule disparaît dans son réduit mystérieux.

Gardez-vous de tirer de l'eau ces jolis buissons de bruyère (*cystoseira ericoides*) qui brillent des nuances nacrées les plus riches. Hélas! dès qu'on les amène à l'air ils noircissent, et leur robe d'émeraude prend de sombres teintes. Près de la *cystoseire* s'étale une belle algue dont l'aspect et les couleurs rappellent la queue du paon. Parfois des grappes de petites moules violettes (*mytilus edulis*) pendent à ses larges feuilles, et la *spirorbe nautiloïde* y arrondit ses cornets d'albâtre, tandis que la *flustre envahissante* (*flustra telacea*) enlace la verte fronde dans son réseau corné. Ses tiges aplaties et partagées en deux s'arrondissent à l'extrémité ; chacune d'elles est longue de sept ou huit centimètres; des épines bordent les cellules qui leur tiennent lieu de fleurs et de fruits.

On raconte, dans nos villages maritimes, qu'un jour une jeune fille vint trouver un vieux moine et lui demanda une amulette qui pût la prévenir quand elle serait prête à commettre une faute.

— Rien de plus facile, mon enfant, lui répondit-il. Demain, à la marée basse, descendez au bord de la mer, cherchez-y une belle algue qui ressemble à une queue de paon, cueillez-la après avoir fait le signe de la croix, et apportez-la-moi en récitant, chemin faisant, cinq *Pater* et trois *Ave*.

La jeune fille suivit à la lettre les instructions du vieux religieux, et lui apporta une magnifique cystorie récoltée suivant les prescriptions indiquées. Le moine broya l'herbe, l'enveloppa dans un sachet auquel il fit coudre deux cordons de soie, et ordonna à la jeune fille de le placer à son cou.

— Quand, dit-il, vous vous sentirez une mauvaise pensée, ce collier se serrera et vous avertira du danger où vous êtes de mal faire.

En effet, à quelque temps de là, un beau marin étranger rencontra la pêcheuse et lui tint de si doux propos que déjà elle lui laissait prendre sa main, quand tout à coup le collier lui serra fortement la gorge.

Elle n'eut que le temps de se sauver et d'aller remercier le moine du talisman auquel elle devait son salut.

— Mon enfant, lui répondit-il en souriant, l'herbe que vous portez sur la poitrine ne possède aucune propriété. C'est votre conscience qui vous a avertie et vous a fait croire que le collier vous étreignait le cou.

Ce qui n'empêche point, aujourd'hui encore, que si une jeune pêcheuse veut se préserver d'un séducteur, elle place sur sa poitrine, dans un scapulaire, une feuille de cystoseire. Plût à Dieu qu'il n'y eût point, dans nos villages maritimes, de superstitions moins innocentes que celle-là !

Le Caucase produit une plante qui jouit du même privilége, et avertit des fautes qu'on va commettre : c'est une espèce de *potentilla*.

Hadji Mourad, l'un des chefs de la cavalerie de Schamyl, avait fait sa soumission aux Russes en 1852. Il vivait d'une façon obscure et paisible, en Transcaucasie, dans les environs de Noucka.

Un jour qu'il se promenait dans la campagne à cheval, et en compagnie de quelques officiers de cosaques, la petite troupe mit pied à terre et s'assit à l'ombre près d'un tombeau.

Mourad cueillit en devisant une tige de potentilla et la porta machinalement à ses lèvres, tandis qu'un des officiers racontait que dans le tombeau dont l'ombre les protégeait reposait un chef célèbre qui avait préféré la mort à la honte de se rendre.

Mourad, pendant ce récit, broyait sous ses dents la fleur. Tout à coup il s'écrie : « Cette herbe me reproche ma lâcheté et me conseille de m'en purifier. »

Et il saisit ses pistolets, les décharge sur les cosaques et prend la fuite. On le poursuit, on le cerne, et après une résistance acharnée, il tombe criblé de blessures.

— Coupez-moi la tête maintenant, murmura-t-il, le conseil de cette herbe m'a rendu l'honneur.

C'est M. Gilles qui raconte cet épisode dramatique dans ses *Lettres sur le Caucase.*

D'où venez-vous, mon ami? demandait l'autre jour une de nos plus célèbres et de nos plus jolies artistes à un naturaliste qui l'a bercée enfant sur ses genoux. Voici quatre grands jours qu'on ne vous a vu? Où étiez-vous donc dimanche dernier, que votre place à notre table est restée vide?

— Dans la forêt de Fontainebleau, à étudier ce qu'on trouve sous une pierre.

— Et le dimanche précédent, méchant ami?

— A Dieppe, pour étudier ce qu'on trouve sur une pierre.

— Vous voilà bien ! s'écria la jeune femme en levant les bras au ciel, par un geste à la fois comique et plaintif, vous voilà bien ! Toujours prêt à quitter des amis qui ne peuvent se passer de vous ! Et qu'avez-vous vu sous cette pierre dans la forêt de Fontainebleau, et sur cette pierre, à Dieppe, au bord de la mer?

— Ce que j'y ai vu, répondit en souriant le vieillard, tout un monde, mon enfant. Sans compter les êtres microscopiques, dont il s'y trouvait sans doute un million ou deux, j'ai distingué trente-huit espèces d'animaux sur cette pierre, grande tout au plus comme vos deux mains, qui ne sont pas grandes, répliqua-t-il en portant une de ces mains à ses lèvres.

La mer, par un mouvement de recul plus violent que les autres, l'avait laissée à découvert. Un coup d'œil me suffit pour voir les richesses qui recouvraient ce fragment de granit dont la surface ressemblait à un morceau de velours vivant. Aussi n'hésitai-je point, au risque de me mouiller les pieds, à courir jusqu'à lui, sur le sable humide, à le saisir, et le cœur palpitant de joie, à le rapporter sur la plage. Là, adossé à une falaise, qui m'abritait contre le vent, je m'assis sur un tas de galets, je plaçai la pierre sur mes genoux, je tirai ma loupe de ma poche, et je passai deux ou trois bonnes heures.

— Meilleures que celles que vous passez près de moi?

— Pas tout à fait..., mais elles avaient bien aussi leur prix !

— Ah ! les savants ! les savants !

— Il y avait sur ma pierre deux sortes d'habitants, les uns établis à demeure comme de véritables citadins, les autres formant une population nomade et fort empressés de regagner la mer.

Je m'occupai d'abord de ceux-là.

Les plus agiles et les plus pressés de tous étaient des *néréides*, petits vers vifs, au corps irisé de charmantes couleurs, et qui portent dans chacun des anneaux mobiles dont se compose leur corps des appendices qui leur tiennent lieu tout ensemble de nageoires et de pattes.

Une fois hors de l'eau salée et en contact avec l'air atmosphérique qui les impressionnait désagréablement, elles se réfugièrent dans deux petits buissons hauts comme l'aiguille à coudre que vous tenez, et larges comme le dé qui orne votre doigt mignon. Le premier se composait de sept ou huit brins de *coraline*, et l'autre de trois ou quatre de *sertulaire naine*. Vous connaissez la coraline sous le nom de mousse de Corse, et les médecins la prescrivent comme un excellent vermifuge. Sont-elles des plantes, sont-elles des animaux? Oui et non, car ce sont des polypes, êtres collectifs qui sont à la fois un et plusieurs, qui végètent, bourgeonnent et se nourrissent de proie.

Des *porcellanes*, crabes en miniature, se traînent aussi vers les petits buissons, grimpent péniblement à leurs rameaux et s'y cramponnent à l'aide de leurs pinces. Les *ophyures* agitent les rayons de leur étoile pour se blottir sous des *anémones de mer* et des *actinies*, nommées par les habitants des côtes, l'*épinard* et la *rose de la mer*. J'ai vu encore des *doris*, qui ressemblent à des limaçons, traîner leur coquille, et le cloporte maritime, l'*oscabrion*, qui se replie sur lui-même comme son congénère terrestre.

L'oscabrion se rencontre dans toutes les mers. D'une extrême petitesse sur nos côtes, il atteint des proportions gigantesques dans le détroit de Magellan. Les indigènes du golfe de Guinée en forment des colliers et des boucles d'oreilles fort à la mode parmi les beautés au teint d'ébène, avec le sein noir desquelles contrastent les lames articulées de son bouclier, polies et blanchies par des procédés particuliers, et ressemblant à de l'ivoire.

Le premier qui ait étudié l'anatomie de l'oscabrion et qui ait précédé de Blainville dans cette voie est un naturaliste belge, mort en 1820, à un âge avancé, dans un petit village maritime près d'Ostende; il a été le héros d'un roman fort singulier.

— Dites vite ce roman, mon ami.

— Si bizarre et si intéressant qu'il soit, il l'est moins assurément que les merveilles que j'ai trouvées hier sur ma pierre, au bord de la mer.

— N'importe, dites votre histoire.

Ians Plinden était le fils d'un riche armateur d'Ostende. Il s'éprit de passion pour une de ses voisines, charmante orpheline d'un vieux commis du voisinage, et commença avec elle un de ces romans pleins de naïveté et de fraîcheur qui caractérisaient alors les mœurs de cette partie des Pays-Bas. Pendant cinq ans, il allait tous les soirs chez sa fiancée et formait avec elle des rêves d'avenir pour le jour où le père de Ians consentirait enfin à unir la pauvre fille à l'unique héritier de sa grande fortune.

Hélas ! cette grande fortune ne résista point au torrent de la révolution française, et le père de Ians, à peu près ruiné, mourut de chagrin dès les premières années de cette révolution.

Ians recueillit les débris de l'héritage paternel, épousa sa fiancée et chercha à rétablir ses affaires ; l'invasion française acheva de l'appauvrir.

Cependant, comme il était énergique et persévérant, il réalisa le peu qui lui restait, en donna les trois quarts à sa femme, dont ils assuraient l'existence, fort modestement, je l'avoue, et partit avec le reste pour Saint-Domingue dans l'espoir de rentrer en possession de biens qu'y possédait son père.

— Je reviendrai riche et heureux de t'entourer du bonheur que tu mérites si bien, dit-il à sa femme en se séparant d'elle.

Elle se jeta à ses pieds, et le supplia en pleurant de l'emmener avec lui. Vivre sans toi, lui dit-elle, c'est pis que la mort.

Il fallut bien du courage à Ians, désespéré lui-même, pour ne point céder à ces prières. Mais un homme seul et un homme résolu à réussir ou à mourir, pouvait courir les chances plus que périlleuses d'un voyage si aventureux.

Ians Plinden, qui comptait rester absent d'Ostende pendant deux ans tout au plus, passa vingt-cinq ans à Saint-Domingue, tantôt prisonnier des nègres, tantôt des Français, tantôt des Anglais, exposé cent fois par jour à la mort, et subissant les chances les plus fantasques de fortune.

Enfin, ce quart de siècle écoulé, il put revenir en Europe, rapportant une jolie fortune, et de magnifiques collections de conchyliologie, collections sa consolation pendant les épreuves qu'il avait subies, et maintenant sa joie et son orgueil.

Chaque fois qu'il avait cru possible de faire parvenir de ses nouvelles à sa femme, il lui avait écrit, plus affligé que surpris de ne point recevoir de réponses à ses lettres, au milieu des guerres et des tourmentes politiques qui bouleversaient le monde à cette époque.

Il débarqua donc par une soirée de 1820, à Ostende, et se rendit à sa maison, qu'il reconnut à peine tant elle avait subi de modifications.

Une jeune fille lui ouvrit et le regarda avec des yeux effarés, quand il demanda : « Madame Mitje Plinden ? » Je ne connais personne de ce nom, dit-elle, et cependant voici vingt ans que mon père habite Ostende et cette maison.

Ians Plinden se retira triste et rêveur. Le lendemain il prit de toute part des informations dans la ville sur sa femme.

Il ne retrouva point un seul de ses contemporains ; un quart de siècle et les révolutions qui avaient bouleversé le pays avaient fait disparaître de la ville tous ceux qui connaissaient autrefois Plinden.

Il fit mettre un avis dans les journaux pour demander des renseignements, mais ce moyen n'amena aucun résultat, et la mort dans l'âme il partit pour Bruxelles.

Un dimanche matin, qu'il se rendait à l'église Sainte-Gudule, il se trouva face à face avec une grosse dame blonde, accompagnée de sept jeunes filles, et s'appuyant sur le bras d'un menheer de bonne mine, quoiqu'il semblât friser la soixantaine.

A la vue de cette femme, le cœur de Ians se serra douloureusement. Il suivit la famille bruxelloise, qui se dirigea vers la rue de la Montagne-aux-Herbes, et entra dans un magasin d'épiceries sur lequel on lisait : *Mitje Vankopen, épouse Brousmiche. — Epiceries et autres.*

C'était bien elle ! c'était bien Mitje, sa femme !

Comment Ians ne tomba-t-il point roide sur le pavé? Il n'en sut jamais rien lui-même, et il se retrouva à une heure de là, pâle, le front baigné de sueur, et parcourant à grands pas le *Parc*, où les promeneurs effarés le regardaient errer, les cheveux en désordre, comme un véritable fou.

Il reprit le chemin de Sainte-Gudule, ne sortit que vers le soir de cette église, et repartit pour Ostende.

Il acheta, dès le lendemain, à peu de distance de cette ville, dans un village au bord de la mer, une maisonnette et s'y enferma, demandant à l'étude des consolations qu'elle lui donna parfois. Il écrivit plusieurs mémoires scientifiques, et entre autre la dissertation sur les oscabrions, qui vous vaut le récit de cette histoire.

Cinq ans après, l'épouse Brousmiche, comme disait l'enseigne de l'épicier, reçut la visite d'un notaire qui demanda à l'entretenir sans témoins.

— Je vous apporte l'extrait mortuaire de votre premier mari, lui dit-il; et en le faisant, j'accomplis sa dernière volonté.

Mitje prit le papier et pâlit en voyant que l'extrait mortuaire ne datait que de huit jours.

— Voici, en outre, reprit le notaire, cent mille florins et les titres de propriété de la maison où est mort menheer Plinden.

La grosse femme s'efforça de pousser un soupir.

— Le plus grand secret sur ceci! dit-elle au notaire, en serrant les papiers. Vendez la maison d'Ostende, sans que mon mari en apprenne rien. Pauvre Plinden! je le croyais mort depuis vingt ans.

Ce fut là toute l'oraison funèbre de ce cœur dévoué, généreux et qui avait poussé si loin l'abnégation.

— Que vouliez-vous donc que fît l'épouse Brousmiche? interrompit en riant l'interlocutrice du savant..... Mais vous ne m'avez point achevé la description des autres objets trouvés sur votre pierre au bord de la mer.

— Ce sera pour un autre jour, repartit le vieillard en prenant sa canne et son chapeau.

Le docteur Ebrard et les fourmis. — Observations nouvelles : Comment les fourmis construisent leurs habitations, et comment elles y montent la garde.

7 juin.

Nous ne comprenons pas les écrivains qui parlent d'histoire naturelle sans *naturel*.

Pardonnez-nous ce jeu de mots involontaire, mais comme il exprime notre pensée mieux que ne le ferait toute autre phrase, nous citerons pour nous justifier le mot de Pascal : « N'effacez jamais, fût-elle vulgaire, une expression qui rend complétement votre idée, » et nous passerons outre.

Eh quoi ! est-il besoin de tordre, de contourner, de barbouiller en couleurs crues et criardes des faits d'une simplicité sublime? Faut-il chercher midi à quatorze heures pour parler de l'insecte, de l'oiseau et de la mer?

Raconter naïvement, fidèlement, humblement ce qu'on a vu, ne vaut-il pas cent mille fois mieux ? Le lecteur ne se sent-il point plus remué par une phrase simple et sentie que par des mignardises au musc ou par des cris *ore hiante*?

Voici un naturaliste inconnu qui donne à tous ces chercheurs de phrases entortillées et convulsives une leçon qui devrait bien leur servir, et, j'en ai peur, qui ne leur servira guère, hélas !

C'est le docteur Ébrard, qui publie dans la *Bibliothèque de Genève* des observations sur les fourmis.

« Des voyageurs, dit-il dans une courte introduction que lui envieraient La Fontaine et Linné, entraînés par l'attrait de l'inconnu et des difficultés à vaincre, vont à travers les mers et le sable brûlant des déserts étudier les mœurs, les usages et les lois des peuples éloignés. Retenu dans mon pays par mes affections, j'ai observé à ma porte, sous mes pieds, dans les sociétés d'insectes, les peuplades en miniature sur lesquelles Bonnet, Réaumur et Huber ont appelé déjà l'attention.

« Parmi ces insectes, le premier rang appartient à la fourmi, celui de tous les êtres créés *qui se rapproche le plus de l'homme par l'intelligence.* Ce sont quelques-unes de mes observations relatives à la fourmi que je me propose d'exposer ici. J'espère que, malgré la simplicité de la forme, elles inspireront de l'intérêt aux personnes qui aiment à contempler les œuvres de Dieu. »

Après cette piquante entrée en matière, voici comment il dépeint quelques-uns des merveilleux travaux de ces *peuplades en miniature qui se rapprochent le plus de l'homme par l'intelligence,* suivant sa charmante expression.

« Les constructions des fourmis, constructions qui varient selon les espèces, suffiraient à prouver combien est puissante une association d'individus travaillant dans le même but. Les fourmis dites *des gazons* sont hautes de deux millimètres à peine, et cependant, aux mois de mai et de juin, elles élèvent, en quelques semaines, une agglomération de cellules et de galeries superposées présentant jusqu'à quinze étages, et dont la hauteur, dépassant souvent trente centimètres, est par conséquent cent fois plus grande que l'insecte lui-même.

« Elles construisent ces cellules, après la pluie, avec des parcelles de terre humide.

« Elles entassent d'abord les morceaux de terre de manière à former de petits murs parallèles ou opposés, et lorsque ceux-ci sont arrivés à la hauteur d'un centimètre environ, elles s'occupent de les recouvrir.

« Dans ce but, elles placent contre l'arête intérieure de chacun des murs et dans un sens presque horizontal, des morceaux de terre mouillée, jusqu'à ce que chaque rebord qui résulte de ce travail rejoigne celui du côté opposé.

« La formation de la voûte produite par cette réunion est facile quand les murs ne sont éloignés, pour les galeries et les cellules, que de trois à quatre millimètres; mais combien la tâche ne devient-elle pas plus compliquée dès qu'il s'agit de salles plus grandes, de chambres larges de deux à trois centimètres?

« Quelques espèces, lorsqu'elles ont à construire des pièces aussi vastes, choisissent d'avance un emplacement où deux brins d'herbes, se croisant, pourront plus tard leur servir de point d'appui et d'arcs-boutants.

« D'autres soutiennent temporairement les voûtes ou aident à leur édification au moyen de piliers de terre, dont elles détruisent ensuite une partie.

« Une fourmi, appartenant à l'espèce des *noires-cendrées*, employa sous mes yeux un procédé multiple qui accuse les calculs les plus ingénieux.

« Lors d'une promenade à travers champs, au mois de juin, j'aperçus sur le sommet d'une fourmilière toute une ébauche d'un nouvel étage en construction. C'étaient des séries de galeries formées par deux murs opposés et mi-couverts, interrompues par de nombreuses cellules inachevées. Les extrémités supérieures des parois de plusieurs de ces salles faisaient en dedans une saillie de trois millimètres, et cependant elles laissaient entre elles un espace découvert large de deux centimètres.

« Les fourmis *noires-cendrées* ne transportent jamais ni brins de bois, ni brins d'herbes, et ne se servent jamais de piliers en terre. — Comment donc, me demandai-je, les ouvrières de cette habitation s'y prendront-elles pour achever de couvrir les cellules commencées, avant que les matériaux formant le pourtour de la voûte inachevée ne tombent sous leur propre poids? — Tel fut le problème qui excita ma curiosité.

« L'après-dînée ayant été pluvieuse, je m'armai d'un parapluie et de patience, et j'allai m'asseoir près de la fourmilière.

« Le sol était mouillé et les travaux en pleine activité. C'était un va-et-vient continuel de fourmis sortant de leur demeure souterraine et apportant des morceaux de terre qu'elles adaptaient aux constructions anciennes.

« Ne voulant pas disséminer mon attention, je la fixai vers la salle la plus vaste. Une seule fourmi y travaillait. L'ouvrage était avancé, et cependant, malgré une saillie prononcée en dedans de la partie supérieure des murs, un espace de douze à quinze millimètres restait à couvrir. C'était le cas, pour soutenir la terre restant à placer, d'avoir recours, comme le font plusieurs espèces de fourmis, à des piliers, à des petites poutres, ou bien à des débris de feuilles sèches; mais l'emploi de ces moyens n'est pas, ai-je dit, dans les habitudes des fourmis noires-cendrées.

« Notre ouvrière, paraissant quitter un moment son ouvrage, se dirigea vers une plante graminée peu distante dont elle parcourut successivement plusieurs feuilles (feuilles linéaires, c'est-à-dire longues et étroites).

« Choisissant la plus proche, elle alla chercher de la terre mouillée qu'elle fixa à son extrémité supérieure.

Elle recommença cette opération jusqu'à ce que cédant sous le poids, la feuille s'inclinât légèrement du côté de la salle à couvrir.

« Cette inclinaison avait lieu malheureusement plutôt vers l'extrémité de la feuille, extrémité qui menaçait de se rompre.

« La fourmi, parant à ce grave inconvénient, la rongea à sa base externe, de sorte qu'elle s'abaissa dans toute sa longueur au-dessus de la salle. Ce n'était point assez : l'apposition n'était pas parfaite. L'ouvrière la compléta en déposant de la terre entre la base de la plante et celle de la feuille, jusqu'à ce que le rapprochement désiré fût produit. Ce résultat obtenu, elle se servit de la feuille de graminée en guise d'arc-boutant, pour soutenir les matériaux destinés à former une voûte.

« D'autres fourmis de l'espèce des *maçonnes*, lorsqu'elles veulent ajouter un étage à la fourmilière, y déposent une couche de terre épaisse de deux à trois centimètres, et, lorsqu'elle a été tassée par la pluie, y creusent leurs galeries et leurs cellules.

« Les fourmis *noires-cendrées* n'usent de ce procédé qu'après un accident ayant occasionné dans leur demeure une brèche qu'il convient de fermer immédiatement.

« L'habitation des fourmis communique ordinairement avec le dehors par plusieurs larges ouvertures.

« Chez quelques espèces, il existe à l'intérieur de l'entrée un vestibule où veille une garde plus ou moins nombreuse.

« Attaque-t-on une fourmilière facile à détruire, une de celles qui se présentent sous la forme d'un monceau de terre ou de brins de chaume, la garde sort aussitôt et ne tarde pas à être suivie d'une multitude d'autres fourmis.

« S'agit-il au contraire d'une fourmilière difficile à bouleverser, telle que celles placées dans les troncs d'arbre, les fourmis qui errent aux alentours ou qui sont de garde rentrent et se cachent à la moindre attaque.

« Lorsqu'on observe attentivement sur un tronc d'arbre les ouvertures principales d'un nid de fourmis *hercules*, l'on aperçoit, dans un petit enfoncement, une tête de fourmi immobile et aux aguets. L'approche de quelque animal étranger l'inquiète-t-elle, elle disparaît et, quelques secondes s'étant écoulées, une autre fourmi s'avance au dehors, parcourt tout autour de l'entrée et à pas précipités un espace d'une trentaine de centimètres, puis rentre après avoir opéré cette espèce de ronde.

« Si les craintes de la sentinelle paraissent peu fondées, celle-ci reparaît, et les ouvrières qui pendant ce temps étaient restées closes, sortent de nouveau pour aller butiner. Le résultat de la première ronde n'a-t-il pas été entièrement satisfaisant, une deuxième reconnaissance, faite à pas plus lents, lui succède.

« A quelque distance des entrées largement ouvertes, certaines fourmilières ont parfois des ouvertures très-petites, espèces de poternes cachées sous une pierre, une racine d'arbre, ou au milieu des gazons. Elles ne servent point à la circulation ; une fourmi y est de garde pour empêcher les insectes d'y pénétrer. On y voit entrer, mais seulement de loin en loin, à des heures d'intervalle, quelque individu isolé, lequel a soin auparavant d'opérer de nombreuses circonvolutions, comme s'il voulait dissimuler sa trace. Ces orifices communiquent avec les cellules intérieures; peut-être servent-ils au renouvellement de l'air, mais ils ont certainement aussi été pratiqués en prévision de l'occlusion de l'entrée principale par un accident ou par l'invasion de fourmis ennemies.

« Lors de l'envahissement de fourmilière de noires-cendrées par une bande de fourmis amazones, j'aperçus un très-grand nombre des premières, les unes adultes et chargées de cocons, les autres faciles à reconnaître à la couleur blanche de leur peau pour des fourmis toutes jeunes, s'échappant par une ouverture jusque-là inaperçue, inusitée, et située à quarante centimètres de l'entrée principale, au milieu d'une touffe d'herbe. »

Tous ces détails ne sont-ils pas pleins d'attraits et ne leur applique-t-on pas involontairement cette phrase de Linné :

« L'homme qui se connaît lui-même et observe l'univers, théâtre des innombrables merveilles de la Sagesse infinie, doit se considérer comme un hôte qui est introduit au milieu de ces merveilles pour que les jouissances qu'elles lui procurent lui révèlent la magnificence du Seigneur. »

Voici maintenant comment ces mêmes fourmis se conduisent en cas d'alerte sérieuse.

Les fourmilières de quelques espèces ont des ouvertures masquées, ou, pour parler peut-être plus exactement, des galeries très-rapprochées de la surface du sol, et qui peuvent être rapidement ouvertes de l'intérieur. Ces ouvertures facultatives ne sont connues que d'un petit nombre de membres de la peuplade.

Il existe à Hyères une espèce de *fourmi grosse-tête* (*formica capitata*), dont la peau brille d'un noir luisant et dont la tête est très-volumineuse. Il y en a de grandes et de petites, et l'on remarque parmi elles des individus trois ou quatre fois plus gros que d'autres, particularité qui permet de suivre leurs mouvements et de distinguer au milieu de la foule les individus qu'on observe.

« Au mois d'avril 1849, dit M. Ébrard, des fourmis de cette espèce avaient, depuis deux ou trois jours, débouché l'ouverture de leur demeure, au milieu de l'allée d'un jardin attenant à la maison que j'habitais à Hyères. Le soleil était très-chaud; c'était vers les deux heures. Toute la peuplade s'était dirigée vers un même point, au pied d'un énorme platane, dont elle recueillait les graines tombées et disséminées par le vent. Que mon oisiveté, effet de mon état de maladie, me serve d'excuse! Je m'amusai, pour mettre leur intelligence à l'épreuve, à leur jouer un tour dont je reconnaissais la méchanceté. J'allai chercher cent à deux cents fourmis *mineuses*, appartenant à une espèce qui creuse sa demeure au pied des oliviers, et je les déposai, avec une certaine quantité de leurs larves, auprès de la fourmilière momentanément abandonnée.

« Elles furent heureuses de trouver ainsi un refuge,

y transportèrent leurs cocons et s'y installèrent sans façon.

« Sur ces entrefaites, les fourmis *grosses-têtes* revinrent au logis chargées de butin.

« Grande dut être leur déconvenue.

« Deux d'entre elles s'approchèrent en vedettes. Houspillées d'importance, renversées par les envahisseuses, elles s'empressèrent de rebrousser chemin, mais toutefois sans quitter leur fardeau. Elles ne s'arrêtèrent dans leur fuite qu'après s'être éloignées d'un demi-mètre environ. Là, elles retinrent celles de leurs compagnes qui suivaient la même route, et il ne tarda pas à se former en ce lieu un nombreux rassemblement; une extrême agitation se manisfestait parmi tout ce petit monde, on s'agitait sur place sans prendre de détermination.

« Surviennent deux fourmis beaucoup plus grosses; on s'empresse autour d'elles; on leur rend probablement compte de l'état des choses; puis la scène change. Les fourmis se massent, les deux plus grosses au centre, et toute la bande précédée, je n'invente pas, par deux éclaireurs, par deux fourmis marchant de front à quatre ou cinq centimètres en avant, s'ébranle et s'avance en bon ordre vers la fourmilière.

« Les deux éclaireurs formant l'avant-garde touchent déjà à l'entrée de leur demeure; elles n'y pénétreront pas du moins cette fois. Averties de leur approche, les fourmis envahisseuses sortent et s'élancent au-devant d'elles; leur marche rapide, leur tête élevée, leurs mandibules entr'ouvertes, les font ressembler à ces lices en fureur qui, ayant des petits à garder, se précipitent sur les passants le poil hérissé et en montrant les dents.

« Les deux éclaireurs n'attendent pas un contact immédiat ; — c'étaient probablement les deux fourmis qui avaient été précédemment battues ; — elles tournent bride et rejoignent précipitamment le gros de la troupe qui, prenant peur, fuit également en toute hâte jusqu'au lieu de la première station.

« Au printemps, les nuits sont froides ; ces pauvres fourmis vont-elles donc être forcées de passer la nuit en plein air? Que l'on se rassure. Une fourmi très-volumineuse qui vient les rejoindre, — une fourmi plus volumineuse encore que les deux grosses dont j'ai fait mention, — va les tirer d'embarras. Elle circule de groupe en groupe, échangeant, çà et là, des attouchements d'antennes ; puis, s'étant entourée d'une douzaine de fourmis déchargées de leur fardeau, elle quitte la foule : je la vois se diriger du côté de la fourmilière ; mais elle la contourne prudemment à distance, passe à droite et puis en arrière, s'arrêtant à une vingtaine de centimètres sur la gauche, elle creuse la terre avec ses mandibules : une ouverture paraît presque aussitôt ; elle y pénètre tranquillement, et je ne la revois plus.

« Quant à ses compagnes, les unes agrandissent l'ouverture, les autres vont chercher le reste de la bande, qui s'ébranle tout entière, arrive en ligne droite sur la nouvelle entrée et gagne les cellules souterraines.

« Le lendemain, à onze heures, l'entrée improvisée la veille n'existait plus et l'ouverture ancienne était vide des fourmis minceuses qui l'avaient envahie la veille. Des fourmis *grosses-têtes* en sortaient et y rentraient ;

enfin quelques-uns de ces insectes restaient immobiles à l'intérieur, préposés sans doute à la garde de la porte. L'utilité de cette précaution, négligée jusque-là, leur avait été enseignée par l'envahissement du jour précédent.

« L'observation que je viens de rapporter est la première que j'aie faite sur les fourmis : c'est celle qui m'a amené à étudier leurs mœurs. Elle me paraît surtout intéressante en ce qu'elle rend vraisemblable, d'abord la faculté pour les fourmis de se communiquer leurs idées, et ensuite leur obéissance à des chefs ou doyens d'âge. Je ferai remarquer aussi le fait de la grosse fourmi qui connaissait seule la partie du terrain correspondant aux cellules les plus élevées de la fourmilière.

« Supposons un moment que les fourmis n'aient aucun moyen de se faire comprendre de leurs compagnes : comment les deux premières fourmis *grosses-têtes*, après avoir été battues par les envahisseuses, seraient-elles parvenues à retenir celles qui les suivaient ? Pourquoi la plus grosse fourmi, si elle n'avait été avertie de l'obstacle qui se trouvait à l'orifice de la fourmilière et du danger que l'on courait en s'en approchant, serait-elle allée ouvrir une autre entrée, et cela en se tenant prudemment à distance de la première ?

« Comment aurait-elle rassemblé autour d'elles ces fourmis déchargées de leur fardeau, et celles-ci seulement ? Comment, enfin, un passage étant pratiqué, ces dernières auraient-elles pu en donner avis au reste de la bande et l'y amener ? J'aurai, d'ailleurs, dans le cours de ce récit et à propos d'autres questions, l'occasion de citer plusieurs faits prouvant que les fourmis possèdent un langage propre à exprimer un grand nombre d'idées différentes.

« Quant à leur obéissance à des chefs ou doyens d'âge, la conduite de cette grosse fourmi qui choisit une douzaine de fourmis sans fardeau, et qui, suivie par elles, prend l'initiative d'aller démasquer une entrée probablement inconnue de ses compagnes; qui les laisse, l'ouverture une fois commencée, achever le travail, n'est-elle pas la conduite d'un chef?

« Si vous consacrez de longues heures à l'examen d'une fourmilière appartenant à l'espèce des hercules, vous en verrez quelquefois sortir une fourmi plus volumineuse que les autres, marchant du pas lent de la vieillesse ou bien avec la démarche grave d'un chef. Elle ne s'avance pas très-loin, ne travaille pas, et semble venue seulement pour respirer l'air au dehors.

« Prenez-la entre vos doigts, vous reconnaîtrez que son corps est couvert de poils nombreux, longs et de couleur fauve, et lorsque vous la remettrez près de sa demeure, les autres fourmis s'approcheront d'elle, la caresseront avec les antennes et avec leurs pattes de devant, et enfin lui lécheront tout le corps pendant plusieurs minutes. Elles lui feront une espèce de toilette, égards et soins exceptionnels qui n'ont pas lieu dans des circonstances pareilles pour des fourmis d'un volume ordinaire.

« Autre fait. — Ayant enlevé une centaine de fourmis hercules avec une certaine quantité de cocons, j'allai les placer dans un lieu découvert; l'une d'elles resta auprès des cocons, se promenant paisiblement et sans s'éloigner

« C'était la plus grosse.

« Les autres allèrent à la découverte et prolongèrent plus ou moins leur excursion. De temps en temps, elles revenaient au point central, et chacune s'approchant de la grosse fourmi, conversait longuement avec elle, en échangeant des attouchements d'antennes. Elles lui parlaient sans doute du résultat de leurs recherches et prenaient ses ordres.

« Elles abordaient rarement, au contraire, leurs autres compagnes, ou bien elles les quittaient presque aussitôt. Là encore, qu'est donc cette fourmi, sinon un chef, un doyen d'âge? »

L'obéissance des fourmis à des chefs ne saurait paraître invraisemblable, alors qu'il est incontestable que certaines fourmis, je citerai les *noires-cendrées*, obéissent parfois à des maîtres d'une autre espèce, aux fourmis *amazones*, et leur servent d'esclaves.

P. Huber, fils du naturaliste génevois qui a écrit sur les abeilles une monographie estimée, a raconté le premier les mœurs des *fourmis amazones* ou *légionnaires*, qui ne creusent jamais la terre, ne portent jamais de fardeaux et laissent ce soin à des fourmis *noires-cendrées* ou à des *mineuses*, enlevées à leur mère patrie alors qu'elles étaient encore à l'état de chrysalides et renfermées dans des cocons.

Ces *noires cendrées* et ces *mineuses* ainsi transportées dans la demeure des *fourmis amazones* deviennent leurs esclaves; elles les nourrissent, soignent leurs larves et creusent les cellules.

Les *amazones* ne remplissent d'autre tâche que celle

d'aller, en temps convenable, ravir de nouveaux serviteurs aux fourmilières des *noires-cendrées* et des *mineuses* les plus proches.

Avez-vous remarqué près de l'entrée d'une fourmilière quelques fourmis d'un jaune rougeâtre se chauffant au soleil, se promenant oisives tout autour de leur demeure, ou *se faisant porter* par des fourmis noires ou brunâtres; et dans le même lieu, des fourmis pareillement noires ou brunes occupées à introduire des substances alimentaires dans l'habitation souterraine, ou bien à en extraire de la terre? C'est une fourmilière mixte composée de *fourmis amazones* et de fourmis *noires-cendrées* ou de *mineuses*. Les premières savourent sans travail aucun les douceurs de l'existence, les secondes sont assujetties à tous les labeurs. Enlevées tandis qu'elles étaient encore à l'état de chrysalides, elles s'habituent d'autant plus facilement à leur nouvelle patrie, qu'elles y ont, pour ainsi dire, reçu le jour une seconde fois.

En vérité, après avoir écouté ces récits, n'est-on pas disposé à répéter presque sérieusement cette phrase de M. Ébrard, qui nous a fait d'abord sourire :

« De tous les êtres créés, la fourmi se rapproche le plus de l'homme par l'intelligence. »

Opposons à cette admiration naïve l'exclamation que font jeter à M. Michelet les mêmes phénomènes :

« Quelle joie en face de ce fait ! Quelle victoire pour les partisans de l'esclavage et les amis du mal ! »

De quel côté se trouve le sentiment vrai, le sentiment de la nature ?

Nous avons déjà entretenu plusieurs fois nos lecteurs des haches et des flèches en silex que l'on trouve à Saint-Acheul et au Bas-Meudon, dans certains terrains du premier *diluvium*.

Dernièrement, des mineurs qui travaillaient dans une mine de lignite, près de Laon, ont détaché de la voûte qu'ils exploitaient, à soixante-quinze mètres de profondeur, un amas de cendres noires, au milieu duquel se trouvait une boule de craie blanche, d'un diamètre de six centimètres, et pesant trois cent dix grammes.

Cette boule est évidemment travaillée par une main humaine. On remarque à sa surface les traces imprimées par un instrument grossier, mais habilement dirigé.

Le banc où s'est rencontrée cette trouvaille remonte aux premiers temps de la formation du bassin de Paris et s'enfonce sous une colline tertiaire, où il est impossible d'expliquer la présence de la boule, soit par un éboulement, soit par tout autre accident.

L'homme aurait-il vécu à l'époque de la formation des lignites du bassin de Paris?

Voici donc encore, hélas ! une nouvelle énigme proposée à la science humaine; un nouvel éblouissement de la *lumière inaccessible* dont saint Paul parle dans sa première épître à Timothée !

Les animaux et leur reconnaissance. — Un moineau. — Un rouge-gorge.

11 juin.

Un des phénomènes les plus curieux que puissent rencontrer les naturalistes est assurément l'affection que les animaux élevés en domesticité éprouvent pour ceux qui leur donnent des soins. Cette affection qu'au premier aspect on serait tenté de regarder comme un simple calcul d'égoïsme, prend parfois le caractère d'une tendresse désintéressée, dévouée, et que ne sauraient affaiblir ni le temps ni l'absence.

Une jeune personne de quinze ans, fille d'un fermier des environs de Paris, mademoiselle Louise L..., arracha, il y a deux ans, des griffes d'un chat qui l'avait enlevé de son nid, un moineau dont les plumes commençaient à peine à pousser. Elle mit dans son sein l'oiseau effaré, le réchauffa de son mieux et, suivant la tradition, lui donna la becquée à l'aide d'une petite brochette en bois au bout de laquelle elle plaçait la pâtée. Son nourrisson arriva tellement bien à point, qu'à deux mois de là, il se trouvait le plus beau moineau qu'on pût voir. Pierrot, — il avait reçu ce nom, — passait les nuits au chevet de sa maîtresse, s'envolait au point du jour, par la fenêtre, qu'il se faisait ouvrir en frappant à grands coups de bec contre les vitres, et revenait avec une rare exactitude à l'heure où l'on servait le déjeuner.

Sans s'inquiéter des personnes placées autour de la table, il s'abattait droit sur l'assiette de la jeune fille, picorait ce qui lui semblait appétissant, et refusait d'accepter la moindre provende de la main des autres convives. J'ajouterai même qu'il répondait d'ordinaire à leurs gracieuses avances et à leurs offres par de grands coups de bec, vigoureusement assénés.

D'ordinaire, son repas terminé, il se fourrait dans la poche du tablier de Louise, mettait sa tête sous son aile, et s'installait de son mieux pour se livrer à une sieste qui durait habituellement une bonne heure. Aucun bruit, aucun mouvement ne parvenait à interrompre son sommeil. Quand il avait suffisamment dormi, il sortait de sa couche, en s'étirant, lissait ses plumes et se mettait à jouer.

Ces jeux, qu'il provoquait toujours le premier, consistaient à frapper doucement de son bec noir les doigts de celle qu'il voulait engager dans une joyeuse partie. Louise faisait-elle mine de saisir l'espiègle, il prenait la fuite, se plaçait ensuite à la portée de sa partenaire et s'envolait encore au moment où elle allongeait la main pour le prendre. Après lui avoir échappé de la sorte cinq ou six fois, il se juchait au haut de quelque meuble, faisait entendre de petits cris moqueurs et finissait par venir de lui-même boire au bord des lèvres de sa maîtresse.

Quand arrivait la fatigue, il se posait gravement sur l'épaule de Louise, et ne s'en séparait qu'au moment où elle franchissait le seuil de l'école, à laquelle elle se rendait chaque matin.

Alors, il vagabondait là où bon lui semblait, mais, le soir, il attendait Louise au sortir de cette même école. Dès qu'il la voyait paraître, il se logeait sur ses cheveux blonds, ou bien, volant d'arbre en arbre, il la ramenait au logis.

Après le dîner, auquel Pierrot, je vous l'assure, faisait honneur, il retournait dans le tablier de la jeune fille et ne le quittait qu'au moment où, après avoir dit sa prière, elle se déshabillait pour se mettre au lit. D'un bond, il volait alors sur la place qu'il avait adoptée, et, durant la nuit, il y dormait d'un sommeil profond jusqu'au jour.

Le seul emblème de vassalité que Pierrot eût consenti à supporter, était un petit anneau de fil d'or que Louise lui avait, à l'aide d'une pince, attaché à la patte gauche. Loin de souffrir impatiemment cet objet étranger, il semblait en tirer une sorte de vanité, aimait à le becqueter et se complaisait à le faire briller et chatoyer au soleil.

Un matin, Pierrot partit comme d'habitude, au point du jour, mais ne reparut pas au déjeuner. Je vous laisse à juger du désespoir de Louise! Elle appela Pierrot, d'abord en élevant de son plus haut la voix, puis ensuite en pleurant. Pierrot n'arriva pas. Il en fut, hélas! de même au dîner, et le soir, et le lendemain, et toujours!

Louise, à quelque temps de là, fit une chute qui mit sa vie en péril.

Quand, après trois longs mois de souffrance et de danger, elle éprouva l'ineffable jouissance de se sentir renaître à la vie, elle pensa d'autant moins au moineau perdu, que son père lui avait acheté, à la ville voisine, une perruche d'un beau vert émeraude, qui se montrait douce, familière et qui répétait aussi distinctement que peut le dire une perruche : « As-tu déjeuné, Jacquot ? » et autres billevesées dont une vieille coutume veut qu'on farcisse la mémoire des oiseaux parleurs.

Vers le mois de septembre de cette année, il y avait fête dans une commune voisine. Louise témoigna à son père le désir de voir une grande cavalcade, projetée par les jeunes gens de cette commune. On ne refuse guère de céder aux fantaisies d'une fille unique et surtout d'une fille pour la vie de laquelle on tremblait encore la veille. Le père céda donc, et emmena Louise à la fête désirée.

L'excellent homme était parti avec tant d'empressement et de hâte, qu'il avait oublié de se raser. Sa fille, avec le délicieux despotisme d'un enfant qui se sait aimé, lui en fit doucement le reproche et l'emmena, en l'attirant avec une câlinerie charmante, chez le barbier du village.

A peine furent-ils entrés dans la boutique du Figaro champêtre, qu'un oiseau, enfermé dans une grossière cage d'osier se prit à pousser des cris aigus, à s'agiter avec furie, et à frapper à grands coups de bec les barreaux de sa prison, quelque peu vermoulus par le temps, voire par l'humidité. Il parvint bien vite à rompre un de ces faibles bâtons, sortit par la porte qu'il venait de s'improviser, et se jeta sur Louise, qui d'abord eut presque peur. Elle se sentit bientôt rassurée ; elle reconnut Pierrot, Pierrot avec son anneau d'or à la patte, Pierrot qui la comblait de caresses, Pierrot qui ne voyant point la poche du tablier de celle qui venait de retrouver, — car les jeunes filles ne vont point à la fête en tablier,

— se fourra au plus profond de la poche de sa robe.

Après le premier moment donné à la surprise et à la joie, on s'expliqua. Le barbier, qui se piquait de chasser, avait, faute d'autre gibier, tiré à quelques pas sur un moineau qui était tombé, blessé à l'aile. L'homme au rasoir l'avait ramassé, fait prisonnier, en dépit d'une héroïque défense et d'une grêle de coups de bec, et, enfermé ensuite dans une cage d'osier de quatre sous. Il s'attribuait d'autant plus de mérite à ne point l'avoir tué et rôti, que l'oiseau se montrait farouche et que rien ne pouvait l'apprivoiser.

Cinquante centimes rachetèrent Pierrot de sa captivité. Louise voulut être la seule rédemptoriste du forçat ailé et tira de sa bourse une jolie petite pièce blanche toute neuve qu'elle donna au frater.

Pendant le reste de la journée, Pierrot ne quitta point d'une minute sa maîtresse retrouvée après une si longue séparation. Les fanfares de la cavalcade, les applaudissements de la foule, ne lui firent pas d'un instant sortir la tête hors de son asile. Il n'en fut pas tout à fait de même au dîner. En dépit des nombreux convives qui entouraient la table, il s'installa dans l'assiette de sa maîtresse, comme il le faisait naguère à la ferme, c'est-à-dire sans timidité, sans gêne et à bec que veux-tu.

A la nuit close, il fallut songer au départ. Louise et son père remontèrent en voiture et se dirigèrent vers leur demeure. Pierrot les accompagna sans hésiter un moment. A peine arrivé, il alla se nicher sur le lit de la jeune fille, à la place adoptée par lui autrefois.

Le lendemain matin, il frappa à la fenêtre qu'on lui

ouvrit, alla faire sa promenade habituelle du matin, et revint à l'heure précise du déjeuner. Un seul jour avait suffi pour qu'il reprît toutes ses habitudes.

Il commençait à peine à picorer un grain de raisin qu'on apporta la perruche Celle-ci se percha sur l'épaule de Louise, en criant de sa voix tout à la fois nasillarde et stridente : *As-tu déjeuné, Jacquot?*

A ces paroles, Pierrot qui, fort préoccupé de son grain de raisin, n'avait point vu entrer l'oiseau vert, leva brusquement la tête. La perruche, en ce moment, frottait coquettement son bec contre les lèvres de Louise. En moins de temps que je ne mets à vous le dire, le moineau hérissa ses plumes, se rua sur la perruche et la frappa à la tête d'un coup de bec qui la tua roide; ce meurtre accompli, il prit sa volée et disparut.

Depuis son crime, Pierrot n'est plus rentré à la ferme· Cependant il n'a point quitté le pays; il a établi son domicile sur un grand peuplier, au sommet duquel il a bâti un de ces nids grossiers que construit son espèce. Il est père de famille, et il s'occupe exclusivement de sa femelle.

Je l'ai vu hier encore.

Quand Louise l'appelle, il ne semble même pas entendre sa voix; il ne bouge pas, il ne remue pas la tête; elle a beau émietter au pied de l'arbre les friandises les plus tentantes, il ne quitte pas son nid tant que la jeune fille reste là. Plus tard seulement, quand elle s'est retirée, il descend et ramasse toutes ces bonnes bribes pour les porter à sa compagne.

Montaigne n'a-t-il pas raison de dire : « Que la jalousie

voyaient leurs commis. Il fallut que les jeunes époux se réfugiassent à la campagne, sans autres ressources qu'une rente de douze cents francs en cinq pour cent, qui formait la dot de Delphine.

Or, à cette époque, le cinq pour cent paraissait une valeur fort hypothétique.

Le mari, dévoré par un sombre désespoir, tomba malade et succomba bientôt dans les bras de sa femme.

Le père de Delphine vint habiter avec sa fille la petite maison de campagne. Il entoura de soins la jeune veuve; l'inquiétude ne tarda point à le rendre encore plus tendre et plus persévérant; les symptômes d'une maladie de consomption commençaient à se montrer vaguement chez sa fille.

Le cœur du malheureux père se brisait en la voyant tous les jours devenir plus pâle et plus souffrante. A chaque instant il lui fallait détourner la tête pour cacher ses larmes.

L'œil de la pauvre enfant jetait un éclat étrange et la fièvre colorait d'une pourpre sinistre les pommettes de ses joues pâles; souvent il la surprenait tournant ses regards vers le ciel, comme pour dire à celui qui l'y attendait : A bientôt!

Rien ne l'intéressait plus sur la terre; ni ses fleurs, naguère tant aimées, ni le soleil qui jetait ses reflets étincelants sur les tuiles rouges et vernies de la toiture, ni le murmure du vent qui agitait doucement le feuillage des arbres. Elle restait là des heures entières, pensive, morne, immobile, sans lever les yeux. Son père n'avait plus besoin de détourner la tête pour cacher ses larmes; elle ne les voyait pas couler.

Un incident, bien léger sans doute, vint pourtant les tirer de cette sombre tristesse.

Ce fut un petit oiseau, presque sans plumes, qu'elle trouva un matin, mourant sur le sable d'une des allées du jardin.

Comment se trouvait-il là? Était-il tombé du bec d'un oiseau de proie? Quelque impitoyable dénicheur l'avait-il jeté par-dessus le mur? Personne ne le sut jamais. Quoi qu'il en soit, l'oiseau devint dès ce moment une occupation réelle et presque une tendresse pour la malade.

Elle réchauffa l'oiselet dans son sein; son père se mit en quête d'insectes pour le nourrir, si bien qu'un mois après, non-seulement l'oiseau abandonné se portait à merveille, mais était encore devenu un charmant rouge-gorge femelle, qui voletait en liberté d'arbre en arbre dans le jardin, et qui accourait sur le doigt de sa bienfaitrice dès que celle-ci l'appelait.

Le soir, il se blotissait dans le sein de Delphine et y dormait jusqu'au jour; le matin, il allait picorer dans le jardin, mais ses absences ne duraient jamais longtemps, et il revenait à chaque instant pour se montrer à sa maîtresse, l'agacer à coups de bec et se jouer dans les longues grappes de ses cheveux.

L'automne et l'hiver s'écoulèrent, et le printemps arriva, sans que rien altérât l'amitié de l'oiseau et de la jeune veuve qui, toujours languissante, ne se rattachait pas moins à la vie par le faible lien de cette tendresse d'un oiseau. A vingt-deux ans, on a tant de peine à se résigner à la mort!

Quant au vieux père, il bénissait Dieu et il se laissait aller de nouveau à l'espoir si longtemps perdu de ne point voir succomber se fille à la douleur.

Jamais gentillesse n'égala celle du rouge-gorge, devenu le commensal de Delphine. Il la comprenait lorsqu'elle lui adressait la parole; il venait à elle au premier signal, il enflait sa gorge, il soulevait gracieusement ses plumes, il balançait en cadence son corps mignon, il semblait répondre aux douces paroles de sa maîtresse par un gazouillement plein de mignardise et de tendresse.

Un soir, que réfugié dans le sein de Delphine, l'oiseau, comme un bouquet vivant, sortait à demi sa tête pourpre du corsage de la jeune femme, une voix pleine d'éclat, et que les habitants de la petite maison n'avaient point encore entendue jusqu'alors, commença un chant d'une harmonie indicible.

Ce n'était point le rossignol, et cependant le musicien ailé jetait, avec une audace et un charme merveilleux, les sons purs de sa voix puissante : tantôt c'était un hymne d'un style sévère, tantôt une sorte d'élégie tendre, et qu'on ne pouvait écouter sans tomber dans la rêverie.

Telle était l'impression produite par le chanteur sur le rouge-gorge, que la jeune femme sentait le petit cœur de l'oiseau battre avec vivacité sur le sein où il reposait. La tête penchée avec langueur, les yeux à demi fermés, il écoutait avidement la mélodie aérienne. Quand sa maîtresse rentra dans l'appartement, au lieu de se blottir comme d'habitude dans les dentelles de l'oreiller, il alla se placer près de la fenêtre pour entendre encore la voix enchanteresse.

Le lendemain, le rouge-gorge donna plus de soins encore que d'habitude à sa toilette, se baigna dans le petit ruisseau du jardin, lissa coquettement ses plumes, et resta ensuite perché dans l'ombre d'un buisson obscur, sans même chercher à allonger le bec pour saisir les insectes qui picoraient autour de lui, et dont il se montrait encore si friand la veille.

Sa maîtresse l'appela plusieurs fois, mais il s'obstina à rester dans la solitude du buisson.

Quand vint le soir, la voix recommença ses chants. Le rouge-gorge semblait en proie à une vive émotion ; un léger tremblement agitait tout son corps ; ses pattes pouvaient à peine le soutenir.

Vers neuf heures, le chant se rapprocha d'arbre en arbre. Puis le chanteur se posa sur un pommier, en face et à quelques pas du buisson. Là, sans s'inquiéter de la jeune veuve et de son père, il recommença à chanter. Jamais sa voix n'avait été si tendre et si séduisante. Le rouge-gorge, comme magnétisé, ne put résister plus longtemps, laissa échapper de son gosier un gazouillement d'aveu, et s'envola avec le fascinateur.

Ce départ laissa la jeune veuve d'autant plus triste et plus isolée, que pendant près d'un mois on ne revit plus le rouge-gorge.

Un matin que Delphine pensait tristement à lui, elle entendit un bruit sec qui résonnait sur les vitres de la fenêtre. C'était le rouge-gorge qui frappait à coups de bec.

Je n'ai point besoin de vous dire s'il fut accueilli avec des transports de tendresse. Rien ne centuple l'affection de ceux qui nous aiment comme les preuves d'ingratitude que nous leur avons données.

Le rouge-gorge rendait baiser, pour baiser, caresse pour caresse. Cependant, après une demi-heure donnée à l'amitié et au bonheur de se revoir, il parut préoccupé du désir de repartir ; mais il le fit lentement, comme à regret, et surtout comme s'il eût voulu inviter Delphine à le suivre. Celle-ci comprit la pensée de l'oiseau, et guidée par le rouge-gorge qui volait de branche en branche, elle arriva dans un petit bois voisin du jardin.

Le rouge-gorge avait établi son nid au milieu d'une charmille, à quelques pieds au-dessus du sol. C'était une charmante petite demeure, composée à l'extérieur de mousses, de crins et de feuilles, et à l'intérieur d'un oreiller de ouate et de plumes.

Le mâle, qui se tenait dans ce nid, témoigna un peu de frayeur à la vue d'une étrangère ; mais rassuré par la présence de sa compagne ailée, il ne s'éloigna du nid que juste ce qu'il fallait pour céder la place à cette dernière, qui s'étendit avec un orgueil et un bonheur tout maternels sur quatre petits œufs d'un blanc jaunâtre et légèrement teintés de raies brunes.

Faut-il dire que, chaque jour, la jeune femme venait s'asseoir sur le gazon, dans le petit bois, près du buisson, et tenait compagnie à la couveuse ?

Un jour, pendant que celle-ci picorait des insectes et

qu'elle confiait à son amie le soin de son nid, la jeune femme remarqua, non sans étonnement, que l'un des quatre œufs différait complétement des autres. Beaucoup plus gros, d'ailleurs, il paraissait verdâtre et semé de taches cendrées.

Elle attribua cette différence au hasard, et ce fut l'explication que son père lui en donna également.

Un matin, lorsqu'elle vint rendre visite au rouge-gorge, les quatre petits sortis de l'œuf tendaient à leur mère, en criant, leur becs largement ouverts.

Un des oiselets, par la dimension de sa taille, différait complétement de ses trois frères. La mère ne pouvait suffire à rassasier le glouton, sans cesse piaulant, sans cesse affamé. D'ailleurs, il se montrait égoïste, brutal et tellement tracassier, qu'un matin il jeta hors du nid deux de ses frères pour se procurer une place plus commode. Delphine voulut replacer dans le nid les pauvrets, déjà saisis par le froid; peu d'instants suffirent au méchant pour les faire tomber de nouveau. Heureusement que la jolie veuve était là pour les relever, les abriter dans son sein et les nourrir comme elle avait nourri autrefois leur mère.

Le rouge-gorge femelle, de retour, chercha ses deux petits, et, rassuré en les voyant sous la protection de sa maîtresse, ne s'occupa plus que des enfants qui lui restaient.

Non-seulement le plus gros allait toujours croissant en appétit, mais à mesure qu'il grandissait, il devenait complétement différent de ses frères. Ce n'étaient ni la forme de leur tête, ni les proportions de leur corps, ni les couleurs de leur plumage; il tenait presque de l'oiseau de proie, et son grand œil fixe n'offrait rien de la douceur du regard qui caractérise le rouge-gorge. De plus en plus brutal, il avait fini par expulser son troisième frère et par rester seul dans le nid.

La mère ne pouvait, à son gré, prodiguer assez de tendresse à ce monstre, tandis qu'elle ne semblait même plus penser aux autres petits. Lorsqu'elle les voyait sur les genoux de la veuve, elle venait bien les caresser, mais au premier appel de celui qui restait dans le nid, elle les quittait aussitôt pour le combler de soins empressés et le gorger de nourriture.

Cependant il était devenu trois fois plus gros que le rouge-gorge, et en deux leçons il avait appris à voler, tandis que ses frères ne se risquaient encore que timidement à essayer leurs ailes.

A peu de jours de là, un oiseau tout à fait semblable à l'oiseau resté dans le nid, accourut à tire-d'aile, se posa sur un arbre à quelque distance, et appela d'une façon particulière. Aussitôt l'autre s'élança du nid du rouge-gorge, courut à celui qui l'appelait, lui prodigua mille tendresses et s'envola avec lui.

Le rouge-gorge femelle regardait cette scène avec désespoir. Quand l'ingrat, sans même retourner la tête vers le nid paternel, suivit le nouveau venu, la pauvre mère s'élança vers le fugitif, vola derrière lui tant qu'elle le put, l'appela par les cris les plus déchirants, et finit par tomber de lassitude et de douleur aux pieds de la jeune femme, qui avait replacé dans le nid les trois véritables petits du rouge-gorge. Mais la mère, quand elle eut retrouvé un peu de force, au lieu d'aller à eux, remonta dans les airs, appelant le fugitif et cherchait à retrouver les traces de l'ingrat qui l'avait abandonnée.

Cet ingrat était un coucou.

Sa véritable mère était venue, pendant l'absence des deux rouges-gorges, dévorer un des œufs de leur nichée et y substituer un des siens, qu'elle avait auparavant pondu dans l'herbe à quelque distance et qu'elle avait transporté à l'aide de son bec et de son gosier dilatés.

Puis, le jour arrivé où elle savait son petit en état de voler, elle l'appela, et celui-ci, au cri maternel, s'enfuit aussitôt loin de sa nourrice, de celle qui se croyait sa véritable mère.

Les pauvres rouges-gorges restèrent plusieurs jours à se consoler de la perte du coucou; lorsque le mâle revint, il voulut même chasser les petits que la jeune veuve y avait replacés : il prenait ses propres enfants pour des usurpateurs. Enfin, la voix du sang finit par se réveiller en lui, l'instinct paternel reprit son empire.

Vers la fin de septembre, je vis la jeune femme se promenant dans la campagne, entourée des cinq rouges-gorges qui voltigeaient autour d'elle, accouraient à sa voix, et lorsqu'elle se reposait, s'arrêtaient comme elle et lui disaient de douces chansons. Le soir, ils nichaient tous dans la chambre de Delphine.

Il y a huit jours, vers le soir, les pauvres rouges-gorges frappaient vainement de leur bec à la fenêtre de la chambre de la jeune veuve.

Dans la préoccupation de leur profonde douleur, le prêtre et le vieillard qui priaient et pleuraient dans cette chambre éclairée par un cierge n'entendaient point les oiseaux.

Restauration de Notre-Dame. — Une *Théodicée pratique*, par l'abbé Gabriel.

16 juin.

L'œuvre de la restauration de Notre-Dame de Paris se continue activement sous la direction de M. Viollet-le-Duc. Tandis qu'on achève les réparations extérieures, on termine le chœur des bas-côtés. Ces derniers travaux ont nécessité d'abord l'érection d'un immense mur qui sépare en deux la cathédrale, puis des fouilles dans l'emplacement même du chœur.

On a effondré les voûtes des caveaux construits, je crois, vers 1715 ; ils renfermaient seulement les tombes des derniers archevêques de Paris, morts depuis que le diocèse a été rendu au culte. On sait que pendant la Terreur, ces caveaux ont été profanés, les cadavres jetés à la voirie, et le plomb des cercueils porté à l'Arsenal pour s'y transformer en projectiles de guerre.

Après avoir pieusement déposé dans une chapelle les restes des six archevêques, dont deux sont morts assassinés, on a poussé les fouilles plus avant et plus près du maître autel. Là, on a rencontré les tombes de MM. de Beaumont et de Harlay, et une caisse en plomb sans inscription, qui renferme sans doute le cœur et les entrailles de M. de Choiseul. Un peu plus loin se trouvaient différentes autres sépultures ; elles contenaient des religieux, des prêtres, de grands personnages et des prélats. Dans ces dernières, on a recueilli un anneau épiscopal en cuivre, une crosse en bois tombée en poussière, et une seconde crosse en bronze, charmante œuvre du treizième siècle, ciselée et d'un travail exquis; elle a pour motif la Présentation, et se compose de trois délicieuses figurines.

Toutes ces tombes, construites en plâtre, reposent sur une vingtaine de petits supports de même matière, destinés, sans doute, à isoler du sol et à préserver de son humidité les cercueils en chêne auxquels se trouvaient confiés les dépôts funèbres. Une couche de plantes aromatiques servait de lit aux morts, à l'exception toutefois d'un moine qui gisait sur de la paille.

Enfin, on arriva à une autre tombe, de même nature, fermée par des dalles. A côté de la dépouille humaine qu'elle renfermait, se trouvaient un *Agnus* en argent et un anneau d'or, d'une grande simplicité, dans lequel était serti un saphir; enfin, sous la tête, un sceau en argent.

Grand, de forme ovale, d'une conservation parfaite et admirablement gravé, ce sceau représente une femme assise sur un trône, dont la forme rappelle le fameux siége de Dagobert, conservé au Musée du Louvre. De la main gauche elle tient un sceptre surmonté d'un losange; de la droite un lis, non pas le signe héraldique qui caractérise l'antique blason des rois de France, mais une fleur véritable, un des lis des champs dont parle le Rédempteur, et qui, dit-il, ne travaillent ni ne filent; enfin, autour de cette figure, on lit l'inscription suivante:

Isabella regina Francorum Dei gratia.

Cette poussière, « vain reste de ce qui n'est plus, comme dit Bossuet, a été Isabelle de Hainaut, fille du comte Baudoin V, nièce de Philippe d'Alsace, régent de France. Issue du sang carlovingien, femme de Philippe Auguste, mère de Louis VIII, mariée et sacrée à Saint-Denis, en 1180, et morte en 1189, dans tout l'éclat de la jeunesse et d'une beauté dont les chroniqueurs et la tradition vantent l'incomparable perfection.

D'après les restes que contenait la tombe et d'après les proportions de cette même tombe, la taille de la reine Isabelle devait dépasser de beaucoup la taille ordinaire des femmes. Sans doute reposaient à ses côtés les deux enfants jumeaux morts en naissant qui coûtèrent la vie à leur mère; mais sept siècles écoulés n'en ont laissé aucune trace.

Tous les ossements recueillis dans le chœur de Notre-Dame ont été déposés sous les arceaux d'un des bas-côtés de l'église. On a laissé les plus récents enfermés dans leurs cercueils de plomb, dont la forme rappelle les enveloppes funéraires des momies égyptiennes; des cercueils en chêne ont reçu les autres. Ils gisent là au milieu d'innombrables fragments de sculpture détachés de l'ornementation de la cathédrale et destinés à y reprendre leurs places. Ce sont des goules fantastiques, des pierres sépulcrales, des chapiteaux bizarres, usés, rongés, défigurés par les siècles, par les intempéries de l'air, par les fureurs des iconoclastes révolutionnaires, et, plus souvent encore, hélas! par les excellentes intentions d'ignorants restaurateurs, qui ont porté une main maladroite et profane sur tant de chefs-d'œuvre du moyen âge.

Tandis que je contemplais ces ruines, ces tombes, cette poussière de reine, l'orgue se fit tout à coup entendre, dans la partie de la cathédrale réservée au culte et derrière le grand mur qui la sépare en deux. Des voix d'enfants s'unirent ensuite aux accords du pieux instrument : ces voix répétèrent trois fois les cris de douleur et de supplication que l'Église catholique élève à de certains jours vers Dieu : *Parce nobis, Domine! parce populo tuo!* et une sonnette fit entendre son tintement argentin. Puis il se fit un grand silence. Les ouvriers s'arrêtèrent et se découvrirent. Derrière ce mur contre lequel ils travaillaient, un prêtre à l'autel, l'ostensoir à la main, bénissait les fidèles agenouillés et demandait le repos éternel pour ceux qui ne sont plus à celui qui disait à Moïse : *Je suis celui qui est.* En même temps, les rayons du soleil inondèrent les vitraux, le chœur à moitié démoli; les pierres qui jonchaient le sol bouleversé se teignirent de couleurs mystérieuses, et je lus sur une d'elles, en caractères gothiques, presque effacés, ces mots : *In te, Domine, speravi, non confundar in æternum.*

En ce moment le sceptique le plus endurci eût prié.

Dans notre chère France, chacun se croit juge compétent et sans appel, en toute espèce de choses, et surtout en matière de médecine, de politique, de philosophie et de religion.

L'art de guérir trouve, dans les moindres coins, des juges de toute nature et de toutes conditions, qui posent d'incessants points d'interrogation, discutent les prescriptions et proposent leur petit remède, même sans connaître les premières notions d'hygiène, et parfois sans bion savoir si, comme le dit Sganarelle, décidément l'on n'a pas mis le cœur à droite et le foie à gauche. Le médecin ahuri n'en perd que trop souvent la tête.

Quant à la politique, les gouvernants n'ont qu'à se bien tenir, car il y a une foule d'hommes d'État au petit pied, dont Dieu les garde! qui contrôlent, décident, tranchent à tort et à travers, ne louangent jamais, mais, en revanche, blâment toujours. Leur aplomb déconcerterait feu Colbert lui-même; le coup d'œil d'aigle de Napoléon Ier était myope à côté du leur. En présence d'une question ardue, il aurait hésité peut-être, lui, à voir le point difficile : eux n'hésitent jamais. Ils voient tout et jugent tout de prime saut.

Quand il s'agit de philosophie et de religion, la chose va plus encore de mal en pis. Les gens qui ne peuvent s'expliquer les moindres phénomènes de la nature, et qui peut-être n'y entendraient goutte, si on les leur expliquait, s'irritent en face des mystères divins et infranchissables qui se tiennent debout entre l'homme et Celui qui est. Le dépit et l'orgueil froissé, la conviction d'une impuissance absolue enfantent la plus triste des maladies morales : le doute.

Et ce doute ne gangrène pas seulement les natures vulgaires et présomptueuses : il s'attache peut-être encore plus aux hautes et sincères intelligences; à ceux qui ont approché leurs lèvres des bords de la coupe de la science, bords que, seuls jusqu'à présent, a pu atteindre au prix de mille efforts la science humaine.

M. l'abbé Gabriel a pris en pitié cette fatale maladie de notre époque, conséquence des grandes et imprudentes discussions théologiques qui ont ému le monde chrétien jusqu'au dix-huitième siècle, de l'esprit insensé de révolte de la période suivante, et du scepticisme découragé de l'époque actuelle.

Il s'adresse aux intelligences supérieures dont nous venons de parler, car il sait que la lumière descend toujours d'en haut, et que convaincre les exceptions c'est convaincre les masses.

Initié aux trésors de la philosophie antique, connaissant sur le bout des doigts le fort et le faible de la philosophie moderne, il a écrit un livre intitulé : *Essai d'une Théodicée pratique.*

A l'aide de ces mêmes philosophies, M. Gabriel démontre l'incontestable vérité du christianisme. A force de lueurs, il fait une lumière souvent éclatante, et presque toujours suffisante pour guider une raison sincère et droite à travers les formidables ténèbres du doute. Il emprunte aux sciences exactes leurs ressources, leurs formules et leurs solutions. Il démontre matémathiquement Dieu, l'âme immortelle et le Verbe. Aussi un premier venu ne saurait lire ni comprendre, sans de longues et difficiles études, la *Théodicée;* pas plus qu'il ne lirait et ne comprendrait Platon en jetant pour la première fois les yeux sur le *Phœdon.* Il faut lever haut la tête pour distinguer d'abord, puis ensuite pour épeler les hiéroglyphes sacrés de pareils obélisques. Mais dès qu'on parvient à en saisir le sens, dès qu'à l'éblouissement succède une vision nette, on marche droit, ferme et infailliblement au but le plus ardemment poursuivi, de nos jours, par les grandes âmes : à la foi basée sur la raison.

Je n'essayerai pas, dans ces notes rapides, d'analyser un livre qu'il faut lire, relire, méditer avant d'en saisir la pensée et d'en comprendre la portée. Mais je peux dire au moins que l'abbé Gabriel, comme le faisait Henri IV pour Crillon, peut présenter son livre aux amis et aux ennemis des croyances catholiques. Les premiers, s'ils n'ont pas des yeux pour ne point voir, lui devront de sortir de l'angoisse et de l'écœurement produits par le doute qui flétrissent tant de nobles âmes.

Il a pris pour épigraphe cette phrase de l'Ecclésiaste qui explique si bien les souffrances morales de l'homme : « Dieu plaça dans leur cœur l'indéfini. »

C'est-à-dire toutes ces mystérieuses aspirations qui nous font demander, dans une fiévreuses erreur, l'apaisement d'une soif ardente qui nous dévore, au plaisir, aux passions, à l'ambition, à la gloire, fruits d'or pleins de cendres, qui ne sauraient l'étancher. Ce n'est pas au monde extérieur qu'il faut s'adresser, mais aux voix intérieures qu'on n'entend que dans le recueillement, quand l'âme peut, sinon déployer ses ailes, du moins les dégager un peu des liens de la matière. Alors, si du moins on ne voit pas la vérité, on la sent : ainsi les aveugles jugent de la lumière, et disent : « Le rouge, c'est la trompette des couleurs. »

La *Théodicée pratique* que la cour de Rome a marquée du sceau de son approbation, deviendra peu à peu le livre des penseurs, des « argueurs de pourquoi, » ainsi que dit Montaigne.

Elle le sera jusqu'au jour où ces penseurs éclairés et convaincus, la quitteront pour l'*Imitation*, ce livre qui demande : « que vaut toute la science humaine à côté de la charité? »

Une prise de voile. — Cérémonial. — Discours de M. Buquet, vicaire général.

20 juin.

Il y a peu de temps, la fille d'un ambassadeur a pris l'habit de religieuse dans la congrégation des sœurs de Notre-Dame, faubourg Saint-Honoré, fondée il y a deux siècles environ par le père Fournier.

M. Buquet, grand vicaire de l'archevêché de Paris, présidait cette cérémonie, l'une des plus touchantes de l'Église catholique.

Mademoiselle Nothomb a été introduite dans le chœur de la chapelle par une procession de pensionnaires de la maison, et s'est agenouillée sur un prie-Dieu, près de sa grand'mère, qui ne pouvait retenir ses larmes.

M. Buquet est ensuite monté en chaire. Avec une émotion qu'il ne parvenait point à cacher, il a adressé à la jeune fille, prête à quitter le monde, une allocution à la fois simple et paternelle. Après avoir tracé les devoirs qu'imposent à une religieuse l'observance de la règle et le renoncement aux choses humaines, il lui a expliqué que, toutefois, ce devoir, ce renoncement ne lui interdisaient ni la tendresse envers sa famille, ni l'affection envers ses amis. « Pour vous en éloigner, a-t-il dit, vous ne vous en séparez-pas! Vos prières et vos pensées peuvent les suivre au delà du cloître et s'associer à leurs épreuves et même à leurs joies. »

La prise d'habit a eu lieu ensuite ; le récit que pourrait en faire cette chronique ne saurait en donner une idée aussi bien qu'un vieux et naïf *Cérémonial* imprimé en 1690, et dont aujourd'hui les rites se pratiquent encore à la lettre.

« Au jour qu'une postulante devra être vêtue du saint habit de religion, la sacristine fera parer l'autel de l'église extérieure, comme aux jours solennels; elle fera aussi préparer au dedans des balustres un petit oratoire ou pupitre, couvert de tapis, et en accomodera un pareil au milieu du chœur pour la postulante; elledonnera ordre qu'il y ait des chaises pour le célébrant, le prédicateur et autres personnes honorables qui devront y asister.

« L'autel du chœur sera paré le mieux qui se pourra, près duquel sera la croix des processions, avec les chandeliers des céroféraires, garnis de cierges. Sur icelui, sera un petit crucifix; et en lieu comode, des cierges pour les religieuses.

« Au côté droit, il y aura une chaire pour la mère supérieure, et, au côté gauche, une petite table couverte, sur laquelle se mettront les habits bénits, et de plus, un beau cierge neuf, une couronne de fleurs, un bréviaire et un chapelet, et de plus, un plat-bassin, avec des ciseaux pour couper les cheveux.

« La fille, modestement habillée, selon sa qualité du monde, ira tout droit dans l'église, conduite par ses parents ou tuteurs; se présentera devant le Saint-Sacrement, et s'y tiendra dévotement à genoux.

« L'exhortation faite, le prêtre, habillé d'une chape, se mettra à genoux sur le bas degré du marchepied de l'autel, et toutes les religieuses au chœur; et incontinent les chantres commenceront l'hymne *Veni Creator*, que les chœurs poursuivront alternativement.

« Les chœurs ayant répondu *Amen*, le célébrant s'assiéra dans une chaire devant l'autel, les religieuses étant debout; et aussitôt la postulante conduite par ses parents, après une profonde révérence, se mettra à genoux à ses pieds, et répondra aux interrogations suivantes qu'il lui fera :

« *Demande*. Que demandez-vous?

« *Réponse*. Mon révérend père, je demande en toute humilité d'être reçue en l'ordre et union des religieuses de la Congrégation de Notre-Dame, sous la règle de saint Augustin.

« *Demande*. Pourrez-vous observer les règles et les constitutions de cette congrégation?

« *Réponse*. Mon père, je l'espère avec la grâce de notre Seigneur.

« Alors le célébrant se met à genoux et les religieuses aussi, ayant chacune un cierge allumé, et la postulante demeurant à genoux au même lieu; et incontinent les chantres commencent les litanies, auxquelles les chœurs répondent.

« Après, le célébrant mettra de l'encens dans l'encensoir, et aspergera d'eau bénite les habits en forme de croix, disant : *Asperges me, Domine, hyssopo, et mundabor; lavabis me, et super nivem dealbabor;* puis les encensera par trois fois.

« Ce qu'étant fait, la postulante lui demandera la bénédiction, disant : « Mon révérend père, je vous supplie « très-humblement de bénir cette mienne entrée. »

« Puis, ayant mis de l'encens dans l'encensoir, il aspergera d'eau bénite la postulante, et l'encensera par trois fois.

finie, la maîtresse des cérémonies les mettra sur l'oratoire au milieu du chœur.

« Et ayant reçu la couronne de fleurs de la maîtresse, le célébrant la pose sur la tête de la novice, disant : *Accipe coronam virginalem.*

« Le célébrant impose ensuite à la novice un nom qui sera ajouté au sien du monde, et aussitôt, toutes étant à genoux, il leur donne la bénédiction, et incontinent, toutes s'étant levées, les chantres entonnent *Te Deum*, que les chœurs poursuivent alternitivement.

« La novice, ayant posé son cierge sur un chandelier préparé à côté de son pupitre, conduite par sa maîtresse, va donner le baiser de paix (ce qui se fait en approchant les épaules gauches l'une de l'autre) première à la mère supérieure et de suite aux autres religieuses. »

La nouvelle religieuse a reçu le nom de sœur *Marie Saint-Charles.*

Encore une année d'épreuves et d'initiation, et elle échangera le voile blanc pour le voile noir; enfin elle fera profession dans une autre solennité. Alors elle appartiendra irrévocablement à Dieu, à l'éducation des jeunes personnes et aux pauvres.

La Congrégation de Notre-Dame donne gratuitement l'instruction à deux cents enfants du quartier.

La création spontanée. — M. Pouchet. — Le canal de Toulouse. — L'*homunculus.*

30 juin.

Le temps des bonnes guerres littéraires de 1832 est, hélas! passé, et trop bien passé! Pour quelle pièce de théâtre se bat-on en duel, comme on le faisait pour *Henri III?* Dans quel parterre trouve-t-on, le lendemain d'une première représentation, — ce qui advint à *Hernani*, — huit paniers pleins de restes de saucissons et de petits pains, trente chapeaux écrasés, et je ne sais combien de pans d'habits? Après *Antony*, nous achetions tous des poignards, et il était du meilleur goût de porter cette arme dans sa poche. Enfin, Victor Hugo demandait, — et beaucoup de gens trouvaient cette demande raisonnable, — qu'on tendît en noir la façade du Théâtre-Français, parce qu'on interdisait les représentations du *Roi s'amuse*. Classiques et romantiques ont vécu. MM. Jules Janin et Nisard ne pensent plus guère aujourd'hui à croiser la plume pour la littérature facile et la littérature difficile. Quant à Théophile Gautier, qui demandait à *manger du bourgeois*, il aspire et il a droit à l'Académie.

A présent, c'est le tour des sciences à guerroyer, voire même à s'empoigner quelque peu aux cheveux.

M. Pouchet, après avoir fait bouillir de l'eau et soustrait ce liquide au contact de l'air, l'a mis en rapport avec de l'oxyène pur, et y a introduit une certaine quantité de foin. Ce foin avait été préalablement renfermé dans un flacon et chauffé pendant deux heures dans une étuve à la température de cent degrés. L'infusion ainsi préparée fut convenablement close, et, au bout de quelques jours, M. Pouchet vit des infusoires s'y développer.

Le fait est curieux, assurément. Toutefois on a voulu lui donner une importance qu'il n'a pas. Les uns se sont mis à crier à la création spontanée ; les autres ont contesté jusqu'à la réalité de l'observation de M. Pouchet. L'Académie elle-même s'est divisée en deux camps et a eu sa petite guerre civile. Tandis que MM. Milne-Edwards, Payen, Quatrefages, Claude Bernard et Dumas se réunissaient pour une levée de boucliers, M. Flourens leur opposait M. de Mantegazza, qui aurait vu des vibrions se former de toute pièce sous ses yeux. Enfin, un hétérogéniste a comparé les membres de l'Institut, adversaires de la création spontanée, à des inquisiteurs ; et M. Pouchet à Galilée chargé de fers, frappant du pied le sol de son cachot, et disant à propos de la terre — quoique Galilée ne l'ait jamais dit : — « Elle tourne cependant ! »

Il s'en est suivi une pluie de lettres, une averse de mémoires, un torrent d'articles de journaux, une série de petites violences scientifiques, une bagarre des mieux conditionnées, fort propres à désopiler la rate, comme le fameux orviétan de M. Diafoirus.

Le plus piquant de l'affaire, c'est que M. Pouchet se défend de toutes ses forces de songer à présenter ses observations comme un argument en faveur de la création spontanée. Mais il a beau protester ! Derrière lui, marchent des partisans fanatiques, forcenés, plus royalistes que le roi, qui le poussent, quand même, en avant ; qui se font un drapeau de son mémoire, et qui veulent, à tout prix, métamorphoser un travail consciencieux en affaire de parti.

Certaines sectes de l'Inde enseignent que la terre repose sur un éléphant, l'éléphant sur un bœuf, le bœuf sur un crocodile, et le crocodile sur un serpent. Quand on leur demande sur quoi repose le serpent, ils ne savent que répondre. C'est là, et ce sera toujours là l'histoire de la science humaine. Elle en était encore au monde reposant sur un crocodile. M. Pouchet a peut-être découvert un tout petit bout de la queue du serpent..., je le veux bien ! Mais que prouve cela en faveur de la création spontanée ? La création spontanée est partout et nulle part. L'inconnu nous entoure et nous arrête à chaque pas.

Ainsi, pour ne citer qu'un exemple entre des milliards d'exemples, au Mexique et au Pérou, sur le sol des forêts vierges qu'on détruit par le feu, on voit tout à coup apparaître des plantes étrangères jusque-là dans la localité, et qu'on nomme *fleurs d'incendie.*

Lorsqu'on creusa le canal de Toulouse, on remarqua, non sans surprise, que les terres remuées et restées à sec pendant deux ans se couvraient subitement d'une plante nouvelle pour le pays : le *polypogon monspeliensis.* M. Decaisne mentionne plusieurs faits analogues. — A Ermenonville, le lac, mis à sec, s'est encombré de *sinapis alba* (moutarde blanche). — Aux environs de Bordeaux, après l'incendie d'un bois, le *papaver somniferum* (pavot) s'est montré de même en grande quantité. — En Angleterre, le creusement d'un canal a fait paraître en abondance le *plantago arenaria* (plantain, herbe aux puces). M. Cosson ajoute qu'il a vu, une année, l'étang tourbeux de Saint-Germer, près Beauvais, desséché et tapissé de *digitalis purpurea* (digitale pourprée).

Dans le bois du Pays-de-Bayard (Aisne), on a déposé l'année dernière des amas de scories provenant de hauts fourneaux, et formant une couche haute de plusieurs mètres, composée exclusivement de cuivre et de substances minérales qui avaient subi une violente action du feu.

Tout à coup, une plante, rare partout en Europe, particulièrement dans le pays dont nous parlons, et qui exige d'ordinaire beaucoup d'humidité, l'*impatiens noli me tangere* (l'impatiente n'y touchez pas), a envahi brusquement et revêtu d'une couche épaisse de verdure ces débris quasi volcaniques, arides, et sur lesquels l'eau des pluies tombait sans y séjourner, comme sur un tissu imperméable.

L'*impatiente n'y touchez pas* appartient à la famille des balsamines. Son nom provient de l'élasticité de ses fruits, qui, si légèrement qu'on les touche, lancent au loin, avec force, les graines qu'ils renferment. Ces graines, lourdes et d'assez forte dimension, ne sauraient être transportées par le vent comme celles de certaines plantes.

Un fait analogue s'observe en Hollande sur le sol de la mer de Harlem, qu'on vient de dessécher. J'y ai vu presque partout foisonner et former des champs de fleurs jaunes (la *cinéraire des marais*), à peu près inconnues dans les Pays-Bas, et dont on ne rencontre ailleurs qu'un petit nombre d'individus, même dans les lieux qu'elles affectionnent. Il y en avait une telle quantité dans le feu lac, que parfois le vent emportait au milieu des airs des nuées d'aigrettes de cinéraires qui voilaient le ciel pendant quelques secondes.

J'ai cité ces phénomènes, les premiers venus qui me sont tombés sous la main; mais l'étude de la nature présente des millions de millions d'énigmes non moins impénétrables, non moins surprenantes, non moins inattendues que l'apparition d'un être microscopique sorti d'un brin de foin desséché.

Du reste, cette vieille doctrine de la création spontanée remonte non-seulement à l'antiquité, mais encore se rencontre à chaque pas dans les rêveries mystiques des alchimistes du moyen âge. La création d'un être vivant produit par des moyens artificiels ne préoccupait pas moins les esprits que la transmutation des métaux. Toutes ces imaginations ardentes et orgueilleuses voulaient mordre plus avant encore dans le fruit fatal de la science du bien et du mal.

Les légendes du nord de la France, qu'il serait bien temps de recueillir et d'écrire, car chaque jour les années effacent à jamais un lambeau de cette histoire traditionnelle; les légendes du nord, dis-je, racontent qu'un solitaire du nom de Liébert consacrait, dans son ermitage, à des recherches d'alchimie le peu de loisirs que lui laissaient son chapelet et ses *oremus*.

Or, un jour, après avoir soufflé et tourmenté le feu de ses fourneaux, fondu et mélangé des métaux, fait des évocations et répété des formules hermétiques, il finit par tomber de fatigue et par s'endormir. Il trouva, en se réveillant, un étranger assis auprès de lui.

— Il paraît, dit celui-ci, que j'ai affaire à un grand maître de la science. Pendant que vous dormiez j'ai examiné les préparations de vos creusets. J'ai parcouru l'Allemagne, la Perse, l'Italie ; je n'ai rencontré nulle part un alchimiste aussi près du grand œuvre que vous l'êtes ! Il ne vous manque plus que la poudre que j'ai là pour arriver à faire de l'or.

En achevant ces mots, il tirait d'une besace une poignée de poudre noire, la jetait dans le creuset, renversait ce creuset à terre, saisissait de ses longs doigts, sans les brûler, la masse de métal incandescente tombée sur l'aire, et la présentait à Liébert, qui poussa un cri de joie..... C'était de l'or pur !

— Vous vous étonnez de bien peu de chose ! dit le voyageur en riant. Dans l'Inde, cette poudre noire est aussi commune que la boue dans votre vilain pays des Flandres. Si le peu que j'en porte avec moi peut vous être agréable, veuillez l'accepter ! je sais où m'en procurer facilement d'autre. En voici de quoi fabriquer une lieue carrée d'or.

Et il vida sa besace aux pieds de Liébert.

— Comment vous exprimer ma reconnaissance ? s'écria l'ermite.

— En me donnant un verre d'eau : j'ai toujours soif ; c'est une habitude, ou plutôt une infirmité que j'ai contractée dans le pays d'où j'arrive et où la température est singulièrement chaude.

Il ricana en disant cela.

Liébert lui présenta sa cruche, que l'étranger, quoiqu'elle fût pleine jusqu'aux bords, vida d'un seul trait.

— Ainsi, reprit-il en se pourléchant les lèvres, comme s'il eût bu du vin ou du moins de la cervoise exquise, ainsi vous en êtes encore, en Flandre, à chercher à produire de l'or ? Depuis longtemps les brahmines de l'Inde regardent le grand œuvre comme un jeu d'enfant. Maintenant ils cherchent, et ils ne tarderont point à créer un être vivant, de manière à égaler Dieu. . .

— A quoi bon créer un être nouveau? demanda Liébert.

— A quoi bon? La question me paraît naïve! A quoi bon? A fabriquer des êtres moins imparfaits que ceux qui existent et qu'on vante je ne sais pourquoi. Voyez l'homme, par exemple! Est-il une machine tellement accomplie qu'on ne puisse faire mieux? Sa vue, son ouïe, son odorat sont-ils parfaits? Vole-t-il dans les airs comme les oiseaux? Nage-t-il et respire-t-il dans l'eau comme le poisson?

— Vous avez raison, reprit Liébert tout rêveur; l'homme ne serait parfait qu'à condition de voir aussi loin que l'aigle, de surpasser en odorat les oiseaux qui sentent une proie à dix lieues, d'entendre à de grandes distances comme le cerf, de plonger comme le goëland et de voler comme l'hirondelle.

— Voilà qui est parler d'or! reprit l'étranger. L'homme n'est qu'une bien pauvre bête, après tout; son invention ne valait certainement pas le bruit qu'on en a fait.

— Vous avez raison, je le répète; mais comment arriver à créer un être vivant

Rien de plus facile quant au corps. Les brahmines en fabriquent à la douzaine, et je possède leur secret aussi bien, sinon mieux qu'eux. Le difficile consiste à donner la vie à ce corps. Pour cela, il faut égorger à minuit un nouveau-né, et, avec certaines précautions, verser tout son sang dans la bouche de l'homme qu'on a fabriqué. Si vous êtes curieux de voir la chose, chargez-vous de me procurer l'enfant; avant que minuit sonne, moi j'aurai fait le corps. Surtout que l'enfant ne soit pas baptisé! Allons, cela va-t-il?

— Mais c'est un péché mortel! c'est un crime que vous me proposez là!

— Oh! oh! répartit le voyageur en riant, vous voulez devenir l'égal de celui qu'on appelle Dieu et vous craignez de l'offenser! Si vous avez de si ridicules préjugés, serviteur! Je vais porter mon savoir autre part.

Après une longue et terrible lutte avec son orgueil et son amour insensé de la science, Liébert finit par succomber, sortit et revint apportant un nouveau-né qu'il avait trouvé exposé sur les marches de l'église du village voisin. Cela se pratiquait ainsi avant que saint Vincent de Paul eût connu et réalisé la charitable pensée de recueillir et d'élever ces pauvres petits abandonnés.

Le voyageur, de son côté, n'était point resté inactif. Il avait formé, avec toutes sortes de matières, un corps gigantesque, étendu sur la terre et recouvert d'un manteau qui n'en laissait voir que la bouche.

Liébert voulut soulever ce manteau, mais l'inconnu l'en empêcha.

— N'y touchez pas! vous allez le refroidir, et tout mon travail serait perdu! s'écria-t-il. Allons, vite! percez-moi d'un coup de poignard le cœur de ce petit criard, et versez-en le sang dans la bouche de notre enfant.

Liébert, d'une main tremblante, commit ce meurtre

épouvantable, et vit, avec une joie mêlée de terreur, s'animer, à mesure qu'il buvait le sang, l'être mystérieux recouvert par le manteau.

Tout à coup ce manteau tomba, et l'ermite vit se dresser devant lui un monstre hideux.

— C'est ton homme perfectionné! s'écria l'alchimiste. Tu t'es plaint de l'imperfection de sa vue, et il a les yeux du caméléon! Afin de procurer plus de subtilité à son odorat, je lui ai donné la trompe de l'éléphant; ses oreilles ont la finesse mais aussi la longueur des oreilles du lièvre; son corps est armé des écailles et des nageoires du poisson; les muscles nécessaires au mouvement de ses ailes forment sur son dos une bosse un peu forte, je l'avoue; enfin, les ongles de ses doigts ressemblent aux ongles du tigre, pour mieux tenir ce qu'ils saisissent. Qu'en dis-tu?

Il parlait encore, que le monstre se ruait sur Liébert le saisissait et allait l'étouffer, quand, grâce à Dieu, l'ermite se réveilla en sursaut, porta autour de lui des regards éperdus et bénit Dieu de n'avoir fait qu'un rêve!

Quand il fut bien revenu à lui, il jura de ne plus chercher le grand œuvre, et encore moins l'*homunculus* (le petit homme), cette lubie de l'orgueil humain, cette autre quadrature du cercle.

Vous le voyez, la génération spontanée n'est pas inventée d'hier. Le moyen âge et le dix-huitième siècle l'ont cherchée; nous rions aujourd'hui de l'ignorance de ces deux époques si vaines pourtant de leur prétendue science.

Nos petits-fils riront bien aussi de nous, hélas!

JUILLET

Les sciences et la littérature dans les départements. — M. Moulet et Clémence Isaure. — M. Ravenez et la bataille de Tolbiac. — Duel judiciaire entre des communautés religieuses, — Orthographe de Duquesne. — Traditions populaires. — Des trésors inconnus. — Chapelle de Saint-Nicolas de Caudecote. — Tombeaux anciens. — Pièces d'or du seizième siècle. — La Vendée et ses puits mystérieux. — Trousse-poil et son puits. — Qu'il ne faut pas tromper les *fradets*.

1er juillet.

Les départements, la province, comme on disait autrefois, ne restent inactifs, ni en matière de science, ni en matière de littérature. Chaque jour voit éclore chez eux une découverte en chimie, des travaux heureux sur la paléontologie, et de graves et ingénieux mémoires archéologiques.

Les hommes vraiment intelligents qui vivent loin de Paris comprennent que, hors de la capitale, il n'y a point de salut pour les œuvres purement littéraires, et qu'on ne saurait les publier autre part que dans cette grande et orageuse lice. Aussi préfèrent-ils se vouer à des travaux qu'on ne saurait en revanche faire à Paris au milieu des luttes auxquelles il faut constamment tenir tête, et en face des urgences de la vie des lettres et de ce tonneau des Danaïdes qu'on appelle la presse périodique.

Comme preuve de ce que je viens d'avancer, je citerai M. Moulet, qui vient de publier à Toulouse un mémoire pour démontrer que la dame Clémence Isaure, à laquelle une tradition légendaire attribue la fondation des Jeux Floraux, a été substituée peu à peu à *Notre Dame la Vierge Marie*, en l'honneur de laquelle avaient été primitivement consacrés les concours poétiques de Toulouse.

D'après lui, Clémence Isaure serait simplement une dame qui aurait légué des biens à l'institution du *gay sçavoir*, existant déjà depuis plusieurs siècles. Cette donation avait pour but de donner plus de splendeur aux prix décernés de temps immémorial aux troubadours qui célébraient dignement *Notre-Dame de Clémence*.

Lorsque, après la fin de la dynastie comtale de Toulouse, sept honorables citoyens fondèrent, en 1323, le Collége du Gai Savoir, ils le firent suivant les idées du temps. L'institution fut donc empreinte du sentiment éminemment catholique qui caractérisait alors l'ancienne capitale du midi de la France; les sujets traités dans les concours furent continuellement religieux, et, si quelques rares poëtes chantèrent le roi de France triomphant des Anglais, s'ils essayèrent de relever le goût des croisades, ou s'ils murmurèrent quelque louange en l'honneur de Toulouse et de ses magistrats municipaux, leurs compositions, bien que variant de genre, furent dédiées quelque fois à Dieu, mais presque constamment à la Vierge Marie.

Pour nous convaincre qu'il en fut ainsi, nous n'avons qu'à ouvrir le recueil des *Joies du Gai Savoir*; à chaque vers, nous trouvons une invocation à Marie, souvent cachée sous une transparente allégorie.

Nous considérons donc comme des poésies adressées à la Vierge celles dans lesquelles les compositeurs la nommait la *dame Clémence*. En acceptant cette explication, un nouveau jour illumine la question, et rien d'obscur ne reste dans l'esprit, dès que l'Isaure fabuleuse s'évanouit devant l'image auguste de la mère de Dieu.

Dans une *Chanson de Notre-Dame*, qui mérita le prix de la Violette en 1455, Antoine de Jaunac, recteur de Saint-Sernin, débute ainsi, en s'adressant à Marie :

Fleur de vertu, sur toutes la plus belle
A laquelle pensent mon désir se repose,
Si bien qu'en repos, la nuit et le jour je vous loue,
Et avec louange, cette saison nouvelle,
En suppliant; de bon cœur vous implore,
Que vous me reteniez en la votre clémence
Car, aussitôt, avec toute diligence,
Je vous servirai, pourvu qu'au monde je vive.

De son côté, Jean Gombaut, marchand de Toulouse, dans une *Chanson de Notre-Dame*, pour laquelle il eut la Violette en 1466, dit à la Vierge :

Je vous supplie donc, que de moi souvenance
Vous veuillez avoir, lorsque l'heure douteuse
S'approchera de la mort rigoureuse,
Qu'alors, par votre grande clémence,
Vous soyez ma défense.

A Strasbourg, M. Ravenez ne cherche point à rendre à la Vierge Marie des honneurs usurpés, mais à réformer un point historique accepté jusqu'ici par l'Europe entière.

Dans un *Mémoire sur la bataille de Tolbiac et le lieu où elle s'est livrée*, il prétend que cette bataille a eu lieu en Alsace, sous les murs de Strasbourg, et non pas à Zulpich, entre Bonn et Juliers, à dix lieues du Rhin, comme on le croit généralement.

Ne semble-t-il pas étrange que Clovis ait été battre les Allemands à Tolbiac, c'est-à-dire dans un pays qui non-seulement n'était pas le leur, mais qui depuis plus de deux siècles appartenait aux Francs et aux portes mêmes de la capitale d'un roi franc, tandis que ses possessions à lui étaient contiguës par les Vosges aux frontières de ses ennemis?

Je suis donc fondé, dès à présent, à dire que ce n'est pas à Tolbiac que Clovis a battu les Allemands; que pour les attaquer il a traversé les Vosges et l'Alsace dans sa largeur, et qu'il les a rencontrés sur les bords du Rhin.

Recherchons maintenant sur quel point du littoral a eu lieu cette rencontre.

Depuis la période francque jusqu'à nos jours, l'Alsace a été le champ de bataille entre la France et l'Allemagne, et presque toujours c'est à Strasbourg que la puissance envahissante a cherché à franchir le Rhin. A une époque plus reculée, Julien l'Apostat avait livré sous les murs de cette ville une grande bataille où assistaient sept rois allemands. Trois faits démontrent que c'est à Strasbourg aussi que les Allemands tentèrent le suprême effort dont le résultat devait être la liberté ou l'anéantissement.

1° A l'avénement de Clovis, toutes les villes, tous les châteaux forts érigés par les Romains sur les rives du Rhin étaient détruits. Argentorat seul était resté debout et avait conservé une grande importance. Clovis avait un intérêt très-grand à s'en rendre maître; c'était une digue qu'il opposait aux invasions ultérieures des barbares, et de ce point il pouvait facilement lancer ses troupes sur le territoire ennemi.

2° Nous avons vu qu'après la victoire Clovis passa

par Toul pour se rendre à Reims. Or il existait d'Argentorat à Durocortorum une route directe.

3° Si l'on en croit la tradition encore vivante dans le pays, tradition recueillie par Lehmann, Kœnigshoven, Hersog, dans leurs *Chroniques*, par Laguille dans son *Histoire d'Alsace*, Clovis a jeté, en 510, sur les ruines d'un temple païen, les fondements de cette basilique dont le génie d'Erwin de Steinbach a fait un chef-d'œuvre de l'art chrétien au moyen âge.

Ainsi la géographie, l'histoire, la tradition, la raison du temps et du lieu, tout concourt à démontrer que c'est bien en Alsace, sur les bords du Rhin, près de Strasbourg enfin, que Clovis, cédant à une inspiration soudaine, a adoré pour la première fois le Dieu de Clotilde.

M. de Marchegay, de Nantes, raconte, lui, qu'un duel judiciaire a eu lieu en 1098, entre des communautés religieuses, à propos d'un domaine en litige.

Les deux communautés, qui comprenaient d'une si étrange façon le vœu de pauvreté et les leçons de charité de l'Évangile, étaient celles de Marmoutiers et de Talmont d'Angles; elles se disputaient certaines portions d'un marais.

Le monastère de Marmoutiers fut mis en demeure par Guillaume IX, duc de Poitou, de prouver en champ clos que le marais d'Angles lui avait été donné par Guillaume II, lors de la fondation de l'église de Fontaines. Le duc d'Aquitaine approuva cette sentence, et il ordonna que l'exécution en eût lieu aux Moutiers, en présence d'Othon et des principaux seigneurs du pays.

Un peu avant midi, les moines se rendent auprès des juges du combat, pour faire connaître officiellement leur

entre les deux palissades, et menace des peines les plus sévères les personnes qui chercheraient à favoriser l'un des combattants par gestes ou par paroles ; tous les spectateurs reçoivent l'ordre de se tenir immobiles et silencieux en dehors de la lice. Enfin les juges font entrer les champions, leur partagent le soleil, leur restituent le bâton et le bouclier; puis, au signal que donne le seigneur de la Roche, ils se retirent en leur disant : « Allez, et faites du mieux que vous pourrez. » A ces mots, les combattants s'élancent l'un contre l'autre, et le duel commence.

L'issue n'en demeure pas longtemps douteuse. La cause de l'iniquité est bientôt divulgée, disent les moines de Fontaines ; le champion des usurpateurs tombe honteusement sous le bâton de celui qui défend les droits de Marmoutiers, et les religieux de Talmont et d'Angles ne retirent que préjudice et déshonneur de la lutte suscitée par eux-mêmes. Aussi les voit-on se soustraire en toute hâte aux regards des spectateurs, pour aller cacher dans la solitude leurs larmes et leur profonde désolation.

Ainsi, au onzième siècle, des moines, des hommes qui avaient fait vœu de pauvreté, n'hésitaient pas à exposer et à sacrifier la vie d'un homme pour la possession d'un bout de terrain marécageux!

Singulière influence des mœurs et des coutumes d'un temps d'ignorance et de barbarie que celle-là, qui fait méconnaître à des hommes sincèrement pieux leurs devoirs envers Dieu et l'humanité.

Je viens de lire tout à l'heure, dans la *Revue de Normandie*, un fait qui démontre une fois de plus qu'il ne faut point traiter avec trop de dédain et de légèreté les traditions populaires.

La plupart, en effet, reposent sur une donnée réelle, mais, il est vrai, défigurée en passant, d'année en année et de bouche en bouche, pour arriver jusqu'à nous.

On trouve à un kilomètre de Dieppe, derrière la citadelle, les ruines d'une ancienne chapelle placée sous le vocable de saint Nicolas de Caudecote. Autrefois prieuré, transformée vers 1793 en caserne de canonniers gardes-côtes, elle devint plus tard un magasin, et finit par être démolie tout à fait en 1841.

Or, de temps immémorial, on racontait dans le faubourg de la Burre, qu'un trésor se trouvait caché dans cette chapelle, et que des démons et des fantômes l'avaient protégé contre les efforts de ceux qui tenaient de le retrouver et de s'en emparer.

Aussi, quand un archéologue, M. Firet, fit faire, en 1828, des fouilles à Saint-Nicolas de Caudecote, toutes les vieilles gens du faubourg s'émurent et le prévinrent des malheurs qu'il allait attirer sur sa tête en s'exposant au courroux des gardiens infernaux du trésor.

M. Firet ne songeait point à trouver un trésor, mais bien des antiquités; quoi qu'il en soit, ses recherches obtinrent peu de succès, et il finit par y renoncer après quelques tentatives assez peu sérieuses d'ailleurs.

L'année dernière, du 15 novembre au 4 décembre, l'abbé Cochet, qui sans doute, en sa qualité de prêtre, redoutait peu les démons, recommença des fouilles à Saint-Nicolas de Caudecote.

Il n'y trouva d'abord que des épaves assez insignifiantes, des débris de colonnettes en pierre du treizième et du quatorzième siècle, quelques carreaux émaillés représentant des fleurs, des feuilles et des écussons, enfin cinq sépultures, dans deux desquelles gisaient des vases en terre blanche, enduits d'un vernis vert et remplis de charbon de bois ; des vases pareils se rencontrent souvent d'ailleurs aux environs de Dieppe, avec les anciennes tombes.

Le 3 décembre, au moment où les ouvriers achevaient de déblayer le chœur de la chapelle, l'un d'eux jeta tout à coup un cri de surprise : « Le trésor est trouvé ! le trésor est trouvé ! »

En effet, il venait de mettre à découvert un tas de pièces d'or étincelantes et que l'on eût crues frappées de la veille.

Les plus récentes de ces pièces, au nombre de trente-cinq, proviennent, douze de France, quatorze d'Espagne, quatre de Portugal, trois d'Italie, une de Hongrie et une autre de Suisse ; elles portent le millésime de 1568, les plus anciennes datent de 1498.

Ce trésor numismatique reposait à nu sur le sol sans qu'on ait pu retrouver aucune trace du sac de cuir ou de toile qui, sans doute, le contenait. Où et quand avait-il été caché dans la chapelle? Est-ce pendant les guerres de la Ligue, à l'époque de la bataille d'Arques et du siége de Dieppe, en 1589 ? Toutes les suppositions sont permises à ce sujet, et le champ est ouvert à l'imagination de nos lecteurs.

Quoi qu'il en soit, on le voit, cet or se trouvait là depuis à peu près deux siècles ; on le savait vaguement, et l'on se l'était redit de génération en génération. Cette fois encore la légende avait donc raison.

Dans la Vendée se découvrent aussi des trésors, mais des trésors purement archéologiques, et sans la moindre petite pièce d'or. La tradition veut encore que ces trésors soient gardés par ces esprits qu'on nomme *fradets.*

Les fradets sont des êtres surnaturels, plus malicieux que méchants : on leur attribue la construction des dolmens, des menhirs, des cromlecks et des pierres branlantes, monuments des âges passés et d'une religion perdue, et qui, par parenthèse, se retrouvent en Afrique, en Asie et même en Amérique.

Les dolmens se composent de deux pierres géantes qui en supportent une troisième en forme de table; les menhirs sont des piliers de pierre; les cromlecks, une enceinte composée de menhirs rangés autour d'une pierre plus grande; les pierres branlantes, un bloc posé sur un autre bloc où il se tient en équilibre, de manière à osciller à la moindre pression.

Il y a encore les *tumuli* ou *tombelles*, amas de terre et de cailloux élevés en forme de tertre.

On a découvert, il y a peu de temps, à Troussepoil, sous un *tumulus*, une fosse circulaire, sans maçonnerie, et creusée dans un banc d'argile, à une profondeur de neuf mètres environ. Large d'un mètre trente centimètres à son ouverture, elle se rétrécit brusquement en entonnoir vers la profondeur de cinq mètres.

Elle était celée en dehors par un tas énorme de pierres, haut de quarante centimètres.

Après avoir rencontré des os d'animaux, des débris de tuiles, des cendres, du charbon, deux bronzes du haut empire et les débris d'une large terrine et d'un vase samien, on a pu constater une série de six couches, hautes de soixante-six centimètres chacune, séparées par un lit de terre glaise et contenant des ossements d'animaux, des coquilles d'huîtres, de moules et de limaçons, des bois de cerfs, des vases en terre noire ou d'un rouge pâle, remplis de cendres, un fuseau de fileuse, des instruments de tissage, un coffre dont il ne restait que les clous en cuivre et la poignée en bronze ciselé, les restes d'une aumônière, une large lame en fer, longue de trente centimètres, une flûte en os humain, telle qu'en fabriquent encore les sauvages de l'ancienne Amérique du Sud, des châtaignes, des noix et des noisettes, dont plusieurs se trouvaient dans un état remarquable de conservation.

Des niches formées de tuiles à rebord protégeaient la plupart de ces objets, et surtout les vases; enfin, le tronc d'un petit chêne, placé au milieu de la fosse funèbre, traversait six couches et reposait sur une pierre recouvrant elle-même une cuve taillée dans le banc d'argile. Là gisait encore un vase plein de châtaignes et de noisettes.

La science archéologique et l'abbé Baudry, qui a fait les fouilles, se trouvent fort embarrassés de fixer l'époque de cette singulière fosse.

La légende vendéenne en sait ou du moins en dit plus qu'eux à ce sujet.

S'il faut l'en croire, un chasseur et sa femme avaient fait un pacte avec un fradet. Celui-ci chassait pour le mari, filait pour la femme, et faisait même le ménage de cette dernière. En échange, il donnait chaque matin et chaque soir une légère pichenette au mari et un baiser à la femme, qui était jolie et jeune.

Le mari se lassa des pichenettes, si peu rudes qu'elles fussent, et, qui pis est, devint jaloux du fradet et défendit à sa femme de payer désormais la dîme. Le fradet, indigné, frappa du pied la terre, et les deux créanciers de mauvaise foi s'engloutirent dans le sol avec tout ce qu'ils possédaient.

Si je cite cette légende qui, depuis des siècles, se raconte à la veillée de Troussepoil et au hameau voisin de Bernard, c'est pour démontrer encore une fois que les traditions les plus reculées ne sont que des vérités obscurcies et altérées par l'imagination des conteurs qui se les transmettent de génération en génération.

Possibilité de guérir les pertes de la substance du cerveau. — Martyre d'un chien et d'un lapin. — La poudre de chasse et le vide. — La gratuité d'entrée au Muséum. — Le capromys. — L'orang-outang.

7 juillet.

Longtemps on a regardé comme mortelles les moindres lésions du cerveau.

Peu à peu l'expérience a démontré que le cerveau pouvait recevoir une blessure et perdre une partie relativement assez considérable de sa substance, sans entraîner la perte de la vie.

M. Flourens est venu confirmer ces faits à l'Académie des sciences.

Il a pratiqué le trépan sur le crâne d'un chien et

incisé successivement la dure-mère, — espèce de forte membrane qui enveloppe le cerveau, — et la matière proprement dite du cerveau lui-même.

Poussant plus loin l'amour de la science — et la cruauté! — il a introduit dans la plaie du pauvre animal une balle de plomb. Celle-ci, après un certain temps, a pénétré plus avant, sans produire de grave désordre dans l'organisme du patient. La fistule qui en a résulté a même fini par se cicatriser, et le chien guéri, malgré le corps étranger que renferme sa tête, continue à jouir de tous ses instincts et de toutes ses facultés.

L'expérience a été répétée à diverses reprises, et sur différents sujets, sans un seul échec.

Au contraire, toutes les fois que le cervelet a été atteint, de grands troubles ont perverti surtout l'organe de la locomotion. Un lapin, dans le cervelet duquel une balle de plomb avait été introduite, tomba roide mort dès qu'elle eut effleuré le nœud vital.

M. Flourens a terminé sa communicatinn en déclarant qu'il produisait à volonté l'apoplexie chez les mammifères, et qu'il en arrêtait également à volonté les progrès.

J'ai fait, dans ces derniers temps, une suite d'expériences qui méritent, je crois, d'être ajoutées à celles qui précèdent.

J'ai eu l'idée d'introduire une ou plusieurs balles de plomb du poids de quatre à vingt grammes dans le cerveau de lapins et de chiens. Ces balles ont été placées sur divers points de la région supérieure de l'encéphale, tantôt sur la région supérieure des lobes cérébraux, tantôt sur la région supérieure du cervelet, etc.

Voici le procédé suivi pour ces expériences :

On pratique un trépan sur le crâne; et, sous le trépan, on fait une incision de la dure-mère; puis, sous cette incision de la dure-mère, on en fait une autre très-légère dans la substance même du cerveau; et c'est dans cette incision de la substance du cerveau qu'on place la balle.

Là, la balle, abandonnée à son propre poids, pénètre peu à peu dans la substance du cerveau, s'y fraye un chemin, en écartant ou divisant lentement le tissu cérébral, et, au bout de quelques jours, elle se trouve sur la dure-mère qui recouvre le plancher du crâne. L'espèce de fistule faite par son trajet reste canal pendant quelque temps, et puis se referme et se cicatrise. Et, ce qu'il y a de plus curieux, c'est que, si la balle n'a pas été trop grosse, toute l'épaisseur de l'organe, lobe du cerveau ou lobe du cervelet, a été traversée sans avoir été accompagnée ou suivie d'aucun symptôme, d'aucun accident, d'aucun trouble des fonctions.

Quand M. Flourens aura fait connaître ses moyens d'opérer ce prodige, la médecine pourra y trouver, sans doute, de grandes lumières sur un mal mystérieux qui menace les plus grandes intelligences et qui n'épargne pas plus les abus de travail que les abus d'inconduite.

Il n'en faut pas moins pour rendre excusables des vivisections cruelles, qui, cette fois, ont un but utile, mais que la science moderne ne prodigue pas toujours avec des motifs aussi plausibles.

Les expériences de M. Bianchi ne reposent pas, grâce à Dieu, sur des meurtres, mais bien sur une substance meurtrière.

A la suite de nombreuses recherches et d'un appareil ingénieux, il a fait disparaître les doutes existant jusqu'ici sur une question qui ne manque pas d'importance.

La poudre de guerre brûle-t-elle ou ne brûle-t-elle pas dans le vide? se demandait-on, sans pouvoir résoudre le problème.

Elle brûle dans le vide, répond M. Bianchi, et elle n'a pas besoin d'air pour produire son explosion. La combinaison chimique s'opère sans déflagration, aux dépens de l'oxygène du salpêtre, par la combinaison de l'oxygène.

Et en disant cela, il réalisait devant le corps savant l'expérience annoncée.

Pour la démonstration de ces divers phénomènes, je me suis servi d'un appareil que j'ai l'honneur de placer sous les yeux de l'Académie. Cet appareil se compose d'un ballon en verre dans lequel pénètre par la douille, et au moyen d'un pas de vis, un support s'adaptant à la machine pneumatique. Ce support est traversé par deux colonnes métalliques à pince, bien isolées, destinées à recevoir un petit creuset formé d'un fil de platine de un demi-millimètre de diamètre environ, enroulé en spirale conique et fermé par un couvercle également fait d'un fil de platine. C'est dans ce creuset que se place la poudre. Enfin, au moyen d'une pile composée de trois ou quatre éléments de Bunsen, on porte au rouge le fil de platine dont est formé le creuset. Les principaux faits que j'ai pu constater se résument aux phénomènes suivants :

1° La poudre ordinaire, les fulminates et toutes les poudres à feu en grains ou en masse compacte placées librement dans le vide, c'est-à-dire dans un espace relativement considérable par rapport au volume de la poudre, et soumises à l'action brusque d'une chaleur de plus de 2,000°, brûlent lentement et entièrement sans produire, comme dans l'air, de déflagration vive.

2° Que, contrairement au phénomène qui précède, lorsque la poudre est enfermée dans un canon de pistolet et également soumise à l'action du vide, et qu'on y communique le feu au moyen d'un fil de platine porté au rouge ou mieux avec une capsule fulminante, elle s'enflamme avec une promptitude presque égale à celle qui se produit dans l'air.

3° Que dans le vide la combustion du coton-poudre s'effectue lentement par couches successives, en commençant par les parties les plus voisines du foyer de chaleur, et qu'une fois commencée elle continue jusqu'à la disparition complète du coton-poudre, sans qu'il soit nécessaire que cette poudre soit en contact avec le foyer incandescent; enfin, que cette combustion a lieu sans produire de lumière même dans l'obscurité la plus complète.

4° Que les produits de la combustion ne sont pas les mêmes que dans l'air.

5° Que la combustion de la poudre s'effectue dans l'azote, l'acide carbonique et autres milieux gazeux impropres à la combustion, avec une promptitude et une vivacité presque égale à celle qui a lieu dans l'air.

Le besoin de devenir populaire gagne même le Muséum d'histoire naturelle, et l'on semble y comprendre enfin que cet établissement n'appartient pas exclusivement aux professeurs, mais que le public le premier, plus que tout autre, a le droit d'en jouir.

L'initiative de cette excellente mesure est due à M. Milne-Edwards, successeur de M. Isidore Geoffroy-Saint-Hilaire, et désormais chargé de la direction de la ménagerie.

M. Milne-Edwards, nous assure-t-on, compte supprimer les *billets d'entrée réservée;* il veut que chacun puisse voir, à son aise et sans exception, tous les animaux de la ménagerie.

Ainsi la rotonde des gros mammifères, l'intérieur du palais des singes, la galerie des reptiles, deviendraient accessibles aux visiteurs, et la gratuité de l'établissement serait une vérité.

Or, cette gratuité, qui permet aux visiteurs l'entrée libre de nos musées, n'existe nulle autre part en Europe, et parfois elle est quelque peu problématique même au Muséum.

Donc, quand seront terminés les travaux que nécessitent cette nouvelle et démocratique mesure, chacun pourra voir de près le capromys et l'orang-outang que vient d'acquérir le Jardin des Plantes.

Le capromys de Fournier provient des Antilles et doit son nom au naturaliste Fournier, qui, le premier, constata l'existence de cet animal dans l'île de Cuba.

Sorte de gros rongeur à queue écailleuse, il forme l'intermédiaire entre la marmotte et le rat. Il grimpe très-aisément sur les arbres et les lianes, et se nourrit exclusivement de végétaux. Gai, doux, facile à s'habituer à la domesticité, il aime qu'on le gratte doucement sous le menton, et fait entendre alors une sorte de grognement affectueux.

Quant à la démarche, les capromys sont des animaux presque absolument plantigrades; leurs mouvements s'exécutent assez lentement et leur train de derrière paraît comme embarrassé lorsqu'ils marchent, ainsi qu'on le remarque dans l'ours. Ils sautent quelquefois en se retournant brusquement de la tête à la queue, à l'instar des surmulots. Ils courent au galop lorsqu'ils jouent, en faisant beaucoup de bruit avec la plante des pieds. Grimpent-ils, ce qu'ils font avec facilité, ils s'aident de la base de leur queue comme d'un point d'appui. Descendent-ils, dans certaines positions, sur un bâton, par exemple, cette queue leur sert de balancier afin de conserver l'équilibre. Inactifs, ils se mettent souvent aux écoutes, debout, et laissant pendre les mains, ainsi que le font les lièvres et les lapins. Enfin, pour manger, ils emploient tantôt les deux mains et tantôt une seule. Ce dernier cas arrive lorsque les objets qu'ils tiennent sont assez petits pour se maintenir entre les doigts réunis et la base du pouce.

Le voisin du capromys, l'orang-outang, arrive de Sumatra et ne paraît guère âgé que de dix-huit mois. Atteint du scorbut pendant la traversée, le pauvre petit animal commence à se remettre de cette grave maladie, mais il reste encore triste et souffrant. On voit cet être singulier, si voisin de l'homme, jouer lentement avec quelques ustensiles de fer-blanc qui lui servent de gobelet et d'assiettes ; toutefois sa physionomie mélancolique s'épanouit quand s'approche de lui son gardien, qu'il ne connaît pourtant que depuis huit jours ; il lui tend les bras comme un enfant à son père. Si le gardien s'éloigne, l'orang donne les témoignages du plus grand désespoir, serre sa tête dans ses deux mains, et empoigne et tire ses longs cheveux.

Nous craignons bien que ce rare et curieux échantillon des primates ne tarde guère à succomber, comme tous ceux qui l'ont précédé en Europe. Tantôt, quand, après avoir reçu mes caresses, il me tendait ses petits bras, au moment de mon départ, le cri des gladiateurs romains dans le cirque me revenait involontairement à la mémoire : *moriturus te salutat.*

Les archéologues dans les départements. — L'officine d'un pharmacien au dix-septième siècle. — Notre-Dame aux Trois-Épis. — La légende de M. Max de Ring et sa théorie.

10 juillet.

— Madame veut-elle connaître le passé ou l'avenir? demandait l'autre jour une tireuse de cartes à l'une des plus charmantes et des plus spirituelles femmes de Paris.

— Ma foi! répondit celle-ci, dites-moi le passé; j'aurai du moins quelque chance d'entendre un peu de vérité.

La jolie railleuse avait raison. Le passé peut renaître et se reconstituer véritablement à nos yeux; rien même ne présente plus d'intérêt que ces résurrections des mœurs, des coutumes, des costumes de temps qui ne sont plus : résurrection obtenue à force de patience, de savoir et de recherches.

L'archéologie, c'est ainsi qu'on nomme la science qui opère ou du moins qui tente d'opérer ce genre de prodige, semble avoir été inventée pour les heureux savants de province. Leur travail est une sorte de loisir :

ils n'ont à lutter ni contre les exigences d'une besogne fiévreuse, ni surtout contre les envahissements de ces mangeurs de temps, fatals satellites de tout écrivain parisien. Calmes, exclusivement à leurs chères études, ils rassemblent à leur gré, quand il leur plaît, chacun des matériaux de leur œuvre ; ils les choisissent, ils les trient, ils les polissent, ils les caressent et ils les attendent, au besoin, des semaines, des mois, des années.

Cyrus s'écriait : « Que je voudrais être le philosophe Anaximandre, si je n'étais le roi Cyrus ! » Il n'est pas un homme de la presse parisienne qui ne se soit dit au moins une bonne foi en sa vie : « Que ne suis-je un archéologue de province ! » Et je vous assure que cette exclamation n'est pas dénuée de bon sens. Il y a certes de grandes joies à faire renaître les couleurs effacées des temps passés, *temporis acti*, et à rendre à ces vieux tableaux de genre, effacés et enfumés, leurs premiers tons et leur physionomie naïve.

C'est ce que vient de faire un chirurgien en chef de l'hôpital de Vannes, M. le docteur Closmadeuc, à propos des apothicaires du dix-septième siècle.

Nous connaissons parfaitement le pharmacien d'aujourd'hui avec son élégant magasin, avec ses bocaux pleins de couleurs vertes et bleues qui, le soir, à l'aide du gaz, jettent au loin leurs spectres éblouissants ; nous le connaissons surtout avec les annonces de ses spécialités dont il inonde la quatrième page des journaux.

Mais l'apothicaire d'autrefois, qui en sait quelque chose, si ce n'est la figure de M. Fleurant du *Malade imaginaire*, et les matassins *armés* de M. Pourceaugnac?

Eh bien! M. Closmadeuc nous montre un pharmacien de Vannes, du dix-septième siècle, dans sa boutique à drogues.

Écoutez-le, si vous voulez vous faire une idée d'une pharmacie sous l'ancien régime.

« Ouvrez, dit-il, l'*Antidotaire* de Jean de Renou, et admirez la gravure qui illustre la première page. Oui, c'est bien là la maison du marchand du dix-septième siècle, cette maison en bois, à pignon sur rue, dont les étages surplombent. La boutique est grande, belle, carrée, ouverte sur la rue et décorée tout autour, jusqu'aux solives du plafond, de plusieurs rangées superposées de bouteilles et de fioles, de vases de faïence ou d'étain, et encombrée d'ustensiles propres à la profession.

« Au-dessus de la porte du fond apparait un cadran sur lequel une colombe déploie ses ailes, avec cette légende : *Ubi spiritus Domini, ibi libertas*. Cette porte donne accès à un laboratoire bas « en lequel, dit Jean « de Renou, le sage et bien avisé apothicaire fera sa « demeure la plupart du temps... à celle fin qu'il soit « toujours aux escouttes et qu'il espie ordinairement « par une petite fenestre vitrée si ses apprentifs sont à « leurs devoirs, s'ils reçoivent amiablement les estran- « gers, et s'ils distribuent et vendent fidellement et sans « tromperie ses drogues et compositions. »

« A gauche, se trouve dans le comptoir le maître de céans, un gros livre à la main.

« Au milieu de la pièce se dresse un vieux fourneau allumé et un alambic; debout à droite et sur le devant, un apprenti manie à deux mains un énorme pilon qui sonne dans un gros mortier en fonte.

« Un autre, monté sur une échelle, s'apprête à descendre une cruche contenant sans doute un médicament.

« Viennent ensuite les mortiers, les pilons de bois, de pierre ou de métal ; les spatules, dont quelques-unes en bois de palmier, servent à la préparation de l'onguent *diapalme ;* les petites meules pour triturer les perles, les marmites, les manches d'Hippocrate, les alambics, les serpentins, les cribles, les bluteaux et plusieurs autres outils, desquels le pharmacien se sert une fois l'année pour le moins.

« Le principal mortier est soutenu par un gros tronc « de bois, communément peint et orné de figures grotes-« ques, non tant pour l'embellissement de la boutique « que pour réjouir la vue des chalans qui vont et vien-« nent. »

Les vases métalliques sont de différentes sortes, et il est bon de distinguer le coquemard, que les Latins appellent *ahenum,* du chaudron, qui se nomme *cacabus*, et de la bassine, qui correspond au mot *patina*.

« Il y a encore des vases de grande dimension, en forme d'amphores aux anses contournées en spirales, dont l'originalité égale l'élégance ; on lit en gros caractères sur leur panse les noms latins des deux plus solennelles confections de l'apothicairerie du moyen âge : la *thériaque d'Andromaque* et le *mithridate.* Quant aux pots à potions, aux chevrettes, aux poudriers, aux coupes pilulières, aux bouteilles et aux fioles, on les compte par douzaines.

« On remarque encore de petits bocaux en verre fin, découpés d'une façon gracieuse ; ils se nommaient *urceoli,* et avaient pour usage de conserver les poudres célèbres, telles que la *poudre de vipère,* la *poudre des trois santaux*, celle de *corne de licorne*, la *poudre de saphir* ou d'*émeraude.*

« Enfin n'oublions pas de donner une mention spéciale

à de singulières bouteilles en faïence épaisse, reconnaissables à leur long goulot et à leur ventre rebondi. Les anciens les appelaient *atramentariæ*, encrières. Ils y renfermaient les *apozèmes* et les *restaurants* destinés à la clientèle de la ville et de la campagne. A cet effet, elles étaient munies, sur les côtés, de deux ou quatre oreilles perforées. A l'aide d'une ficelle passée dans les trous, les garçons apothicaires les portaient en ville comme un chasseur porte ses munitions.

« Les eaux distillées se désignaient par les dénominations d'eaux *cordiales*, d'eaux *alexitères*, d'eaux *hépatiques,* d'eaux *céphaliques*, d'eaux *stomachales*, et d'eaux *spécifiques.*

« Quant aux drogues, un diligent apothicaire devait avoir dans sa boutique des cantharides, des cloportes, des vermisseaux, des lézards, des fourmis, des vipères, des scorpions, des grenouilles, des écrevisses, et plusieurs petits oiseaux.

« Pour les parties des animaux, nos médecins tiennent assurément et vrayement qu'elles sont douées « de plusieurs et admirables vertus entre lesquelles parties nous pouvons mettre *le crâne ou le test d'un « homme mort et non enterré, l'os qui est dans le cœur « du cerf,* la cervelle des passereaux et des lièvres, les « dents d'un sanglier, le cœur des grenouilles, le poumon du renard, le foye du bouc, les boyaux du loup... « la peau et la dépouille du serpent, item la graisse « d'homme, d'oye, de brebis, de canard, de lapin, de « chèvre, d'anguille et de serpent... le sang humain, le « sang de pigeon, de bouc... les cornes de cerf, de chevreuil et le licorne; les ongles de pied d'élan, le test « des huîtres et les coquilles de plusieurs poissons. »

Indépendamment de la vente des remèdes, certains apothicaires se livraient au commerce des cosmétiques, *variera brava*, les myrobolans assortis, l'espinacard, le bezoard oriental, l'hermedacte, le mecoacant, l'huile d'aspic et l'huile de pierre, le diatragacanth, le sel de vipère et de karabe, le catholicon.

Et plus loin : un bocal avec un once de pierre d'aimant préparé, estimé deux sols. (Prise en petite quantité, cette pierre merveilleuse avait le privilége de conserver la personne en la fleur de sa jeunesse.)

Enfin et surtout brillent deux instruments alors spéciaux aux apothicaires, et leur *vade mecum*.

A cette époque les apothicaires s'adonnaient avec succès à la pratique de certaines opérations que depuis les inventions du docteur Éguisier leur ont enlevé.

Le diligent apothicaire sortait donc de sa boutique au lever du soleil, portant gravement sous son bras une boîte de dimension respectable, et s'en allait chez ses malades exécuter les ordonnances du médecin.

Les plus modestes se contentaient d'un étui suspendu au cou par une bandoulière.

A Vannes, la communauté des apothicaires avait tarifé la bienfaisante opération à quinze sols; — cinq sols de plus, ma foi, que dans la *partie* de M. Fleurant du *Malade imaginaire*.

Plus, du vingt-quatrième, un petit clystère, insinuatif préparatif et remollient pour amollir, humecter et rafraîchir les entrailles de monsieur... trente sols. — Trente sous un lavement, je suis votre serviteur, je vous l'ai déjà dit, vous ne me les avez mis dans l'autre partie qu'à vingt sous en langage d'apothicaire, c'est dix sous.

trouvée suspendue aux rameaux d'un chêne. Comme on ne pouvait laisser exposée aux injures de l'air cette image vénérée, on lui aurait creusé d'abord une niche dans le tronc même de l'arbre ; ensuite, et peu à peu, la dévotion des fidèles aurait élevé une chapelle, puis un cloître pour placer la sainte image.

Selon les autres, un faucheur, en gravissant la montagne, aurait été piqué par une vipère et serait mort au pied d'un chêne. Les enfants du défunt, dans la pensée de lui obtenir la protection de l'immaculée médiatrice, auraient attaché sur le tronc de l'arbre au pied duquel gisait leur père une image de Notre-Dame des Sept Douleurs.

Bientôt on raconta qu'à l'époque de la fête de l'Exaltation de la sainte Croix, un habitant d'Orbey, qui exerçait le métier de forgeron et qui se rendait à cheval à Morschwiller pour y acheter du blé, passa devant le chêne.

Arrivé au pied de l'arbre, il vit l'image sainte, et, se ressouvenant du malheur qu'elle était destinée à rappeler, il mit pied à terre pour implorer la miséricorde de la divine mère en faveur de l'âme du défunt. Après avoir fait sa prière, il vit une lueur surnaturelle resplendir dans la forêt et apparaître, au milieu d'une lumineuse auréole, la sainte Vierge, pleine de grâce et de beauté, tenant de la main droite trois épis, et, de la gauche, un glaçon.

« Cesse de craindre, lui dit-elle avec bonté en voyant sa terreur ; cette glace que je tiens dans la main gauche est le symbole des vengeances célestes, de la grêle, de la disette, des maladies pestilentielles que Dieu réserve aux méchants. Mais vois aussi dans cette autre main le symbole de la bénédiction des grains et de l'abondance des fruits de la terre; annonce à ceux que tu verras ce dont tu viens d'être témoin et ce que je viens de te révéler ; dis-leur que je recevrai toujours sur la montagne les prières de ceux qui ont la foi. »

Et l'apparition disparut.

Après avoir prié de nouveau, le forgeron reprit sa route et se rendit à Morschwiller afin d'y acheter son blé.

Il ne parla pas de la miraculeuse vision qu'il avait eue, car il connaissait l'incrédulité des habitants. Mais, lorsqu'il eut acheté le grain dont il avait besoin, il ne put, malgré tous ses efforts et ceux des personnes présentes qui s'empressèrent de l'aider, parvenir à soulever le sac qui contenait sa provision de céréales.

Il se ressouvint alors des paroles de la sainte Vierge, et, tombant à genoux au milieu du marché, il raconta ce qui lui était arrivé. A peine se fut-il acquitté de sa mission, que le sac, attaché jusqu'alors au sol par une force surnaturelle, s'enleva de lui-même et se chargea tout seul sur le cheval.

On s'empressa de construire sur l'emplacement même du chêne une chapelle à la Vierge noire, et, en souvenir du miracle opéré dans le marché, on couronna sa statue de trois épis d'or.

Telle est la naïve légende qui s'est racontée pendant des siècles sur *Notre-Dame aux Trois Épis;* elle a défrayé et charmé, pendant bien des veillées, des populations pour lesquelles alors un homme sachant lire était un vrai phénomène.

On y reconnaît aisément le caractère d'un fait ordinaire à son origine, que les conteurs, pour mieux conquérir l'attention de leur auditoire, ont embelli un peu plus chaque fois qu'ils le disaient.

La plupart des faits historiques subissent la même destinée, témoin le fameux : *Tout est perdu fors l'honneur*, de François Ier, qu'Édouard Fournier a démontré n'être qu'une phrase beaucoup moins héroïque, noyée dans une lettre assez peu chevaleresque ; témoin les fameuses paroles attribuées, à tort ou à raison, à Cambronne : *La garde meurt et ne se rend pas !*

Après tout, faut-il l'avouer, nous préférons les légendes merveilleuses de la tradition sur la Vierge noire aux explications problématiques que les savants essayent d'en donner.

Ainsi, M. Max de Ring, secrétaire de la *Société pour la conservation des monuments historiques de l'Alsace*, veut voir dans la *Notre-Dame aux Épis d'or* une tradition mythologique, qui remonterait jusqu'aux Égyptiens et aux Perses.

« Chez les Perses, dit-il, qui avaient reçu de la savante Égypte les signes astronomiques, la constellation de la Vierge portait d'abord simplement le nom d'*épi*, qui est le nom de la belle et brillante étoile que contient cet épi proprement dit.

« Il est probable que cet épi symbolique resta longtemps isolé, jusqu'à ce que, plus tard, on eût placé dans la sphère céleste de ces peuples la figure ailée d'une pulations devenues chrétiennes, aux édifices et au rites des païens, s'accomplit toutes les fois que ceux-ci étaient de nature à être sanctifiés. Elle eut surtout lieu dans la Gaule, dans la Grande-Bretagne et dans la Germanie, où l'Évangile pénétra plus tard, et où les apôtres envoyés par Rome chrétienne, se conformant aux instructions des souverains pontifes, mettaient à profit les temples des idoles, pour y placer les reliques et les images des saints.

Cela est on ne peut plus ingénieux et on ne peut plus savant.

Toutefois, je ne puis m'empêcher, en le transcrivant, de me rappeler l'anecdote suivante :

« Monsieur, disait le cardinal Maury à l'illustre astronome Laplace, qui venait de lui développer ses grandes théories astronomiques, et qui s'en servait dans une discussion pour combattre les idées chrétiennes du prélat; monsieur, permettez-moi de préférer à vos arguments les arguments d'un obscur capucin que j'ai entendu prêcher hier. Vous m'émerveillez, mais le P. Bridaine m'émeut. »

Les collectionneurs. — Les squares et les jardins publics.

15 juillet.

Je ne sais pas de manie plus originale que celle des collectionneurs.

Ce goût singulier de rassembler de certaines choses et d'en encombrer sa maison commence à la manière de toutes les passions frénétiques. Il advient doucement, sans bruit, sans qu'on y prenne garde. Dès l'abord, on ne s'en défie point, on s'y livre sans crainte, on n'y voit qu'une innocente distraction. Bientôt, ce qui était une simple fantaisie se transforme en un besoin invincible insatiable, inextinguible ; la soif seule, — une soif du désert — peut en donner idée. A peine possède-t-on un objet vivement convoité pendant vingt ans, qu'on en cherche un autre plus ardemment encore. Il existe toujours un *desideratum* qui fait le désespoir d'un collectionneur, et qu'il poursuit avec une sorte de folie pleine d'angoisses et de délices.

Je connais de ces gens-là qui, pour satisfaire à leur fièvre de collection, passent les nuits à travailler, s'imposent de rudes privations, compromettent la profession dont ils vivent, altèrent leur santé et préparent à leur vieillesse les souffrances de la pauvreté. N'importe! Il faut qu'ils se laissent aller à l'irrésistible entraînement de leur idée fixe! Il faut qu'ils amassent les uns des tableaux, les autres des gravures, ceux-ci des coquilles, ceux-là des insectes. Médailles, livres, porcelaines de Sèvres, porcelaines de Chine, porcelaines du Japon, vieux meubles, vitraux, squelettes, minéraux, fleurs, autographes, que sais-je, moi! tout leur est bon. Il y a même, en Belgique, des collectionneurs de boutons, d'épingles, de boucles, de cartes de visite, voire de queues de rats!

Et notez bien que l'entomologiste rit de l'amateur de médailles, le conchyliologue du bibliophile, et ainsi des autres. Chacun de ces maniaques trouve absurde et ridicule une manie sœur de la sienne.

A la mort de la plupart de ces martyrs de la collection, leurs héritiers ne manquent jamais de vendre sans pitié des trésors amassés avec tant de labeur, de patience, de recherches, de voyages, d'argent et de sacrifices. Ils les font jeter à l'hôtel des ventes, sur la table d'un commissaire-priseur, d'où ils vont s'éparpillant çà et là, tantôt donnés à vil prix. tantôt payés cent fois ce qu'ils ont coûté.

Tel a été, ou peu s'en faut, le sort d'une célèbre collection d'horticulture qu'un vieil amateur avait passé sa vie à former au nord de la Belgique, sur les frontières méridionales de la Hollande, au fond d'une sorte de désert. Il consacrait une immense fortune à rassembler des arbres exotiques dans un immense parc, où nul autre que lui et ses jardiniers ne pénétraient. Il écartait sans pitié de ce paradis terrestre les savants étrangers qui accouraient de tous les points de l'Europe pour le visiter; il jouissait en égoïste des merveilles qu'il faisait venir à grands frais des cinq parties du monde, et dont il travaillait constamment à augmenter le nombre.

Plusieurs fois, assure-t-on, il fréta des bâtiments et les envoya, soit au Brésil, soit en Chine, soit au cap de Bonne-Espérance, soit dans les îles les plus lointaines de la Polynésie, pour qu'ils en rapportassent quelque arbuste rare dont il convoitait la possession.

Ce vieillard mourut. Son neveu, — un Bruxellois, — seul héritier du parc féerique, ne tarda point à reconnaître qu'au point de vue commercial, le meilleur parti à tirer du vaste domaine de son oncle était de le morceler et d'en trafiquer par petits lots. Son idée se trouva excellente et lucrative. Elle rapporta gros, sans compter qu'il se réserva la propriété des arbres exotiques, et qu'il les vendit vingt mille francs à la ville de Paris.

C'est à MM. Alphand et Barillet-Deschamps qu'on doit cette heureuse acquisition, destinée à l'ornementation des jardins créés à l'entrée des Champs-Élysées, dans la partie qui s'étend de l'avenue de Neuilly au Cours-la-Reine.

Pour transporter en France tant d'arbres précieux sans qu'ils eussent à souffrir, on les enleva en laissant autour des racines une forte motte de terre qu'on déposa dans d'immenses paniers. On plaça ensuite cette riche conquête sur des bateaux frétés spécialement. Après avoir traversé avec lenteur, mais sans secousse et sans danger, les canaux belges et les canaux français qui correspondent avec ceux-ci, la collection arriva heureusement, vierge de toute avarie, près du quai d'Orsay, à cent mètres des jardins auxquels on la destinait.

Chacun aujourd'hui, dans ces jardins, peut l'admirer, fraîche et luxuriante, comme elle l'était jadis dans le domaine de son premier possesseur.

Ces arbres, qui représentent une valeur de 300,000 fr. au moins, et qui ont coûté plus d'un million à leur collecteur, sont au nombre de quatre mille environ et appartiennent à cent soixante-douze essences.

On y remarque des hêtres, des néfliers, des érables, des noyers d'Amérique; des frênes, des houx, des chênes exotiques; des peupliers, des platanes, des châtaigniers, des bouleaux, des marronniers, des coignassiers du Japon; des acacias, des sorbiers, des ormes, des cytises, des céanothes, des tilleuls, des lauriers, des pommiers, des féviers, des triacanthes, des vornes, des tulipiers, des charmes, des noisetiers, des plaqueminiers, des virgiliers, des ormes de Judée; des micoucouliers, des mûriers à papier, des érables, des cistes, des hêtres, des paulownias, des catalpas, des vernis du Japon; des magnoliers, des mûriers, des saules, des maclures, des azéroliers, des bouleaux, des amandiers... j'en passe et des meilleurs.

Ces arbres sont entourés d'arbustes et de buissons de nature à ne point nuire à leur croissance, et à former avec eux des groupes pittoresques par les caractères divers de leurs feuillages, de leurs couleurs et de leurs rameaux.

Ce sont des fusains, des gibiscus, de l'épine-vinette, des lilas, des syringas, des cratagus, des groseillers, des oletras, des clématites, des calycarpes, des troënes, des cornouillers, des nerpruns, des vignes, des sensitives, et bien d'autres.

Viennent ensuite les arbres isolés, parmi lesquels on admire des cèdres du Liban et de l'Himalaya, des araucarias du Chili et du Brésil, qu'on reconnaît à leurs longs rameaux et au feuillage qui se groupe en anneaux réguliers, des sapins de toutes les contrées et de toutes les formes; entre autres : l'abies pendrow, le nobilis, l'alba, le balsamea, le cœrula, le douglasii, et enfin l'abies pendula, haut de plus de huit mètres et à rameaux réfléchis sur sa tige.

Les pins ne sont pas moins nombreux. On en compte de cinquante espèces, dont les individus atteignent, la plupart, une hauteur de quatre à cinq mètres:

Il y a un pin de Cembo de sept mètres, et un genévrier recurva de cinq; une collection de deux cents azalées du Pont, dont le moins rare fait extasier les horticulteurs; huit cents kalmias, hauts d'un mètre à cinq; cent chênes d'Amérique et quatre-vingts magnoliers.

Sans compter leur rareté, ce qui donne une grande valeur à ces arbres, c'est qu'ils se trouvent naturalisés.

Par ce mot de *naturalisation*, on entend qu'un végétal peut vivre et se reproduire sous un climat qui n'est pas le sien; mais il exige de certaines précautions sans lesquelles il souffrirait ou périrait. Un arbre *acclimaté* n'a rien à redouter au contraire des variations de la température.

Ainsi la vigne et l'olivier, originaires tous les deux de pays chauds, gèlent, en France, quand surviennent des froids excessifs, et ne sont encore que *naturalisés* dans cette partie de l'Europe.

Grâce aux plantations dont l'édilité parisienne parsème la capitale, on peut voir, sans trop de regrets, disparaître les rares jardins particuliers qui subsistent encore, mais pour bien peu de temps, hélas!

Les nouvelles constructions envahissent tout, et dans le moindre coin où il reste un arbre, on l'abat pour y planter des pierres de taille.

Mais, nous le répétons, il ne faut pas trop s'en désoler.

Chaque quartier ne tardera point à posséder son square, les petits enfants sauront où s'ébattre et respirer un bon air, les vieillards où s'asseoir à l'ombre et se chauffer au soleil.

Et notez bien que cette création des squares se fait exclusivement au profit de la petite bourgeoisie et de ceux que leurs occupations quotidiennes ou le *duris urgens in rebus egestas* retiennent impérieusement à Paris. Les jardins aristocratiques s'en vont, mais les jardins démocratiques surgissent, et peu à peu surgiront, pour ainsi dire, au coin de chaque rue.

Ces derniers deviendront, le soir, des lieux de promenades populaires. Plus d'un artisan qui, sa journée finie, demande encore d'abrutissantes distractions au cabaret, oubliera d'aller s'asseoir devant une table malpropre, dans un taudis nauséabond, pour flâner, une ou deux bonnes heures, sous de beaux arbres et en plein air, entre son vieux père, sa femme et ses enfants.

Où allaient une jeune femme et un jaloux. — La boutique d'une sorcière. — La prédiction. — Qu'il faut tôt ou tard aimer les animaux. — L'homme aux moineaux des Tuileries. — Un aigle en Brie. — Les corbeaux et l'aigle. — Guerre et bataille dans les airs. — Comme quoi les gardes-chasse ne sont point des naturalistes. — Traitement des chiffons de laine et de coton. — La *porleria*.

20 juillet.

Un soir madame la duchesse de D... faisait dans ses salons une quête pour les pauvres. Elle présenta une seconde fois sa bourse de velours cramoisi au marquis d'A..., qui, à tort ou à raison, passait pour avare.

— Madame, lui dit-il sèchement, j'ai déjà eu l'honneur de vous remettre mon offrande. — Pardonnez-moi, balbutia-elle, je ne l'avais pas vu... Je ne croyais pas... — Et moi, interrompit M. de Talleyrand, je l'ai vu, mais je ne le crois pas.

Il en est un peu des premiers faits que je vais vous raconter, comme de l'aumône de M. d'A... : je les ai vus, mais je n'y crois pas.

Il y a quelque vingt-cinq ans, un écrivain aujourd'hui l'un des doyens de la presse quotidienne, arriva tout haletant et tout ému à l'entrée de la rue de Tournon. Deux petits pieds, finement chaussés, un cachemire dont les vastes plis enveloppaient une taille dont ils ne parvenaient cependant point à déguiser l'élégance, un grand voile épais et noir rabattu sur un visage qu'il recouvrait comme d'une sorte de masque, avait amené là celui dont je vous parle. Plus il hâtait le pas, plus la jeune femme marchait vite. Enfin, elle s'arrêta au bord d'une allée obscure, se retourna brusquement, releva son voile, et laissa voir des traits frais et jeunes, de merveilleux cheveux blonds, de grands yeux noirs et une adorable bouche qui riait et montrait des dents d'une blancheur accomplie.

— Ah! dit-elle, vous me suivez, vilain jaloux! Vous vous défiez de moi! Et à ce beau métier vous voici hors d'haleine! Eh bien! soyez satisfait! Voyez qui je venais visiter!

Et le prenant par la main, elle ouvrit une porte, puis une seconde, puis une troisième, et elle poussa le jeune écrivain dans une chambre où il se trouva face à face avec une femme, la plus étrange qu'il eût jamais vue.

Elle pouvait avoir cinquante ans : un peignoir de mérinos vert enveloppait sa corpulente personne, et sa grosse figure, un peu terreuse, empruntait une expression presque bouffonne d'un béret qui ceignait, en guise de turban, ses cheveux mal peignés. C'était mademoiselle Lenormant.

Sans laisser à son visiteur tout étourdi le temps de se reconnaître elle lui prit la main, coupa avec cette main un jeu de tarots, adressa quelques questions dont elle n'écouta pas les réponses, et, d'une voix monotone et accélérée, se mit à raconter un résumé du passé de l'écrivain. Deux ou trois fois elle fit des allusions directes et vives à des circonstances que ce dernier ne croyait connues que de lui seul. Puis elle parla du présent avec la même exactitude, et elle se disposait à en arriver à l'avenir, quand tout à coup elle frissonna et repoussa la main qu'elle tenait dans les siennes.

— Vous venez de donner la main à une morte ! s'écria-t-elle avec terreur.

— Sorcière ! votre science est en défaut cette fois, dit-il en riant, quoique le cri de mademoiselle Lenormant lui eût d'abord causé la chair de poule. Je viens de serrer la main d'une jeune femme que j'aime, qui m'aime, qui n'a que vingt ans, qui se porte à ravir et que j'épouse dans un mois.

Mademoiselle Lenormant baissa la tête, répondit par un sourire sinistre ; et, rompant tout à coup l'entretien :

— Vous ne m'avez point dit quel animal vous préfériez ?

— Ma foi! aucun, répondit étourdiment le jeune homme, tout content d'avoir dérouté la science de la pythonisse.

— C'est que vous êtes bien égoïste ou que vous avez bien du bonheur! s'écria-t-elle. Les cœurs blessés et déçus, ceux qu'on a trahis, ceux qu'on a délaissés, sont trop heureux, dans leur abandon, de trouver l'affection d'un chien ou d'un oiseau. Vous comprendrez cela bientôt!

Il ne le comprit que trop vite, hélas! car, huit jours après, il ensevelissait de ses mains la jeune femme, ses premières, ses seules amours!

Cette histoire m'est revenue l'autre jour en traversant les Tuileries, où je vis un spectacle singulier et qui s'y renouvelle chaque jour. Un homme d'une cinquantaine d'années, modestement vêtu, se tenait debout devant une des grilles à hauteur d'appui qui entourent les parterres. Une véritable nuée de moineaux couvrait ces grilles. Des maisons voisines, des divers coins du jardin, de toutes parts, à chaque instant, il en arrivait d'autres bandes. L'homme que cette troupe d'oiseaux venait chercher ainsi jetait en l'air de petites boulettes de pain que les oisillons, avec une adresse merveilleuse, saisissaient et humaient au vol.

Un tout petit enfant s'échappa des bras de sa bonne, se jeta au milieu de l'attroupement ailé et le fit envoler; mais cet attroupement se reforma aussitôt et vint reprendre son poste; j'en vis même quelques-uns assez hardis pour se percher sur les bras du merveilleux personnage et pour dérober, jusque dans sa main fermée, les bribes de pain qu'elle contenait.

Tandis que je considérais ce spectacle singulier, deux ramiers descendirent du haut d'un arbre, se placèrent sur les épaules de l'étranger, plongèrent leur bec dans sa bouche et y picorèrent durant cinq bonnes minutes. Notez bien que pas un seul des moineaux ne se dérangea à l'arrivée des deux pigeons.

Vers le soir, je repassai dans les Tuileries : l'homme était encore là, au milieu des oiseaux. A la nuit close, quand il lui fallut, bon gré mal gré, se séparer de ses jolis parasites, — ne les calomnions point, — de ses convives, il fit un geste d'adieu, auquel répondirent par mille petits cris les oiseaux, qui s'éparpillèrent ensuite de tous côtés dans les airs.

En le voyant s'éloigner lui-même la tête baissée, lentement, et se diriger vers la rive gauche de la Seine, il me sembla qu'une voix répétait bien bas à mon oreille les paroles de la Lenormant : « Ceux qu'on a trahis sont parfois trop heureux de trouver l'affection d'un chien ou d'un oiseau. »

Des oiseaux sociaux et amis de l'homme, passons, s'il vous plaît, aux oiseaux guerriers : *paulo majora canamus*.

Il y a quelques semaines, dans les bois du château des Étangs, propriété que possède, en Brie, la princesse Bacciocchi, un aigle royal apparut tout à coup; et, après avoir plané quelque temps au-dessus des plus grands arbres, s'abattit sur l'un deux et y établit son domicile.

Pourquoi cet aigle était-il venu là? Comment avait-il quitté les montagnes pour la plaine? On n'en sait rien.

Je ne le répète que trop souvent à mes lecteurs : la vie, comme la science, ne se compose que de points d'interrogation sans réponse.

Quoi qu'il en soit, l'aigle, une fois installé, se mit à faire la chasse aux lièvres, aux lapins et aux perdreaux ; il ne dédaigna même pas, une ou deux fois, de croquer des corbeaux.

Le soir même du jour où il commit cette imprudente rapine, l'oiseau royal se vit assailli par une troupe d'environ cinq cents corbeaux qui venaient lui demander compte du sang de leurs frères.

L'aigle, à coups de bec et d'ailes, dispersa les audacieux, et dîna de deux ou trois blessés restés sur le champ de bataille.

Cette échauffourée se passait à trois heures de l'après-midi. A six heures, une nouvelle troupe de corbeaux, une armée, cette fois, cinq ou six mille combattants, pour le moins, revinrent à la charge.

L'aigle résista héroïquement : il reçut bien des coups de becs, mais il les rendit à profusion. De telle sorte que, pour employer l'expression d'un témoin oculaire, il pleuvait des plumes et du sang.

La nuit seule put mettre trêve à la bataille. Les corbeaux, après le soleil couché, s'éparpillèrent çà et là ; le plus grand nombre se réfugia dans les ruines du château qu'habitait jadis Charles VI avec Odette de Champdivers, où furent inventées, dit-on, les cartes à jouer.

Le lendemain, au lever du soleil, l'armée noire, augmentée de nouvelles troupes recrutées pendant la nuit par des agents et des affidés, revint au combat ; elle était divisée en cinq corps disposés en forme d'éventail, et qui tombèrent à la fois sur leur ennemi. Le ciel se trouvait littéralement obscurci par des nuages vivants.

Dieu sait quelle eût été l'issue de ce combat d'un seul contre des milliers d'ennemis, lorsqu'un garde, attiré sur le théâtre de la guerre par les croassements d'environ dix mille corbeaux, tira l'aigle et l'abattit.

Le noble oiseau tomba du haut des airs sur le gazon aux pieds de son meurtrier; la présence de ce dernier ne put empêcher les corbeaux de tournoyer autour du cadavre du héros assassiné. Après quoi, ils se dispersèrent dans les airs et on n'en vit plus et on n'en entendit plus un seul.

Le garde, après s'être bien assuré que l'aigle était complétement mort, car il redoutait la force de son bec et les ongles aigus et puissants de ses serres, l'emporta et le mesura comme il eût fait d'une vulgaire pièce d'étoffe, et avec une vieille aune encore! Sa victime avait sept pieds et demi d'envergure, style de Brie.

Le *Journal de Chimie médicale* signale des perfectionnements apportés au traitement des chiffons de laine et de coton.

Il s'agit d'obtenir toute la laine que contiennent les chiffons de laine et de coton sans en altérer ni la force ni la souplesse.

On emploie, pour arriver à ce but, un savon d'alumine qui, en rendant la laine imperméable, l'empêche d'être attaquée par l'acide sulfurique. Ce dernier ne détruit que le coton et le fait tomber en poussière; ainsi le savon présente encore cet avantage qu'il empêche les matières végétales qui se trouvent dans les chiffons de s'enflammer au séchage.

Voici la composition de ce savon :

1° Dissolvez de l'alun dans de l'eau, dans les proportions de une partie d'alun pour vingt parties d'eau ;

2° Dans un autre vase, dissolvez du savon dans de l'eau dans les proportions de une partie de savon pour vingt parties d'eau ;

3° Dans un troisième vase, mettez de l'acide sulfurique du commerce, et ajoutez de l'eau jusqu'à ce que l'acide soit à 2 1/2 ou 3 0/0 de l'eau de manière à marquer 9 degrés à l'aréomètre.

Les choses ainsi disposées, trempez les chiffons dans le n° 1 pendant cinq ou dix minutes, jusqu'à ce qu'ils soient bien saturés ; ôtez-les, et, après les avoir pressés faites-les sécher. Puis, trempez ces mêmes chiffons dans le n° 2 pendant quelques minutes, jusqu'à ce qu'ils soient bien saturés; retirez-les, et, après les avoir pressés, faites-les sécher. Enfin, trempez ces mêmes chiffons dans le n° 3, laissez-les pendant une demi-heure, et après les avoir retirés et pressés, faites-les sécher.

Dans ces trois états du procédé, les chiffons peuvent être séchés de la manière la plus convenable, soit à l'air soit dans une place chauffée, en ayant soin de laisser une ouverture par où puissent s'échapper les vapeurs.

Après avoir séché les chiffons pour la troisième fois, il faut les soumettre pendant quelque temps à une température assez élevée, afin de les rendre friables. Un simple battage suffit après pour faire tomber tout le coton, laissant la laine parfaitement intacte.

La science n'est pas moins que l'histoire démolisseuse de vieilles réputations et de renommées usurpées. Hélas! voici encore, grâce à elle, le tournesol détrôné! Les amours de cette plante, qui tourne sa fleur vers le soleil, deviennent pâles et insignifiantes à côté de la tendresse absolue de la *porleria*, qui ne vit que par ce même astre, qui donne des témoignages de douleur et presque de mort quand il disparaît, et qui ne renaît qu'au moment où il reparait à l'horizon.

La *porleria* provient du Pérou; on l'appelle, dans sa patrie, *turucasa*, ce qui veut dire en mexicain : *épine fragile.* Elle possède les propriétés sudorifiques du gayac, et leur doit le nom de *palo santo* (bois saint) que lui donnent les Espagnols.

Petit arbrisseau de port disgracieux, et qui étale ses rameaux d'une façon bizarre, la *porleria* veille le jour et dort la nuit. Aux approches de l'aurore, elle commence à se réveiller, et ses feuilles étroites, assez semblables à celles du pin, se redressent et s'étalent. A mesure que le soleil descend sur l'horizon, les mêmes feuilles s'abaissent et se réappliquent contre les rameaux; on croirait alors la *porleria* malade et prête à mourir. Quand vient la nuit close, elle ne garde plus rien de vivant; on dirait une plante desséchée.

Notez bien que si vous mettez la *porleria*, pendant le jour, dans l'obscurité la plus complète, elle ne change en rien ses habitudes de fidélité : enfermez-la durant une semaine au fond d'un caveau complétement privé de lumière, elle s'éveillera avec l'aurore et se rendormira avec le crépuscule. Les brouillards, les pluies, la lumière artificielle restent sans action sur elle. M. Fée, professeur de botanique à la Faculté de Strasbourg, a même coupé et plongé dans l'eau une grosse branche de *porleria* sans altérer en rien la fidélité de la péruvienne pour le dieu qu'adoraient les Caciques ses compatriotes. Jusqu'au moment où elle est tombée en putréfaction, cette branche a manifesté les phénomènes qu'on remarquait en elle, quand elle vivait en plein air, attachée au tronc paternel.

En 1818 M. le comte Adolphe de Pontécoulant, avec toute l'ardeur de ses vingt-deux ans, se passionna pour la république de Pernambuco. Il prit donc part à je ne sais quelle conspiration dans le but d'affranchir ce petit coin du monde, réalisa son rêve pendant quelques jours et finit par se réveiller au fond d'une prison.

Il n'en sortit qu'une fois, pour s'entendre condamner au gibet; l'arrêt ajoutait que sa tête et ses mains seraient exposées au lieu de sa naissance.

Cette dernière aggravation de son supplice empêcha le jeune fou d'être exécuté sur-le-champ. Tandis que les autres conjurés, Albouquerque, Santa-Cruz, Lacerdo et bien d'autres payaient de la vie leur folle entreprise, tandis qu'on mutilait leurs membres et qu'on les expédiait au lieu de leur naissance, M. de Pontécoulant resta dans son cachot. En sa qualité de Français, on le comprend, l'exposition de sa tête et de ses mains n'était point chose facile à réaliser à Paris. Cependant le texte de l'arrêt s'exprimait d'une façon précise, et la loi n'autorisait ni interprétation complaisante ni biais ; il fallait l'exécuter à la lettre. Si bizarre que fût le fait, il obligea les autorités de Pernambuco à ajourner le supplice et à en référer à leur gourvernement. Or, la mous-on et le mauvais état de la mer ne pouvaient permettre à la solution du problème légal d'arriver de Rio-de-Janeiro avant plusieurs mois.

Le soir même du jugement qui le condamnait au gibet, on enferma le comte de Pontécoulant dans un cachot souterrain du *château des Cinq-Ponts*, forteresse qui commande le port de Pernambuco, et dont les fondations reposent sur le roc même. Une chaîne et un anneau de fer attachaient par la jambe le prisonnier au mur d'un lieu de ténèbres qui rappelait, sans désavantage, les plus horribles prisons du moyen âge. Une lampe fumeuse, suspendue à la voûte, éclairait cette espèce de grotte ; ajoutons toutefois que, à la botte de paille traditionnelle, on avait substitué un matelas et une couverture.

Le prisonnier était jeune, insoucieux et excellent musicien, comme l'attestent les travaux remarquables qu'il a publiés et qu'il publie encore aujourd'hui sur la musique. Faute d'autre distraction, il chantait du matin au soir, et quelque fois du soir au matin ; on lui avait enlevé sa montre, et l'obscurité permanente de son cachot ne lui permettait ni de compter les heures, ni même de distinguer quand il faisait jour et quand il faisait nuit.

Tant de courage et de gaieté ne tardèrent point à inspirer de la compassion à la fille du geôlier. C'était une jolie Péruvienne de dix-sept ans, du nom de Florentia, et dans les veines de laquelle coulait du sang indigène. Non-seulement elle procura à M. de Pontécoulant du linge et des aliments moins repoussants que le pain noir de la prison, mais encore elle peupla d'arbustes le cachot et en fit une sorte de petite serre.

Ces plantes, qu'il ne voyait cependant qu'à la lueur vacillante d'une lampe, apportèrent au jeune homme une distraction qui lui rendit moins pénible son isolement. Il les admirait, il les étudiait, il les soignait, il se réjouissait quand leurs fleurs s'épanouissaient; il s'affligeait quand elles s'étiolaient, comme lui, faute d'air et de lumière.

Florentia entra un jour plus joyeuse que d'habitude.

— Vous vous plaignez parfois, dit-elle, de ne pouvoir reconnaître les heures du jour d'avec les heures de la nuit; voici une plante qui vous les indiquera aussi bien qu'une horloge. La *turucasa* suit tous les mouvements du soleil.

En disant cela elle sortit de dessous son charmant tablier, garni de dentelles et de broderies en laine rouge et bleue, un pied de *porleria* qu'elle y tenait caché.

Dès le surlendemain, M. de Pontécoulant connaissait à merveille les manœuvres de la *porleria*. Il s'était fait une horloge presque infaillible, d'après la résurrection de l'arbuste, son entier développement, son allanguissement et son sommeil, si semblable à la mort, qui suivaient, en dépit de la captivité et d'une nuit non interrompue, tous les mouvements du soleil à l'horizon.

Cela dura neuf mois.

Une nuit, — car maintenant le prisonnier savait distinguer parfaitement le jour de la nuit, — une nuit, dis-je, la jeune fille vint trouver M. de Pontécoulant.

— Dans cinq jours, dit-elle, un bâtiment apportera de Rio-de-Janeiro l'ordre de vous faire mourir. Voici une lime servez-vous-en pour détacher de votre jambe l'anneau qui vous attache au mur et pour scier les verroux de votre porte. Après demain, à quatre heures, une horde d'indiens apportera des provisions jusque dans l'intérieur de la forteresse. Vous vous peindrez le corps avec une teinture végétale que je vous apporte; vous vous envelopperez de votre couverture de laine, et vous vous mêlerez à la troupe des sauvages, dont, grâce à votre déguisement, vous aurez à peu près le costume; leur chef consent à vous emmener avec lui et à vous donner asile.

Florentia parlait encore, quand son père entra brusquement dans le cachot.

— Il te faut des rendez-vous nocturnes aves des condamnés à mort, petite misérable ! s'écria-t-il en entremêlant ces paroles des plus affreux blasphèmes. Fais tes adieux à ton amant, car tu ne le reverras plus de sa vie ! Je vais t'enfermer dans ta chambre, et la clef n'en sortira de ma poche que le jour où le Français aura fait sa contredanse au gibet.

En achevant ces mots, il entraîna Florentia toute en larmes, et envoya, quelques instants après, un de ses alguazils avec l'ordre d'enlever les fleurs apportées par la jeune fille et de rendre le cachot à sa première nudité.

Resté seul, M. de Pontécoulant se demanda comment il ferait pour connaître l'heure qui devait rendre possible son évasion, et hors de laquelle il n'y aurait plus pour lui de salut possible. La *porleria*, au moment où l'alguazil l'avait emportée, commençait à sortir de son engourdissement. Il était donc à peu près cinq heures du matin. Aussitôt par une inspiration subite, le prisonnier saisit la cruche pleine d'eau, seul ustensile qu'on eût laissé dans le cachot, et creusa au bas de cette cruche, à l'aide de la pointe de la lime apportée par Florentia, un trou aussi petit qu'il put le faire. Il ne tarda point à voir l'eau s'écouler à travers l'ouverture du vase en gouttelettes, d'une façon presque régulière et à un intervalle d'environ une seconde. Il recueilit ces gouttes une à une dans ses mains. A chaque série de soixante, il traçait une ligne latérale sur le mur et ainsi de suite jusqu'à la soixantième marque, qui lui indiquait qu'une heure venait de s'accomplir.

Après deux jours et deux nuits, sans dormir, sans presque oser prendre de nourriture, tant il craignait de se tromper dans ses calculs, M. de Pontécoulant vit arriver enfin l'instant fixé pour sa délivrance.

Le cœur palpitant d'angoisse, et non sans trembler d'avoir commis une erreur, — une erreur d'où dépendait son salut, — au moment prescrit par Florentia, il brisa ses fers, lima les verroux de la porte, se déguisa en sauvage, se mêla aux indigènes et put gagner avec eux le désert.

Pas un seul des Indiens ne parut le remarquer, tant qu'ils eurent à traverser la ville. Une fois arrivés sur les confins d'une forêt vierge, le chef vint à M. de Pontécoulant et lui posa la main sur la tête en signe de protection.

Ce fut au milieu de ces sauvages que, plus d'un an après, M. de Humboldt retrouva le comte de Pontécoulant, armé d'arc, de flèches, du tomahawk, et même encore un peu moins vêtu que lors de son évasion du château des Cinq-Ponts. Le savant Prussien détermina, sans beaucoup de peine, le jeune Français à renoncer à la vie des Peaux-Rouges, lui fit reprendre le costume européen et le ramena à New-York.

Avant de s'embarquer pour la France, M. le comte de Pontécoulant envoya une abondante collection de verroteries et trois fusils de chasse au chef des Indiens qui lui avait donné asile.

Quant à Florentia, elle a dû recevoir, à peu près vers la même époque, à Pernambuco, une montre et une chaîne en or contenues dans une boîte où se trouvaient également renfermés quelques brins de *porleria*.

AOUT

L'Académie des sciences et ses lectures. — Le mariage entre consanguins. — M. Boudin. — M. Sanson. — M. Isidore. — M. Demeaux et le tabac. — Une thèse sur *les Médecins au temps de Molière*. — M. Maurice Raynaud. — La cérémonie du *Malade imaginaire*. — Drames médicaux.

1er août.

L'Académie des sciences est condamnée à entendre de singulières choses. Nous nous demandons comment chacun peut y apporter à son gré des rêveries, des idées erronées ou folles, sans qu'au préalable rien ne les en écarte. L'Académie dispose à peine de deux heures de séance publique par semaine; ne devrait-elle pas employer utilement et sérieusement ce temps de si courte durée? Or, la dernière séance encore a été déplorable.

La statistique, il faut bien le dire, en est cause.

La statistique, science toute moderne, fournit trop souvent des preuves de cette banale vérité : qu'on groupe les chiffres comme on le veut, et qu'on peut leur faire dire oui et non à la fois. Il n'en existe point dont, sans la bien comprendre et la bien pratiquer, on abuse davantage, car elle se trouve à la portée de tous, et n'exige de ceux qui s'y consacrent que le savoir, fort estimable sans doute, mais fort peu difficile à acquérir, d'aligner patiemment des additions.

M. Boudin, appuyé sur la statistique, attaquait vigoureusement, la semaine dernière, les mariages entre consanguins; lundi dernier M. Sanson est venu défendre et même prôner ces mariages.

M. Boudin parlait d'accord avec toutes les observations scientifiques et avec la loi divine et la loi humaine, qui défendent les mariages à un degré trop proche.

M. Sanson, au contraire, a prétendu que les unions entre consanguins, loin de présenter des dangers, sont excellentes, et il a trouvé un auxiliaire dans M. Isidore, grand rabbin de Paris.

D'après ce dernier, les exemples de mutisurdité signalés par M. Boudin, et résultant d'unions consanguines, ne se rencontreraient que très-rarement chez les cent mille israélites qui habitent la France.

M. Sanson, de son côté, cite des chevaux frères de leur trisaïeul maternel, des moutons frères de leur père, qui ont fait, les uns d'excellentes bêtes de course, les autres d'excellents béliers et surtout d'excellents étalons.

Par malheur, l'expérience n'a que trop démontré, depuis longtemps, les dangers de ces fatales unions, pour qu'on puisse les contester à l'aide d'exceptions ou de faits mal observés. La statistique, qu'elle plaide pour ou contre leur réalité, ne saurait ni rien ajouter ni rien ôter à une question résolue depuis longtemps. Aussi sommes-nous surpris de voir défendre par un homme de la valeur de M. Sanson la thèse qu'il a soutenue.

Par l'organe et sous le patronage de M. Velpeau,

M. Demeaux, encore la statistique à la main, est venu à son tour proclamer les grandes vertus spécifiques du tabac. A l'entendre

> Le tabac est divin et n'a rien qui l'égale.

La statistique prouve qu'il a régénéré les populations du département du Lot; donc il faut admettre l'usage du cigare et de la pipe partout, jusque dans les colléges, dans les lycées, voire dans les écoles.

MM. Dumas, Flourens, Rayer et Milne-Edwards, ont vivement combattu cette idée, qui ne valait certes point la peine qu'on la prît aux sérieux.

En effet, comme la langue, d'après Ésope, le tabac est la meilleure et la pire des choses; il faut en savoir user à propos, voilà tout. Personne ne s'avisera de contester les avantages du vin, parce que l'abus du vin produit l'ivresse, et qui pis est l'ivrognerie.

Admettons donc l'usage intelligent du tabac, et prohibons-en l'intempérance. C'est du reste une question qui s'agite sans solution. Depuis la découverte de *l'herbe à la reine*, le tabac compte autant d'adversaires que de prôneurs : Jacques II a écrit un livre contre le tabac ; Soliman faisait décapiter les fumeurs ; le maréchal de Saxe demandait qu'on envoyât du tabac à ses troupes plutôt que du pain, et Molière prône le tabac dans le *Festin de Pierre;* tous ont raison, tous ont tort ; trois mots d'Ovide résument la question : *ne quid nimis*, rien de trop.

Mais dire en plein Institut que le tabac ayant produit de bons effets dans le département du Lot, il faut en introduire l'usage dans les collèges; mais obliger MM. Dumas, Rayer et Flourens à protester contre ce ridicule paradoxe, en conscience, c'est trop et de beaucoup! Il ne reste plus qu'à proposer des cours de culotage de pipe et un prix d'honneur pour l'élève qui fumera le plus de cigares!

La grosse affaire de la semaine scientifique qui vient de s'écouler est sans contredit une thèse soutenue à la Faculté des lettres de Paris, pour le doctorat, par un docteur en médecine et interne des hôpitaux.

Sans compter que cette thèse porte pour titre : *les Médecins au temps de Molière.*

La thèse de M. Maurice Raynaud forme un gros volume in-octavo de quatre cent soixante-quatre pages, publié par le libraire Didier, l'excellent et habile éditeur des ouvrages qui relèvent de la Sorbonne, du Collége de France et de l'Académie française. Vous voyez que rien ne manque à M. Raynaud.

Le seul reproche à faire à cette thèse, c'est qu'elle est une thèse. L'auteur à tout moment y étend ses ailes pour prendre son vol, mais sa cage l'en empêche, car il faut qu'il obtienne le *vu et lu en Sorbonne* de M. le doyen Le Clerc, et le *permis d'imprimer* de M. A. Mourier, le vice-recteur. Aussi veille-t-il sur sa démarche, prend-il l'air grave et comprime-t-il les envies de sourire que lui inspire parfois son sujet.

Le *dignus est intrare* est, on le voit, suspendu au-dessus de sa tête, comme une épée de Damoclès.

A cela près, on trouve dans *les Médecins du temps de Molière* une histoire intéressante de l'ancienne

Faculté de médecine de Paris, beaucoup de faits curieux peu ou prou connus, et des détails sinon inédits, du moins bien contés, sur les œuvres de Molière. Citons au hasard.

C'est chez madame de la Sablière, après un de ces joyeux soupers où se donnaient rendez-vous les beaux esprits d'alors, et où assistaient Boileau, la Fontaine et la célèbre et spirituelle Ninon de Lenclos; c'est là que la cérémonie du *Malade imaginaire* fut composée tout d'un trait.

Molière fournit le canevas; chacun y mit son mot. Il est plus que probable qu'il se trouvait dans le salon de la belle marquise deux ou trois médecins plus ou moins sceptiques, de la société habituelle de Molière, tels que Liénard, Bernier, Mauvillain; certaines expressions techniques, certains détails intimes, qui prouvent une connaissance parfaite de l'intérieur de la Faculté, trahissent à n'en pas douter, l'active collaboration de quelque main experte; qu'il y ait eu là une vengeance secrète, un dessein prémédité, je n'en crois rien, il n'y a rien de terrible comme ces gens de profession savante et grave, lorsqu'ils se mettent en gaieté; et je pense plutôt qu'en apportant leur contingent de plaisanteries à la satire commune, ils crurent agir en hommes d'esprit qui savent au besoin hurler avec les loups, loin de se douter qu'ils portaient à une institution, qu'ils chérissaient au fond, un coup dont elle ne devait pas se relever.

La scène, ainsi composée de pièces et de morceaux, fut d'abord beaucoup plus longue que celle que nous possédons aujourd'hui, ainsi que le prouve le fragment retrouvé, en 1846, par M. Magnin, conservateur à la bibliothèque de la rue de Richelieu, et qui n'est probablement autre chose que la version primitive. Molière, en homme de goût et en maître de la scène, en retrancha des longueurs, et même des choses extrêmement piquantes, pour l'accommoder aux besoins de la représentation. Tel qu'il est, ce morceau doit être considéré comme un abrégé, non-seulement des cérémonies du doctorat, mais de toutes celles par où devait passer un candidat, depuis le commencement de ses études jusqu'au jour où il recevait le bonnet. Tout s'y trouve, mais avec une sobriété et un art de choisir les traits caractéristiques où se révèle dans toute sa puissance l'écrivain habitué à ne demander des conseils que pour les contrôler, et sachant sacrifier les détails à l'ensemble.

La médecine n'est, par malheur, pas toujours aussi plaisante.

En revanche, elle foisonne, au besoin, en drames de toute nature.

La *Gazette des Hôpitaux*, dans un mémoire du docteur polonais Krajewski, raconte l'histoire d'un paysan russse surpris par une violente tempête de neige, et recueilli vivant après avoir été enseveli *douze jours* sous une avalanche.

Après plusieurs jours de recherches inutiles, on avait perdu l'espoir de retrouver même le cadavre de ce malheureux, lorsqu'un chasseur remarqua que son chien s'était arrêté à une certaine distance de la route et semblait dévorer quelque chose.

Il s'approcha, et distingua un cheval enfoui profondément dans la neige. Il appela plusieurs de ses voisins, leur raconta ce qu'il avait vu, et les amena près de la fosse glacée. On se mit aussitôt à l'œuvre pour enlever la neige.

On finit par découvrir le cadavre entier du cheval attelé à un traîneau. La neige formait, au-dessus de la pauvre bête, une espèce de voûte de glace tellement dure, qu'on eut bien de la peine à la briser. Cette voûte enfin défoncée, on vit d'abord par l'ouverture s'échapper de la vapeur chaude, et on aperçut ensuite le malheureux paysan qui, tout engourdi et tout somnolent qu'il était, finit néanmoins par répondre à l'appel de son nom.

Cet homme, revenu à lui, raconta qu'il n'avait rien mangé depuis son accident. De temps en temps seulement, il arrachait un peu de neige pour la porter à sa bouche et étancher sa soif. Plongé dans une complète obscurité, il ne s'était en aucune façon rendu compte de la durée de son ensevelissement.

Deux des doigts de son pied gauche, et trois de son pied droit se trouvaient gelés, quoique ses mains, cruellement déchirées par les efforts qu'il avait inutilement faits pour se dégager, ne présentassent point de traces d'engelures.

Il conserva une extrême faiblesse pendant deux mois. Après quoi il sembla avoir retrouvé toute sa vigueur. Toutefois, il ne tarda point à devenir aveugle.

M. Krajewski ajoute qu'un grand froid cause aux mammifères une violente congestion cérébrale. S'il faut l'en croire, après la mort, il se passe dans la tête d'un animal gelé, quelque chose d'analogue au phénomène qui fait éclater des vases de terre pleins d'eau quand on les expose à un froid intense. La boîte osseuse du cerveau se désarticule.

Si cette observation se confirmait, elle pourrait rendre de grands services à la médecine légale et jeter du jour sur certaines questions encore indécises pour cette science.

Tandis que la *Gazette des Hôpitaux* est au drame, le *Répertoire de pharmacie* tourne quelque peu au vaudeville.

M. le docteur Lecœur y donne un nouveau moyen de dissiper l'ivresse. Ce moyen consiste tout bonnement à croquer des morceaux de sucre blanc jusqu'à ce que les fumées de l'alcool se dissipent.

« J'ignore pourquoi il en est ainsi, dit-il, mais je sais que le sucre exerce une influence heureuse contre la promptitude et le développement du phénomène d'intoxication provoqué par l'alcool et par ses dérivés.

« Peut-être agit-il à la manière de l'ammoniaque en offrant aux acides que nous supposons se former dans le ventricule (toujours bien entendu comme complication de l'ivresse) une base capable de se combiner avec eux et de neutraliser leurs effets par la formation de produits nouveaux sans action fâcheuse sur l'économie. »

L'emploi du sucre comme contre-poison de l'eau-de-vie n'était sans doute point ignoré des Italiens qui importèrent en France, sous le règne de Marie de Médicis, les liqueurs prônées par eux ou comme des spécifiques puissants, ou du moins comme un breuvage tout à fait inoffensif. Le sucre, qu'ils mélangeaient abondamment à l'alcool, n'y neutralisait-il pas, jusqu'à un certain point, les effets enivrants de ce dernier?

Dans une thèse sur la *nostalgie* ou le mal du pays,

M. Emmanuel Blanche raconte un singulier fait qui s'est passé récemment à Paris.

Le mal du pays, appelé *ilisci* par les Arabes, et *heimwel* par les Allemands, a reçu le nom de *nostalgie* par Nanter.

Voici comment M. Forget formule la nature de cette maladie :

« Ce n'est point une aberration, une folie ; loin d'être aliénés, les nostalgiques n'ont que le malheur de percevoir plus vivement que les autres un sentiment légitime et qui honore le cœur. »

D'ordinaire, le nostalgique tombe dans une apathie complète et dans un découragement profond de la vie ; tout lui devient indifférent, il se refuse à ce qu'on exige de lui, sans que les prières, les menaces, ni même les punitions puissent le tirer de sa léthargie morale.

Un des caractères du nostalgique véritable consiste à cacher son mal. Cet homme, qu'absorbe une pensée opiniâtre, cherche à la dérober à celui qui l'interroge. Mais que le médecin pose le doigt sur cette plaie, qu'il parle au malade de la patrie absente, qu'il lui propose de la revoir, le regard mourant s'allume, le cœur bat et la vie remonte à ce visage transfiguré.

A l'armée, loin de la France, dans l'attente du combat, dans l'exaltation de la victoire, dans les fatigues sans cesse renouvelées des marches et des campements, la nostalgie trouve peu de place. Il faut des circonstances fatales pour amener subitement avec violence le *regret de la patrie*. Il faut une épidémie, comme à Saint-Jean-d'Acre par exemple, pour produire un mal où domine seul l'irrésistible besoin de revoir la patrie, et où cette fatale influence décime des armées entières.

Les jeunes soldats sont plus exposés à la nostalgie que ceux qui comptent déjà quelques années de service. Elle est plus commune parmi les villageois que parmi les citadins. On la rencontre fréquemment parmi les Savoisiens, les habitants des Pyrénées, les Basques, les Bas-Bretons, les Flamands et les habitants de la rive gauche du Rhin.

Les traits des nostalgiques s'altèrent et se couvrent de pâleur; les yeux mornes s'ouvrent avec peine; l'appétit disparaît et le corps dépérit. Le malade garde obstinément le lit et se condamne à un silence opiniâtre. Quand on l'interroge sur sa santé, il répond qu'il se porte bien.

L'individu se laisse aller à la négligence de soi-même. Les yeux se cavent, les tempes s'enfoncent, les côtes font saillie, le ventre se déprime. Les symptômes physiques ne tardent point à se joindre aux symptômes moraux; la peau se sèche, les cheveux tombent, les extrémités s'infiltrent, une éruption pseudo-membraneuse tapisse la muqueuse buccale, et le malade succombe.

Il résulte des observations faites depuis la Révolution dans les hôpitaux militaires qu'*aucun Parisien n'y a jamais été amené par la nostalgie.*

Un seul cas de nostalgie parisienne fait pourtant exception à cette règle générale. Le voici :

Depuis un grand nombre d'années vivait dans la rue de la Harpe un de ces hommes aux habitudes casanières, dont l'unique délassement consistait à visiter le marché aux fleurs, et il passait le reste de sa vie dans un petit logis où régnaient l'ordre et la propreté.

Un jour qu'il se hâtait de rentrer chez lui, son propriétaire l'accosta dans l'escalier et lui annonça que la maison devant être démolie pour cause d'alignement, il eût, pour le terme prochain, à se pourvoir ailleurs d'un logement.

A cette nouvelle, le pauvre locataire resta pétrifié de surprise et de chagrin. Rentré dans son appartement et en proie à une profonde tristesse, accompagnée de fièvre hectique, il garda le lit jusqu'à l'époque fatale assignée pour son déménagement.

Le propriétaire chercha à le consoler, en lui promettant un logement plus commode dans la nouvelle maison qu'on allait élever sur l'emplacement de l'ancienne. « Ce ne sera plus mon logement, répondait le malade avec amertume ; mon logement que j'aimais tant, que j'avais embelli de mes mains, où, depuis trente ans j'avais toutes mes habitudes, où je m'étais bercé de l'espoir de finir ma vie. »,

La veille du jour fixé pour la démolition, on vint l'avertir qu'il fallait de toute nécessité rendre les clefs le lendemain à midi au plus tard. « Je ne les rendrai pas, répondit-il froidement ; et si je sors, ce ne sera que les pieds devant. »

Deux jours après, le commissaire était requis pour faire ouvrir la porte de l'obstiné locataire ; il ne trouva plus qu'un cadavre : le malheureux s'était asphyxié par nostalgie de son appartement. »

Quels remèdes l'art médical a-t-il conquis ou du moins essaye-t-il contre le mal du pays? Hélas! aucun. Une seule fois un remède pharmaceutique a réussi, et voici en quelle circonstance :

Un jeune homme, engagé comme matelot contre la volonté de ses parents, ne tarda pas à tomber dans une mélancolie profonde. Atteint de nostalgie, il voulut se donner la mort. Il sollicita du chirurgien du bord de l'arsenic qu'on lui refusa, bien entendu. Ses sollicitations finirent par lasser la patience du chirurgien; il feignit de céder au matelot et lui donna trois grains d'émétique.

A peine ce médicament commença-t-il à agir, que le jeune homme se livra au plus grand désespoir.

Il réclama en pleurant le secours du chirurgien, qui le consola bien vite en lui avouant que le soi-disant arsenic n'était que de l'émétique. Le matelot se rétablit promptement, et resta guéri à tout jamais de la nostalgie à laquelle il avait failli succomber.

Ainsi, les préparations pharmaceutiques n'ont réussi qu'une seule fois à guérir le mal du pays, et c'est par hasard et en agissant, non sur le corps, mais sur le moral!

Annales de la *Société entomologique.* — A quoi servent les doubles ailes des insectes. — Les *Fils de la Vierge.* — L'araignée de Blackwall.

8 août.

On ne peut s'empêcher de sourire, mais d'un sourire bien triste, je vous l'assure, quand on voit quelles questions naïves et pourtant insolubles se posent les hommes les plus émérites de la science

Par exemple, les *Annales de la Société entomologique de France* emploient deux longues dissertations, d'abord à se demander à quoi servent les secondes ailes des insectes munis par la nature de cette double rame aérienne, ensuite d'où proviennent les *fils de la Vierge.*

M. Girard, dans un travail intitulé : *Expériences sur la fonction des ailes chez les insectes*, laisse entrevoir que la plupart du temps les ailes supérieures ne sont que des *élitres* (gaine-étui) déguisées et transparentes, et il cite comme exemple les libellules, ces excellents voiliers entre tous les insectes voiliers.

J'ai constaté, dit-il, sur plusieurs espèces de nos bois, et notamment sur la *libellula vulgata*, que le vol continue à avoir lieu lorsque ces insectes conservent la paire antérieure d'ailes et avec assez de force pour que plusieurs fois les libellules, ainsi mutilées, aient pu disparaître au loin dans les bois, tandis que le vol, n'est plus possible si elles sont réduites aux ailes postérieures seules.

J'ai quelquefois vu les bourdons voler un peu avec les ailes supérieures seules; le plus souvent ils ne peuvent que se soutenir horizontalement pendant quelques instants, puis retombent en parabole très-inclinée. Leur bourdonnement demeure toujours aussi fort.

Quant à la question de la production des *fils de la Vierge*, M. Amyot la traite en dix pages de quarante lignes d'un tout menu caractère, expose les opinions des divers auteurs, depuis Aristote jusqu'à nos jours, raconte une foule de faits curieux, mais conclut encore moins que M. Girard.

C'est évidemment le vent qui les agglomère en écheveaux plus ou moins longs et épais, en les faisant se rencontrer et se mêler entre eux au hasard. Mais est-ce lui seul qui les arrache des points où ils ont été fixés sur les plantes ou sur la terre? Est-ce lui qui les porte souvent à de si grandes hauteurs dans l'atmosphère?

Les fils de la Vierge paraissent être le résultat de cette quantité innombrable de fils d'araignée qu'on voit de tous côtés à l'époque de l'automne sur les branches, les feuilles, les écorces des arbres, et sur toutes les plantes ainsi que sur la terre même. Les jeunes et les vieilles araignées font ces fils, excitées, dans cette production, par la saison où la nature les y prédispose davantage, parce que sans doute elles ont particulièrement besoin de filer de la soie pour envelopper leurs œufs ou leurs petits, afin de les défendre contre le froid de l'hiver qui s'approche.

On ne peut donc pas dire que les fils de la Vierge soient produits plutôt par certaines espèces de fileuses que par d'autres, puisqu'on trouve des espèces différentes de ces araignées dans les flocons blancs de ces fils qui retombent sur la terre.

Néanmoins celles qu'on y rencontre le plus souvent appartiennent au genre araignée-loup, qui marche sur la terre, et à celui de l'araignée à croix papale ou araignée diadème, qui tend ses toiles aux arbres des jardins.

Un auteur anglais, Blackwall, s'est demandé pourquoi, s'il en était ainsi, l'on voyait ces flocons volants en si grande abondance seulement les jours où règne un beau soleil et par un ciel serein; pourquoi c'est vers le soir seulement qu'ils descendent vers la terre, et pourquoi les jours sombres et nébuleux ne présentent pas ce phénomène?

Il en tire la conséquence, que le mouvement d'ascension des fils s'opère par l'effet de la raréfaction de l'air contigu à la terre et échauffé par les rayons du soleil. Ce courant d'ascension, assez fort pour arracher les fils des objets auxquels ils sont attachés, cesserait vers le soir sous l'influence du refroidissement de l'air, et permettrait aux fils de retomber par leur propre poids.

Blackwall ajoute encore que les araignées ont une propension à s'élever dans l'atmosphère sur leurs fils, afin de se dérober à la voracité de leurs congénères, et que, pour atteindre ce but, elles détachent leurs toiles de la terre en brisant les filaments qui les y attachent. Puis elles se laissent emporter par le vent sur cette espèce de ballon aérien.

Certains auteurs supposent que les fils de la Vierge sont produits en commun par des araignées nouvellement nées, et que le vent, en emportant dans les nids ces insectes, les dissémine çà et là comme il le fait pour les graines des plantes.

Nous croyons peu à cette supposition, mais nous croyons encore moins à la fable qui prétend que les voyages aériens des araignées ont pour but de favoriser leur hymen. Cette fable ne repose sur rien, puisque le mâle, presque toujours dévoré par la femelle après ses courtes amours, ne s'approche de celle-ci qu'avec la plus grande défiance et en se réservant les moyens de fuir l'impitoyable Marguerite de Bourgogne à huit pattes et à huit yeux.

Il faut donc, ce qui est triste, conclure avec M. Amyot

que jusqu'ici on ne saurait se former une opinion sérieuse sur les *fils de la Vierge.*

Citons, pour nous consoler, la charmante observation de Blackwall, qui explique comment les fils de la Vierge, d'une couleur gris sale au moment où l'araignée les tisse avec la matière qui sort de sa filière, deviennent d'un blanc éblouissant quand ils s'élèvent dans les airs. « Ce tissu, mouillé par la rosée et les brumes de l'arrière-saison, dit-il, puis séché par l'air et par le soleil, acquiert sa blancheur de la même manière que les toiles écrues étendues par nos ménagères sur l'herbe pour les blanchir au soleil et à la rosée. »

Le même entomologiste plaça un jour dans un grand bocal en verre, fort étroit, une araignée adulte et de taille moyenne.

Pendant toute une journée, elle resta repliée en boule sur elle-même, sans faire le moindre mouvement, et anéantie par ce profond et morne désespoir du premier moment de la captivité qu'a décrit, avec une si douloureuse éloquence, Silvio Pellico.

Puis ensuite, comme d'habitude, à cette torpeur succédèrent la soif fiévreuse de la liberté et la résolution de tenter à tout prix de la reconquérir.

L'araignée se réveilla lentement, et avec l'énergie que donne une volonté fermement arrêtée elle se prit à parcourir en observatrice la prison transparente qui l'arrêtait dans sa fuite par des obstacles invisibles.

Elle revint ensuite au milieu du flacon, s'y blottit de nouveau sur elle-même et parut réfléchir pendant une vingtaine de minutes.

Après quoi, elle s'approcha des parois intérieures du vase étroit, se tourna, lança une gouttelette blanchâtre qui s'attacha au verre, et qu'elle pétrit ensuite de ses pattes, sans doute pour la mieux fixer.

Blackwall vit ce petit point blanc former peu à peu, sous l'action de l'air et de l'évaporation, une sorte de concrétion dont la teinte brunit insensiblement ; la captive recommença la même opération de l'autre côté du vase, et, ces deux points d'appui terminés, elle tendit un fil qui, allant de l'une à l'autre paroi, formait ainsi le premier échelon d'une échelle.

Hissée sur cet échelon, elle établit successivement d'autres points d'appui et d'autres échelons, et parvint ainsi à en faire quatre-vingt-deux ; le dernier atteignait l'extrémité du bord du flacon.

Il ne restait donc à la prisonnière qu'à se laisser glisser hors de son cachot à l'aide d'un fil au bout duquel elle se suspendit, et qui, se développant sous le poids de la fugitive, l'amena doucement sur la table où se dressait le flacon.

Blackwall la laissa en possession d'une liberté si laborieusement et si ingénieusement conquise. Il lui permit de construire dans un des coins de son cabinet, au-dessus d'un piano, une toile que non-seulement le plumeau de ses domestiques respecta religieusement, mais encore qu'il approvisionna abondamment de mouches.

Aussi l'araignée finit elle par reconnaître l'entomologiste, par ne plus fuir à sa vue, par prendre dans ses doigts les mouches qu'il lui présentait, et même par se suspendre à un fil, et descendre presque jusque sur le piano quand le savant jouait de cet instrument. La musique terminée, elle remontait sur sa toile en avalant le câble qui l'avait descendue, car l'estomac de l'araignée est le magasin de la matière qui lui sert à fabriquer ses cordages.

Une plante dont les feuilles s'agitent sans cesse. — Le *desmodium gyrans*.— La *sensitive*. — Desfontaines. — M. Houllet. — Une sensitive en fiacre. — La *victoria*. — Collection des coléoptères de France donnée au Muséum par M. Boulard. — Les animaux.

12 août.

Les serres chaudes du Muséum possèdent en ce moment une plante qui présente un phénomène unique, jusqu'ici, dans le monde végétal.

Cette plante se nomme *desmodium gyrans*, Linné, qui la connaissait, l'appelait *hedysarum gyrans*. Quant à nous, qui n'aimons guère les noms latins, nous la désignerons modestement par la qualification de *desmodié oscillant* ou de *sainfoin tourneur*.

En effet, le *desmodié*, qui appartient à la famille des légumineuses, est une espèce de sainfoin provenant des parties chaudes du Bengale.

Ses fleurs se composent d'un épi d'un jaune rouge assez insignifiant.

Le phénomène qui le rend une merveille réside dans ses feuilles.

Les feuilles du *desmodié* exécutent un mouvement continu.

Chaque feuille se compose de trois folioles.

Les deux folioles latérales, plus petites que la terminale, sont douées d'un double mouvement de flexion et de torsion sur elles-mêmes.

Ce mouvement rapide et saccadé s'exécute nuit et jour et sans relâche.

Au contraire, comme chez plusieurs autres espèces de plantes, la foliole terminale et impaire dort ou veille, c'est-à-dire qu'elle se relève ou s'abaisse, suivant que le soleil brille à l'horizon ou qu'il y disparaît; elle agit donc au rebours de ses sœurs plus petites, qui ne tiennent compte ni des ténèbres ni du jour pour accomplir leur infatigable gesticulation, qu'on ne peut mieux comparer qu'aux mouvements de feu le télégraphe aérien.

Si l'action mécanique du *desmodié* provient d'une cause possible à déterminer, cette cause, selon toute apparence, doit être la chaleur. En effet, on remarque que les deux folioles latérales du *desmodié* ralentissent ou accélèrent leur manége selon l'élévation ou l'abaissement de la température régnant dans la serre où la plante se trouve cultivée.

Enfin, on a beau toucher et même piqueter les folioles du *desmodié*, ni le contact du doigt ni la blessure d'une pointe d'aiguille ne sauraient les arrêter : elles continuent quand même à manœuvrer.

On le voit, il n'y a rien de commun entre le *desmodié* et la *sensitive*.

La sensitive, vous le savez, n'exécute ses mouvements que d'après une excitation accidentelle et extérieure, et son sommeil et son réveil, c'est-à-dire l'inclinaison ou l'érection de ses feuilles, suivent très-régulièrement les alternatives du jour et de la nuit. Le passage d'un nuage, une éclipse de soleil, déterminent encore l'inclinaison des folioles de la sensitive, aussi bien qu'une faible secousse, une bouffée de vent ou le dégagement de vapeurs irritantes. On les voit alors s'abaisser subitement et s'imbriquer les unes sur les autres, le long de leur pétiole, qui s'incline à son tour contre la tige.

Une fois que cesse la cause de leur frayeur, elles reviennent de cette défaillance, se raniment, se relèvent, et peuvent subir, sans s'en émouvoir le moins du monde, les épreuves qui les ont mises d'abord dans un si grand émoi.

Le célèbre botaniste Desfontaines monta un jour dans un fiacre avec un pied de sensitive qu'il voulait transporter du Muséum chez un de ses amis. Les fiacres du temps de Desfontatnes étaient pour le moins aussi peu moelleux que de nos jours. Donc à peine la sensitive eut-elle commencé à subir les cahots de la dure voiture, qu'elle abaissa brusquement ses folioles et ses pétioles, avec les signes les plus expressifs et les plus complets de détresse.

La course était longue, les chevaux marchaient lentement, et il s'écoula plus d'une heure avant que Desfontaines arrivât chez son ami.

A sa grande surprise, il remarqua, en descendant de voiture, que les folioles et les pétioles de la sensitive se trouvaient parfaitement redressés.

La plante avait donc fini par comprendre qu'il n'existait pour elle ni motif de danger, ni, partant, motif de terreur.

Le savant jardinier de serres chaudes du Muséum, M. Houllet, chargé en 1837 d'une mission de botanique à Rio-de-Janeiro, a observé le premier dans cette partie du Brésil que pendant une éclipse de soleil toutes les feuilles des légumineuses, et surtout celles des sensitives, se couchaient et ne se relevaient qu'à la réapparition de l'astre.

J'ai pu moi-même vérifier au Muséum ce phénomène, lors de la dernière éclipse visible à Paris, et en suivre les phases comme les avait décrites M. Houllet. Plusieurs autres fleurs, du reste, moins sensibles que la *mimosa pudica*, se sont closes pendant la nuit mystérieuse causée par la disparition du soleil et se sont rouvertes à son retour.

Pour en revenir au *desmodié oscillant*, nous dirons que le voyageur Desvaux a rapporté de l'Inde en Europe cette plante, qu'on a trouvée également depuis dans l'Amérique méridionale.

On cherche à expliquer le phénomène qui caractérise cette plante, en attribuant les mouvements de ses folioles, « quoique toujours réguliers et toujours les mêmes, à la puissance vitale et à l'organisation du pétiole, qui est un peu tors. »

D'après certains botanistes, lorsque « la séve arrive dans les fibres qui composent ledit pétiole, elle les irriterait, les obligerait à se tendre pour lui livrer passage ; puis sa masse étant diminuée par l'exaltation, le pétiole se détordrait et produirait un mouvement contraire au premier. De là les divers mouvements de la foliole ovale-oblongue qui forme l'impaire. »

Nous n'avons pas besoin d'ajouter que cette explication n'explique rien ; et que selon nous, et probablement selon vous, le problème reste tout entier à résoudre.

Le Muséum vient de s'enrichir d'une collection qui lui manquait complétement, et le croirait-on ? cette collection est celle des *coléoptères de France !*

Il a fallu qu'un laborieux et savant employé du Muséum, qui porte l'humble titre de *préparateur*, et qui en remplit les fonctions depuis ving-quatre ans, songeât à doter le premier établissement scientifique de la France de cette vulgaire et pourtant si précieuse collection.

M. Boulard a consacré une partie de sa vie et de son traitement, hélas ! plus que modeste, à rassembler douze mille coléoptères français et à les classer par familles, par genres et par variétés. Il en a rempli deux cents boîtes qui ne contiennnent point un seul individu défectueux ; ils sont disposés d'une manière vraiment merveilleuse sur leurs plaques de liége, l'élitre gauche percée d'une épingle, et tantôt le dos, tantôt le ventre en l'air, de façon à ce qu'on puisse en étudier les moindres détails.

M. Milne-Edwards a rendu justice à M. Boulard dans un loyal rapport, et M. le ministre de l'instruction publique s'est empressé de remercier par une lettre, comme il sait en adresser aux hommes d'un vrai mérite, celui qui comble une lacune si grave dans les moyens d'études que possède le Muséum.

La *Victoria regia* fleurit dans les serres du Muséum,

mais, hélas ! avec un peu trop d'isolement. A peine de rares curieux, la plupart étrangers, viennent-ils visiter la fleur souveraine dans le palais transparent de l'aquarium qu'elle embaume de ses parfums. J'ai pu, sans provoquer la curiosité niaise des moindres badauds, me donner, hier, le petit plaisir de déposer sur une de ses larges feuilles flottant à la surface de l'eau, et d'y laisser pendant toute ma promenade à travers les galeries de la serre, mon chapeau, mon portefeuille, ma canne et le paletot que je tenais sur le bras.

Ces feuilles, rondes, épaisses, d'une circonférence de plus d'un mètre, sont façonnées d'un velours vert, dont les tons tendres et vigoureux à la fois désespéreraient M. Chevreul, à qui l'art de la teinture doit cependant tant de merveilles. Elles ressemblent à une table ronde autour de laquelle quatre personnes se tiendraient à l'aise ; elles supportent sans peine un poids de huit ou dix kilogrammes. Enfin, grâce à l'enduit mystérieux qui les recouvre, l'eau qu'on jette sur le large plateau de leur face supérieure se forme en perles, et ne tarde point à s'évaporer ; car, soit dit en passant, il règne dans l'aquarium une atmosphère constamment entretenue à trente degrés centigrades.

La *Victoria regia* se trouve entourée de compagnes moins célèbres, moins aristocratiques peut-être, mais pourtant de nature à exciter singulièrement encore la surprise, l'intérêt et l'admiration. On ne peut faire un pas, on ne peut porter ses regards sur une plante ou sur un arbuste, sans rencontrer une merveille.

Des flottilles de aontédéries crassifères nagent autour

de la *Victoria*, soutenues par de petits ballons pleins d'air qui portent leur tige et leurs larges feuilles sur l'eau. Une grande hampe, que termine un épi de soixante fleurs d'azur, sert de mât et de pavillon à ce navire vivant, dont une cinquantaine de petites racines courtes et légèrement branchues forment les rames. Au moindre souffle, au moindre remou, à la moindre impulsion que leur donnent les myriades de petits poissons rouges qui s'ébattent dans le bassin, elles se mettent en mouvement et appareillent vers une autre région du lac en miniature. Tantôt, elles accostent la vallisnère aux mystérieuses amours, et dont on voit la fleur mignonne et pâle, attachée à une longue pétiole contournée comme les volutes d'un ressort; tantôt elles se heurtent à une nymphée gigantesque; tantôt elles se frappent contre une canne à sucre; tantôt elles entourent le tronc du *colocasia boryi* qui se dresse majestueusement au milieu de l'aquarium.

A deux pas, lê gongora, une orchidée du Brésil, d'une forme bizarre, comme la plupart de ses congénères, exhale une exquise odeur de vanille. Sa fleur, d'un rouge brun, bizarrement découpée, figure, dans un étrange profil, deux gnomes, s'escrimant l'un contre l'autre avec des épées fines comme le cheveu d'une fée. Au-dessous de ce gongora, le *polypode coronans*, fougère exotique, exécute, dans le vase en terre qui le contient, sa promenade lente et infatigable. Comme le Juif errant, il ne s'arrête point. Il tourne sans cesse sur lui-même; on ne le retrouve jamais le lendemain à la place précise qu'il occupait la veille. En quelques mois, il accomplit complétement son incessante évolution pour la recommencer encore.

Gardez-vous de poser le doigt sous les jolies feuilles du *cerisier des Antilles*, du *malpighier*, qu'on nomme encore *bois de capitaine*. Elles sont hérissées, à leur revers, d'épines fauves, cuisantes, et attachées par le milieu à un petit ressort qui se détache au moindre contact. Au lieu d'une pointe, ces épines se trouvent ainsi, comme un épieu, en avoir deux pour blesser.

Homère, le premier, a parlé du népenthès, qui produit un breuvage dont la moindre goutte dissipe les chagrins, calme la colère et fait oublier le malheur. L'antiquité et le moyen âge se sont évertués inutilement à rechercher cette panacée merveilleuse. Les uns ont cru la rencontrer dans l'aunée (*Inula Helenum*), dans le buglose, dans la jusquiame blanche et même dans la bourrache. Plus tard, certains savants ont attribué, avec plus de raison, à l'opium, substance essentiellement orientale, les dons du népenthès. Aujourd'hui, les botanistes donnent le nom de *népenthe* à une dicotylédonée (dont la semence est à deux lobes) voisine de la famille des aristoloches.

Si le népenthe moderne ne possède aucune des propriétés fabuleuses du népenthès antique, il présente en revanche un de ces phénomènes devant lesquels on reste abasourdi. Je ne veux parler ni de ses fleurs disposées en panicule, ni de ses longues feuilles étroites semblables à des épées, mais bien d'un appendice étrange qui termine ses feuilles, surtout chez le népenthe *amorphophallus*.

Cet appendice, long filament qui part de la pointe même de la feuille, — tout à fait à son extrémité, — porte une urne ou plutôt une bourse, recouverte par un opercule qui s'élève ou s'abaisse selon que le ciel resplendit ou se voile de nuages. La nature a paré avec la coquetterie la plus recherchée ce singulier ornement. Elle lui a donné l'aspect du plus beau velours et l'a teinté de tons délicats, comme une riche tulipe dont il rappelle un peu la forme. Elle a tissé à son rebord une coulisse élégamment plissée, qui se détend ou se resserre au besoin; enfin, elle l'a remplie d'une eau limpide, bonne à boire, que l'on a longtemps cru provenir de la rosée. Toutefois, si l'urne mystérieuse se ferme la nuit, il paraît difficile que la rosée s'y introduise. On a fini par supposer que ce liquide résulte d'une sécrétion du népenthe.

Le jour, l'opercule reste ouvert et l'eau diminue de plus de moitié; la nuit, comme nous l'avons dit, il se ferme, et l'eau remplit l'urne jusqu'aux bords. Les uns croient qu'il y a résorption, les autres évaporation; mais la question reste toujours là, sans solution certaine. Quand il doit pleuvoir, l'urne se renverse d'elle-même, par un mouvement naturel de torsion, et se vide.

Maintenant, approchez avec précaution. Soulevez délicatement cette cloche, car la chaleur tropicale qui règne dans la serre ne suffit même point à la petite plante verdâtre qui pousse sous son toit de verre. Vous êtes en face de la dionée.

Solander, qui fit plus tard avec Cook et Banks le tour du monde, l'a découverte le premier dans les marais de la Caroline, et John Bertram l'a rapportée en Europe au mois de juin 1768.

Les lobes vermeils des feuilles de cette herbacée, à racine vivace, possèdent une irritabilité extrême. Il ne faut point qu'un insecte se pose sur leur surface supérieure ou qu'il insinue sa trompe entre les pointes qui entourent certaines glandes, d'où suinte constamment une liqueur sucrée, car aussitôt les deux lobes se rapprochent, se ferment et croisent sur la pauvre bestiole leurs cils raides et acérés. Plus la victime se débat, plus la pression augmente. On déchirerait plutôt cette pince végétale que de disjoindre les deux lobes contractés. Dès que l'insecte meurt, les lobes se rouvrent et reprennent leur position habituelle.

En notre qualité de membre de la *Société protectrice des animaux*, nous nous sommes contenté d'introduire, entre les deux mâchoires de l'étau végétal, une petite feuille de palmier-nain, que nous n'avons pu en retirer, tant la dionée tenait fort et ferme.

Je pourrais encore vous parler du fruit écarlate du *carludovica palmata*, avec les feuilles duquel on fabrique les chapaux de Panama; de la vanille, qui jette partout, à travers les serres, ses rameaux parasites chargés de gousses odorantes... Mais trente degrés de chaleur ne se supportent point longtemps. Pour parodier un mot de madame de Sévigné, vous devez *avoir chaud* à mon front qui ruisselle. Et puis il nous reste à faire une œuvre pie; il nous reste à visiter l'infirmerie botanique.

Dans une petite serre spéciale, chauffée *quantum satis*, ainsi que formulent les pharmaciens, c'est-à-dire ni trop ni trop peu, on rassemble toutes les plantes rares malades. Les unes laissent pendre languissamment leurs feuilles flétries ; les autres, à demi desséchées, paraissent près de mourir. Il y en a d'échevelées qui semblent se livrer au désespoir. Celle-ci, en proie au mal du pays, succombe au manque d'air natal ; celle-là, fatiguée par un long voyage, aspire à renaître et ne peut se rassasier de repos, d'eau fraîche et de lumière. A certaines, des tuteurs en bois servent de béquilles ; on en voit enfin qu'on dirait fourées dans des robes de chambre, tant on les a enveloppées de bandelettes.

Le directeur des serres, médecin expérimenté s'il en fut, vient leur faire chaque jour sa visite, comme mon ami Jobert de Lamballe fait la sienne à l'Hôtel-Dieu. S'il ne leur tâte point le pouls, il ne recule pas, au besoin, devant une opération chirurgicale, et, la serpette à la main, en guise de bistouri, il ampute un rameau nécrosé, entoure d'attèles une branche cassée, et ordonne à ses aides-jardiners, — j'allais dire à ses infirmiers, —tantôt de plonger les malades dans un bain, tantôt de leur administrer, à l'aide de l'arrosoir, le remède favori des matassins de Molière.

Il y a même une chambre des morts.

Là on dépose les cadavres, pour lesquels la sollicitude et la science du médecin ne peuvent plus rien, hélas ! Plus tard, ces cadavres, quand on est bien convaincu qu'il ne leur reste aucune goutte de séve, vont, s'ils en valent la peine, prendre place dans les herbiers. On jette les défunts vulgaires sur une brouette, pêle-mêle avec le produit des balayages des serres, et on les déverse dans la fosse commune, c'est-à-dire dans le trou au fumier.

En sortant de l'infirmerie, pour me distraire des pensées mélancoliques que ce lieu m'avait inspirées, je me suis arrêté devant l'*aracæna fragrans*, magnifique enfant de l'île de la Réunion, que les nègres nomment *bois chaud*. Le bois de l'*aracæna*, sec surtout, exhale une odeur de violette très-prononcée. Comme il brûle avec une flamme vive qu'alimente la résine contenue dans ses fibres, les esclaves marrons s'en servaient autrefois pour s'éclairer dans les mornes où ils parvenaient à se soustraire aux poursuites des colons.

Grâce à Dieu ! il n'y a plus aujourd'hui d'esclaves dans les possessions françaises.

On n'en trouve plus que dans les États-Unis d'Amérique, *terre classique de la liberté*, comme disent les journaux de frère Jonathan.

Depuis quelques semaines, la ménagerie du Muséum de Paris compte quelques animaux de plus. D'abord, pour les reptiles, ce sont des *agames*, de petits *sauvegardes*, plusieurs *fouette-queue* et un *phrysonome*.

L'*agame* provient de la côte occidentale d'Afrique sa taille égale celle de nos lézards ocellés des Pyrénées ; au premier coup d'œil, on serait tenté de le prendre pour un de ces derniers sauriens dont un accident aurait couvert de cendres la robe d'émeraude diaprée d'or.

Mais en l'examinant avec plus d'attention, on ne tarde point à remarquer que sa langue, au rebours de celle des lézards, qui est étroite, noire et terminée en fourche, se compose d'une masse large, molle, fongueuse, à peine extensible. La tête ressemble à un masque étranger que l'on aurait placé sur un corps d'une autre espèce ; enfin, au lieu de cils, les yeux, fort saillants, se trouvent garnis, au bord de leurs paupières, par de petites épines assez dures.

Les *agames* habitent des contrées sablonneuses et incultes; se cachent sous des pierres et se creusent des terriers peu profonds.

Leur peau, lâche, plissée autour du cou et des flancs, se gonfle comme celle des crapauds et change de couleur comme celle du caméléon; enfin la coque des œufs que pondent leurs femelles est dure et cassante, tandis que les œufs des autres sauriens se trouvent contenus dans une molle enveloppe de peau.

Le *sauvegarde* se trouve dans l'Amérique du Nord. Il se nourrit de reptiles, d'insectes et d'œufs, s'introduit dans les basses-cours qu'il ravage, se creuse une habitation au bord des rivières, et se jette à l'eau au moindre danger. Des lignes de petits points jaunes sillonnent la peau de ce saurien, noir sur le dos et fauve sous le ventre. Ces bandes prennent un caractère plus prononcé sur la queue.

Les *fouette-queue* appartiennent aux parties chaudes des deux continents, et surtout à la haute Égypte. Ce sont des lézards couverts d'écailles épineuses, à queue large, et que les bateleurs du Caire parviennent à dresser à de curieux exercices, qui démontrent que ces animaux sont susceptibles de recevoir une certaine éducation.

Ils se nourrissent de végétaux et ne mangent au Muséum que des fleurs de trèfle.

Quant au *phrysonome*, commun surtout au Texas, c'est un saurien étrange et large comme la main; des cornes arment sa tête; le dessus de son corps, couvert de ciselures écailleuses qui se couvrent au soleil de charmants et vifs reflets d'or et d'argent, le feraient prendre pour un animal de métal, niellé par un habile orfévre du seizième siècle et inventé à plaisir.

Le palais des singes, — triste palais, hélas! sombre, incommode, malsain et manquant d'air, — vient de recevoir un *atèle aux mains noires* de l'Amérique méridionale.

L'*atèle aux mains noires* où *melanocheir* se compose d'une tête d'un gris foncé, d'un petit corps mince, de bras et de jambes immenses et d'une longue queue prenante que termine un véritable doigt.

Les atèles sont généralement doux, craintifs, mélancoliques, paresseux et très-lents dans leurs mouvements. On les croirait presque toujours malades ou souffrants. Cependant, au besoin, ils savent déployer beaucoup d'agilité et franchissent en sautant d'assez grandes distances. Ils vivent par troupes sur les branches élevées des arbres, et se nourrissent principalement de fruits. On assure qu'ils mangent aussi des racines, des insectes, des mollusques, de petits poissons, et même qu'ils vont pêcher des huîtres pendant la marée basse, et en brisent les coquilles entre deux pierres.

Dampier, auquel nous empruntons ce fait, et Dacosta rapportent encore quelques autres détails propres à donner une idée de l'intelligence et de l'adresse de ces animaux.

Ils affirment que, lorsque des atèles veulent traverser une petite rivière ou passer, sans descendre à terre, sur un arbre trop éloigné pour qu'ils y puissent arriver par un saut, ils forment une chaîne dont le premier anneau, qui est toujours la queue recoquillée de l'un d'eux, se tient à une branche d'arbre prolongée au-dessus des eaux. L'atèle qui fait le premier anneau saisit avec une de ses mains l'atèle qui fait le deuxième ; celui-ci agit de même à l'égard du troisième, et ainsi de suite. La chaîne, quand le dernier anneau quitte le sol, se raccourcit par un plissement des membres que tous exécutent. Enfin, mise en mouvement et balancée sur son point d'attache, elle est lancée à propos vers un arbre de la rive opposée.

Les atèles emploient leur queue à des usages très-variés. Ils s'en servent pour aller saisir au loin divers objets sans mouvoir leur corps, et souvent même sans mouvoir les yeux, sans doute parce que la callosité qui forme une sorte de doigt au bout de leur queue jouit d'un toucher assez délicat pour rendre inutile, dans quelques occasions, le secours de la vue. Quelquefois ils s'enveloppent dans cette queue pour se garantir du froid, ou bien ils l'enroulent autour du corps d'un autre individu. On prétend même qu'ils s'en servent pour porter leur nourriture à la bouche.

Les membres disproportionnés et effilés des atèles et l'excessive longueur de leur queue les ont fait appeler par les voyageurs *singes-araignées*. Leur main, dépourvue de pouce, paraît sans paume, et termine d'une manière désagréable un bras déjà trop long et trop maigre. La gêne où les jette, pendant le repos, la nécessité de pourvoir au placement de la longue queue qu'ils traînent après eux ajoute encore à cette mauvaise grâce.

Mais les atèles veulent-ils agir? leur queue devient presque leur unique instrument de préhension; c'est le plus puissant, celui, par conséquent, dont ils préfèrent l'emploi. Ses trente vertèbres, enrichies de fortes et larges aspérités, offrent aux muscles des points d'attache multipliés et solides; vers l'extrémité, elle devient nue et calleuse en dessous.

Cette portion s'enroule et s'emploie spécialement à saisir: c'est une main à l'extrémité d'un long levier, d'une adresse parfaite, d'une puissance éprouvée. Enlacée en spirale autour d'une branche, elle suffit pour contre-balancer l'action de la pesanteur quand l'animal s'est confié à sa force de préhension et qu'il demeure suspendu aux arbres sans autre soutien que sa queue.

A côté de l'atèle, en compagnie d'un lapin blanc et d'un verdier qui chante dans la cage et y tyrannise le lapin, se joue sur de grosses branches un *brachyre rubicon*.

Figurez-vous un singe de moyenne taille, couvert d'un manteau de longs poils roux sur le dos et les flancs, portant une queue courte, terminée par un véritable panache, et la face tout entière d'un rouge éclatant.

On dirait qu'on a pris le plaisir de barbouiller la peau lisse de cette face avec une épaisse couche de vermillon.

Aussi faut-il entendre les propos des curieux en présence du *brachyre rubicon* et la colère de certains provinciaux, et surtout de certaines provinciales, qui se récrient au sujet de la mystification dont elles croient qu'on veut les rendre dupes.

Or ce qu'un provincial redoute le plus au monde, c'est d'être pris pour dupe.

Hier, il y avait une digne femme qu'à son accent caractéristique je reconnus pour appartenir à la Belgique. L'indignation rendait son visage presque aussi rouge que la face du brachyre.

— Pour qui nous prennent ces Fransquillons? s'écriait-elle; pensent-ils nous attraper comme des benêts et nous faire croire qu'il y a des singes qui viennent au monde rouges comme cela? J'en ferai autant quand on voudra pour une *cens* de couleur. Quand M. Franconi est venu à Bruxelles, savez-vous? Il avait un singe avec les joues rouges, mais il ne se cachait point de lui mettre du fard, et il ne le donnait pas pour être ainsi né de naissance.

Chaque jour de pareilles scènes se renouvellent, et personne ne veut croire à la réalité du teint du brachyre.

C'est, du reste, un animal rare, amené pour la première fois vivant en Europe, et dont le Muséum ne possédait que deux peaux incomplètes rapportées du Brésil par ce pauvre Deville, mort au service de la science dans une expédition lointaine.

Il est né à la ménagerie du Muséum un singe macaque, un cerf d'Aristote, et, ce qui est une sorte de phénomène, deux ratons.

Un vautour pris à Cyrac, département de l'Aveyron, et un renard de la baie d'Hudson, sont venus augmenter la collection d'animaux vivants.

Une hémione, un casoar fort âgé, un myopotame, une lionne et un bubale sont morts depuis un mois.

On avait placé près du bubale, dans le parc voisin, un pecari, dont la vue causa une telle frayeur au pauvre animal, qu'il se prit à galoper d'une façon furieuse jusqu'à ce qu'il tombât mort de fatigue et d'épouvante.

Un *cycas cincinalis* mâle vient de fleurir pour la première fois en Europe, et cette merveille s'est opérée dans les serres chaudes du Muséum, dirigées par M. Houllet. Sa floraison inspire autant d'étonnement que d'admiration aux botanistes, et probablement elle fera accourir à Paris plus d'un savant étranger.

Le cycas mâle du Muséum, originaire de l'Inde, mesure trois mètres de hauteur. Il se compose d'un stype (on donne ce nom aux troncs des monocotylédonés) que termine un faisceau de feuilles ailées, à deux rangs de folioles très-nombreuses, pointues, piquantes, et d'un beau vert luisant; le stype semble, en outre, formé d'écaillles imbriquées les unes sur les autres.

Au milieu du faisceau de feuilles s'élève le chaton ou la fleur mâle, sous la forme d'un énorme œuf conique, de couleur d'or, haut de cinquante centimètres et à peu près aussi large à sa base.

Peu à peu cet œuf s'ouvrira, se flétrira et tombera.

Un cycas femelle, mais d'une autre espèce, le *cycas revoluta,* a fleuri également au Muséum, mais par malheur beaucoup plus tôt que le mâle, qui sans doute aurait pu le féconder.

La fleur femelle, placée comme la fleur mâle au sommet de l'arbre, dans une sorte de corbeille formée par les feuilles, ressemble à un gros chou grisâtre et cotonneux ; ses fruits, qui commencent à se développer, rappellent une noix avec son brou charnu, contiennent un noyau (drupe) presque ovale et rougeâtre. Il cache sous ce brou peu épais une coque mince, ligneuse, à une seule loge, et contient une amande marquée d'une fossette à sa base, blanchâtre, d'un goût délicat, d'une odeur agréable, engageante, et qui, suivant l'expression populaire, fait venir l'eau à la bouche.

Le sagou n'est autre chose que la moelle contenue dans le stype du cycas, et ce sagou si fort en vogue dans la cuisine parisienne a dû servir dans les temps d'aliment aux animaux fossiles. On rencontre des troncs énormes de cycas dans les houillères, et, seul de tous les végétaux, il semble avoir conservé son caractère en survivant aux révolutions de notre globe.

On retrouve la plupart des caractères du cycas fossile sur le cycas contemporain, et il n'existe guère plus de différence entre eux que les naturalistes n'en constatent entre l'éléphant fossile et l'éléphant actuel.

Non loin du *cycas cincinalis* fleurit l'*hectia bromélia-cée* des Philippines, envoyée naguère en Europe par M. Porte.

La famille des broméliacées prend son nom du nom de Bromel, botaniste suédois, et a pour type l'ananas.

L'hectia nouvelle se compose d'une plante sans tige

formée par une large gerbe de feuilles étroites, épaisses, vertes, bordées de blanc, armées d'épines, au milieu de laquelle s'épanouit une fleur d'un rose tendre d'où s'échappent de petites lances d'un rouge éclatant.

Les serres doivent encore d'autres plantes précieuses à M. Porte, qui sacrifie sa fortune, sa santé et sa vie à enrichir de nouvelles conquêtes la botanique.

Un palmier à chanvre, haut de deux mètres, et un magnifique exemplaire du cycas revoluta, viennent d'être envoyés de Chine par M. Simon.

Le palmier à chanvre ou *chamærops excelsa* fournit une filasse abondante que les habitants de l'empire du Milieu emploient à fabriquer des tissus d'une finesse et d'un éclat dignes de lutter avec nos belles batistes flamandes.

Enfin, deux fourgères des Antilles, envoyées par M. Bélanger, le *trichomanes* et l'*hymenophyllum,* vont sans doute, et pour la première fois aussi, se résoudre à vivre en captivité.

N'allez pas croire que la chose aille d'elle-même! Ces deux fougères, dans leur pays natal, ne poussent que sous des rochers tour à tour baignés et laissés à sec par la mer et recherchent les anfractuosités où la lumière ne parvient qu'à peine.

Il fallait donc, à leur arrivée, les placer dans des conditions analogues et pour ainsi dire les ressusciter, car elles avaient fait le voyage de la Martinique au Muséum dans une boîte de fer-blanc hermétiquement close par de la soudure.

Après bien des hésitations et des réflexions, on les a

appliquées sur une petite muraille de pierre et d'écorce de liége, au fond d'une boîte étroite, haute, fermée par une glace, et dans laquelle on entretient, à l'aide d'infiltrations, une humidité constante et égale. En outre, un voile épais recouvre la glace et ne se soulève qu'à de rares et courts intervalles, pour laisser surveiller les progrès des deux fougères et préserver leurs frondes (feuilles) délicates, mignonnes et dentelées, contre un petit champignon blanc attaché à une longue tige, qui ressemble à une fleur et qui éclôt et se développe en quelques minutes.

Toutes les plantes expédiées des pays lointains n'arrivent pas, bien entendu, dans des tubes de fer-blanc soudés. On se sert, pour leur faire accomplir leur voyage, de sortes de cages vitrées, fermées à clef, qui permettent de les surveiller sans les exposer aux intempéries et aux rigueurs de l'air et qui maintiennent autour d'elles une atmosphère chaude et concentrée.

En parcourant encore les serres, on ne peut s'empêcher de sourire à la vue d'une cinquantaine de cierges sur lesquels sont greffées des boutures de plantes de la même famille, mais d'espèces différentes. Il y a, entre autre, un *mamillaria*, qui ressemble à une grosse chenille blanche et velue, roulée et endormie sur une colonnette de jade, et un *échinocacte*, qu'on prendrait pour deux couleuvres qui se dressent sur leur queue pour s'élancer.

Avant de quitter les serres de Muséum, laissez-moi vous dire que l'aquarium regorge de plantes aquatiques splendides, et que l'eau de cet aquarium est maintenue à une température de trente-cinq degrés, sans compter, s'il vous plaît, la chaleur qui pénètre à travers la voûte vitrée dont est recouverte la serre.

En dépit de la chaleur de l'eau, des bandes de poissons rouges nagent gaiement entre toutes ces plantes venues les unes de l'Inde, les autres de l'Amérique, celle-ci de l'Océanie, celle-là du Gabon ou de la mystérieuse île de Madagascar.

Des poissons qui vivent dans un bassin constamment chauffé à trente-cinq degrés, qui y pondent leurs œufs, qui les y fécondent, ne semblent-ils pas, au premier coup d'œil, un problème assez difficile à résoudre? Car je doute que les eaux du fleuve Jaune, d'où proviennent ces poissons, atteignent une pareille température.

Notez qu'à deux pas des serres chaudes les mêmes poissons rouges vivent dans l'eau presque glaciale d'un bassin en marbre, placé en un coin obscur.

Mais, comme le dit Montaigne, *l'habitude est une seconde nature, si ce n'est la nature elle-même.*

Une autre énigme, restée non moins obscure jusqu'ici et qui se rattache aux questions les plus importantes de la pisciculture, semble toucher aujourd'hui à une solution satisfaisante.

Comment se fait-il que certaines espèces de poissons, et surtout de mollusques, foisonnent sur certaines côtes maritimes, tandis qu'on ne les rencontre point sur certaines autres, et que toutes les tentatives pour les y acclimater échouent, si bien conduites qu'elles soient?

La *Revue britannique*, sans nommer l'auteur de cette

découverte, établit que le phénomène repose uniquement sur la nature de l'eau de la mer.

Que les cultivateurs d'huîtres et les amateurs ne se désolent donc plus de leurs échecs et cessent de déplorer que ces capricieux mollusques ne réussissent pas sur certaines côtes, lorsqu'ils pullulent sur d'autres. Une légère précaution peut empêcher, avant de faire des semis d'huîtres, de commettre une école; il suffit d'analyser l'eau où le semis doit se faire.

Si cette eau contient 1,80 0/0 de sel, comme l'eau du Cattégat, remerciez le ciel de vous avoir doué d'un organe dégustateur raffiné et d'un réservoir si favorable, et semez en toute confiance. Si, au contraire, votre eau accuse un chiffre inférieur, comme dans la Baltique, vous aurez beau faire semis sur semis, ils ne réussiront pas.

Mais si vous habitez les rivages fortunés où la salure compte jusqu'à 3,70 0/0 comme la mer du Nord, l'Atlantique et la Méditerranée, il ne tiendra qu'à vous de cultiver autant d'huîtres que vous le voudrez; de sorte que l'on peut dire que plus l'eau déplaît à l'homme plus elle plaît à l'huître.

Une chanson grecque. — Emploi du suint des bêtes à laine. — La laitue de mer. — Le serpolet.

20 août.

Un de mes amis qui arrive de Grèce m'en a rapporté cette jolie chanson populaire :

« Je voudrais être une bête du bon Dieu.

« L'oiseau sait où trouver le brin d'herbe qu'il lui faut pour construire son nid, et il construit ce nid sans hésitation, sans le niveau de l'architecte, sans la truelle du maçon.

« Je voudrais être un oiseau du bon Dieu.

« Quand le bouquin des montagnes est blessé, il court droit au dictame qui doit guérir sa blessure.

« Je voudrais être une bête du bon Dieu.

« L'hiver arrive-t-il avec son souffle glacé, l'hirondelle, sans guide, se dirige à tire-d'aile vers des climats plus doux.

« Je voudrais être une hirondelle du bon Dieu.

« Le laurier-rose jette ses racines dans le lit humide des torrents, le chêne dans un sol solide et profond, l'herbe sur la pente des collines, tantôt à l'ombre, tantôt au soleil, selon sa nature.

« Je voudrais être une plante du bon Dieu.

« L'homme seul n'apprend qu'à force de travail, de recherches et de sueurs ce qui est nécessaire à ses besoins.

« Je voudrais être une bête du bon Dieu.

« Malade, il foule aux pieds, sans s'en douter, la plante qui le guérirait s'il en connaissait les vertus.

« Je voudrais être une bête du bon Dieu.

« Pauvre, il ne soupçonne pas les trésors que renferme la terre et qui le rendraient opulent.

« Je voudrais être une bête du bon Dieu.

« Il lui a fallu des siècles et des siècles pour apprendre à donner des ruches aux abeilles et à filer la laine de ses moutons.

« Je voudrais être une bête du bon Dieu.

A quelle époque remonte cette chanson, qui se redit depuis des siècles peut-être dans les montagnes de la Grèce, et que les bergers contemporains d'Homère chantaient sans doute comme la chantent les bergers de nos jours? Nul ne le sait; mais ce que chacun doit reconnaître, c'est qu'elle expose une pensée dont nous sommes forcés, nous, enfants du dix-neuvième siècle, d'avouer la vérité affligeante.

Combien de richesses de la nature ont été méconnues par nos pères! Combien n'en méconnaissons-nous pas nous-mêmes! Que de ces richesses restent perdues pour nous faute d'en soupçonner la valeur, faute de savoir comment les exploiter!

Un mémoire de MM. Raugelet et Haumené va nous en donner une nouvelle preuve.

L'homme, depuis les temps les plus reculés, élève des moutons, et jusqu'ici personne n'avait songé à utiliser le suint de leur laine. Écoutez ces industriels :

On a laissé de côté, jusqu'ici, les grandes quantités de suint que renferme la laine, sans étudier la nature de ce suint, et sans connaissance des partis qu'il peut offrir. Nous avons reconnu que le suint peut être considéré comme la meilleure source de potasse connue. Lorsqu'on place la laine dans des cuviers et qu'on la tasse le plus possible à la main, on peut, en versant de l'eau abondamment sur cette laine, dissoudre presque instantanément une partie considérable du suint, qui colore l'eau en brun, et coule immédiatement en bas des cuviers et sans entraîner ni le sable (ou la terre) ni la partie graisseuse du suint. La laine sert elle-même de filtre, et ne laisse pas échapper trace des parties terreuses; elle ne laisse pas échapper non plus de graisse, tant qu'on a soin de l'employer froide. La solution brune limpide contient un véritable sel de potasse (ou peut-être un mélange de sels de potasse) régulièrement constitué, très-soluble dans l'eau, et même déliquescent.

Ce sel, ou mélange de sels, ne contient pas d'autre base, — si ce n'est peut-être une trace de chaux, — et, par la calcination à une chaleur rouge, il fournit un carbonate de potasse exempt de soude, circonstance importante, qui ne se présente dans l'emploi d'aucune autre source aujourd'hui connue.

On l'obtient en faisant évaporer la solution à sec.

Pendant la calcination, le suintate de potasse (qu'il soit ou non mêlé d'autres sels de potasse) donne tous les produits de distillation des matières animales : ces produits renferment de fortes proportions d'ammoniaque ; le carbonate de potasse qui reste est mêlé d'une assez grande quantité de charbon. Il contient aussi du chlorure de potassium et du sulfate de potasse. Des lavages méthodiques, à l'eau, permettent d'extraire facilement les sels, et il est facile de rendre le carbonate de potasse propre aux usages commerciaux pour lesquels sa plus grande pureté est nécessaire.

Autre exemple :

Depuis quelques années, l'usage du varech ou fucus s'est vulgarisé à Paris. Grâce à Dieu, il a remplacé, surtout dans la couche du pauvre, la paille, si prompte à se décomposer, et la laine, si facile à se pénétrer d'émanations putrides.

Eh bien ! voici qu'aujourd'hui le docteur Duchesne-Duparc préconise, comme un moyen de combattre et de vaincre l'obésité, la *laitue de mer* ou chêne marin (*fucus vesiculosus*), qui précisément compose en partie le varech qu'on emploie le plus souvent en guise de matelas.

Le *fucus vesiculosus* se trouve en abondance sur les côtes de l'Océan et de la Méditerranée. Il adhère aux rochers par un pédicule s'élargissant en frange membraneuse, plusieurs fois ramifiée, pourvue d'une nervure médiane très-proéminente et de vésicules aériennes sphériques ou ovales.

Sa hauteur est de trente à quarante centimètres ; sa largeur varie beaucoup ; elle peut ne pas dépasser celle d'un doigt ordinaire, comme atteindre celle de la paume de la main et même aller au delà. De couleur verdâtre à l'état frais, elle devient d'un noir foncé quand elle se dessèche complétement ; elle exhale une odeur marine très-forte, surtout si on la remet à l'humidité ; sa saveur est nauséeuse et saumâtre.

La *laitue de mer*, à tort ou à raison, passe pour un excellent médicament contre les maladies de la peau. M. Duchesne, pour s'assurer de la réalite de cette propriété de la plante marine, en a administré à des malades atteints d'affections cutanées. A sa grande surprise, les malades n'en ont éprouvé aucune amélioration, mais tous ont bientôt accusé un amaigrissement prononcé.

Ce résultat a été constant, parfois assez rapide, toujours exempt de malaise, sans trouble aucun des fonctions digestives.

Plusieurs malades surchargés d'embonpoint ayant obtenu un allégement et un bien-être incontestable, je continuerai de prescrire le *fucus*, non plus comme un antiherpétique à propriétés négatives ou du moins fort douteuses, mais à titre de nouvel agent thérapeutique, possédant le singulier privilége d'activer les facultés absorbantes des cellules graisseuses, et d'agir comme fondant et résolutif.

Extrait hydroalcoolique de fucus vesiculosus. 30 grammes.
Poudre impalpable de fucus vesiculosus...... 5 —

Mêlez et divisez en pilules de 25 centigrammes, que l'on roule dans la poudre de cannelle.

On commence par trois pilules par jour, et on augmente progressivement jusqu'à vingt-quatre.

Nous mentionnons le fait sans prendre parti ni pour ni contre une question que le temps et l'expérience peuvent seules confirmer ou détruire, mais nous en tirerons encore cette conséquence que nous avons tant de fois tirée de faits analogues et confirmés jusqu'à l'évidence : que les propriétés mystérieuses des plantes ne sont ni assez recherchées ni assez étudiées ; la pharmacopée française se tient trop renfermée dans des bornes étroites ; le soulagement et le salut même de bien des malades se trouvent peut-être souvent là où l'habitude, — j'allais dire la routine, — empêche les médecins d'aller les chercher.

En voulez-vous une dernière preuve ?

Le thym-serpolet, jadis en grand renom pour la guérison de la coqueluche, était depuis longtemps oublié et dédaigné par les médecins, et abandonné aux lapins, que la Fontaine en montre si friands.

Aujourd'hui, le *Journal de Médecine* annonce que le docteur Joset obtient des cures inespérées avec des infusions de serpolet, et que « la simple administration d'une infusion de cette plante, légèrement gommée et édulcorée, a calmé, *guéri* même quelquefois, comme par enchantement, des coqueluches prises à toutes les époques de leur évolution. Il en a été de même, ajoute ce médecin, pour les angines striduleuses, les toux quinteuses, grippales et convulsives. »

Aussi le serpolet cessera désormais de rester relégué parmi les épices culinaires. On distingue le serpolet de son frère le thym à ses tiges couchées et à ses fleurs pourpres. Il croît abondamment sur les collines, qu'il tapisse d'un manteau de verdure, et exhale une odeur qui rappelle celle du citron.

Il contient une huile essentielle, avec laquelle on fabrique un excellent dentifrice.

Place donc au serpolet, et qu'il reprenne parmi les plantes balsamiques et bienfaisantes le rang qu'il y occupait et dont on l'a détrôné !

Études sur les muscles de la face, par M. Duchenne, de Boulogne. — Fonctions des nerfs *vasculaires* et *calorifiques*, par M. Claude Bernard. — M. Kulhman et l'acide azotique. — Histoire de cet acide, son usage, sa fabrication. — Les papillons se fatiguent, ont chaud et s'essoufflent. — Flore médicale indienne et javanaise.

30 août.

M. Duchenne, de Boulogne, continue à rendre publiques les curieuses études qu'il fait sur les muscles et sur les nerfs à l'aide de l'électricité.

A la dernière séance de l'Institut il a formulé ce fait que, dans les mouvements imprimés par les passions à la face de l'homme, les *mêmes nerfs* agissent toujours sur les *mêmes muscles* pour traduire les *mêmes émotions*.

A l'aide de conducteurs électriques, il donne par le jeu des nerfs et des muscles, au visage d'un homme, l'expression de la colère, de la joie, du désespoir, de toutes les sensations enfin, sans que le patient éprouve en aucune façon ces sentiments.

En un mot, il remplace par un moyen mécanique les émotions.

Mais, hélas! il reste encore à connaître comment les émotions agissent sur les nerfs ; et nous ne pensons pas que ce problème se résolve de longtemps.

Le système nerveux ressemble non-seulement en cela au système télégraphique, que le premier traduit les impressions de l'homme et que le second porte au loin les idées de celui-ci, mais encore que la nature de l'agent si docile, si prompt et si sûr, qui produit ce double résultat, demeure et demeurera sans doute éternellement un problème insoluble.

Aussi, quelque remarquable que soit un travail de M. Claude Bernard, lu dans la même séance, sur les nerfs *vasculaires* et *calorifiques* et sur *leur origine différente des nerfs moteurs*, ce travail ne fait pas faire un pas à la question de la nature de l'électricité.

En prouvant que les nerfs *vasculaires* et *calorifiques* prennent naissance dans le *grand sympathique*, et les *nerfs moteurs* ou *sensitifs dans la moelle lombière,* M. Claude Bernard a découvert et révélé un détail nouveau de l'admirable mécanique humaine ; mais la nature de l'agent qui meut ce mécanisme n'en demeure pas moins inconnue. Je vois bien une corde de plus au violon, mais l'archet et surtout la main qui fait mouvoir l'archet? mais ce qui donne le mouvement et la direction à la main? *qui en sçait aulcune syllabe, et qui jamais en escribra un iota?* pour parler comme Montaigne.

Tâchons de nous consoler en tournant nos regards vers une conquête positive : le nouveau procédé industriel de M. Kuhlmann fils, pour la fabrication de l'acide azotique du commerce.

Ce procédé consiste à faire réagir sur des azotates de soude l'acide des chlorures de manganèse; on obtient ainsi des chlorures de sodium et de l'acide nitrique.

Ces résultats nouveaux consistent dans l'utilisation simultanée des deux principes constituants du chlorure de manganèse. J'ai constaté par de nombreuses expériences que la plupart des chlorures décomposent les nitrates à une température peu élevée, et que l'acide nitrique est déplacé le plus souvent à l'état d'acide hyponitrique et d'oxygène, sans qu'il y ait aucune production de chlore, si l'on a soin d'opérer avec des matières sèches.

L'alchimiste arabe Geberr, vers la fin du huitième siècle, parla le premier de l'acide azotique, qu'il appelait *eau dissolvante.*

Il l'obtenait en distillant un mélange de vitriol de Chypre, de nitre et d'alun.

Au douzième siècle, Albert le Grand décrivit de nouveau, avec beaucoup de précision, la préparation de *l'eau dissolvante ;* mais, poussé par la manie déjà existante parmi les savants de changer à chaque instant le nom des choses, sans doute pour mieux les embrouiller, il la baptisa du nom d'*eau prime* ou d'*eau philosophique au premier degré de perfection.*

Ce qui vaut mieux, c'est qu'il indiqua les principales propriétés de l'*eau prime,* surtout celles de séparer l'or et l'argent et d'oxyder les métaux.

Au troisième siècle, Raymond Lulle, autre alchimiste, donna à l'*eau dissolvante* de Geber, à l'*eau prime* d'Albert le Grand le titre d'*eau-forte,* et inventa le *nitre dulcifié,* c'est-à-dire un mélange d'acide azotique et d'esprit-de-vin, pour lequel la médecine de l'époque se passionna vivement.

Le *nitre dulcifié* fit tant de bruit, on discuta si fort pour ou contre ses vertus spécifiques, et dans tout ce fracas le nom de Raymond Lulle se répéta si souvent avec éloge ou avec injure, que l'on finit par croire cet alchimiste le Christophe Colomb de l'acide azotique, tandis qu'il n'en était tout au plus que l'Améric Vespucci.

Au quinzième siècle, Bazile Valentin indiqua les moyens de fabriquer l'*eau-forte*, que l'industrie et les arts employaient comme dissolvant.

Ce moyen consiste à soumettre le nitre (*azotate de potasse*) à l'action de l'acide sulfurique concentré, avec le concours d'une certaine température.

Au dix-huitième siècle, l'eau-forte prit la qualification d'*esprit de nitre,* d'*acide de nitre* et d'*acide nitreux.*

A cette époque, on l'obtenait en distillant un mélange de nitre et d'argile, et jusqu'au chimiste Schèle, c'est-à-dire jusqu'en 1774, on le confondait avec un autre acide de l'*azote* (acide *hypoazotique*).

En 1784, Cavendish détermina les proportions des

principes constituants de l'*acide nitreux* (c'est ainsi qu'il l'appelait), et Lavoisier, en perfectionnant le travail de Cavendish, donna à la même substance le titre d'*acide nitrique*, qui ne devait point, on le voit, être encore le dernier.

Cet acide n'existe pas dans la nature à l'état de liberté; les composés salins dont il fait partie sont même très-peu nombreux, puisqu'on ne connaît jusqu'à présent, à la surface de la terre, que les azotates de chaux, de magnésie, de potasse de soude et d'ammoniaque. Il prend naissance, dans les temps d'orage, sous l'influence de la foudre; aussi les pluies entraînent-elles des hautes régions atmosphériques de l'azotate d'ammoniaque, et même de l'azotate de chaux.

Ce fait n'a rien d'extraordinaire, puisque Cavendish avance qu'une série d'étincelles électriques qui arrivent dans un mélange d'oxygène et d'azote humides détermine toujours la production d'une certaine quantité d'acide azotique.

L'acide azotique ordinaire, pris dans son état de pureté, est un liquide incolore, d'une odeur désagréable et qui répand de légères fumées blanches au contact de l'air.

Très-sapide, très-corrosif, il attaque profondément les tissus organiques, même à la température ordinaire, et il colore de jaune les matières animales. Concentré, il devient à la fois un des poisons les plus violents et une des matières les plus employées dans l'industrie et dans les arts.

Il se congèle au-dessus de cinquante degrés, et il bout

au-dessus de quatre-vingt-six. Il exhale alors des vapeurs blanches légèrement colorées par un peu d'acide hypoazotique, provenant de sa décomposition partielle.

A la chaleur blanche, il se transforme complétement en oxygène et en azote ; à la chaleur rouge en oxygène et en acide hypoazotique.

La lumière solaire agit sur lui de la même manière et le colore promptement en jaune.

L'eau-forte du commerce, qu'on appelle plus ordinairement *eau seconde*, est de l'acide azotique coupé d'eau et marquant vingt-six degrés.

Enfin, l'acide azotique cesse de fumer à l'air dès qu'on le mêle à la moitié de son poids d'eau.

Formé d'éléments qui tiennent faiblement l'un à l'autre, l'acide azotique se décompose sous les moindres influences, et cède très-aisément tout ou partie de son oxygène aux corps combustibles sur lesquels on le fait réagir. La plupart de ces corps le décomposent, même à la température ordinaire, en s'oxygénant à ses dépens. Il se dégage alors ou de l'azote pur ou des oxydes d'azote.

En faisant chauffer légèrement cet acide sur du charbon, du soufre ou du phosphore, on donne naissance à des vapeurs rougeâtres d'acide hypoazotique.

Si l'on dirige un courant de gaz acide sulfureux à travers ce même acide chaud, il se change en acide sulfurique et produit d'abondantes vapeurs rutilantes.

A chaque instant on utilise cette action oxygénante de l'acide azotique pour préparer beaucoup de composés différents, attaquer, dissoudre ou simplement décaper les métaux, faire l'essai des monnaies, opérer l'affinage de l'or et du platine, graver sur cuivre et sur acier, et dorer le laiton. Les chapeliers, avec son secours, dissolvent le mercure destiné au sécrétage des poils; les artificiers changent le coton en une poudre excessivement combustible; les imprimeurs de tissus teignent les foulards de soie en jaune ou en orange, et colorent les lisières de drap en pièce.

La fabrication de l'acide sulfurique, de l'acide oxalique, du précipité rouge, celle des amorces fulminantes, l'essai des huiles, etc., consomment encore énormément d'acide azotique. On estime à près de cinq millions de kilogrammes la quantité de cette substance demandée annuellement à nos fabriques de produits chimiques par la seule industrie française.

Il me reste encore à vous parler de charmantes observations de M. H. Lecoq sur la *transformation du mouvement en chaleur chez les animaux* :

Indépendamment de la chaleur normale développée chez les animaux à sang chaud par la combustion que détermine l'oxygène dans l'appareil respiratoire, il y a une certaine quantité de chaleur additionnelle ou accidentelle produite par les mouvements de l'animal. Cette élévation de température, due à l'action des muscles, arrivée à un certain degré, variable pour chaque espèce et souvent pour chaque individu, ne peut plus s'accroître, et alors se présente un phénomène analogue à celui que nous offre l'eau chauffée sous une pression déterminée. Le calorique excédant s'unit à une partie du liquide et se transforme en vapeur. Dans les animaux à sang chaud, cet excès produit la transpiration pulmonaire ou cutanée, et cette production de vapeur, en rendant latent le calorique en excès, rétablit l'équilibre.

Il n'en est pas de même chez les animaux à sang froid. Le mouvement, chez plusieurs d'entre eux, élève la température au point que l'animal ne peut plus la supporter et tombe de lassitude.

Le corps du sphinx (papillon nocturne) est relativement lourd et volumineux, ses ailes courtes et ses muscles moteurs d'une extrême puissance. Dans son vol rapide et soutenu, le sphinx se place devant les fleurs et ne touche à leurs nectaires que par l'extrémité de sa trompe. Il se soutient par le mouvement incessant et presque invisible de ses ailes. A peine a-t-il commencé ce violent exercice, que la chaleur de son corps augmente et continue d'augmenter rapidement. Dans les sphinx un peu volumineux, comme celui du liseron, et quelle que soit alors la température de l'air, la chaleur acquise surpasse celle des corps des mammifères, celle de l'homme, et arrive au moins à la température du sang des oiseaux.

J'ignore si cet excès de chaleur est la cause qui arrête le sphinx. Mais, bientôt après l'avoir acquise, il disparaît d'un vol extrêmement rapide, et remet au lendemain soir une nouvelle période d'agitation.

Ainsi les papillons se fatiguent, ont chaud, s'essoufflent de même que les autres animaux. *Ces fils de l'air,* que Pline nous dépeint « ne touchant jamais la terre et *ayant des pattes* comme *l'homme a des mamelles* sans jamais s'en servir, » rentrent également dans cette loi universelle d'organisation, dont chaque jour de nouvelles découvertes attestent de plus en plus l'unité.

Et puis voici encore un proverbe démenti. On ne

dira plus *léger comme un papillon;* mais bien *essoufflé* comme un papillon.

Les Indes, l'Amérique, l'Asie, l'Afrique, l'Océanie, nous ont-elles livré tous leurs secrets? N'y a-t-il plus rien à obtenir d'elles? Java, Sumatra, Bornéo, ces îles mystérieuses, dont on ne connaît guère l'intérieur, passent pour produire des remèdes qui guérissent des maladies contre lesquelles échoue la science européenne. Serait-il bien difficile et bien coûteux de vérifier *de visu* ce qu'il y a de vrai ou de faux dans ces traditions?

Un naturaliste russe, bien connu dans la science, le docteur Zalberg, voyageait, il y a quelques années, dans la région transbaïkalienne. Ses chevaux s'emportèrent à la descente d'une côte et le lancèrent hors de sa voiture brisée. Grièvement blessé à la poitrine, on le transporta à grand'peine jusqu'à la forteresse d'Aksha, sur la frontière chinoise. Là, il fut pris aussitôt d'une toux violente, accompagnée de crachements de sang, qui se changea en une terrible péripneumonie. Médecin et imbu des préjugés répandus contre l'art des lamas, il se traita lui-même. Mais le mal empirait, et, tous les remèdes inutilement épuisés, il ne resta à M. Zalberg que la conscience de son état désespéré. Il céda enfin aux instances de son hôte, qui lui proposait depuis longtemps le secours d'un lama des environs. C'était un nommé Mouraew, fameux dans le pays par ses cures. Ce dernier arriva chez le malade avec ses médicaments, le questionna par l'entremise d'un interprète, lui examine la poitrine, lui tâta le pouls, lui administra immédiatement une poudre, lui en donna une seconde fois le soir, et lui en fit prendre trois autres doses le lendemain; M. Zalberg se rétablit aussitôt. Revenu à la santé, il racontait l'effet bienfaisant produit progressivement sur lui par les drogues mystérieuses, et proclamait tout haut que la médecine indienne lui avait sauvé la vie.

Il se présenta un autre jour chez ce même Mouraew un paysan atteint d'un affreux cancer à la lèvre supérieure. Les dents et les gencives se trouvaient déjà à découvert; la plaie menaçait le nez et rendait repoussant le visage qu'elle envahissait. Mouraew lui donna certaines poudres pour l'usage interne, ainsi qu'une pommade pour l'extérieur. Au bout de quinze jours le paysan revint. Sa plaie s'était fermée; il ne lui en restait que quelques traces légères et une cicatrice peu profonde à la lèvre.

La médecine indienne agit vite et puissamment. Tout Pétersbourg à pu constater les succès inespérés obtenus à l'Académie médico-chirurgicale russe par un jeune lama, que le docteur Rémann, attaché à la personne du comte Golovkine, lors de son ambassade en Chine, avait ramené avec lui pour le perfectionner dans la science médicale. Les succès du pauvre garçon ne furent malheureusement pas de longue durée, car une mort prématurée, due à la rigueur du climat, l'enleva au bout de deux ans.

Voici maintenant deux faits que nous a racontés M. Francis Vanderbroeck, qui possède d'immenses propriétés à l'île de Java, contrée qu'habite encore aujourd'hui un de ses frères, et où il exploite des usines considérables.

Un soir, M. Francis entendit pousser des cris à quelque distance de son habitation, et, peu de moments après, il vit rapporter chez lui un de ses contre-maîtres qui venait de recevoir d'un indigène jaloux seize coups de crik. Or le crik malais, en usage à Java, est le plus dangereux de tous les poignards.

Le malheureux était mourant, et le chirurgien attaché à l'établissement s'attendait à le voir expirer d'un moment à l'autre, lorsqu'une Javanaise offrit d'entreprendre la guérison du malade. Son offre fut acceptée. Elle alla cueillir une plante qui croissait sur le bord d'un fossé voisin; elle froissa cette plante et la posa sur les plaies du contre-maître. Dès le lendemain, la fièvre disparaissait, la respiration redevenait libre, les plaies se cicatrisaient, et en moins de quinze jours le ressuscité pouvait reprendre son service.

Dans ce qui va suivre, les simples javanais jouent un rôle beaucoup moins philanthropique, je dois l'avouer.

Un jeune Hollandais avait séduit une indigène qui l'aimait avec une ardente passion et lui avait tout sacrifié, sa famille, sa caste, ses habitudes, sa nature même, car elle s'était faite presque son esclave; elle supportait sans murmurer les injustices, les mauvais traitements, les brutalités et jusqu'aux coups de son amant.

Cela dura trois ans, au bout desquels elle apprit que le Hollandais allait se marier avec la fille d'un colon. Elle n'en témoigna ni colère ni dépit.

— Mon ami, dit-elle à celui qui l'abandonnait, je comprends qu'une union entre une sauvage et un Européen, entre une fille pauvre et un homme venu dans cette île pour s'y enrichir, ne pouvait toujours durer. Cependant, si je me suis montrée fidèle et dévouée, accordez-moi une dernière grâce. Venez souper ce soir dans ma case. Ensuite je vous laisserai tout entier au bonheur de votre nouvelle union, et vous n'entendrez plus jamais parler de moi.

Le Hollandais consentit à ce que lui demandait la Javanaise et vint souper avec elle.

Le lendemain elle posa ses lèvres sur le front de l'infidèle, lui tendit la main, lui montra silencieusement la porte, et, s'enveloppant dans un grand voile, elle s'accroupit immobile dans un coin de la case.

Le jeune homme se rendit à la ville, où il s'occupa toute la journée de hâter les préparatifs de son mariage.

Tout à coup il se sentit pris d'une sorte de vertige. Il se mit à rire aux éclats, sans motif apparent d'hilarité. A cette folle gaieté succéda un torrent de larmes. Sa fiancée voulut chercher à le calmer : il la repoussa, s'élança sur le premier cheval venu, partit au grand galop et disparut. Il était fou.

A Java, cette folie subite ne fut une énigme pour personne. La fuite de la Javanaise ne pouvait, d'ailleurs, laisser aucun doute à cet égard. Elle avait fait prendre à son amant une dose de *dutroa*. C'est ainsi que les indigènes nomment une plante, voisine de la famille des *stramonium*, et dont la racine, réduite en poudre, ôte à jamais la raison et la mémoire.

Je me suis un peu écarté de mon sujet en vous racontant ce petit drame. Certes, je ne voulais pas vous parler de poisons, bien loin de là! Mais, après tout, cette chronique n'est qu'une causerie. Or, quelle causerie ne va de çà, de là, à droite, à gauche, quelque peu au hasard et même de travers?

Revenons tout droit à notre but, et répétons ce que Descourtils raconte dans sa *Flore médicale des Antilles*, livre publié en 1821, et que précède un rapport de l'Institut, signé de Desfontaines, de Duméril et de Cuvier. « Il faut engager l'auteur, concluent-ils, à publier un ouvrage intéressant pour les médecins autant que pour les botanistes. »

Combien de fois n'a-t-on pas vu, dans l'épidémie de la fièvre jaune, des mulâtresses arracher à la mort *tous ceux* qu'elles traitaient, par l'emploi des plantes indigènes ou par les procédés du pays? J'ai obtenu d'une de ces mulâtresses, renommée dans les mornes des Escaliers (Saint-Domingue) par des cures qui tenaient du prodige, des recettes dont j'ai fait usage avec le plus grand succès.

Reléguée dans un rocher caverneux où elle donnait clandestinement ses consultations, depuis la mort de sa mère, elle ne sortait de son antre que pour se glisser et fureter à travers les lianes qui recouvraient les précipices, afin d'y recueillir les simples dont elle composait ses divers remèdes. De petites chaudières, quelques vases d'argile, formaient son modeste laboratoire. Douée d'un tact naturel qu'on ne peut acquérir, même par l'étude, qui ne fait que le diriger et le perfectionner, je lui ai vu opérer des cures merveilleuses. Aussi discrète que méfiante, je ne pouvais obtenir d'elle aucun renseignement : cependant, au moyen de dessins et de planches de l'Artibonite qu'elle convoitait, j'obtins plusieurs formules dont l'usage fut couronné des résultats les plus satisfaisants. Tous les peuples ont leurs guérisseurs.

Descourtils cite ensuite plusieurs de ces formules « si satisfaisantes dans leurs résultats, » et forme un vœu que nous répéterons avec lui : c'est que « la science médicale, si souvent réduite à l'impuissance devant la maladie, songe sérieusement à étudier les plantes et les substances employées dans les diverses contrées du globe pour obtenir facilement des guérisons regardées jusqu'aujourd'hui comme impossibles. »

Au milieu de beaucoup de préjugés et d'erreurs, il reste évidemment à faire encore plusieurs conquêtes aussi glorieuses que le quinquina. A l'œuvre donc! La religion et les sciences ont leurs missionnaires, pourquoi l'art de guérir n'aurait-il pas aussi les siens?

SEPTEMBRE

Le progrès. — Les utopies de l'abbé de Saint-Pierre. — Modifications des costumes et des mœurs. — La *Grenade entr'ouverte*, par M. Aubanel, d'Avignon. — La *Faim*, légende avignonnaise. — La *Saint-Nicolas*, légende flamande. — Les *Tireuses de soie*.

1er septembre.

Les chemins de fer, la télégraphie électrique, la vapeur et les progrès de l'industrie sont en train de renouveler l'aspect de l'Europe, voire même du monde entier. Il n'y a plus de distance; le temps où Lemierre écrivait :

> Une lettre a franchi l'immensité des mers,
> Et le bonheur renaît au bout de l'univers.

n'existe plus, car on correspond en quelques minutes d'Alger à Paris, on se rend à Saint-Pétersbourg en quatre jours, et on peut allumer au ministère de l'intérieur son cigare avec une étincelle électrique provenant de Londres.

Certes, ces transformations favorisent singulièrement les transactions commerciales, bouleversent les habitudes, rendent cher ce qui était bon marché, et bon marché ce qui était cher; mènent infailliblement au libre-échange absolu, à la paix universelle, et, par la communauté des intérêts, à l'unification des peuples. Bref, les rêves et les utopies de l'abbé de Saint-Pierre sont en train de marcher vers une réalisation certaine, mais, hélas! encore bien éloignée pour le bonheur de l'humanité.

Tous ces prodiges ne s'opèrent pas cependant sans détruire de bonnes choses et sans effacer des physionomies originales. L'industrie y gagne; l'art y perd. Vous trouverez les timbres-poste dans tous les États du continent, mais désormais vous y chercherez en vain un seul de ces costumes pittoresques qui donnaient naguère à chaque contrée un aspect si charmant. Les modes françaises envahissent toute l'Europe; les crinolines gonflent jusqu'aux jupons courts des Suissesses, et, au lieu du *Ranz des vaches,* les échos des montagnes de « l'antique Helvétie » répètent les chansons grivoises que les colporteurs de Paris chantent avec accompagnement d'orgues de Barbarie, dans nos rues; — tandis que, pour la première fois, dans ces mêmes rues, les ananas se vendent à vil prix sur des charrettes ambulantes.

Les patois, ces naïves et charmantes chroniques de la langue française, passent au laminoir impitoyable de l'uniformité et s'assimilent à la langue française. Les Flamands, les Picards, les Bretons et les Marseillais s'efforcent de parler purement, et leur accent s'efface. Il n'y a plus de province; à peine reste-t-il des départements.

Il faut donc se hâter de recueillir toutes ces langues

particulières des provinces, langues dont, avant un demi-siècle, personne ne gardera plus même le souvenir, et que les archéologues et les philologues comprendront seuls, comme ils étudient et comprennent seuls aujourd'hui les manuscrits contemporains de Charlemagne.

Un poëte avignonnais, M. T. Aubanel, a compris cette vérité, et il s'est complu filialement à composer, dans sa chère langue du Midi, les derniers vers qu'elle servira sans doute à écrire.

Son volume s'appelle le *Miougrano entreduberto*, ce qui veut dire en français la *Grenade entr'ouverte*. Chose douloureuse à dire, le poëte a dû placer en regard de ses vers provençaux une traduction littérale en français; sans cela, il n'eût été compris que d'un petit nombre de ses compatriotes, *memores temporis acti*, pieux enfants qui se souviennent encore du patois natal, et qui parfois s'en servent pour échanger entre eux quelques paroles affectueuses, avec l'émotion d'orphelins qui évoquent le souvenir de leur mère.

C'est dommage! car notre langue, si pure et si universelle qu'elle soit, ne saurait exprimer comme la sienne les pensées de l'auteur du *Miougrano;* elle sied à merveille, par sa forme naïve, alerte, décidée, piquante et parfois mélancolique, à tous ces petits poëmes, d'une allure franchement méridionale.

Le volume se divise en trois parties : le *Livre d'amour*, l'*Entre-lueur* et le *Livre de la mort.*

Cette dernière partie se compose de légendes, et je ne puis résister au désir de vous en citer une, pour vous montrer ensuite la différence qui existe entre les légendes du Nord et les légendes du Midi :

LA FAIM.

La mère les coucha, mais les pauvres enfants se retournent dans la berce, et se plaignent de la faim.

— Quand mangeons-nous, ma mère, quand? Que cette fois-ci soit la vraie !

— Je vous redis que ce n'est pas l'heure; allons, faites encore un somme !

Toujours votre bouche est ouverte ; toujours, de faim, toujours vous béez! Pliez-vous dans votre couverture et taisez-vous! Pourquoi crier ainsi ?

Il faut toujours du pain ! La becquée aux oiseaux, le bon Dieu l'envoie, et toujours, ô ma pauvre nichée, tu es à l'attente du morceau.

Du pain, il n'y en a plus dans la huche, ce matin vous l'avez achevé. Jeannet, monte sur la chaise, regarde, si tu ne m'en crois pas !

Il n'y a plus rien... tiens ! Dis-le à tes frères, ils ne veulent pas me croire, ils te croiront, toi! Il est allé en chercher, votre père, et il ne rentre plus.

Quelle heure est-ce ? Neuf heures et demie? Il est bien tardif ! Où est-il allé ? Vous savez ce qu'il a dit : « Les mains vides, petits, je ne veux pas m'en revenir ! »

— Le froid, la faim, nous enveloppent ; la chambre est noire... Viendra-t-il bientôt ? Autrefois tu trempais la soupe, ô mère, au coucher du soleil ?

— Quand mangeons-nous, ma mère, quand? Que cette fois-ci soit la vraie !

— Pauvres petits, ce n'est pas l'heure encore ; taisez-vous et faites un somme !

— Quand mangeons-nous, ô mère, quand?

Les enfants sont couchés, mais ils ne peuvent pas dormir ; le sommeil, aux affamés, est bien dur à venir !

Voici le même sujet raconté par une ballade des Flandres. Je la traduis littéralement, et sans doute c'est la première fois qu'on la traduit.

LA SAINT-NICOLAS.

Ah! qu'un jour sans pain est long, mon enfant!

C'est aujourd'hui la fête de la Saint-Nicolas. Tous les petits enfants, avant de se coucher, vont, pieds nus, disposer leurs souliers dans la haute cheminée. Ils font le signe de la croix dévotement et récitent avec ferveur leurs prières avant de s'endormir.

Ah! qu'un jour sans pain est long, mon enfant!

Demain, avant l'aurore, ils s'élanceront de leurs lits, et, sans prendre le soin de se vêtir, ils courront à la cheminée pour y voir toutes les belles choses que saint Nicolas, la nuit, est venu leur apporter, en compagnie de son âne blanc, chargé de deux énormes paniers pleins de jouets et de bonbons.

Oh! qu'un jour sans pain est long, mon enfant!

Ce sont des poupées habillées par les vierges, des gâteaux pétris par les veuves, des jouets fabriqués par les anges, et des petites voitures que saint Joseph, le trois fois béni charpentier, ne dédaigne pas de façonner de ses mains.

Oh! qu'un jour sans pain est long, mon enfant!

Et toi, mon pauvret, non-seulement tu ne trouveras pas une gauffre dans notre cheminée, où il n'y a point eu de feu depuis longtemps, ni même un morceau de pain qui assouvisse la faim de ta mère, qui est veuve, et de toi, qui es orphelin.

Oh! qu'un jour sans pain est long, mon enfant!

Comme elle éclatait en sanglots, une grande lueur resplendit tout à coup dans la cheminée, et elle en vit sortir un évêque lumineux suivi d'un âne blanc. Il déposa sur les genoux de l'enfant endormi une poupée vêtue par la sainte Vierge elle-même, des pains d'anis à faire venir l'eau à la bouche, des gauffres, mille délicieuses autres choses et une bourse pleine d'or. Puis il remonta par où il était venu.

Oh ! qu'un jour pareil est doux, mon enfant !

Chrétiens, faites comme saint Nicolas. Imitez le bienheureux ; descendez en ce jour béni du 6 décembre dans le froid logis de l'indigent, donnez à l'orphelin, donnez à la veuve, et le saint évêque et les anges, et les trônes et les dominations chanteront au ciel.

Bénédictions à ceux qui font qu'il n'y a point eu aujourd'hui de longue journée sans pain !

J'en reviens à la *Grenade entr'ouverte* de M. Aubanel.

La première partie, le *Livre de l'Amour*, est un drame mélancolique, et ressemble à une confidence.

Le poëte aime une jeune fille qui a pris le voile, et le pauvre garçon pleure en se souvenant des *beaux cheveux coupés par le prêtre* (*ti long peu qu'a coupa lou preire*).

La seconde partie, l'*Entre-lueur*, montre le poëte consolé, se rattachant à la vie et se laissant aller avec bonheur aux émotions que lui inspire le spectacle de la nature. Tout lui est joie, jusqu'aux travaux des champs, voire des ateliers : lisez plutôt les *Tireuses de soie*.

Jeunes filles qui allez courir aux *votes*, vous qui aimez à danser, venez vite, venez, chéries, nous allons commencer tout à l'heure.

Ce n'est pas sous les platanes, ce n'est pas avec vos galants ; à la roue qui dévide, venez donnez le branle.

Venez ! des cocons il faut dérouler le fil ! Laissez là

l'amour en paix. La roue tourne, tourne; tant qu'elle tourne elle fait des tours.

L'eau bout, la main farfouille ; sous le balai de bruyère chaque fil se démêle; hardi si le pied vous démange.

Le pied vous démange pour la danse, et certes vous y avez bonne grâce!... Vos coiffes auront des nœuds de rubans, s'il vous démange pour le travail.

Ça monte et descend, jeunesse, sur la planchette, en chantant; plus tard, j'en fais la gageure, vous ne rirez pas tant, petites!

Ta chevelure dénouée tombe du peigne à long flots, ton fichu de tes épaules glisse et va de travers.

Tout cric, bruit et frissonne : les blonds séparés des blancs; dans l'écume des chaudières, nagent et plongent les cocons.

Dites-moi quel breuvage on vous a versé, ô jeunes filles, que sous vos fenêtres on entend si beau caquet?

La sueur sur vos visages fait perler ses gouttes; dévidez, dévidez encore, votre fil à quatre bouts.

A la corde qui pendille suspendues d'une main, pied nu, l'autre en pantoufle, vous dévideriez tout l'an!

Mes belles filles, la belle vie! cependant que vous travaillez, pour voir si vous êtes jolies, vous vous mirez de temps à autre!

Encore une fois, qui parlera dans cinquante ans cette douce langue? Qui comprendrait aujourd'hui, en France, ces jolis poëmes, si j'avais reproduit ici le texte original du noël, au lieu de la traduction?

Les dieux s'en allaient il y a dix-huit cents ans devant le Christ; aujourd'hui, ce sont les idiomes des provinces qui s'en vont devant les progrès de l'industrie!

La *Barbe-Bleue* et la *Peau-d'Ane* du moyen âge. — La *Nouvelle Flore française*, par MM. Gillet et Magne. — Le *Manuel de l'Amateur des jardins*, par M. Decaisne et Naudin, Conquêtes de la vulgarisation. — Les Fées paysannes.

11 septembre.

Cette charmante histoire de *Peau-d'Ane*, qui a fait la joie de notre enfance, n'appartient pas à Perrault tout seul. Perrault est le premier qui l'ait écrite, mais non le premier qui l'ait contée : elle existe dans tous les pays et sous toutes les formes.

Dans les Flandres, son héroïne se nomme Ogive de Luxembourg. D'une beauté merveilleuse, mariée en 1007 au comte Baudouin IV le Barbu, elle inspira un tel amour et une telle jalousie à son mari, que celui-ci, pendant qu'il tenait tête dans Valenciennes au roi de France et au duc de Normandie, voulut que sa femme ne le quittât jamais d'un moment.

Le farouche jaloux, qui servit peut-être de type à Barbe bleue, exigea que sa femme demeurât nuit et jour près de lui, accoutrée d'un vêtement en peau de sanglier et le visage caché sous la visière d'un casque. Cette visière restait toujours rabattue et fermée par un ressort dont Baudouin le Barbu connaissait seul le secret. Ogive ne pouvait en outre adresser la parole qu'à son époux et en langue zélandaise, que lui seul comprenait.

Aussi une belle nuit Ogive jeta-t-elle son casque à visière par-dessus les moulins et se sauva-t-elle de Valenciennes, en compagnie du jeune seigneur Florent de

Frise, et put-elle désormais montrer librement à tous son beau visage, et, ajoute la chronique, « deviser tant qu'il l'amusait, en telle langue chrétienne qu'il lui plaisait. »

L'histoire d'Ogive de Luxembourg et de ce vilain jaloux de Baudouin le Barbu, si proche cousin de Barbe bleue, s'il n'est Barbe bleue lui-même, comme nous le disions tout à l'heure, n'est-elle pas l'histoire de la botanique et des botanistes? De nos jours, les féroces ne la tiennent-ils pas cachée, l'aimable science, sous une nomenclature près de laquelle n'étaient rien les peaux de sanglier qui affublaient la jolie comtesse de Flandre? Ne l'obligent-ils pas à parler un jargon, mélange hétéroclyte de grec et de latin, où souvent un homme, quelque versé qu'il soit dans ces deux langues, n'est pas sûr de se reconnaître?

Enfin, la science des fleurs, lasse de ses tyrans, ne commence-t-elle point à imiter la comtesse Ogive, à tendre les bras aux vulgarisateurs, à soulever ses voiles et à laisser contempler par tous sa fraîche et poétique beauté?

Ceci est tellement vrai, que les ouvrages de botanique les plus purement scientifiques, les plus hérissés de noms impossibles à prononcer, et surtout à retenir, baissent un peu d'eux-mêmes la tête sous le joug de la vulgarisation et lui font des concessions heureuses et nombreuses.

Ainsi, par exemple, M. J.-H. Magne, professeur de botanique à l'école d'Alfort, et M. Gillet, vétérinaire principal de l'armée, qui viennent de publier chez les infatigables frères Garnier une *Nouvelle Flore française*, se sont bien gardés de borner leur ouvrage à une liste complète des familles et à leur tableau *dicotomique* (qui se divise et se subdivise de deux en deux).

Après avoir exposé les méthodes de Tournefort, le système de Linnée et les méthodes naturelles de Jussieu et de de Candole, ils donnent une table des *noms vulgaires* des plantes et une *étymologie*, ou, pour mieux dire, une traduction des expressions barbarement saugrenues inventées, usitées et consacrées par les botanistes.

Vous pouvez apprendre, par exemple, dans les trente pages en menu caractère consacrées à l'interprétation de cet étrange vocabulaire, que *anglosperme* veut dire des plantes dont le fruit a le péricarpe adhérent aux graines, et provient de deux mots grecs, dont l'un signifie vase et l'autre graine; que *décandrie*, composé de DEKA, *dix*, et ANER, *hommes*, c'est-à-dire *dix hommes* ou dix maris, désigne *une dixième classe de plantes* formée par Linnée.

Enfin, il ne faut pas tout demander en un jour. C'est déjà faire un grand pas en avant que de traduire des mots qui ont besoin d'être traduits tout à fait pour le vulgaire, et sans doute un peu aussi pour les savants. Au résumé, ceux-ci ne seront peut-être pas fâchés de comprendre eux-mêmes les expressions dont ils se servent, et de damer ainsi le pion au *Médecin malgré lui*.

Les auteurs de la *Nouvelle Flore française* ont accompagné leur volume d'*illustrations* remarquables, autre concession faite à la vulgarisation, et d'une répartition par zones des végétaux que produit la France.

On peut donc, leur livre à la main, parcourir les Alpes, la Gascogne, la Guyenne, l'Angoumois, la Saintonge, le Poitou, la Bretagne, l'Anjou, la Touraine, la Normandie, la Flandre, l'Artois, la Picardie, l'Ile-de-France, la Beauce, la Sologne, le Berry, le Nivernais, le Bourbonnais, la Marche, le Limousin, le Périgord, et toutes les autres vieilles provinces de la France; car les botanistes n'en sont encore ni aux départements ni au système métrique, et les mots de millimètres, de centimètres et de mètres leur font horreur.

Les zones florales ne sont guère plus distinctes et plus tranchées, il est vrai, entre provinces qu'entre départements, mais n'importe! On préfère le mot de *province*, qui tombe en désuétude, au mot de département, que la loi et les nouvelles idées ont adopté.

Après avoir quelque peu reproché aux auteurs les attaches surannées qui les garrottent encore à certains préjugés scientifiques qu'ils n'osent tout à fait briser, quoique ces liens soient bien usés, je les féliciterai franchement de la liste courte, nette, claire, complète, des vertus spécifiques que possèdent la plupart des plantes.

En lisant cette liste, on se demande comment on peut, soit laisser tomber en désuétude, soit ne pas expérimenter tant de ressources précieuses pour l'industrie et pour la médecine; ces dédaigneuses de nombreux trésors qu'elles foulent aux pieds, l'une par orgueil, l'autre par paresse; toutes deux parce qu'elles se tiennent agenouillées devant une fatale idole qu'on appelle la routine.

En résumé, la nouvelle *Flore française* est l'ouvrage le plus complet et le mieux traité que nous possédions jusqu'ici sur nos végétaux nationaux.

Le *Manuel de l'Amateur des jardins*, par M. Decaisne, professeur de culture aa Muséum, et M. Ch. Naudin, docteur ès sciences et aide naturaliste au même Muséum, atteste également un grand pas des auteurs vers la vulgarisation.

Je ne veux point dire qu'on comprenne tout d'abord, et sans y revenir, la première partie consacrée à l'histoire des organes élémentaires des végétaux, à leur physiologie et à leur classification.

Le professeur et le docteur ès sciences ne peuvent, on le sait, rompre complétement avec leurs habitudes didactiques ; mais ils se montrent plus à leur aise dans l'exposition des principes généraux du jardinage et des opérations de la culture pratique. Là, ils ne maudissent plus *leur grandeur qui les attache au rivage.* L'un dépouille sa robe de professeur, l'autre sa toque de docteur, et tous les deux, les manches de chemise retroussées jusqu'aux coudes, ils se mettent bravement à la besogne, et exposent clairement les travaux relatifs au sol, aux labours, aux défoncements, aux binages et aux sarclages ; ils décrivent les ustensiles et les vases qui conviennent aux jardins, ils enseignent les semis, les couchages, les boutures, les greffes, l'entretien des plantes, voire les arrosages et les bassinages.

Enfin, ils ont recours à l'*image* pour se faire mieux comprendre, et entremêlent leur texte de gravures fort jolies, ma foi, et exécutées avec un rare talent par M. Riocreux.

Néanmoins, nous attendons les auteurs à la seconde partie de leur livre, qui traitera des opérations pratiques de l'horticulture.

On peut le constater, les sciences naturelles, la botanique en tête, commencent à quitter leur sanctuaire nébuleux et à se démocratiser. Elles imitent en cela les fées du moyen âge, qui, pour épouser un pastoureau, devenaient tout bonnement de jolies paysannes, après avoir brisé la baguette qui, en les faisant immortelles, les obligeait à se cacher aux regards des hommes.

Chacun désormais pouvait les voir, et chacun, par conséquent, appréciait leurs charmes. Elles aimaient et on les aimait; enfin le moindre manant, quand elles foulaient la terre de leur petit pied, se récriait sur leur beauté. Je vous jure qu'elles ne regrettaient ni leur palais de nuage, ni leur puissance magique. N'exerçaient-elles pas le plus attrayant et le plus vrai des pouvoirs, l'amour?

Des odeurs. — Études récentes de M. Auguste Duméril, professeur au Muséum. — Opinion de Bohaerve, de Fourcroy, de Haller, de Bayle. — La clarinette et le chien. — Les papillons nocturnes. — Influence de la couleur sur les odeurs. — Les jardins de M. Lierval. — Les *canna*. — Plantes nouvelles.

8 septembre.

Qu'est-ce que les odeurs?

Cette question, depuis des siècles, a été posée à la

science. La science, jusqu'à présent, n'y a guère répondu d'une manière, je ne dirai pas à peu près satisfaisante, mais même d'une manière quelconque.

M. Auguste Duméril vient de reprendre le thème des odeurs et de faire une analyse succincte et claire — notez ces deux points-ci — des travaux de ses prédécesseurs. Enfin, il arrive à cette conclusion, sans toutefois la présenter comme une vérité établie :

Qu'il semblerait que les corps, suivant leur coloration, se comportent à l'égard des particules volatilisées des substances odorantes, comme elles le font à l'égard des ondes lumineuses. De même que ce sont les corps blancs qui renvoient avec plus d'intensité la lumière, et, au contraire, les corps noirs qui possèdent le moins cette puissance de réflexion, de même aussi les premiers semblent réfléchir très-promptement les émanations volatiles, tandis que les seconds, quoique ne s'en emparant pas avec plus d'énergie, les consacrent plus longtemps.

Boerhave attribue le parfum des fleurs à un *arome* ou *esprit recteur*.

Fourcroy démontre que « les émanations odorantes des végétaux proviennent de la plus ou moins grande volatilité de leurs métaux. »

Mais comment procède cette volatilité sans limite qui porte parfois à cinq ou six kilomètres des émanations odorantes contre l'existence desquelles la distance et le temps lui-même ne peuvent rien?

Haller ne raconte-t-il pas avoir gardé pendant plus de quarante ans une feuille de papier, qui, mise en contact seulement pendant quelques heures avec un morceau de camphre, conservait encore, dans toute son énergie et comme au premier jour, le parfum âcre de la substance résineuse?

Boyle professe que « les molécules odorantes sont mille fois plus ténues que les légers corpuscules dont on voit, à l'éclat d'un rayon de soleil, des myriades tournoyer dans l'espace ; mais il se tait sur la nature de ces molécules, invisibles même aux plus forts grossissements du microscope, d'une légèreté sans exemple, qui s'exhalent pendant un demi-siècle d'une substance sans en diminuer perceptiblement le poids, et qui n'en agissent pas moins avec une énergie extrême sur les organes olfactifs des animaux et de l'homme.

Toutefois, il faut l'avouer, les animaux sont mieux doués sous ce rapport que le roi de la création.

En effet, le chien retrouve la trace de son maître dans des lieux qu'il n'a jamais vus, et au milieu de conditions telles que son odorat seul peut le guider.

Tous les artistes belges connaissent l'histoire du chien de chasse de M. Blaes, professeur de clarinette au Conservatoire de Bruxelles et dont la réputation et le merveilleux talent sont européens.

A l'époque où les chemins de fer n'amenaient point de Bruxelles à Paris en huit heures, mais où ce voyage nécessitait deux jours et deux nuits de traversée, le maître de Bémol — ainsi se nommait le chien — résolut d'entreprendre ce grand voyage, et il arriva moulu de fatigue, fort ennuyé de se trouver dans une ville où l'on ne pouvait se procurer un verre de faro ou de lambick, et surtout privé de son chien. Il eût bien voulu, en outre, faire admirer l'intelligence rare de cette excellente bête à quelques confrères parisiens jusques auxquels était venue la réputation de gentillesse de Bémol.

Un soir que, faute de bière, il buvait une tasse de café devant la rotonde du Palais-Royal, il sentit tout à coup deux pattes se poser sur ses genoux.

C'était Bémol. Désespéré du départ de son maître et ne pouvant supporter son absence, il était venu à pattes de Bruxelles à Paris et jusqu'au Palais-Royal, sans autre guide que son admirable flair.

Et notez que le chien n'est pas le seul animal doué d'un si merveilleux odorat : les insectes eux-mêmes nous dament le pion à ce sujet.

Placez au fond d'une boîte hermétiquement close et enfermée elle-même dans trois ou quatre autres boîtes, une femelle de papillon de nuit : dès que le soleil sera couché, vous verrez cette boîte recouverte de papillons mâles à la recherche de la mystérieuse captive, dont rien ne leur révèle la présence, si ce n'est sans doute des émanations tellement subtiles qu'elles transpercent à travers les pores du bois.

Ce qu'il y a de plus curieux et de plus désespérant, c'est que la chimie et toutes les analyses qu'elle fait de substances odorantes n'arrivent à y trouver que du carbone et de l'hydrogène, en doses différentes, il est vrai.

D'où il faudrait conclure — et ce n'est pas moi, je vous l'assure, qui adopte cette conclusion, — que les âcres exhalaisons de l'huile de térébenthine et la douce odeur de l'huile de bergamote ne proviennent que de quantités différentes de deux mêmes corps.

MM. Schübler, Kœhler, de Tubingue, le docteur Starck, d'Édimbourg, et M. Auguste Duméril, pensent « qu'il existe une *relation* entre la *couleur* des corps et les *odeurs* que ces corps répandent, et que cette même couleur facilite plus ou moins l'*imprégnement* des odeurs dans les corps. »

Ils arrivent à ce résultat en démontrant que le plus grand nombre de fleurs odorantes sont blanches et que cette propriété va diminuant progressivement chez les fleurs rouges, jaunes, bleues, violettes, vertes, orangées, usqu'aux brunes, qui restent les moins richement douées en parfum.

Quant à la façon dont la couleur modifie l'imprégnement des parfums, voici ce qu'en dit M. Duméril :

Le docteur Starck, ayant observé que l'odeur d'un amphithéâtre d'anatomie restait bien plus longtemps et bien plus fortement imprégnée dans un habit de drap noir que dans un habit de drap olive qu'il portait alternativement, voulut vérifier, par la voie de l'expérimentation directe, si ce n'était là qu'un cas particulier, ou si, au contraire, les corps absorbent avec plus ou moins d'énergie les principes odoriférants selon leur coloration.

Il soumit donc à l'action du camphre, pendant six heures, dans un lieu obscur, deux petits morceaux de drap, l'un noir, l'autre blanc.

Le résultat fut que le drap noir s'était imprégné d'une odeur de camphre beaucoup plus forte que celle absorbée par le drap blanc.

L'expérience fut répétée en substituant au camphre de l'assa fœtida. Après un délai de vingt-quatre heures, des deux morceaux de drap laissés en contact avec cette substance, l'un, noir, exhalait une odeur insupportable; l'autre, blanc, était resté presque inodore. Après un très-grand nombre d'expériences faites et vérifiées avec une scrupuleuse attention, le docteur arrive à établir que l'intensité d'absorption décroît suivant les couleurs dans l'ordre suivant :

Après le noir, le bleu serait la couleur qui absorbe le plus; viendrait ensuite le vert, puis le rouge, le jaune, et enfin le blanc, qui n'absorbe presque rien.

M. Duméril pense en outre que, dans l'obscurité, des morceaux d'étoffe de différentes couleurs absorbent d'une façon égale les odeurs; mais qu'une fois exposés à la lumière, ces morceaux perdent les odeurs avec plus ou moins de rapidité, selon leurs nuances plus ou moins voisines ou plus ou moins éloignées du blanc.

Le phénomène est logique et vient à l'appui des faits admis par M. Starck.

Toutefois, en exposant ces faits à nos lecteurs, nous ne pouvons nous empêcher de nous rappeler ces paroles de Descartes : *Tout ce qui n'est pas vraisemblable est faux.*

Flore de la cathédrale de Cambrai. — Nouveaux procédés d'aciération, par M. Frémy.

15 septembre.

Cicéron, qu'on n'accusera certainement point d'une sensibilité exagérée, raconte quelque part qu'après avoir rempli l'Italie de l'éclat de son nom, il revint un jour dans sa ville natale d'Arpinum; il l'avait quittée depuis sa plus tendre enfance. Non-seulement personne ne l'y reconnut, mais encore un honnête bourgeois, devant qui le grand orateur prononça son propre nom, lui demanda si ce Cicéron-là n'était pas un marchand de légumes du pays, mort depuis plusieurs années.

C'est un peu là l'histoire de tous ceux qui visitent leur pays après une longue absence. Non-seulement personne ne les y reconnaît, mais ils n'y reconnaissent personne. Les jeunes gens d'autrefois sont des vieillards ; les jeunes filles qui faisaient battre le cœur portent le titre vénérable de grand'mères ; les rues elles-mêmes ont changé d'aspect, et le temps, la main de l'homme ou la fatalité, ont défiguré ou détruit jusqu'aux monuments.

Telle est, par exemple, la cathédrale de Cambrai, qu'a dévorée un incendie en 1859, et qui, depuis lors, attend la fermeture de sa voûte béante et la reconstruction de ses murs, qui vont s'écroulant de plus en plus.

J'ai voulu revoir ce monument, auquel se rattachent les souvenirs les plus puissants de ma jeunesse, et ce n'est pas sans émotion que je suis entré dans cette nef, maintenant à ciel ouvert, et qui se trouve transformée en un véritable champ de verdure.

Sur les débris de bois carbonisé, sur des restes d'ardoises et de tuiles entassés au milieu de l'église et formant une sorte de monticule, sous les arceaux menaçant ruine, une végétation luxuriante et sauvage jette son tapis frais et vert. Je n'y ai pas compté moins de soixante espèces de plantes. Comment sont-elles venues là ? D'où proviennent-elles ? Quelle main invisible sème et fait pousser leurs graines, développe leurs tiges, épanouit leurs fleurs et mûrit leurs fruits sur des charbons éteints qui n'ont aucune ressemblance, je vous l'assure, avec la terre végétale? Je n'en sais rien, et nul ne le sait.

Tout ce que je puis vous dire, c'est qu'il existe sur ce monticule un véritable bosquet de saules; non pas de ces grands saules qu'on étête hideusement dans le département du Nord, mais des saules pourpres, arbrisseaux de taille moyenne dont les feuilles d'un beau vert luisant couvrent de longs rameaux également luisants et d'une couleur noirâtre tendant au rouge.

Autour des saules, qui mesurent déjà plus d'un mètre, se dressent des fougères, des orties et des masses de mouron, que des bandes d'oiseaux becquètent sans relâche.

Puis viennent l'absinthe, que l'on reconnaît à ses tiges annelées, hautes, cotonneuses, à ses feuilles molles, d'un vert argenté, et à ses fleurs jaunes, disposées en petites grappes; la ciguë vénéneuse, même dans les climats du nord, et le pissenlit dent-de-lion, dont on ne connaît pas assez les propriétés météoriques.

Avant la floraison, les folioles du pissenlit se pressent contre l'involucre, qui les tient à l'abri des variations atmosphériques; mais au moment de l'épanouissement, elles se séparent les unes des autres, se dilatent et présentent au soleil un disque doré. Non-seulement chaque soir, mais encore au plus léger indice de pluie ou même d'humidité, elles se serrent et reprennent leur première position pour étaler de nouveau leur fleur au retour de l'astre ou d'un beau temps.

Elles agissent ainsi jusqu'au moment de la fécondation.

Alors la corolle de la plante se flétrit, ses fleurons tombent et l'involucre enveloppe l'ovaire, qui reste fortement fermé pour abriter les semences.

Une fois que ces dernières atteignent leur parfaite maturité, l'involucre se penche, il rabat ses folioles, affecte une forme convexe et livre passage à une jolie tête globuleuse, dont les fruits s'envolent au moindre souffle et parcourent de grandes distances.

Il ne reste plus alors dans tout l'appareil floral qu'un réceptacle nu, à surface parsemée des petites alvéoles où chaque semence se trouvait fixée par la base.

La sculpture ne pouvait laisser passer sans les imiter les feuilles profondément découpées, dentelées et légèrement arquées en crochet, du pissenlit. Aussi en retrouve-t-on souvent la forme dans les sculptures du moyen âge, sur les vitraux des temples gothiques et jusqu'au milieu de certaines parties d'ornementation de la cathédrale cambrésienne.

Outre l'emploi que l'on fait des jeunes pousses et des feuilles de *pissenlit* cuites ou crues comme alimentaires, on retire, non de la fleur, mais de la tige, qui est fistuleuse, un suc laiteux.

Voici encore le plantain avec sa fleur en épi parfumé et ses feuilles en lames de sabre; — l'éclaire, dont la tige vivace fait suinter, lorsqu'on la brise, un suc âcre, corrosif, fétide, et dont les fleurs jaunes en ombelles, et les feuilles découpées à la façon des feuilles de chêne, ont un aspect morose ; — le tussilage à larges feuilles à bords rougeâtres, le calilomack des Gaulois nos aïeux, le pas-d'âne de nos paysans. Voyez comme sa tige est cotonneuse et se dresse fièrement sur ses fortes racines traçantes! Jadis on préconisait ces dernières contre les écrouelles, autant que l'imposition des mains royales; aujourd'hui, on la laisse croître au hasard dans quelque coin inculte, où elle développe en liberté ses fleurs, et livre aux vents, qui les emportent, ses graines oblongues entourées de poils légèrement plumeux.

La giroflée sauvage, cette fille des ruines qui, du moins, se trouve à sa place dans la basilique écroulée; le cerfeuil des champs, la cressonette des jardins et différentes espèces de seneçon peuplent la partie la plus humide et la plus exposée à la pluie qui ne cesse d'inonder la nef déserte. La pariétaire, la mercuriale, qui assoupit comme l'opium, et toute la famille des graminées, l'agrostis, l'épi de vent, le foin rampant, les glumes, le blanchard velouté, l'avoine sauvage, la fenasse à chapelets, l'agrostis des chiens, l'amourette, le chiendent, la flouve odorante, la fléole, le pain d'oiseau, le gramen tremblant, la houque laineuse, le panis pied-de-coq, la queue-de-rat, l'ivraie à crête, et cent autres, se serrent, se pressent, s'enlacent, se feutrent, s'étalent, forment un gazon épais et dru, au milieu des mousses, des lichens et de toutes ces mystérieuses végétations qui empreignent leurs traces verdâtres entre les interstices des dalles, et partout où s'entr'ouvre une fissure.

Des insectes par milliers pullulent, aiment, vivent et

meurent dans cette étrange oasis de végétation jetée au milieu du désert de l'église. Les fourmis y picorent, les carabes dorés y chassent, les bêtes à bon Dieu y nichent dans les calices de certaines fleurs, et ce sont sans cesse des combats, des meurtres et des dévouements maternels.

J'ai vu, par exemple, une de ces pauvres forficules, qu'on calomnie si odieusement en les nommant *perce-oreille*, défendre jusqu'à la mort sa nichée, à peine éclose, contre une *scolopendre* aux cent pattes et aux mâchoires tranchantes. Je ne vous parle pas des araignées : elles tendent leur toiles à chaque brin d'herbe, à chaque feuille, à chaque tige, à chaque angle de mur, à chaque colonne, car aucun lieu ne fut jamais aussi favorable à ces chasseresses aux filets. Les mouches, les moucherons et toutes les petites proies volantes viennent en foule et comme à plaisir se jeter dans leurs rets.

Mais quel est cet arbuste, ou plutôt cet arbre, haut déjà d'un mètre?

Son tronc droit, bien filé, recouvert d'une écorce brune, lisse, à reflets roussâtres, se garnit à son sommet seulement de branches au feuillage épais et étalé. C'est le sycomore, ou plutôt l'érable sycomore, qui, au nord de la France, se cultive seulement dans les jardins. De quels lieux le vent a-t-il apporté et ensemencé la graine à aile membraneuse et divergente de cet arbre, qui semble avoir poussé là comme un symbole de tristesse et de deuil?

Quand la vieille église quittera-t-elle son apparence

de forêt vierge en miniature pour redevenir une maison de prières? Hélas! *qui le sait?* comme disent les Italiens.

Revenons donc bien vite à l'Académie des sciences, à laquelle M. Frémy a lu un travail sur *la production de l'acier avec des fontes françaises jusqu'ici regardées* comme *non aciéreuses*. Cette production, fort importante au point de vue industriel, et déjà pratiquée depuis quelque temps, s'opère à l'aide de quelques perfectionnements apportés à la méthode Bessemer.

L'affinage par la méthode Bessemer repose sur un courant d'air qui traverse la fonte en fusion dans une sorte de cornue en forte tôle, tapissée intérieurement par un lut réfractaire. Le courant d'air, au lieu de refroidir la fonte, l'échauffe, au contraire, par suite de la combustion des corps plus oxydables que le fer qui se trouvent dans la fonte; la disparition de ces corps se fait successivement et dans un ordre qui dépend de leur oxydabilité et de leur affinité pour le fer.

Cet affinage énergique, qui dure trente minutes, transforme la fonte en une sorte de *fer brûlé* ou *azoté*. Si on introduit dans ce fer fondu une petite quantité de fonte convenablement choisie et qui contienne des principes aciérants, on obtient immédiatement de l'acier.

Les perfectionnements dont parle M. Fremy reposent sur cette idée que « le carbone n'est pas le seul élément utile, mais que d'autres métalloïdes tels que le phosphore et l'azote y jouent un rôle important et constitutif, et qu'on était dans une fausse voie lorsqu'on voulait aciérer un fer français mal épuré ou qu'on cherchait à introduire dans ce fer un élément insuffisant, tel que le carbone. »

Quant à la méthode précise employée pour remédier à ces inconvénients, M. Fremy se contente d'en résumer les avantages, au nombre de *cinq*, soigneusement énumérés dans cinq paragraphes numérotés :

« Perfectionnant nos moyens d'épuration et faisant usage de forces aciérantes plus énergiques que les précédentes, nous sommes arrivé à produire d'une manière régulière des aciers excellents au moyen de fontes françaises qui, jusqu'à présent, n'avaient jamais été considérées comme aciéreuses.

« Nous avons produit en vingt-cinq minutes, avec une fonte française qui coûte environ 10 francs les cent kilogrammes, un acier fondu qui peut se vendre 150 francs les cent kilogrammes.

« Nous sommes parvenu également à donner de la chaleur aux fontes qui en manquaient, et à transformer en aciers excellents des fontes froides qui jusqu'à présent ne pouvaient pas être traitées dans l'appareil Bessemer. Tous ces essais ont été faits sur les fontes sortant des usines de MM. Boigues, Rambourg et Ce. »

Sans doute, par une seconde lecture, M. Fremy expliquera dans leurs moindres détails des procédés fort importants assurément, et que par conséquent on ne peut rendre trop clairs, trop complets et trop populaires.

Il est mort dimanche dernier, à Paris, un homme qui, pendant deux années et à deux reprises différentes, a causé au public parisien des émotions près desquelles les scènes les plus palpitantes ne sont rien.

Je veux parler de Charles le dompteur.

Qui ne se souvient de l'avoir vu se jouer au milieu des lions et des panthères, et lutter corps à corps avec un tigre gigantesque? Or, il ne faut pas se figurer que ces luttes fussent sans danger. Plus d'une fois j'ai entendu Charles, prêt à ouvrir la cage du tigre, me dire, pâle, mais calme : « J'y entre, mais je ne sais pas si j'en sortirai. »

J'ai pu me convaincre, du reste, que l'audace, le sang-froid, et peut-être la puissance magnétique du regard, parviennent seuls à dompter les animaux féroces, et que toutes les histoires de fleuret rougi au feu et de narcotiques qu'on a débitées à ce sujet sont de véritables contes bleus.

D'une taille élevée, d'une force herculéenne, Charles était loyal, doux, affectueux, naïf comme un enfant, et presque timide partout ailleurs qu'en présence de ses dangereux collaborateurs. Atteint d'une maladie de cœur, fatale conséquence, sans doute, de sa redoutable profession, il venait de se séparer de ses animaux qu'il adorait, et qui le lui rendaient bien, je vous l'assure.

Le métal et les végétaux. — Le métal et les infusoires. — MM. Lefebvre et Oscar de Watteville. — Naissance et mort d'un hippopotame.

15 septembre.

Les végétaux contiennent des minéraux.

Certains minéraux sont le résultat d'un travail opéré par des infusoires.

Voici deux faits scientifiques qui, malgré leur invraisemblance, n'en sont pas moins authentiques, irrécusables et démontrés par les preuves les plus rigoureusement exactes.

M. Lefebvre a communiqué, dans la dernière séance de l'Académie des sciences, un mémoire sur le métal le *rubidium*.

Le rubidium peut s'extraire des résidus de la betterave.

Un hectare de terre produit 40,000 kilogr. de betterave, qui donnent 2,350 kil. de sucre, 1,177 kilogr. de mélasse et 128 kilogr. de potasse brute.

Or, 1 kilogramme de salin contient 1 gramme 3/4 de chlorure de rubidium.

Par conséquent, 1 hectare de terre fournit 226 grammes de chlorure de rubidium.

Chaque betterave renferme donc un quarante-millionième à peu près de son poids de rubidium.

La quantité de rubidium semble croître en raison de la quantité de potasse.

De son côté, M. Oscar de Watteville a publié, dans le *Journal de l'Instruction publique*, sous le titre : *Des insectes métallurgiques*, un article d'un véritable intérêt et rempli des détails les plus curieux.

Il y raconte les merveilles des singuliers ouvriers de la nature qui élaborent le fer, encore de nos jours, dans certains lacs du nord, et qui l'ont élaboré *dans les temps*, comme dit la Bible.

La science, en effet, démontre d'une façon irrécusable que les filons des minerais de fer sont l'œuvre d'êtres microscopiques, dont on retrouve encore les traces, et parfois les cadavres, dans ces filons métallurgiques.

Ehrenberg, sir Charles Lyell et M. A. Burat n'attribuent pas à d'autre origine le minerai de fer d'alluvion exploité en France.

On nomme en Suède *lake-ore* ou *minerai de lac* un minerai de fer, tantôt en forme de gros grains ou de *perles*, tantôt en fragments appelés *bardanes*, à cause de ses contours hérissés assez semblables à la graine de la bardane. Il prend encore la forme de *rondelles* qu'on prendrait à première vue pour de petites pièces de monnaie, de *gâteaux*, et enfin de poudre fine.

Ces minerais se trouvent toujours dans le voisinage des roseaux ou sur les talus des bas-fonds des lacs les plus grands.

Leurs gisements ont de 10 à 200 mètres de longueur, de 5 à 15 mètres de largeur, et de 25 à 80 centimètres d'épaisseur.

L'extension de ces gisements, soit vers l'est, soit vers l'ouest, donne à penser que le minerai, pendant sa formation, a besoin, comme les plantes, de chaleur et des rayons du soleil.

Le *minerai de lac* existe partout dans les mêmes circonstances. Si une rivière ou un ruisseau traverse plusieurs lacs, on tient pour certain de trouver le minerai dans tout le parcours sur les fonds de sable et d'argile, et surtout aux points ou l'eau reste paisible. Car les courants violents s'opposent, par leur rapidité, à la formation du minerai en enlevant les atomes ferrugineux pour les porter et les arrêter dans des eaux plus calmes.

Jamais, dans un même cours d'eau, on ne rencontre une espèce unique de minerai; au commencement se trouve le *gunpowder-ore*, puis le *pearl-ore* et enfin le *money* et le *cake-ore*.

En 1847 et en 1849, un chimiste, profitant d'une baisse considérable opérée dans un lac de son voisinage, étudia la formation du minerai sur les bas-fonds, où il se rencontre.

Sur plusieurs endroits de ces bas-fonds, alors parfaitement visibles, se trouvaient de petites dépressions plus ou moins remplies d'eau.

Au fond de ces dépressions, dont le diamètre variait entre quinze centimètres et un mètre, on voyait s'agiter sur le minerai des infusoires de différentes tailles, les uns visibles à l'œil nu, les autres si petits que, sans une loupe, on n'aurait pu saisir leurs formes ni constater leur travail.

Tous s'occupaient à s'enfermer dans une enveloppe métallique, comme le fait la chenille dans son cocon.

Ils dessinaient la forme extérieure du cocon à l'aide d'un réseau de filaments noirs et fins; ils en construisaient la charpente en ménageant un vide au centre de cette loge.

Du centre ou il se tenait, l infusoire groupait autour de lui des filaments, des rayons d'une couleur brune, s'enfermait et se murait jusqu'à ce que son œuvre prît l'apparence d'un œuf de grenouille, sauf la couleur.

Si l'on mettait dans la main avec un peu d'eau un de

ces globules avant qu'il fût entièrement achevé, on voyait travailler le petit être; mais si l'on faisait couler l'eau doucement, tout s'écroulait en une masse plate dans laquelle de faibles mouvements restaient encore visibles pendant quelques instants.

Les infusoires ne sont pas tous de la même grosseur ; les dimensions de leur globule se proportionnent toujours aux dimensions de l'infusoire qui l'habite.

On a trouvé à la profondeur de trois décimètres un gisement qui n'était pas encore complet. Ce gisement ressemblait vaguement à une masse de fruits de ronces, d'un vert sombre. A l'aide de la loupe, on y distinguait une masse spongieuse, poreuse, d'où s'échappaient de nombreux surgeons, ce qui explique comment quelques personnes ont pu croire que le minerai de lac était une plante aquatique absorbant les sels solubles de fer que renferme l'eau, et les réduisant en grains et en perles rondes.

Le *minerai de lac* se reproduit assez facilement; on cite des lacs d'où l'on a extrait tout le minerai, et dans lesquels, vingt-six ans plus tard, une nouvelle masse formait des bancs de plusieurs décimètres d'épaisseur.

A la fin de l'automne, quand le froid gèle les lacs à sept ou huit centimètres de profondeur, on se met en quête des gisements. On perce de petits trous dans la glace, à l'endroit où l'on sait trouver des bas-fonds. Par ces trous on fait glisser une perche qu'on remue doucement, et moitié par l'ouïe, moitié par le toucher, on s'assure de l'existence du minerai.

Après quoi, on laisse là la perche, comme moyen de repère.

Lorque la glace se trouve assez forte, on creuse un nouveau trou d'un mètre de diamètre; on enfonce jusqu'au fond du lac un crible en fer, fixé à un long bâton, et un râteau, également en fer, et large de soixante centimètres.

A l'aide du râteau, on rassemble le minerai en tas ; puis, avec un instrument plus petit, armé de dents et large seulement de quinze centimètres, on charge le crible, qu'on retire plein de minerai, mais aussi de vase, de sable et d'argile.

Des laveurs, qui chargent un second crible de tous ces détritus, les lavent dans le lac en leur imprimant un mouvement rotatoire qui délaye et fait tomber la vase et le sable pour que le minerai finisse par rester pur ; enfin, on le porte au haut fourneau le plus proche.

Si le minerai abonde, un homme, suivant son degré d'habileté, peut en recueillir environ une tonne par jour.

On comprend dès lors que dans la province norvégienne de Smalant, par exemple, où le travail manque pendant la plus grande partie de l'hiver, la pêche du minerai soit devenue une occupation importante.

Il y a quelques jours, la femelle de l'hippopotame du Muséum de Paris a mis bas un petit qui n'a point tardé à mourir, comme ses frères nés les années précédentes. On ne l'avait pas laissé à la mère.

Vitesse de la lumière. — Charles le Dompteur. — Les animaux féroces en captivité. — L'éléphant et le chien.

29 septembre.

D'après un travail soumis à l'Académie des sciences par M. Léon Foucault, ce dernier pourrait déterminer la vitesse de la lumière à cinq cent mille mètres près.

Il arriverait à ce résultat à l'aide du miroir tournant et de divers appareils de réflexion.

La vitesse de la lumière serait de *deux cent quatre-vingt-dix-huit millions* de mètres par seconde.

Les calculs généralement admis la fixaient à *trois cent sept millions.*

Il y aurait donc une différence d'un trentième en moins.

Ce résultat amènerait la vérification de la parallaxe du soleil, dont se préoccupent en ce moment les astronomes, à cause du passage de Mars près de la Terre.

Il démontrerait en outre que la masse terrestre est d'un dixième plus grande qu'on ne le croit.

Descartes avait cherché à mesurer la vitesse de la lumière par des observations faites sur la lune, observations que rendit inefficaces la proximité de l'astre.

Plus tard, en étudiant les satellites de Jupiter, les astronomes évaluèrent la marche de la lumière à trois cent sept millions de mètres par seconde.

D'après ses propres observations sur les planètes Vénus, Mars et le Soleil, M. le Verrier donnait un peu plus de rapidité à cette marche.

Attendons prudemment, avant d'adopter les nouvelles données, que l'expérience en démontre infailliblement l'exactitude.

Et, en attendant, laissez-moi vous parler encore un peu de Charles le Dompteur.

L'autre jour, je vous ai annoncé sa mort par quelques mots, écrits à la hâte.

La vie de ce singulier artiste vaut qu'on y revienne, je vous l'assure, et n'est dépourvue ni d'intérêt pour la zoologie, ni surtout de drâmes pour les amateurs de ce genre d'émotions.

On ne saurait vivre au milieu des animaux les plus

redoutables, entrer dans leurs cages, jouer ou lutter avec eux, faire enfin sa passion d'un si étrange métier, sans recueillir bien des observations et sans courir bien des dangers.

Et d'abord connaissez-vous rien de plus bizarre que l'existence nomade de cet impressario, allant de ville en ville, de royaume en royaume, avec une troupe d'animaux de toute nature, enfermés dans des cages hermétiquement closes?

Le convoi n'avançait jamais qu'au pas, car une marche un peu rapide eût effrayé les farouches voyageurs et provoqué ou des dangers ou des pertes sérieuses pour leur propriétaire.

La première fois qu'en partant de Paris, Charles essaya de faire voyager ses animaux par le chemin de fer, un lion d'un grand prix éprouva une telle frayeur au bruit des machines et aux sifflements de la vapeur, qu'il tomba frappé d'apoplexie foudroyante.

Je vois encore Charles, les yeux pleins de larmes, prenant le lion dans ses bras, l'amenant à l'air, sur la gare, le soignant et le baignant d'eau froide. L'agonisant entr'ouvrit ses grands yeux verts, souleva la tête, essaya de lécher les mains de son maître, et retomba mort.

Les gros mammifères, les éléphants et les rhinocéros ne s'accommodent pas mieux des chemins de fer. S'ils résistent aux épreuves de ce genre de voyage, ils en conservent une terreur panique ou un sentiment de fureur trop souvent fatale. C'est ainsi que dans une ménagerie rivale de celle de Charles, un rhinocéros, après un voyage en chemin de fer, souleva violemment avec sa corne unique un palefrenier entré comme d'habitude dans sa loge pour la nettoyer, et le brisa contre le plafond en fer de cette loge.

Il fallait donc suivre la grande route, aller lentement et veiller constamment à ce que les chocs et les cahots ne brisassent point les planches des cages, ce qui néanmoins n'arrivait que trop souvent, en dépit des précautions les plus minutieuses.

Pour ne citer qu'un fait entre mille : un jour Charles vit tout à coup ses palefreniers prendre la fuite. Comprenant qu'il était arrivé quelque accident, il sauta à bas de son cabriolet. Une panthère venait d'égorger un cheval et se ruait sur un second. Or, on était près d'un village, et la ménagerie possédait deux panthères, l'une d'une indomptable férocité, l'autre que Charles commençait, depuis quelques jours, à dresser. Le courageux belluaire, sans hésiter une seconde et tout en sachant que, s'il avait affaire à la première panthère, c'en était fait de lui, s'élança vers la bête, acharnée à déchirer le second cheval, se laissa tomber sur elle de tout le poids de son corps, la saisit à la gorge et la maintint jusqu'au moment où un palefrenier, moins épouvanté que les autres, se décidât à venir l'aider à garrotter la fugitive, presque étouffée, et à la réintégrer dans sa cage.

Une fois, à Paris, aux Champs-Élysées, Charles voulait faire *travailler*, — c'est le mot consacré, — une chèvre savante au milieu de trois hyènes, de cinq panthères, de deux pumas et d'une lionne. Or cette lionne, nommée Saïda, se montrait si douce et si docile, que les palefreniers ne prenaient aucune précaution en entrant dans sa cage, et que même, la plupart du temps, ils en laissaient les portes ouvertes sans que la lionne songeât à s'échapper. La veille précisément des débuts de la chèvre, Saïda, avec l'adresse silencieuse de l'espèce féline, se glissa hors de la loge. Enivrée par l'air et la liberté, elle se rua sur la pauvre chèvre, qui broutait paisiblement attachée à un poteau, l'étrangla et se mit à la dévorer. Quand on tentait d'approcher d'elle, elle se dressait sur ses pattes de derrière et rugissait en montrant sa gueule béante et ses dents terribles. Charles, averti à la hâte, marcha gravement vers la lionne, et sans autre arme qu'une planche assez faible, qui se trouvait là, il ordonna à Saïda de rentrer dans sa prison. Celle-ci, désobéissant pour la première fois à son maître, résista et devint plus que jamais menaçante.

Charles, calme, continua à s'avancer sans se hâter vers la révoltée, la saisit par le cou, et, tenant toujours attaché sur elle son regard magnétique, la ramena dans la ménagerie.

Une autre fois, c'était en Suisse; Charles venait de se séparer de son associé, et un Italien, attaché au service de la ménagerie, osa le remplacer dans les exercices des représentations. Il donna sans encombre à manger aux hyènes, il pénétra impunément dans la cage des lions, qui lui obéirent. Enivré de ses succès, malgré les sollicitations de ses amis, il voulut tenter la même épreuve chez le tigre. Celui-ci le laissa entrer;

mais, quand il eut reconnu qu'il avait affaire à un étranger, il se rua sur lui, lui déchira la poitrine, le tint renversé sous ses pattes, et ne le lâcha qu'à demi-mort.

Pareille aventure était arrivée peu de temps auparavant à Charles, qui ne s'en tira que grâce à son sang-froid et à son courage.

Un jour, le tigre, par un mouvement brusque, se plaça entre le dompteur et la porte de la loge, s'assit devant cette seule issue, et prit une attitude menaçante. Des cris d'épouvante s'élevèrent de toutes parts. Charles invita les spectateurs à garder le silence et ordonna à un des cornacs de frapper à travers les grilles, avec une barre de fer, le tigre, que la douleur fit bondir. Charles profita de ce bond rapide pour ouvrir la porte et sortir.

Le lendemain, il recommençait à lutter avec le révolté, et il le faisait humblement se coucher à ses pieds.

Grâce à Dieu, tous les épisodes de la ménagerie ne présentaient point ce caractère émouvant, et les animaux qui la composaient indemnisaient largement leur maître de leurs rares insurrections par une tendresse passionnée.

Charles était sujet à des accès de nostalgie, et quand le souvenir de son pays natal, quand surtout la pensée de sa mère, qu'il adorait, lui rendaient trop douloureuse l'absence, il quittait tout et partait pour le département de la Meuse et pour sa chère petite ville de Gondrecourt, revoyait l'une, embrassait l'autre, et retournait bien vite à sa ménagerie.

Dans le dernier séjour qu'il fit à Milan, le mal de la famille et du pays le prit ; il partit donc et revint après un mois. Sa première pensée fut de courir à la ménagerie, dans laquelle il se précipita en criant de sa voix forte : « Eh ! les enfants ! » Aussitôt tous les animaux répondirent à cet appel et prodiguèrent à celui qu'ils n'avaient point vu depuis si longtemps les témoignages les plus tendres d'affection. Il fallut qu'il caressât chacun d'eux l'un après l'autre ; le tigre lui-même se coucha le long de ses barreaux, lui lécha les mains et lui présenta sa tête pour qu'il la lui baisât.

Quant à l'éléphant, miss Betzy, elle ne se contenta pas de si peu ; elle passa sans façon sa trompe sous le bras de Charles, et ne consentit à le quitter qu'après lui avoir souhaité à sa manière une bonne venue.

Miss Betzy, du reste, était d'une nature affectueuse, et même jalouse. Éprise d'affection pour un bouledogue, elle ne souffrait pas qu'il s'éloignât d'elle, même pendant une minute. Il faut ajouter qu'elle lui prodiguait les soins les plus assidus, qu'elle picorait partout, jusque dans les cages des carnassiers, au grand péril de sa trompe, des morceaux de viande destinés à son ami, et qu'elle se couchait en ouvrant la bouche pour qu'il pût y prendre ces bons lopins. Elle poussait la complaisance jusqu'à décrocher un seau, le remplir d'eau et le présenter au chien quand celui-ci témoignait de la soif. Mais il ne fallait pas qu'il s'éloignât d'un pas, car alors miss Betzy poussait des hurlements et ne s'apaisait qu'au retour de son ami.

Charles, qui parlait l'allemand avec une grande pureté, a laissé, écrits dans cette langue, des mémoires, ou plutôt des notes qui présentent beaucoup d'intérêt.

Quant aux souvenirs que je viens d'évoquer, il me les a la plupart rappelés lui-même à son lit de mort, en m'entretenant de son projet d'aller bientôt visiter sa chère ménagerie, qui se trouve maintenant à Francfort.

OCTOBRE

Un mot d'une femme d'esprit. — Les trésors des musées. — Le Muséum d'histoire naturelle. — Les *atèles*. — Pierrot et Pierrette. — L'atèle du Muséum. — Le lynx. — Le loup-cervier. — Les serres. — L'aquarium. — La *Victoria regia*. — Les fourmis de la Guyane.

1er octobre.

« On peut, en quelque sorte, faire le tour du monde sans sortir de Paris, » écrivait madame de Girardin dans ses causeries du vicomte de Launay.

Elle avait raison de s'exprimer ainsi, car Paris possède tant de merveilles exotiques, que l'existence entière d'une personne ne suffirait assurément pas à visiter et étudier chacune d'elles.

D'autant plus que, tous les jours, le nombre de ces tributs ou de ces conquêtes provenant de l'étranger va sans cesse augmentant. Le *Musée du Louvre* en regorge, malgré les quinze kilomètres de circuit qu'il représente ; le *Musée de Cluny* ne sait où loger ses nouvelles acquisitions ; le *Musée d'artillerie* se trouve à l'étroit; le *Conservatoire des Arts et Métiers* manque de place; le *Muséum d'histoire naturelle* entasse les uns sur les autres ses trésors arrivant de tous les points du globe.

Ne serait-il pas bien curieux de connaître un peu tant de merveilles inconnues? d'apprendre comment tel objet a été miraculeusement découvert? comment tel autre, longtemps dédaigné, a fini par prendre la plus belle place d'honneur et par faire l'admiration générale? Les inventions humaines, les mœurs des plantes et des animaux provenant des pays lointains, la comparaison de ces mœurs avec leurs congénères européens, tout cela n'est-il pas plus curieux que le spectacle le plus curieux?

Tenez, par exemple, entrez au Muséum, dans la galerie des singes, et voyez-y ce quadrumane originaire du Brésil, au pelage noir et à la face cuivrée. Sa longue queue se termine par un véritable doigt; son corps, fort exigu, forme avec cette queue, ses jambes, ses bras et sa petite tête, un contraste bizarre qui lui donne, au premier coup d'œil, de la ressemblance avec une gigantesque araignée.

Les *atèles*, — c'est ainsi que se nomme ce singe, — sont fort intelligents et fort doux; ils vivent en grandes troupes et se prêtent un mutuel secours. Au sein des forêts, où les hommes ne les inquiètent pas, s'ils rencontrent un de ces derniers, ils sautent de branche en branche pour s'approcher de lui, le considèrent attentivement et l'agacent en lui jetant de petites branches, des fruits, des morceaux d'écorce ou du sable. Si l'on blesse l'un d'eux d'un coup de fusil, tous fuient au plus haut sommet des arbres en poussant des cris lamentables; le blessé porte ses doigts à sa plaie et regarde couler son sang; puis, quand il se sent près de sa fin, il entortille sa queue autour d'une branche, et reste suspendu à l'arbre après sa mort.

Éminemment bien conformés pour vivre sur les arbres, les atèles ne descendent jamais à terre; s'ils s'y trouvent par accident, ils y marchent avec beaucoup de difficulté et de maladresse. Pour cela, ils posent leurs mains fermées sur le sol, puis ils tirent leur corps après eux tout d'une pièce, absolument comme font les culs-de-jatte. Leur voix consiste en un petit sifflement doux et flûté qui rappelle le gazouillement des oiseaux.

Un chirurgien célèbre de nos amis, qui habite dans les environs de Paris une maison de campagne entourée d'un grand parc, possède depuis sept ans deux atèles, mâle et femelle.

Ces animaux vivent en complète liberté. Quand le temps le permet, ils sautent d'arbre en arbre sans jamais causer le moindre dégât; leurs plus grands excès consistent à cueillir des fruits dans lesquels ils ne mordent qu'une bouchée, et qu'ils rejettent ensuite pour en prendre d'autres. Frileux à l'excès, au moindre abaissement de température, à la première goutte de pluie, ils rentrent dans une petite pièce qui leur est affectée, située en plein midi et chauffée par un calorifère pendant presque toute l'année.

Pierrot et Pierrette, — ce sont leurs noms, — se montrent constamment doux et familiers. La plupart du temps ils se tiennent dans le salon, au milieu de la famille de leur maître.

Pierrot affectionne beaucoup un coin de la cheminée recouvert d'un velours épais. Une fois en possession de sa place favorite, il replie sous lui ses longs bras et ses longues jambes, s'enveloppe de sa grande queue, recouvre de ses mains ses yeux, et ne tarde pas à s'endormir profondément.

Pierrette, au contraire, s'assied près des deux jeunes filles de mon ami ; elle semble trouver un vif intérêt à leurs travaux de broderie et de couture, leur prend souvent des mains l'ouvrage qu'elles confectionnent, l'examine avec une grande attention, et le remet ensuite sur leurs genoux. Le mouvement de l'aiguille qui va et vient sans cesse, entraînant après elle un long fil toujours en mouvement, est constamment pour elle un objet d'admiration. Elle le suit du regard par un mouvement continu de la tête et des yeux ; de temps en temps, elle le prend délicatement du bout du doigt placé à l'extrémité de sa longue queue, et s'amuse beaucoup des tiraillements que le fil exerce sur ce doigt, à demi-fermé en manière de crochet. Mais il ne faut pas que le fil se casse ! Pierrette alors se fâche tout de bon : elle grogne, elle boude, elle saute à bas de la table et va se réfugier sur la cheminée, près de Pierrot, où elle prend la même attitude que lui.

Mais sa rancune ne dure pas longtemps ; l'ennui la saisit bientôt ; elle regarde, à travers ses doigts entr'ouverts et qui feignent de cacher ses yeux, ce qui se passe sur la table ; si l'une des jeunes filles la rappelle, elle résiste quelques instants, se fait prier et finit par revenir enfin, moitié boudeuse et moitié réconciliée, s'asseoir de nouveau sur la table.

Un autre de ses divertissements consiste à se suspendre par sa longue queue au lustre du salon et à rester pendant des heures entières dans cette attitude, la tête en bas et les bras étendus.

Pierrot, d'ordinaire, se place à côté d'elle. Si quelqu'un vient à passer, son chapeau sur la tête, au-dessous du lustre, il peut tenir pour certain qu'il sera décoiffé avec une prestesse sans égale et que son chapeau ira figurer, aussi près que possible du plafond, sur la bougie la plus élevée.

Le mystifié se fâche-t-il? Pierrot et Pierrette se hissent hors de la portée de ses coups, lui montrent, en grimaçant, leurs dents blanches et font entendre une sorte de grognement sourd, qui semble sortir de la gorge avec une expression fort voisine de la goguenardise.

Au rebours, prend-on en bonne part la plaisanterie? Pierrot et Pierrette ne tardent point à décrocher le chapeau, et, le tenant chacun d'une main, à le présenter à celui à qui ils l'ont dérobé; mais, quand celui-ci croit le reprendre, ils le retirent brusquement et s'amusent de la déconvenue qu'éprouve leur victime. Ils finissent néanmoins par le rendre à son propriétaire et par lui demander pardon de leur espièglerie, en lui prodiguant toutes sortes de caresses.

L'année dernière, Pierrot tomba du haut d'un arbre et se blessa assez grièvement aux deux pattes de derrière.

Pierrette le rapporta sur son dos avec toutes sortes de précautions et en jetant des cris lamentables. Arrivée au logis, toujours son fardeau vivant sur les épaules, elle chercha, de chambre en chambre, son maître qui, je vous l'ai dit, est chirurgien ; et, quand elle le rencontra enfin, elle déposa Pierrot sur les genoux du docteur.

Tandis que celui-ci examinait la double blessure, la lavait et la pansait convenablement, Pierrot, pâle sous son pelage noir et jetant par intervalle de petits cris, attachait sur son maître des regards effarés; Pierrette suivait l'opération avec une incontestable anxiété.

Le pansement fini, elle rechargea de nouveau son mari sur son dos et l'installa dans le salon sur un canapé, qu'elle recouvrit de tous les coussins qu'elle put rassembler. Pierrot dormait-il? elle frappait avec colère ceux qui faisaient quelque bruit de nature à réveiller le malade. Pierrot se plaignait-il ? elle courait près de lui, lui apportait à boire dans une tasse, lui offrait les fruits qu'elle avait cueillis dans le jardin sans y mettre la dent, et le transportait là où il voulait être transporté. Quoique d'une nature impatiente, nerveuse, et toujours prête à répondre par une tape à ceux qui lui causaient la moindre contradiction, et à Pierrot lui-même quand il jouissait d'une bonne santé, elle supportait avec une longanimité à toute épreuve, les caprices et les exigences du convalescent.

Enfin, le grand jour de la guérison arriva ; le docteur enleva les bandelettes qui recouvraient les blessures cicatrisées de Pierrot, et déclara qu'il n'en était plus désormais besoin ; Pierrette examina longuement et soigneusement les pattes guéries, et confirma par un grognement de satisfaction la décision du médecin, et s'élança sur un arbre en appelant après elle Pierrot.

Celui-ci, d'abord, essaya ses forces avec défiance, et, après quelques tâtonnements, sauta tout à coup d'un seul bond, par la fenêtre, du canapé sur l'arbre où l'attendait son épouse dévouée.

J'ai encore vu hier Pierrot et Pierrette, et je les tiens pour les deux singes les plus curieux qui soient en Europe.

Hélas! l'atèle du Muséum est loin de jouir de la liberté et du bonheur de ses deux heureux congénères! Sa cage étroite ne lui permet ni de bondir ni même de courir.

Hissé sur une branche d'arbre desséchée et qu'on lui a donnée par commisération, il ne respire jamais d'autre air que l'atmosphère lourde de la prison qu'on appelle ironiquement le *palais des singes*, palais que l'architecte semble s'être appliqué à rendre aussi malsain et aussi incommode que possible.

Du *palais des singes*, puisque palais il y a, passons, s'il vous plaît, à la ménagerie des animaux féroces.

Regardez ce bel animal dont vous connaissez la riche fourrure, car la mode l'a placée et étalée cet hiver sur les épaules des cochers et des laquais de grandes maisons.

C'est le loup-cervier, auquel les naturalistes donnent encore le nom de *felix-lynx*. Les Suédois, en outre, l'appellent *varguelue ;* les Danois, *los;* les Norvégiens, *goupe;* les Russes, *zays;* les Tartares, *sylausin;* les Géorgiens, *potzchori*, et enfin les Polonais, *zysostrowids*.

Le hasard m'a valu d'assister à l'arrivée, au Muséum, de ce bel animal. On introduisit dans la galerie de bêtes féroces la cage de fer, solide et étroite, qui contenait le sauvage voyageur, arrivant en droite ligne de la Pologne. On plaça, à grands renforts de bras, cette cage dans une des grandes loges que l'on referma ; enfin à l'aide d'une sorte de crochet, on fit glisser dans sa rainure le panneau supérieur de la petite maison portative.

La cage ouverte, le loup-cervier, intimidé par tous ces préliminaires, resta pendant quelques secondes au fond de la caisse où il avait passé tant de jours et tant de nuits, tantôt secoué par les cahots d'une voiture, tantôt rapidement entraîné par la locomotive d'un chemin de fer, dont la marche étrange et les sifflements fantastiques ressemblaient si peu au calme dont il jouissait dans les forêts.

Il finit par se dresser doucement sur ses pattes, souleva sa jolie tête fauve, surmontée de deux longues oreilles ornées de pinceaux de poils noirs, s'étira, montra la collerette blanche qui s'étend depuis son menton jusque bien au-dessous de sa poitrine, et par un mouvement souple et rapide, s'élança tout à coup de la cage de fer à l'autre extrémité de la loge.

D'abord il se coucha, presque rampant, contre la cloison, et il attacha sur les gardiens et sur les deux ou trois personnes qui se trouvaient là son regard verdâtre empreint d'une expression à la fois sauvage et mélancolique.

Puis il se livra à deux ou trois bonds extravagants et se mit à interroger toutes les parties de sa nouvelle habitation. Après quoi il se coucha tout de son long, bâilla et commença à lisser son beau pelage parsemé de lignes d'un noir encore incertain, mais que l'âge accusera davantage.

Le loup-cervier a été la terreur de nos aïeux. Autrefois, on le rencontrait fréquemment en France et en Allemagne où, malgré sa beauté, il jouissait d'un renom sinistre.

Il suivait, disait-on, les voyageurs égarés, les fascinait de ses regards magnétiques, les rendait muets et, sans bouger de place, les attirait jusque sous ses ongles aigus pour les mettre en pièces et les dévorer.

Le loup-cervier (*felix-lynx*) ne s'en prend jamais à l'homme.

En revanche, il attaque parfois des animaux de grande taille : des élans, des rennes, des cerfs et des chevreuils ; il saute du haut d'un arbre sur leurs épaules, s'y cramponne avec ses ongles, et ne lâche prise qu'après avoir abattu sa proie en lui brisant la première vertèbre du cou. Il lui fait ensuite un trou derrière le crâne, et, par cette ouverture, lui suce la cervelle à l'aide de sa langue hérisée de petites épines.

Toutefois, il ne chasse d'ordinaire que les chats sauvages, les martres, les écureuils et les oiseaux; c'est enfin un grand ravageur d'hermines, de lièvres, de lapins et de perdrix.

Le loup-cervier, pris jeune, s'apprivoise avec une grande facilité, et contracte les habitudes de nos chats domestiques.

En 1830, une dame polonaise vint demander asile à

la France, et emmena avec elle un loup-cervier. Elle l'avait trouvé dans le creux d'un arbre, un jour de chasse, et l'avait élevé avec beaucoup de soins. Aussi le zysostrowids ne quittait-il jamais sa maîtresse. En campagne, il montait en croupe sur le cheval de l'héroïque jeune femme. A Paris, dans le petit hôtel qu'elle avait acheté au bout de l'île Saint-Louis, il se tenait presque toujours couché à ses pieds. Gai, alerte, d'une mansuétude inaltérable, il donnait des soins extrêmes à sa toilette, lissait plusieurs fois par jour sa robe, et, à l'heure des repas, s'asseyait sur un fauteuil pour recevoir de la belle exilée les viandes cuites qu'elle ne dédaignait point de lui offrir de ses mains, d'une perfection merveilleuse. Bien des fois, j'ai été témoin de la délicatesse avec laquelle le loup-cervier prenait du bout de ses lèvres roses les morceaux que lui présentait sa maîtresse.

Il savait, en outre, distinguer les amis de la maison, et venait au-devant d'eux en faisant le gros dos, pour solliciter leurs caresses. Lorsqu'on passait la main sur sa fourrure, un grave ronron, qui rappelait celui du chat, formait une sorte de basse étrange à ses miaulements affectueux. Il se mettait rarement en colère, mais alors sa voix prenait une expression effrayante, et il poussait des hurlements semsables à ceux des loups.

Ses passe-temps ordinaires consistaient en promenades dans le petit parc de l'hôtel. Il escaladait, avec une légèreté d'oiseau, les murs tapissés de lierres et de vignes; sautait en deux ou trois bonds sur un grand arbre qui dominait le jardin, et ne dédaignait pas de saisir les moineaux assez imprudents pour ne pas prendre la fuite dès qu'apparaissait à la porte du salon la grosse tête ronde du loup-cervier.

Quelque emporté qu'il fût dans ses jeux ou dans sa chasse, au moindre ordre de sa maîtresse, il revenait se coucher à ses pieds avec une soumission qu'on est loin de trouver toujours chez nos chats domestiques.

La cinquième année de son séjour à Paris, il fut pris d'une angine et succomba, en quelques heures, aux pieds de sa maîtresse désolée.

C'est également d'une angine, et en quelques heures, que vient de mourir le guépard que possédait la ménagerie du Muséum. Cette panthère à pattes de chien se montrait presque aussi douce et presque aussi caressante que le loup-cervier de la comtesse polonaise.

Voulez-vous, maintenant, entrer dans les serres chaudes et vous accoter sur les bords de l'aquarium? Nous passerons ainsi du règne animal au règne végétal.

Cet aquarium, qui a environ treize mètres, et auquel on a donné la forme d'un parallélogramme à faces inégales, se compose d'un bassin en pierres reliées entre elles par du ciment romain, et de bords en ardoises qu'unissent des agrafes de cuivre. Au centre il jauge un mètre. Le long du pourtour règne une galerie d'environ soixante centimètres, qui s'élève par une pente insensible et finit par ne plus conserver qu'une hauteur de trente-cinq centimètres.

A la partie moyenne et inférieure du bassin, s'ouvrent six tuyaux de fonte, d'un diamètre de douze centimètres, et que parcourt une colonne d'eau chaude destinée à élever la température du milieu où doivent vivre les plantes. On fait usage du système à chaudière conique.

L'eau, après avoir donné le degré convenable au bassin, retombe dans la chaudière, où de nouveau chauffée elle revient dans les tuyaux.

On doit maintenir l'eau de l'aquarium à une température constante de vingt-cinq à vingt-six degrés.

L'expérience a démontré qu'une température plus élevée ne devenait nécessaire que dans le cas où les conferves, cette terreur des horticulteurs, se formeraient en trop grande abondance. Alors on chauffe à trente degrés et l'on détruit ces êtres mystérieux, moitié plantes et moitié insectes.

On combat, en outre, les conferves d'une façon plus efficace encore en mettant dans l'aquarium des cyprins dorés, qui contre-balancent l'action des plantes sur l'eau d'une part, et qui, de l'autre détruisent une grande quantité de conferves.

Au Muséum, on fait usage d'un mélange d'eau de Seine et du canal de l'Ourcq ; d'abord on avait adopté l'emploi exclusif de l'eau de pluie ; plus tard, on essaya de mêler à cette eau une faible quantité d'eau de Seine ; peu à peu on arriva, sans que les plantes en souffrissent, à supprimer complétement l'eau de pluie.

On avait mis dans l'aquarium des terres provenant des îlots de la Seine. Trop compactes, on les remplaça par de la terre sablonneuse prise à Massy, qu'on mélangea à du charbon pilé pour l'assainir, et qu'on recouvrit de quelque couches de terre franche mélangée de gros silex ; après quoi on étendit sur le tout une couche de bruyère. Quelques monticules dressés çà et là favorisent la pousse des jeunes plantes.

La température de l'air de la serre doit être maintenue entre vingt et vingt-cinq degrés. Le système employé permet de chauffer à volonté et séparément la serre et le bassin, ou de les chauffer tous les deux à la fois.

C'est là que fleurissent les plantes exotiques les plus rares et les plus belles : la *canne* qui produit le sucre; la *nymphæa cœrulea*, qui vient du Nil; le *scutifolia*, originaire de l'Afrique australe; la *stellata*, qu'on rencontre dans les eaux de l'Asie tropicale; l'*euryale ferox*, originaire du Népaul; la *neptunia oleracea*, cette sensitive des eaux, dont, au moindre choc, les folioles se rapprochent les unes des autres, sans toutefois se fermer complétement, et autour des tiges de laquelle se forme une sorte de liége qui traverse les racines, et rend la plante assez légère pour qu'elle flotte à la surface de l'eau.

Le *nelumbium speciosum*, lotus des anciens, pousse à côté des fougères aquatiques de la Guyane; enfin, dans un coin, sous l'eau, en cherchant un peu, on découvre, tout à fait submergée, la vallisnère.

Au milieu de l'aquarium règne, sans conteste, la *Victoria regia*.

La *Victoria regia*, dont je vous ai déjà parlé plusieurs fois, provient de l'Amérique méridionale. Quand Haenke la découvrit, il tomba à genoux devant cette merveille de la création.

Les feuilles de la *Victoria* ne mesurent pas moins d'un

mètre quinze centimètres. On en a même vu au jardin de Kiew et dans l'établissement de Veitch, à Chelsea, qui atteignaient deux mètres et même plus de diamètre.

Enfin, en 1845, dans l'Amérique méridionale, au milieu du lac Yacouna, près de Santa-Anna Bridge, Haenke en trouva qui mesuraient de trois à quatre mètres; il ne put en charger à la fois que deux sur son bâteau.

La fleur de la *Victoria* exhale un parfum qui rappelle la tubéreuse; elle fleurit la nuit, reste éclose jusqu'à dix ou onze heures du matin, se rouvre et se referme deux fois encore, pour ne plus se montrer, et disparaît sous l'eau, où elle produit un fruit gros comme la tête d'un enfant de quatre ans.

Des fleurs de la serre passons à ses habitânts.

Il y a au Jardin des Plantes trois sortes de souverains : les professeurs, qui gouvernent officiellement; les moineaux, qui règnent despotiquement, et les insectes, qui exercent leur pouvoir occulte.

Je ne vous dirai rien aujourd'hui ni des professeurs, ni des moineaux ; je ne parlerai que des insectes.

Quand fut construite la serre-chaude dont il s'agit, les insectes ne tardèrent point à s'emparer de cette vaste salle, constamment chauffée à haute température par un air humide, et remplie de plantes de toute nature. Comme les pots leur offraient mille asiles divers, plus commodes, plus sûrs les uns que les autres, et parfaitement appropriés à leurs habitudes et à leurs besoins, le cloporte y pullulait, le perce-oreille y couvait et y menait à la picorée ses petits; on y trouvait des chenilles sur chaque feuille; le grillon y chantait de sa voix aiguë; les fourmis de diverses sortes y foisonnaient littéralement, depuis la grosse espèce des bois jusqu'à la petite espèce qui se creuse des souterrains, le grillon lui-même y traçait ses mines souterraines.

Les jardiniers avaient beau lutter et combattre, la victoire restait toujours à leurs ennemis. On en détruisait des milliers, il en reparaissait des millions.

Un jour, il arriva de la Guyane je ne sais quelle plante dont les racines se trouvaient entourées de la terre natale et soigneusement empotées dans une petite caisse de bois.

On la plaça dans la serre de l'aquarium.

Un mois après, il ne restait plus un seul des innombrables insectes impatronisés dans cette serre. Ils étaient remplacés par une armée de fourmis rouges à peine visibles, dont les dernières pattes étaient plus longues que celles de leurs congénères d'Europe, et que les naturalistes nomment, je crois, *formica gracilescens.*

Aujourd'hui, ces fourmis de la Guyane sont tellement multipliées, qu'on ne peut lever un pot de fleurs sans y voir des milliers de ces insectes, semblables à une poussière vivante, qui s'agite et tourbillonne.

Malheur à ceux que ces fourmis blessent, car leur piqûre cause presque autant de douleur que l'aiguillon d'une abeille. En vain on a souvent recours à des fumigations de feuilles de tabac; on étouffe des peuplades de fourmis, mais on ne peut détruire leur race sans cesse renaissante.

Du reste, il est curieux de voir ces petits êtres exercent une véritable souveraineté dans la serre qu'ils ont conquise.

Les unes creusent, sous les racines même les plus inaccessibles, leurs galeries souterraines et y élèvent leurs larves; les autres vont à la chasse, et j'en ai remarqué qui, de feuille en feuille, gagnaient jusqu'au milieu de l'aquarium et y cherchaient des aliments qu'elles rapportaient au logis commun.

En moins d'un quart d'heure, ces fourmis, grandes d'un millimètre, menaient à fin un voyage de douze à treize mètres; encore revenaient-elles souvent en portant dans leur mandibules un fardeau deux ou trois fois plus lourd qu'elles.

Les seuls insectes que souffrent et que ne mettent pas à mort les fourmis de la Guyane sont les pucerons. On sait que le puceron, hérissé de sortes de mamelles qui sécrètent une matière sucrée, sert à la fois de vache et de brebis aux fourmis.

Celles-ci les soignent, les parquent, les mènent aux pâturages et veillent, non-seulement à ce qu'ils ne manquent pas de nourriture, mais encore à ce que cette nourriture soit abondante et de nature à produire le plus possible de matière sucrée. A chaque instant, des fourmis transportent leurs pucerons à des hauteurs prodigieuses, placent chacun de leurs bestiaux à l'endroit le plus sain, le plus frais et le plus succulent d'une feuille, et veillent sur le troupeau comme des pâtres attentifs et intelligents.

Quand les fourmis se trouvent en trop grand nombre dans la serre de l'aquarium, elles émigrent. Le soir, après le départ des jardiniers, elles se forment en colonnes larges d'un demi-pied et longues souvent de sept ou huit.

Puis elles se glissent sous les portes, gagnent une autre serre, livrent bataille aux insectes de toute nature qui s'y trouvent et n'épargnent rien, excepté les pucerons.

Si la température extérieure des jardins du Muséum n'était pas trop rigoureuse pour ces conquérants, avant peu d'années elles envahiraient en entier l'immense parc et elles en feraient disparaître toute autre espèce d'insecte.

Vous le voyez, sans soulever les yeux de dessus ce livre, vous avez vu passer sous vos yeux des animaux et des plantes de presque tous les pays du monde.

Où l'on verra que les journaux de médecine contiennent des drames, des nouvelles et des légendes fantastiques. — La douleur vaincue. — Les anesthésiques. — L'éther. — Le chloroforme. — L'acide carbonique. — La morphine et le caustique de Vienne. — Le haschisch. — Les thériaki. — La sultane des *Mille et un Jours*. — La canne d'un académicien. — Moyen de reconnaître si un œuf produira une poule ou un coq.

9 octobre.

Chaque colonne des journaux de médecine contient presque infailliblement, dans une langue de convention, comme la langue sacrée des Chinois et intelligible seulement pour les adeptes, des histoires dites avec un sérieux de matassin à se tenir les côtes, ou des drames racontés gravement, doctoralement, sentencieusement, savamment, et que leur forme impassible rend encore plus terribles. Depuis trois mois, par exemple, ces journaux regorgent de discussions sans fin sur la fièvre puerpérale ; or il en résulte que les plus célèbres et les plus savants ignorent jusqu'au premier mot des causes et des remèdes de cette épidémie, de cette contagion ou de cette maladie, non épidémique et non contagieuse. Tant d'interminables disputes, tant de formidables chocs, n'ont pas même produit une étincelle de lumière !

On s'est *pris de bec*, passez-moi cette expression, qui peut seule bien faire comprendre ce qui s'est passé *in docto corpore;* on a débité des phrases ronflantes et savantes, en grec et en latin, on s'est critiqué l'un et l'autre, on a même plaisanté et ri. — Plaisanter et rire d'un fléau et de pareille ignorance! — Mais, du reste, la question n'a pas fait un pas, point un seul! On en est resté au sacramentel : *et voilà pourquoi votre fille est muette!* de Molière. Le tout *ad minorem medicinæ gloriam.*

Ceci est de la haute comédie : voici un drame des plus émouvants :

Une jeune femme de vingt-trois ans, d'un caractère doux et tranquille, entre à la Charité dans les premiers jours d'avril. Mère depuis six semaines, elle avait vu, un soir, son mari, d'ordinaire laborieux et bon, rentrer chez elle furieux et dans une effroyable ivresse. C'était le résultat d'une plaisanterie de ses camarades d'atelier, fatigués de l'entendre appeler le sobre et le travailleur. L'ivrogne blasphème, crie, menace, frappe, et le lendemain la pauvre femme est séparée de son enfant à la mamelle et amenée à l'hôpital, atteinte de chorée ou de danse de Saint-Guy, comme on dit vulgairement, la mémoire troublée, presque folle et en proie à des hallucinations.

La nuit, son sommeil s'interrompt à chaque instant par des mouvements involontaires et des soubresauts. Elle qui jamais ne rêvait autrefois, a maintenant des rêves qu'elle décrit avec beaucoup de précision, et pendant lesquels elle éprouve des hallucinations de la vue elle voit distinctement sa petite fille qui se tue en tombant d'un lieu élevé; elle se voit attachée par les pieds, pendue ou poursuivie par son père, qui la menace d'un bâton. Ces rêves disparaissent en général dès que la malade se réveille, mais le soir, au moment de s'endormir, il lui suffit de fermer les yeux pour voir autour d'elle dans la salle, sur son lit, des animaux de toute espèce, des chats, des chiens, des lapins, qui lui causent une vive frayeur; aussi prend-elle la précaution de fermer chaque soir exactement ses rideaux.

Grâce à Dieu, après un long traitement, les fatals effets d'une grossière et coupable plaisanterie cessèrent, et la jeune mère sortit guérie; elle put de nouveau donner ses soins à sa fille et se réunir à son mari, désespéré et repentant.

Connaissez-vous rien de plus poignant que de pareilles histoires, racontées dans une dissertation médicale?

De ce triste drame passons à une légende vraie, à un conte fantastique réel.

Il arrive souvent qu'un grand nombre de soldats deviennent tout à coup et à la fois complétement aveugles durant la nuit. Cette cécité, qui cesse avec l'aurore, revient périodiquement au crépuscule, quelquefois pendant quinze jours, plus souvent encore pendant un mois. Puis cette étrange maladie, nommée héméralopie, disparaît sans laisser la moindre trace.

Le docteur Hetter, qui a vu à Wissembourg soixante-dix hommes d'un régiment frappés en même temps de ce mal bizarre, l'attribue à l'insolation, soit directe, soit réverbérée. On sait que dans les contrées du nord le printemps varie beaucoup; or, quand il est beau, dès les premiers jours, le soleil fatigue la vue des militaires qui n'est plus habituée à son éclat; l'immobilité dans les rangs devient un supplice en face d'un sol vivement illuminé ou de bâtiments blanchis à la chaux et éclatant d'insupportables reflets. Alors l'héméralopie frappe et décime les troupes.

La cécité nocturne s'est déjà manifestée, cette année, dans la garnison de Strasbourg, mais la guérison s'obtient souvent en peu d'instants. Il suffit presque toujours d'amener, au milieu de la journée, les malades dans un endroit ténébreux, et d'obtenir d'eux qu'ils ne cessent de promener leurs regards de tous les côtés et de *s'efforcer* de voir. Au bout de deux à trois heures, la vision renaît, et quand une fois elle est rétablie, il n'y a plus d'héméralopie : celle-ci ne reparaît plus désormais pendant les nuits.

Passons maintenant à un récit de thérapeutique qui ne manque pas d'un certain côté plaisant.

Un pauvre diable de colporteur basque devait bientôt

subir l'épreuve du tirage au sort pour la conscription. S....., — le docteur Morère, de Monteleone-Magnose, ne le désigne pas autrement, — avait des amours au pays et une grande horreur des armes à feu et des batailles. Quelques mois avant l'époque fatidique, il se mit, comme l'espiègle Lucinde, à porter la main à sa tête, à son menton et même à ses oreilles en disant : *han! hi! hon! han!* Le drôle avait sans doute lu Molière.

Il se trouvait en ce moment à Marseille : un médecin de cette ville déclara sans hésiter, et par certificat bien et dûment timbré, que cette *surdité avec paralysie de la langue* était due à une otite. Une otite est une maladie de l'oreille.

M. Morère de Monteleone-Magnose, du conseil de révision, et ces diables de chirurgiens militaires, si défiants en matière d'infirmités de conscrits, ne voulurent point croire à la fameuse otite et à ses conséquences. En dépit du docteur marseillais et de son certificat timbré, on décréta feinte l'infirmité de S... Déclaré propre au service, le colporteur peu belliqueux se vit incorporé dans le 11e régiment d'infanterie de ligne, en garnison à Bordeaux, et n'en resta pas moins sourd et muet.

Pendant onze mois, on le soumit à toutes les épreuves imaginables ; on lui tira des coups de pistolet aux oreilles ; on sonna derrière lui les fanfares les plus aiguës des saxhorn ; il servit constamment de jouet à ses camarades ; chaque jour, chaque minute amenait quelque nouvelle expérimentation plus ou moins cruelle. Le montagnard ne broncha pas ; si bien que, convaincu de la réalité de son infirmité, on le renvoya dans sa famille et près de sa fiancée avec un congé définitif.

Quand il se retrouva près de celle dont l'amour lui avait inspiré une ruse soutenue avec une persévérance surhumaine, qu'il voulut lui raconter ses misères au régiment, les moyens mis en œuvre pour jouer durant tant de mois le rôle de sourd et muet, et chanter : *Pour tant d'amour ne soyez pas ingrate!* la voix lui manqua complétement; il était véritablement muet!

On se figure aisément son désespoir!

Pris dans son propre piége, il alla trouver un médecin, je soupçonne fort que c'était le docteur Morère de Monteleone-Magnose, lui raconta, par écrit bien entendu, que, pendant son incorporation dans le 11e de ligne, non-seulement il n'avait point proféré une seule parole, mais encore que, dans la nuit, afin de ne point parler en rêves, et pour que l'*esprit ne vînt pas trahir la matière*, ce sont ses propres expressions, il plaçait sur sa langue un morceau de cuir qu'il enfonçait jusque dans l'arrière-bouche. Le jour, il mastiquait et avalait ses aliments sans remuer la langue, et il en était venu à si bien simuler la paralysie de cet organe, qu'on avait prononcé, comme nous venons de le dire, sa réforme et décrété son congé définitif.

Le malheureux muet croyait à une punition de la justice céleste; il pleurait à chaudes larmes, et il disait par gestes qu'il préférerait retourner au régiment plutôt que de ne jamais pouvoir proférer une parole. Il se soumit donc sans hésiter à des frictions ammoniacales sur les régions du cou, à des moxas, à je ne sais combien d'autres remèdes violents et douloureux, et finit par retrouver la voix.

Cette histoire ne vous rappelle-t-elle pas l'*Art de ne pas monter sa garde*, ébauche faite il y a vingt ans par un pauvre garçon, Lhéry, mort aliéné dans une maison de santé? Cinq années de service militaire ou de glorieuses campagnes ne sont-elles pas préférables au supplice de dix-huit mois d'infirmités simulées, d'épreuves de tous genres, d'inquiétudes affreuses, de périls et de transes constantes?

Du reste, les ruses employées par certains conscrits récalcitrants, qui, une fois dans les rangs, se conduisent en braves soldats et finissent par redresser leurs moustaches plus haut peut-être que leurs camarades, ces ruses, dis-je, sont aussi nombreuses qu'ingénieuses. M. le docteur Tarneau en fait une longue énumération dans un livre intitulé : *Des Maladies simulées les plus communes au point de vue du recrutement*. De leur côté, les chirurgiens militaires ne sont pas en reste de ressources pour fourvoyer et mettre en défaut les soi-disant infirmes. Tantôt c'est un myope de fabrique, qui s'est habitué à lire avec des verres n° 3, à qui on présente des verres planes, et qui, ne soupçonnant pas le piége, lit avec facilité; tantôt c'est un paralytique qu'on couche sur de la paille et qui se lève brusquement lorsqu'il entend donner l'ordre de mettre le feu à cette paille; tantôt ce sont des épileptiques qui cessent d'écumer, à l'aide du savon caché sous leur langue, parce qu'on feint de se disposer à leur amputer un orteil du pied droit!

« Un déserteur, dit M. Tarneau, condamné aux travaux du canal d'Arles, passait pour sourd dans l'esprit de ses camarades d'infortune et dans celui des concierges et des gendarmes commis à la garde de l'atelier. Amené devant l'inspecteur pour être réformé en cette qualité et prêt à l'être, M. Fodéré lui dit à demi-voix : *Tu ne me persuaderas jamais que tu es sourd; mais, si tu me dis la vérité, tu auras ton congé.* Le bonhomme lui répondit tout de suite, au grand étonnement de chacun : *Eh bien, non, je ne suis pas sourd.* »

Un jeune homme demandait la réforme sous prétexte qu'il ne pouvait avaler; en effet, il *tiquait* en avalant, et les aliments liquides repassaient par le nez : il fallait qu'il se serrât fortement le cou et qu'il appuyât sa main fermée contre la gorge pour opérer, encore avec quelque peine, la déglutition. On eut beau examiner le fond de la bouche, on n'y trouva point d'obstacles; les amygdales n'étaient point tuméfiés, et aucune espèce d'altération ne se montrait au voile du palais. Il y avait une contradiction si évidente entre son état de santé, qui était brillant, et celui que suppose la maladie, qu'on ne donna pas dans le piége. On le fit surveiller, et on le surprit un jour buvant et mangeant avec beaucoup de facilité : il avoua tout.

L'incurvation antérieure de la colonne vertébrale est assez souvent simulée par les jeunes conscrits. Un remplaçant au 5e régiment de cuirassiers est amené un jour par M. Champouillon. La figure de cet homme exprimait une profonde souffrance; il ne marchait qu'avec peine et soutenu par deux infirmiers : son dos présentait une voussure considérable. Le professeur lui adresse des questions sur l'origine de son mal et semble s'intéresser à son malheureux sort. Quelques instants après il le prie fort amicalement de monter sur une table et de se coucher horizontalement en supination. Le malade, ne soupçonnant pas le moindre piége et croyant probablement bien faire, obéit aussitôt et s'étendit tout de son long. Le lendemain, débarrassé de sa bosse, il allait rejoindre son régiment à Versailles.

Un jeune militaire se présente à MM. Percy et Laurent avec une contracture des doigts. La fraude ayant été soupçonnée, on appliqua au prétendu malade un bandage roulé et bien serré autour de l'avant-bras, et on le fit mettre dans une guérite, le bras passé par l'un des trous; on engagea ensuite sous les doigts crochus un ruban auquel on suspendit un poids de six livres. Au bout de six minutes, la main et tout le bras se mirent à trembler, et au bout de quatre autres le poids tomba et les doigts furent redressés.

Terminons, néanmoins, en répétant que presque tous les réfractaires, une fois déjoués, se résignent de bonne grâce et marchent gaîment en avant. N'a-t-on pas vu en Algérie un faux boiteux, qui avait traîné la jambe pendant dix-huit mois au régiment, oublier tout à coup sa claudication en face de l'ennemi, courir sus aux Arabes, éteindre le feu d'une batterie d'artillerie et revenir au pas de course en ramenant un prisonnier de chaque main? En France, ceux qui, sans les connaître, redoutent le plus l'odeur et le bruit de la poudre finissent par ne plus pouvoir s'en passer. Notre boiteux en est aujourd'hui à son second réengagement, et, quand il parle de la vie de village, il hausse les épaules. « Quel village, en effet, dit-il avec emphase, peut valoir le grade de sergent dans les zouaves et la croix de la Légion d'honneur sur la poitrine ?

Les Anglais se montrent fort curieux d'un genre de divertissement encore inconnu à Paris : ce sont des soirées dont un seul personnage fait tous les frais. Mathews, le célèbre mime, est l'inventeur de ce genre de spectacles.

Après Mathews sont venus les imitateurs ; les uns racontèrent la campagne de Crimée, dont ils avaient été les témoins : les autres disaient leurs voyages dans l'Inde ou dans l'intérieur de l'Afrique ; il y en avait un qui s'était pendu, qu'on avait décroché à temps, et qui analysait une à une les sensations éprouvées avant et après la suspension, sans oublier les motifs qui l'avaient poussé à un acte de désespoir si mal réussi.

L'année dernière, un nommé John Birds raviva ce mode d'exhibition, qui, par trop de concurrence, commençait à perdre de sa popularité. Cet homme possédait le singulier talent d'exprimer toutes les passions humaines, mais seulement sur une des moitiés de son visage ; l'autre conservait une impassibilité complète et absolue.

Birds gagna des sommes folles et attira tant de monde à son petit théâtre, que les recettes du directeur d'une ménagerie voisine s'en ressentirent fâcheusement, en dépit des gambades d'un grand singe, dressé à faire mille cabrioles plus ébouriffantes les unes que les autres. Le pauvre bestiaire tomba malade; le hasard voulut qu'on allât chercher pour le soigner un jeune médecin, d'autant plus disposé à bien faire qu'il manquait de clientèle.

Du premier coup d'œil, il diagnostiqua que son homme se trouvait plus malade au moral qu'au physique, et il ne tarda point à lui faire avouer que les lauriers et surtout les recettes du grimacier Birds l'empêchaient de dormir.

— Demain vous serez guéri et même au delà, dit-il gravement ; il me suffira pour cela de faire une opération à votre singe Jack : qu'on me l'amène pieds et pattes liées !

Le malade ne comprenait point comment pourrait lui profiter une opération subie par son singe; il n'en obéit pas moins aux ordres du médecin. Celui-ci, qui avait vu pratiquer, à Paris, au docteur Guérin ses belles sections sous-cutanées, fit tenir master Jack par quatre hommes, lui coupa le nerf facial du côté gauche, et dit au directeur stupéfait de la ménagerie :

– Levez-vous ! Faites imprimer des affiches de six pieds de haut, pour annoncer que demain le singe Jack exécutera tous les exercices du comédien Birds, et que vous donnerez cent livres à chaque spectateur qui ne proclamera pas la vérité de ce que vous annoncez.

Les affiches imprimées et apposées amenèrent chez l'entrepreneur de la ménagerie plus de trois mille spectateurs à quatre schellings. Jack se montra d'un comique encore plus ébouriffant que son rival. Cette face de singe, immobile à gauche et faisant à droite des grimaces à désopiler le spleen même, était d'un si haut comique, que la vogue déserta Birds, s'attacha à Jack et fit la fortune de son maître.

Le médecin reçut deux cents livres pour ses honoraires.

Il avait deviné que Birds était affecté d'une paralysie des muscles gauches du visage et que le talent de cet acteur n'était qu'une infirmité habilement exploitée.

Pour bien juger de l'importance d'une découverte scientifique et des progrès qu'elle amène, il faut se reporter en imagination à une époque antérieure et se figurer ce qu'eussent pensé de cette découverte les grandes intelligences des siècles évoqués.

Prenons par exemple, non pas Hippocrate, non pas Gallien, non pas même Ambroise Paré, ce père de la chirurgie française, qui la révolutionna en enseignant qu'il ne fallait pas traiter au moyen de la cautérisation au fer rouge les plaies produites par les armes à feu. Adressons-nous tout bonnement à Dupuytren, à Lisfranc, qui vivaient encore hier parmi nous.

Supposez qu'un docteur quelconque fût venu leur dire : Je sais un moyen de vaincre la douleur, de l'annihiler, de pouvoir lui dire avec plus de droit et de raison que certain philosophe grec : « Douleur, tu n'es qu'un vain mot ! » Inévitablement, ils lui eussent ri au nez et l'eussent mis à la porte !

Aujourd'hui cependant, la recette que ces deux grands génies chirurgicaux eussent traitée d'absurde court littéralement les rues; ce qui eût été une merveille pour eux est un lieu commun pour tout le monde; si commun, que l'autre jour, dans un hameau de deux cents âmes, un dentiste en plein vent *tuait* et *ressuscitait* à volonté des lapins, et que parmi les badauds en sabots qui l'entouraient il se trouva un gamin de douze ans pour révéler le secret du charlatan et pour s'écrier : C'est du chloroforme !

Quoi qu'il en soit, je ne sais point de conquête scientifique plus éclatante et plus heureuse que la découverte des anesthésiques. Vaincre et annuler la douleur, endormir la souffrance, ôter au patient l'angoisse, l'agitation nerveuse, les tortures de l'opération, laisser à un chirurgien tout son sang-froid, lui permettre d'agir avec le scalpel sur une nature vivante comme sur une nature morte, sans que les cris le troublent, sans que les convulsions rendent sa main moins sûre, nous avons tout cela, et à foison, grâce à Dieu ! et il ne s'agit plus que de choisir entre tous les moyens : l'éther, le chloroforme et trois ou quatre autres agents, et enfin l'acide carbonique.

Pur, cet acide carbonique tuerait, mais mélangé avec cent pour cent d'air atmosphérique, il endort, sans suffocation, sans douleur, sans perturbation grave et même apparente.

« Son action, dit le docteur Herpin de Metz, se porte plus spécialement et *primitivement* sur le *cerveau* et le *système nerveux*. Il survient un état soporeux et comme cataleptique. L'insensibilité et l'anesthésie se manifestent graduellement. Dans ce cas, les traits du visage ne présentent aucune altération ; ils conservent l'em preinte du calme et d'un sommeil profond et agréable. »

Au point de vue de l'application du gaz carbonique à la thérapeutique chirurgicale, comme agent anesthésique général, M. Herpin pense qu'il serait convenable de produire ou de déterminer l'anesthésie par le chloroforme, et puis de continuer l'effet anesthésique au moyen du gaz carbonique mélangé avec beaucoup d'air (80 ou 90 pour 100 d'air). De cette manière, on éviterait probablement les dangers et les inconvénients que présente l'emploi du chloroforme seul; on pourrait graduer à volonté la force du mélange du gaz carbonique et d'air, par conséquent graduer aussi l'intensité de l'action anesthésique, et surtout en prolonger presque indéfiniment la durée sans mettre en danger la vie du malade.

— De son côté, M. Piédagnel, en mêlant ensemble trois parties de caustique de Vienne et une partie en poids de chlorhydrate de morphine, a réussi à pratiquer des cautérisations énergiques, sans aucune douleur; le caustique ronge les chairs, et le sel de morphine les anesthésie; l'effet voulu est obtenu, mais obtenu sans faire souffrir.

M. Jobert de Lamballe a autorisé l'essai de ce nouveau moyen dans son service chirurgical de l'Hôtel-Dieu.

Espérons que l'expérience viendra confirmer l'efficacité d'un nouveau moyen de soulager les souffrances des malades.

— Des anesthésiques aux enivrants, la transition est

toute naturelle. Déjà l'Europe possédait, hélas! trois fatals moyens de s'enivrer : le vin, l'alcool et la bière. Depuis la conquête de l'Algérie et la campagne de Crimée, depuis qu'il n'y a plus de barrière entre l'Orient et l'Occident, depuis que la Chine n'a plus de muraille ni de forteresse à nous opposer, l'opium et le haschisch menacent de faire invasion dans nos mœurs et de nous importer deux moyens d'ivresse plus mortels encore que les trois autres.

L'hébétement, l'aliénation mentale, l'amaigrissement et le dépérissement du corps, l'impossibilité de se livrer aux moindres affaires et une avidité invincible pour la substance qui cause de pareils désastres, tels sont les symptômes que l'on observe en Orient chez les *thériaki*.

Voici les effets qu'en éprouvent ceux qui, dans nos climats tempérés, cherchent à s'initier à l'ivresse du haschish :

« Je préparai, dit le docteur Schroff, une infusion avec trois drachmes de *cannibis indica* et six onces d'alcool. Je fis prendre cette infusion à un jeune homme de faible constitution, en lui donnant deux onces, pour une première prise. Au bout de cinquante minutes, le pouls tomba de 82 à 66 ; ensuite il remonta à 73. Bientôt après se manifestèrent des idées gaies, une tendance aux mouvements. Une sensation de chaleur, partant de l'estomac, traversa la poitrine et arriva jusqu'à la tête. L'ouïe devint obtuse ; il éprouva des bourdonnements d'oreilles ; les yeux s'injectèrent et devinrent brillants : ses membres s'engourdirent. Dans la première heure, il eut deux mictions. Il prit alors la seconde dose, qui se composait de quatre onces. Le pouls tomba, dans la premières demi-heure, de 73 à 68; vingt minutes après, il était à 108. La tête devint lourde; il eut de forts bourdonnement d'oreilles. Bientôt après, on vit les carotides battre avec force et la face s'injecter. Le pouls s'éleva à 114. Alors se manifesta un accès de délire : il riait, chantait, dansait sans aucun ordre. Il lui prit fantaisie de briser les objets qui étaient sous sa main, et sa force musculaire s'était tellement accrue, que trois hommes vigoureux avaient peine à contenir un individu aussi grêle. Au bout d'un quart d'heure il s'affaissa tout inondé de sueur. Vingt minutes après, il se releva pour courir avec une grande rapidité dans tous les coins du vaste établissement où il se trouvait. Sa physionomie était celle d'un homme en délire. On eut de la peine à le rattraper. Sa sensibilité était abolie; il frappait ses mains avec une force énorme sur une table, sans rien sentir. Une demi-heure après, il s'assoupit, et vit deux anneaux jaunes dans chaque œil. »

De pareilles sensations n'offrent rien de fort tentant. Eh bien, ceux qui les éprouvent une fois ressentent désormais une passion indomptable pour le haschisch; il leur en faut à tout prix! Déjà plus d'une belle intelligence a succombé, victime d'un essai d'abord insignifiant en apparence, et devenu plus tard la source d'une passion effrénée. Nos ivrognes vulgaires ne sont rien en comparaison de ceux qui ont goûté de cette substance maudite. Dieu veuille que l'exemple du petit nombre de victimes déjà faites à Paris par le haschisch ne devienne pas contagieux, et que la vieille Europe, déjà si voisine de sa décadence, repousse, par tous les moyens possibles un nouveau fléau !

Il y a déjà plusieurs siècles que les Orientaux ont signalé la passion insensée des thériaki pour le haschisch. Les *Mille et un Jours* raconte l'histoire d'un sultan qui trouva une nuit sur son chemin, un mangeur de chanvre indien. Cet homme lui parla avec tant d'enthousiasme des sensations voluptueuses que lui donnait le narcotique, que le sultan conçut et réalisa la fantaisie de les éprouver. Il passa une nuit de délices, mais il s'éveilla le matin fiévreux, brisé, anéanti, hébété.

Il envoya sur-le-champ chercher le thériaki : « Je vais te faire couper la tête, lui dit-il, pour te punir du misérable état dans lequel tu m'a mis par tes perfides conseils. — Commandeur des croyants, répondit celui qu'interpellait si violemment son souverain, j'ai prévu tes souffrances ; je t'en apporte le remède. » Et il tira de dessous son burnous une nouvelle dose de haschisch. Le sultan la prit et se sentit renaître à la vie. Il recommença chaque jour, et, dans son ivresse constante, il désola si bien son royaume et ordonna tant d'exécutions, qu'un beau jour les eunuques de son sérail l'étranglèrent et lui donnèrent pour successeur un de ses fils. Le premier acte d'autorité qu'accomplit le nouveau sultan fut de bannir de son royaume, sous peine de mort, tous les mangeurs de haschisch et tous les fumeurs d'opium.

« Mais, ajoute le livre arabe, le vice est comme une tache d'huile, qu'on a beau frotter et qui reparaît toujours. Les thériaki continuèrent à se livrer à une passion fatale, au péril de leur vie en ce monde et de leur salut dans l'autre; car, lorsqu'ils passeront, à l'heure suprême, sur la voie qui mène au paradis, voie plus étroite que la lame d'un rasoir, l'ange du jugement les poussera dans l'abîme éternel. »

En traitant une des questions les plus graves qu'agite la science moderne, la corrélation des forces physiques, un académicien, pour démontrer que le mouvement peut engendrer l'électricité, le magnétisme, la chaleur et l'affinité physique, propose l'expérience suivante :

On place en équilibre sur le bouchon d'une carafe, dans une position horizontale, une canne un peu lourde, en bois ou en jonc, de façon que, très-mobile, elle puisse tourner facilement sur son point d'appui. On frotte ensuite sur un morceau de drap un bâton de cire à cacheter, et on l'approche rapidement de l'une des extrémités de la canne sans la toucher. Cédant à l'attraction de l'électricité dégagée par le frottement, la canne tourne sur son point d'appui et suit le morceau de cire dans tous ses déplacements. Le mouvement a donc engendré l'électricité, et l'électricité, à son tour, a donné naissance au mouvement.

Voici une formule pour reconnaître le sexe du germe que renferment les œufs. Nous la reproduisons textuellement, en nous dégageant, bien entendu, de toute responsabilité, et en la laissant à son auteur, M. Genis. Il est facile, du reste, de s'assurer de la réalité de ce moyen :

« Il y a deux classes d'éleveurs :

« 1° Ceux qui ne veulent que des œufs femelles, afin d'élever des poules pour en vendre les œufs.

« 2° Ceux qui ne veulent que des œufs mâles, pour le chaponnage.

« Or si *a priori* l'on ne distingue pas les œufs, on se trouve obligé de laisser l'éclosion suivre ses résultats naturels.

« De là une perte sèche pour les différentes catégories d'éleveurs.

« Sans vouloir faire d'industrie, j'ai longtemps cherché la solution d'un problème réputé insoluble par des hommes du métier. Longtemps je suis resté dans l'incertitude. Enfin je n'en suis sorti qu'en partant de ce fait que les os de la femme sont plus lisses, plus nets que ceux de l'homme, ce dont on peut s'assurer par l'examen comparatif des squelettes des deux sexes.

« Appliquant d'emblée ce point de comparaison aux œufs d'ovipares, j'ai pu, après trois ans, formuler avec assurance :

« Tous les œufs contenant des germes de mâles portent des rides sur le bout supérieur (j'appelle ainsi le plus petit), tandis que les œufs femelles sont aussi lisses aux deux extrémités. »

L'eau-de-vie et la folie. — Combustion spontanée.

12 octobre.

Un des plus dignes héritiers d'Esquirol, le docteur Calmeil, médecin de la maison de Charenton, vient de publier un travail aussi affligeant que remarquable sur l'abus des liqueurs alcooliques. Cet abus mène presque toujours à la démence. Le trouble de la raison qu'il cause, de passager ne tarde pas à devenir chronique. Sur *cent soixante-seize* aliénés entrés pendant l'année 1858 à Charenton, *soixante* doivent à l'ivrognerie leur maladie mentale, qu'elle se nomme *délire tremblant*, *manie ébrieuse*, *épilepsie*, *lypémanie* ou *paralysie.*

Le breuvage bleu des barrières, grossier mélange d'alcool, de teinture et d'un peu de vin commun, l'absinthe et l'eau-de-vie, produisent un véritable *empoisonnement alcoolique.* Des hallucinations en sont le symptôme dominant. Le trouble des organes amène à sa suite le délire de la pensée; puis arrive la perversion des sentiments affectifs et des instincts, enfin les hallucinations acquièrent un degré d'importance extrême.

On découvre en elle des caractères propres et pour ainsi dire pathognomoniques. Au premier abord peut-être, elles paraissent différer : l'un voit des hommes qui veulent l'assassiner; l'autre, à une table d'hôte, entend des individus qui se moquent de lui; celui-ci sent des vipères et des crapauds qui le *pincent*; mais, en résumé, on peut dire d'une manière générale que chez ces malades, les hallucinations ont pour effet constant de déterminer une impression morale pénible, et presque toujours une terreur profonde. Jamais on n'a rencontré un malade de nature gaie : le délire, dans cette affection, conserve toujours son caractère sombre et mélancolique. Enfin, chez la plupart, le sommeil s'affaiblit et même se perd tout à fait. Le soir, pour un certain nombre, amène les visions les plus effrayantes et les rêves les plus hideux. On le comprend facilement, la dépression des forces par l'intoxication donne aux idées un caractère de tristesse qu'exagèrent encore le silence et surtout l'obscurité.

Voici une des observations faites par M. Calmeil :

D'abord pharmacien, G... avait depuis dix ans renoncé à sa profession pour exploiter un débit de liqueurs dans une petite ville de province.

En février 1858, à la suite d'une orgie, il se plaignit de pesanteur dans la tête et d'affaiblissement dans la vue; des bourdonnements assourdirent ses oreilles, il ressentit une faiblesse extrême dans les bras et dans les jambes ; l'appétit cessa ; une soif inextinguible survint ; le sommeil disparut, enfin le malheureux commença à voir des soldats, des rats, des souris et des fils électriques qui « le faisait parler ; » il maniait l'or à pleines mains, et cependant il se trouvait, disait-il, en faillite ; on le condamnait pour vol, pour ivrognerie et pour avoir un roi.

Cette première attaque de folie dura dix-huit jours ; G... guérit, mais il resta triste jusqu'au mois d'août.

Le 15 août, sans avoir fait plus d'excès que d'habitude (il buvait la valeur de quatre verres d'eau-de-vie avec ses clients), il se sentit pris d'une deuxième attaque qui présenta les mêmes symptômes que la première, mais qui se compliqua de tremblements nerveux.

On l'amena à Charenton. Là, après un mois de traitement et quand les symptômes de l'empoisonnement alcoolique eurent disparu, il finit par recouvrer complétement la raison; il la conservera s'il continue à ne plus boire de liqueurs fortes.

On le voit, l'ivresse peut se prolonger, devenir permanente et durer pendant un mois, pendant des années même!... Et dans les quartiers populeux de Paris, dans les faubourgs particulièrement, sur vingt maisons, on compte neuf cabarets où se débite le poison qui produit ce délire!

De son côté, dans un livre intitulé : *Du Suicide et de la Folie du suicide*, M. Brierre de Boismont professe que l'ivrognerie est une des causes les plus fréquentes qui mènent l'homme à s'ôter la vie.

« Ce vice, dit-il, porte avec lui son châtiment : misère, maladie, abrutissement, crime, folie, suicide, voilà les conséquences fatales de l'ivresse. On compte en Allemagne, tous les ans, 40,000 personnes mortes à la suite d'excès de boisson. Dans le Zollverein seulement on vend et on consomme *neuf cents millions* de quarts d'eau-de-vie, et dans la Hesse on fait servir à la distillation la moitié des grains que produit le sol.

« Diminuer le nombre des cabarets, former des sociétés de tempérance, sont sans doute de bonnes mesures; mais la loi doit restreindre le plus possible une passion basse et honteuse. Il y a pour le législateur une lacune à combler. Les impôts que l'on retire de l'immoralité se soldent par des comptes courants trop connus. »

M. le baron de Watteville, dans un *Rapport au ministre de l'intérieur sur l'administration des bureaux de bienfaisance et la situation du paupérisme en France* ne s'exprime pas avec moins de sévérité sur les fatales conséquences de l'ivrognerie.

Des peines rigoureuses et pécuniaires devraient être

appliquées, suivant la gravité des délits, à ceux qui laissent un homme s'enivrer chez eux ou qui vendent des boissons à un homme ivre. Non-seulement le cabaret réduit l'ouvrier à la plus profonde misère, mais il le démoralise et détruit sa santé à tout jamais. Sans une législation spéciale contre les hommes qui fréquentent les cabarets, *il n'y a rien à faire* pour améliorer le sort des classes pauvres.

Non-seulement l'alcool abrutit, démoralise et rend fou, mais il fait pis encore, il peut brûler vivant l'ivrogne qui s'en sature à l'excès : c'est ce que l'on nomme la combustion humaine spontanée.

L'année dernière, au mois de juin, une vieille femme occupait une mansarde dans un de ces hideux amas de bouges qu'on rencontre partout à Paris ; que les pauvres qui les louent payent six fois leur valeur, et que la loi sur les logements insalubres devrait faire disparaître impitoyablement.

Dieu sait de quoi vivait cette malheureuse créature. A peine descendait-elle trois ou quatre fois la semaine chez le boulanger pour y acheter un peu de pain. En revanche, elle faisait chaque jour de fréquentes stations chez le cabaretier, et elle y buvait huit ou dix de ces grands verres d'eau-de-vie, que le peuple a si énergiquement nommés : *casse-poitrine*.

Cependant, jamais la mère Larbois ne donnait le moindre signe d'ivresse. On l'a vue vider une bouteille entière d'eau-de-vie sans que sa raison en fût même légèrement troublée. Un tremblement convulsif agitait constamment sa tête et ses mains ; elle parlait rarement, et sa face jaunie et desséchée, ses yeux noirs et enfoncés sous leur orbite, prenaient une étrange animation à mesure qu'elle s'abreuvait d'alcool.

On se rappelle quelles chaleurs accablantes signalèrent, l'année dernière, les premiers jours du mois de juin. Sous prétexte de se rafraîchir, la mère Larbois ne quittait pas le cabaret ; elle n'en sortait que le soir, après avoir allumé une petite lanterne dont elle s'éclairait pour gravir les marches escarpées de l'escalier qui la menait à son sixième étage.

Le 9, vers dix heures, elle ramassa un morceau de papier, l'enflamma à un bec de gaz, et après en avoir allumé sa lanterne, elle l'approcha de sa bouche pour le souffler et l'éteindre. A l'instant même, un jet de feu bleuâtre jaillit de cette bouche, et l'on vit avec effroi ses lèvres et son visage se carboniser. Elle tomba en jetant des cris et se roula convulsivement à terre; on jeta de l'eau sur elle. On parvint à étouffer la flamme, mais la malheureuse ne cessa point de crier qu'elle *brûlait en dedans* On la transporta à l'hôpital; deux heures après, elle y mourut littéralement consumée.

Ces cas de combustion humaine spontanée se rencontrent rarement, mais plus souvent toutefois qu'on ne serait disposé à le croire. Lecot, Vigné, Cair, citent plusieurs exemples d'un si terrible phénomène. M. Julia Fontenelle s'est livré à des recherches nombreuses sur un point aussi obscur de la science. Jusqu'à présent, selon lui, on en a constaté une vingtaine d'exemples,

Reste-t-il des agents médicamenteux à découvrir ? — Un miracle authentique. — L'oraison contre les érysipèles. — Comment la science explique bien des choses. — Comment les rats ont contribué à la formation du sol. — Conservation des fruits. — La chatte nourrice.

19 octobre.

Voltaire prétendait que la langue française était une gueuse fière à laquelle il fallait faire l'aumône en cachette. Grâce à Dieu ! depuis Voltaire, la langue française en a bien appelé. A la manière dont elle se pare de défroques étrangères et de vieux bijoux exhumés du quinzième et du seizième siècle, à voir surtout la façon leste et même quelque peu baroque dont certains écrivains l'atournent, on serait parfois tenté de la prendre plutôt pour une courtisane effrontée que pour une indigente honteuse.

Ce que la langue était au dix-huitième siècle, la médecine ne l'est-elle pas un peu aujourd'hui? Cette *gueuse fière* ne s'exagère-t-elle pas la valeur de ce qu'elle sait et du peu qu'elle possède? Ne repousse-t-elle pas d'une manière trop exclusive toute espèce d'innovation ? Lorsqu'on suit avec attention les journaux spéciaux, on ne peut se défendre d'un sentiment de tristesse en présence d'une sorte de parti pris de trouver mauvais tout ce qui porte un cachet de nouveauté. Sans doute il ne faut point se jeter à la tête d'une idée, et, avant de l'adopter, on doit en peser sévèrement le pour et le contre, surtout quand il s'agit de la santé publique. Mais ce n'est point cependant une raison pour regarder une science, essentiellement de progrès, comme la fameuse *île escarpée et sans bords* de Boileau, où non-seulement rien *ne peut plus rentrer quand il en est dehors*, mais encore où rien ne saurait entrer quand il n'y est jamais entré. Pourquoi s'en tenir *mordicus* aux médicaments que contient le *Codex* sans chercher à en augmenter le nombre ? Pourquoi repousser dédaigneusement, par un ostracisme irréfléchi, une foule de simples jadis en honneur parmi les maîtres dans l'art de guérir ? Pourquoi ne point essayer les remèdes dont se servent les indigènes des différentes contrées d'où nous viennent le quinquina et l'opium ? Je ne cite que ces deux-là, car, sans cela, il me faudrait énumérer, à peu de chose près, toutes les substances en usage dans la pharmacopée européenne.

Je le sais, MM. Dubois, Cazin et Bossu travaillent avec succès à établir la richesse de notre matière médicale indigène. Une étude récente de M. Paret démontre qu'une plante vulgaire de nos grands chemins, la traînasse (*polygonum aviculare*) possède des propriétés astringentes égales à celles du kina, du cachou et du ratanhia. La *Gazette des Hôpitaux* disait hier : « Nous avons toujours une tendance à préférer les choses qui viennent de très-loin, avec des grands noms bien singuliers : c'est le côté le plus curieux de notre matière médicale que nous ne faisons point attention à la plante modeste qui croit à nos pieds... Il arrive ainsi qu'on oublie les propriétés de cette plante, sans songer aux services qu'elle peut rendre à la si nombreuse classe des médecins de campagne. »

Voilà qui est bien ; mais la Faculté, en masse, ne doit-elle pas imiter l'exemple isolé donné par quatre hommes de bon sens?

Chaque jour ne vient-il pas révéler des propriétés inconnues et inattendues que possèdent des médicaments placés depuis un temps immémorial entre les mains des praticiens?

Sans parler de la façon merveilleuse dont l'aloès guérit les brûlures les plus graves, M. Bouillaud ne triomphe-t-il pas, à Paris, des anévrysmes, par l'usage interne de l'iodure de potassium? M. Max Maressh, à Vienne, ne dompte-il pas parfois l'épilepsie par l'atropine? M. Hétet, à Toulon, n'expulse-t-il pas le vers solitaire par l'écorce du vernis du Japon?

Tout en étudiant les ressources que vous avez à votre disposition, cherchez donc à en augmenter le nombre. Hélas! il n'y a que trop de maladies contre lesquelles vous ne pouvez rien!

Linné affirmait que la racine de l'*heucera americana* saxifrage vivace, convenait merveilleusement à la guérison des ulcères de mauvaise nature ; il attribuait à la gomme qu'on obtient par une incision de l'eucalyptus de la Nouvelle-Hollande des vertus efficaces contre la dyssenterie; la *dentelaire* européenne et la *dentelaire sarmenteuse*, l'herbe *au diable* (*plumbago scandens*), le *chardon lanugineux* (*carduus euriophorus*) passaient, il n'y a pas bien longtemps, pour combattre avec efficacité le cancer. Un officier hollandais prétendait avoir été guéri de la pierre, à l'île de Ceylan, par l'usage de l'*acmelle* (*spylantus acmella*); enfin, un illustre botaniste cite l'*apocin* des Indes comme un puissant stomachique, le *dar-*

trier (vataira) de la Guyane comme propre à faire disparaître les maladies de la peau, et les *araiées octophylles*, sorte de palmiers de la Chine, comme infaillibles contre l'hydropisie.

Dans les rues peu connues qui serpentent derrière l'hôpital de Notre-Dame-de-Pitié, se cache une petite maison entourée d'un jardin, et qu'habite, depuis 1830, une famille polonaise. Naguère riche et puissante à Varsovie, cette famille vit maintenant de son travail et d'une somme plus que modeste, unique débris d'une immense fortune. Quatre belles jeunes princesses slaves, nées au fond du faubourg Saint-Marceau, ouvrent, souvent jusqu'à deux heures du matin, les merveilleuses broderies dont le prix aide à rendre moins nombreuses les privations que s'imposent un père infirme et une grand'mère agée de près de quatre-vingts ans. Celle-ci, verte et active encore, porte vaillamment son grand âge. Jamais une plainte ne s'échappe de ses lèvres; quand elle vient à parler de la patrie absente, elle le fait avec l'émotion de l'exilée, mais sans un regret pour sa fortune et pour son rang, perdus à jamais peut-être.

Or, l'autre jour, je trouvai cette famille dans une grande inquiétude. La plus jeune des quatre filles ressentait un violent mal de tête; il y avait fièvre avec gonflement des ganglions lymphatiques de la gorge. On remarquait, sur toute la face, de la rougeur et de la turgescence, en un mot, c'étaient les symptômes bien caractérisés de l'érysipèle, tels que Blandin les a, le premier, si nettement décrits.

Quand j'eus prononcé le mot d'érysipèle, le père et

les trois sœurs de la malade exprimèrent une vive inquiétude. Seule, la grand'mère, plongée dans un grand fauteuil au coin de la cheminée, sourit, se souleva un peu et dit :

— Ce n'est rien que cela! Dans vingt-quatre heures Marie sera guérie.

Et comme je hochais la tête en signe de doute et que je parlais d'aller chercher le docteur B.., médecin de la famille :

— C'est inutile, dit-elle, Jeanne, montez à ma chambre : vous y trouverez dans mon grand portefeuille vert un parchemin plié en quatre ; descendez-le-moi, et apportez, en même temps, une plume et de l'encre.

La jeune fille obéit et redescendit avec le parchemin, l'écritoire et la plume.

— Maintenant, reprit la vieille dame, que Marguerite, qui a la main légère, écrive tout entière, sur les joues de sa sœur, l'oraison que contient ce parchemin.

Je ne pus réprimer un geste de surprise.

L'octogénaire me regarda gravement.

— En Pologne, dit-elle, nous autres gens de foi simple, nous guérissons toujours les érysipèles par ce moyen miraculeux. Faites donc ce que je vous ordonne de faire, Jeanne. Pendant que vous transcrirez le texte de la prière, récitez-en chacun des mots à haute voix ; nous autres, tous à genoux, nous les répéterons après vous.

La prière et la transcription terminées, les deux joues de la malade se trouvèrent complétement barbouillées d'encre.

Je sortis de mauvaise humeur et pestant en moi-même

contre les ridicules superstitions d'une vieille femme, qui compromettait assurément la santé de sa petite-fille.

Je revins le lendemain avec le vieux docteur B..., ami et médecin de la famille, bien résolu à obliger la malade à recevoir ses conseils et à suivre ses prescriptions.

Nous la trouvâmes, les joues encore un peu noircies, assise à côté de ses sœurs et leur faisant, à haute voix, une lecture pieuse, tandis que celles-ci achevaient de broder une robe, un chef-d'œuvre destiné à faire partie de l'opulente corbeille de noces de la fille d'un marchand de chiffons. La future, soit dit en passant, habitait à deux pas de là, dans le quartier, et recevait de son père une dot de cinq cent mille francs.

— Eh bien ! me dit la vieille princesse, eh bien ! incrédule ! Vous refuserez-vous encore à croire aux miracles et au pouvoir des oraisons pour guérir les maladies?

Je baissai la tête, et je sortis, je l'avoue, fort préoccupé et fort désorienté de ce que je venais de voir.

— Bah, m'écriai-je en me parlant à moi-même, je me serai trompé sur les symptômes du soi-disant érysipèle.

— Votre diagnostic était juste, répliqua le vieux médecin, qui s'appuyait sur mon bras; il y a eu érysipèle et guérison, ou plutôt avortement d'érysipèle.

— C'est donc un vrai miracle? demandai-je avec stupéfaction.

— Mon ami, me dit le vieillard, au dix-neuvième siècle, les miracles abondent tout autant qu'au moyen âge, mais ils sont d'une autre nature. Regardez cette petite sœur des pauvres qui passe. Jeune, belle, riche, noble, elle a tout quitté pour se faire la servante de vieillards indigents, pour ne manger que leurs restes, pour coucher sur la paille, et pour aller recueillir de maison en maison des dessertes qu'elle préparera et qu'elle servira de ses mains à ceux dont le divin Maître a dit : « Les pauvres, c'est moi. » Certes, comme l'enseignait naguère un saint évêque, la résurrection d'un mort m'étonnerait moins que cette vocation sublime, que ce dévouement de toutes les heures, que cette abnégation de tous les instants !

Je m'inclinai en signe d'assentiment.

— Quant au miracle de l'oraison polonaise, reprit-il, je vais vous l'expliquer d'un mot. Le docteur Velpeau, dans un travail médical que je lisais encore hier, constate que de tous les agents thérapeutiques, le plus efficace contre l'érysipèle est l'oxyde de fer. Or, l'encre dont on a barbouillé le visage de notre jeune amie contient, vous le savez, une grande quantité d'oxyde de fer. Les superstitions slaves ont donc devancé la science. Il a fallu à cette dernière je ne sais combien de siècles d'étude, de progrès de la chimie et d'observations pour en arriver à mettre en œuvre la substance employée, de temps immémorial, par les bonnes femmes et les commères de la Pologne. Tout se touche en ce monde, hélas ! le savoir et l'ignorance, la science et la superstition. Un examen attentif, des expériences prudentes et infatigables, parviendraient, j'en suis sûr, à extraire encore bien de bonnes choses de la médecine populaire.

Là-dessus, il me serra la main et entra chez un de ses malades, me laissant tout rêveur et tout décontenancé du miracle que j'avais vu et de l'explication si rationnelle qu'il m'en avait donnée.

On trouve dans un nouveau livre de M. Suider, la *Création et ses Mystères dévoilés*, le passage suivant, qui ne manque pas d'originalité et de vraisemblance :

Pour établir le poids des rats qui rentrent morts dans la terre, il faut faire la déduction des pertes qu'ils éprouvent dans leur état vivant.

Aristote rapporte qu'ayant mis une souris pleine dans un vase à serrer du grain, il s'y trouva peu de temps après cent vingt souris, toutes issues de la même mère.

La Perse est littéralement infestée de rats; Cuvier disait que la Perse était la source des rats. L'Égypte a été de tout temps prodigieusement peuplée de rats et de souris; aussi tous les animaux qui faisaient la guerre aux rats et aux souris étaient-ils sacrés chez les Égyptiens.

En Amérique, ils abondent comme en Europe; à la Jamaïque, on compte, en moyenne, comme perte annuelle causée par les dévastations des rats, le vingtième de la récolte; on tue de vingt à trente mille rats par an dans chaque plantation.

Dans les villes et les villages, nous avons la preuve que le rat suit l'homme partout, et qu'il a une singulière adresse pour se cacher et une grande sagacité pour trouver sa nourriture. Le rat est hardi, effronté ; il s'introduit partout, et, passant par-dessus les câbles, il se faufile dans tous les navires; quand dix ou douze rats ont pénétré dans un vaisseau, à la fin de son voyage il y en a quatre ou cinq cents, nés et vivant dans le bâtiment.

Les égouts de tous les coins du monde possèdent des nids de rats; la Tamise, de Londres, et les rigoles ainsi que les canaux, sous le pavé de Paris, contiennent, presque en permanence, un million de rats et de souris dans la proportion d'une lieue carrée.

Admettons que la moitié de ces êtres soit dévorée par d'autres animaux; admettons que sur tout le reste du globe il n'y ait que la moitié des rats et des souris qui se trouvent dans les égouts des grandes capitales, il nous restera, en moyenne, un quart de million de rats et souris, par lieue carrée, qui rentrent annuellement dans la terre en y portant le tribut de leurs propres cadavres.

Mais, à l'époque du cinquième jour de la création, les rats n'avaient pas encore tant d'ennemis empressés à les détruire; leur existence était plus assurée, et ils donnaient à la terre, comme les autres animaux, le tribut total de leurs cadavres.

Aussi, quand la terre avait une circonférence de 25,000 lieues, soit une surface de 1 milliard 120,000,000 de lieues carrées, en déduisant les trois quarts pour les mers, il resterait 280,000,000 de lieues carrées terrestres, dans chacune desquelles il s'ensevelissait au moins un demi-million de rats, soit 140,000,000,000,000 ou cent quarante mille milliards; et, en comptant un quart de kilogramme par rat, on a un poids de 35,000,000,000,000 de kilogrammes, ou 35 milliards de tonneaux par an; soit, en trois cents siècles, 1 million 50,000 milliards de tonneaux.

M. Mène vient de faire une découverte de nature, si l'expérience en confirme les promesses, à donner à l'immense cammerce de fruits français qui se fait à Paris, à l'étranger, à Londres particulièrement, et surtout à Saint-Pétersbourg, un développement plus grand et des chances nouvelles de prospérité.

Dès l'été, de nombreux bâtiments chargés de fruits, de pêches et de poires surtout, partent du Havre pour Saint-Pétersbourg; mais, sous un climat rigoureux, l'hiver rend difficile la conservation de ces fruits, et le voyage, d'ailleurs, en avarie une certaine quantité.

Donner les moyens de remédier à ces graves inconvénients serait diminuer de plus de moitié les pertes du commerce de fruits, surtout à l'étranger, et, partant, en doubler les bénéfices.

Voici le procédé de M. Mène :

Lorsqu'on dissout de la gutta-percha dans le sulfure de carbone, le liquide se sépare en trois couches : la couche supérieure renferme des matières mucilagineuses, la couche inférieure contient des matières terreuses et autres impuretés; *quant à la couche du milieu, elle est parfaitement limpide et renferme le principe le plus pur de la gutta-percha*. C'est avec le liquide de cette couche du milieu, qu'on sépare facilement des deux autres au moyen d'un siphon, qu'on pourra conserver à l'état frais les fruits verts.

Pour cela, on cueille les fruits un peu avant leur maturité complète; on fait sécher leur surface, on la brosse; on les plonge dans l'esprit de vin; puis on les trempe à plusieurs reprises dans le liquide de gutta-percha, provenant de la couche du milieu, dont nous venons de parler. On peut ensuite placer les fruits dans des caisses ou dans un buffet où la température ne s'élève pas à plus de dix degrés centigrades.

Pour manger le fruit ainsi couvert de cette légère couche de gutta-percha, on l'enlève avec un couteau, on lave la surface avec un peu d'alcool, et on trouve un fruit qui, malgré le temps et les voyages, a conservé sa saveur et son parfum, comme à l'état frais.

Voici un nouveau fait à ajouter à la légende des bêtes charitables, fait que nous signale un de nos amis :

J'ai conservé dix ans une chatte d'une intelligence remarquable. Elle frappait à ma porte, pour la faire ouvrir, comme aurait pu le faire un visiteur : les premières fois que l'animal heurta ainsi la porte, on se fatigua de ce manége et on laissa la chatte dehors. Celle-ci alors essaya d'ouvrir elle-même, en agitant la clef qui se trouvait sur la serrure. La bête intelligente s'était rendu compte de la corrélation qui existait entre le mouvement de la clef et l'ouverture de la porte.

A l'époque où ma fille devint mère pour la première fois, son enfant était couché dans un berceau près de la table où nous dînions. La chatte allaitait dans la salle à manger un ou deux petits, âgés d'environ un mois. (L'enfant et les chats étaient nés le même jour.) L'enfant se prit à vagir pour demander le sein; au même instant la chatte bondit, saute dans le berceau, présente à l'enfant sa mamelle. Je vous atteste le fait.

Un de ces jours, je vous conterai d'autres anomalies, non moins extraordinaires, qui résultent également de la domesticité des animaux. Problèmes étranges posés par la nature à l'intelligence de l'homme!

Le microscope. — M. Bertsch. — Dallery. — Desfontaines.

16 octobre.

Le microscope a sa légende. Les fables ne manquent pas sur son origine. Le penchant au merveilleux, inné chez l'homme, veut toujours donner un inventeur à des choses qui n'ont pas été inventées et qui sont l'œuvre du temps et de tous.

Pline, Sénèque et Plutarque démontrent, par plusieurs passages de leurs écrits, que les anciens connaissaient les verres grossissants. Bien des siècles après, quand on posséda le télescope, on en arriva tout naturellement au microscope. Laissons donc là les contes qui attribuent au moine Bacon la paternité de cet instrument d'optique. Constatons seulement qu'en 1612 Viviani envoya au roi Sigismond de Pologne un de ces outils scientifiques, et qu'en 1650 Zacharias Jansens, savant hollandais, en offrit un à l'archiduc Charles-Albert d'Autriche.

Comme la poudre à canon, comme l'imprimerie, comme les machines à vapeur, le microscope n'a pas été fait de primesaut. Il doit ses nombreuses modifications et les perfectionnements qui le caractérisent aujourd'hui au temps et à l'expérience.

Malgré ces perfectionnements, il reste encore un instrument difficultueux, capricieux, que ne saurait manœuvrer le premier venu, et qui exige des études longues et moins aisées qu'on ne le pense généralement. Pour jouer du piano, il ne suffit pas de poser les doigts sur les touches d'un piano; pour voir au microscope, il ne suffit pas de placer son œil sur le verre d'un miscroscope.

Si bien d'ailleurs qu'on parvienne à se rendre maître de son mécanisme, il fatigue la vue, la modifie désavantageusement, et l'affaiblit s'il ne la conduit pas à la cécité. De tous les moyens auxquels s'adresse la science, nul ne répond d'une manière plus décevante. Il ne faut pas en interroger les lentilles sans une grande défiance et sans vérifier mainte et mainte fois ce qu'on croit y voir pendant un examen impossible à prolonger longtemps. L'œil, ébloui, lassé, de l'observateur, l'attitude gênante dans laquelle on se tient forcément, enfantent des erreurs sans nombre.

C'est bien pis quand un dessinateur veut reproduire les objets placés sous l'objectif; le moindre ébranlement, la plus légère oscillation, changent l'aspect de ces objets, et souvent le modifient complétement.

Aussi, les micographes ont-ils cherché, sitôt la découverte de la photographie, à se servir d'elle pour reproduire les images du microscope.

Sir John Herschell et le R. P. Kingsley, associés depuis plusieurs années à d'autres savants, réunirent un capital de 400,000 francs et se livrèrent à de nombreux essais restés jusqu'ici infructueux ou peu s'en faut. Ils s'adressèrent naturellement au microscope solaire, mais ils n'en obtinrent que des épreuves confuses et grossières.

En effet, pour arriver au but qu'on voulait atteindre, il fallait vaincre de grandes difficultés d'optique et trouver des combinaisons chimiques instantanées.

Restait un autre problème à résoudre.

Lorsqu'on projette sur un écran, au moyen du microscope solaire, une image très-agrandie, elle ne s'y montre jamais en repos. Les plus légères trépidations des instruments deviennent des soubresauts; un mouvement d'un centième de millimètre se traduit, suivant le grossissement, par des écarts de plusieurs centimètres. De là le blairotage des épreuves obtenues par les Anglais.

Il y a déjà huit ans qu'un Français, M. Auguste Bertsch, a résolu tous les problèmes cherchés encore à Londres. En 1853, l'Académie des sciences s'est émue des épreuves nettes, pures, précises qu'il lui a présentées. Elle a nommé une commission pour faire un rapport sur cette merveilleuse découverte. Le rapport n'a jamais paru.

L'Institut a reçu, avec non moins d'accueil, de nouvelles planches photographiques encore exécutées par M. Bertsch. La plupart reproduisaient, avec de grandes dimensions, des objets presque imperceptibles même à l'aide d'un microscope ordinaire, et entre autres, des spicules, des diatomées et des navicules. Les globules du sang humains, globules grossis de cinq cents diamètres, c'est-à-dire deux cent cinquante mille fois en surface, apparaissent, dans ces épreuves, ainsi avec leurs plus minutieux détails.

M. Bertsch a grossi les navicules de huit cents diamètres ou six cent quarante mille fois en surface.

Disons en passant que ces singuliers êtres sont d'une telle petitesse qu'on ne sait encore à quoi s'en tenir sur leur organisation; on ignore si l'on doit les classer parmi les végétaux ou les êtres animés. Sans doute il faut les regarder comme une transition entre les deux ordres. Enfermés dans une enveloppe pierreuse, ils paraissent jouir de la propriété de se mouvoir, quoiqu'on n'ait pu découvrir en eux, jusqu'à présent, aucun organe de locomotion. Ils se reproduisent par bourgeons qui se détachent les uns des autres, et forment chacun de nouveaux groupes. On les trouve également à la surface des eaux stagnantes et de la mer : ils pullulent d'une façon si prodigieuse, que leurs cadavres, en tombant au fond de l'eau, s'y accumulent en couche au moins d'un pied d'épaisseur. Sous les terrains abandonnés par les rivières, on rencontre des bancs fossiles de navicules, hauts de plusieurs mètres.

Le tripoli se compose de débris de navicules, et les carapaces assez dures de ces êtres singuliers donnent à la substance dont nous parlons la propriété bien connue de polir les métaux.

Il faut plus de quatre millions de navicules pour former uu cube gros comme un dé à jouer.

Si les corps gélatineux que renferment les carapaces des navicules n'ont pas eu le temps, grâce à la récente formation des dépôts, de se détruire par la dessiccation et par l'évaporation, leurs détritus prennent le nom de farine minérale, et servent, dans les temps de disette, trop fréquents en Chine, à l'alimentation de provinces entières; enfin, on en fabrique du savon d'une telle légèreté, qu'il flotte sur l'eau.

Les diatomées sont des êtres à peu près analogues aux navicules.

Quant aux spicules, on ne sait pas trop ce que c'est. On les trouve en nombre immense sous la peau de certains poissons, surtout des squales. Elles affectent ordinairement la forme d'une ancre de marine parfaitement dessinée ; on suppose qu'elles servent à la reproduction des écailles.

Grâce aux épreuves photographiques, d'une netteté irréprochable, obtenues par les procédés dont nous parlons, le microscope devient un instrument précis; il n'y a plus de doute à concevoir ni de romans à faire sur des images fixes, complètes, claires, incontestables, qui rivalisent avec la pureté des plus belles eaux-fortes. La science peut marcher désormais sans crainte dans une voie nouvelle.

Lorsqu'un collaborateur apportait au plus célèbre de nos vaudevillistes un mot complétement original, une saillie absolument inédite, le spirituel écrivain écoutait, se grattait l'oreille et répondait avec un grand sang-froid :

— Vous avec raison, je n'ai jamais entendu rien de plus étincelant et de plus nouveau... mais c'est pour cela que nous n'en mettrons rien dans notre pièce ; ça n'est pas encore assez connu. Un mot ne peut faire son succès au théâtre qu'après avoir fait son succès dans le monde. Tout à fait nouveau, il surprend, il étonne. Mais on le comprend mal, ou du moins on l'écoute mal. C'est un étranger qui inspire de la défiance et de la contrainte. Au contraire, a-t-il gagné déjà ses éperons, on l'accepte sans hésitation, on l'accueille avec empressement comme un ami qu'on n'attendait point, mais dont l'arrivée ne surprend pas et qu'on est aise de retrouver.

Scribe avait raison, hélas !

Il faut qu'une idée, même sérieuse, soit de son époque, il faut qu'elle arrive graduellement ; il faut qu'on ait le temps de l'examiner, de s'habituer à sa physionomie et de prévoir les conséquences qu'elle entraîne avec elle. Sans cela, personne n'y prendra garde, même les plus capables d'en comprendre et d'en apprécier la portée.

Une des preuves les plus incontestables et les plus lamentables de cette triste vérité, c'est un brevet d'invention pris en 1803, pour quinze ans, par un ingénieur du nom de Dallery.

Il s'agissait d'un bateau à vapeur qu'il comptait construire à Paris et livrer à la navigation.

Ce brevet, d'un seul coup, faisait de l'essai encore incomplet de Fulton une œuvre complète et parfaite.

Dans le texte de Dallery se trouvaient quatre inventions importantes, dont deux surtout devaient, trente ans plus tard, faire révolution dans les applications de la vapeur à la locomotion.

Ces inventions consistaient :

Dans la substitution de l'hélice aux roues à palettes, qu'on a réinventées plus tard ;

Dans l'emploi des chaudières tubulaires, qui ont été depuis lors appliquées aux locomotives, et qu'on a cherchées si longtemps ;

Dans l'usage d'un *foyer fumivore* trouvé, dit-on, d'hier ;

Enfin, dans l'emploi des *mâts rentrants*, qui permettent aux bateaux de passer sous les ponts, et qu'un quatrième inventeur a dû chercher de nouveau.

Le brevet de Dallery était cependant pris avec soin ; rien ne manquait à la clarté de ses descriptions ; des dessins, parfaitement exécutées, ne pouvaient laisser aucun doute aux personnes quelque peu initiées aux plus simples notions de la mécanique.

On n'y prit point garde cependant. Dallery dépensa toute sa fortune pour parvenir à construire son bateau, ne tarda point à manquer de ressources, et finit par le laisser pourrir sur le chantier.

A l'expiration du brevet, vers 1818 ou 1820, époque où pourtant l'industrie commençait à prendre une grande extension, le directeur du Conservatoire, membre de l'Institut, — ne le nommons point par pudeur pour lui, — le directeur du Conservatoire, dis-je, ne jugea point le brevet de Dallery digne d'être publié dans le *Recueil des brevets déchus;* il se contenta d'en indiquer le titre sans description ni dessin.

On admettait cependant dans ce recueil les inventions les plus futiles, et même les plus ridicules, telles que le mouvement perpétuel, par exemple.

En 1843, Dallery était mort, doutant peut-être de la réalité de son génie, de ce génie qui avait créé de prime-saut quatre inventions qu'il a fallu un demi-siècle et je ne sais combien d'inventeurs pour retrouver!

Lorsque son gendre entendit parler des essais que l'on faisait pour appliquer l'hélice à la navigation à vapeur, il se rappela ce qu'il avait regardé peut-être lui-même comme une des théories paradoxales de son beau-père, et il fit des démarches près de l'administration du Conservatoire des Arts-et-Métiers pour s'enquérir du brevet pris par Dallery.

On finit par retrouver, non sans peine, dans les archives, d'abord le texte, puis ensuite, avec un peu plus de mal encore, les dessins de ce brevet.

En 1845, l'administration du Conservatoire répara

l'acte d'ignorance ou d'inintelligence commis par son ancien directeur, et publia en entier le brevet de Dallery.

Dans la salle d'entrée des archives du Conservatoire, on a placé sous verre une lettre de Fulton, accompagnée du dessin de son bateau à vapeur.

Qu'on place donc à côté de la lettre de Fulton le brevet de Dallery; cet acte expiatoire est bien dû assurément à un génie méconnu et mort en doutant de lui-même.

Ce sera encore là un salutaire avertissement aux hommes qui tiendraient dans leur main des idées trop neuves pour leurs contemporains, et qui seraient tentés d'ouvrir cette main, malgré les sages et égoïstes paroles de Fontenelle : « Si j'avais la main pleine de vérités, je me garderais bien de l'ouvrir. »

Passons, si vous le voulez bien, sans transition, à des idées moins sombres, et laissez-moi vous raconter par quelle suite de péripéties et d'événements une espèce de jasmin provenant de Syrie a pris le nom de *fontanesia.*

En 1760, il y avait à la Tremblay, petit village breton, un écolier grand pillard de pommes, et un magister rogue, peu faits pour vivre en paix l'un avec l'autre. Aussi, après avoir châtié de toutes les manières possibles les escapades du gamin, le maître renvoya-t-il à ses parents René-Louiche Desfontaines, avec la lettre ci-jointe :

« René-Louiche Desfontaines ne sera jamais qu'un âne, qu'un paresseux et qu'un mauvais sujet. Il finira ses jours sur l'échafaud. Je le chasse !

« *Signé* : JOB. »

Je vous laisse à penser la réception que les parents de René-Louiche firent à l'enfant qui leur revenait porteur d'un certificat de cette nature! On songea d'abord à en faire un mousse, mais on finit par se contenter de l'envoyer au collége de Rennes.

Le lendemain du départ de René-Louiche, maître Job trouva son verger ravagé et son mur orné de l'inscription suivante :

« A maître Job, adieux d'un âne et d'un paresseux qui doit finir ses jours sur l'échafaud. *René-Louiche Desfontaines*, 17 octobre 1762. »

A six mois de là, quand le père de René-Louiche alla voir son fils au collége de Rennes, tout le monde lui fit l'éloge de l'enfant. Jamais on n'avait vu un écolier plus intelligent, plus docile et plus laborieux; il n'avait pour but que d'obtenir les premières places.

— Quelle récompense te donnerai-je? demanda le père attendri.

— Remettez à maître Job la lettre que voici.

Et comme M. Desfontaines hésitait :

— Je vous jure que cette lettre ne contient pas un mot qui ne soit convenable, dit René-Louiche.

Le fermier qui d'ailleurs au fond se sentait quelque ressentiment contre le cuistre dont l'esprit obtus avait si mal jugé René se chargea de la lettre, dont voici la teneur :

« Maître Job, je marche rapidement vers l'échafaud, où je dois finir mes jours. Sur six compositions, cinq fois j'ai été le premier de ma classe. »

Maître Job fit la grimace et fouetta quatre de ses écoliers qui avaient commis le forfait de fabriquer des cocottes en papier.

Quoi qu'il en soit, pendant huit ans et deux fois l'année, maître Job reçut des lettres de son ancien écolier. Ces lettres annonçaient toujours de brillants succès scolaires, sans oublier de rappeler les prédictions du prophète malencontreux.

Puis les lettres cessèrent car, après avoir terminé ses études, Desfontaines s'était rendu à Paris pour y suivre les cours de médecine et prendre ses degrés. Il étudiait sévèrement la science qui devait lui valoir un état honorable ; mais tout le temps qu'il pouvait dérober aux amphithéâtres et à l'anatomie, il le consacrait à lire des livres de botanique et à parcourir les environs de Paris pour y recueillir des plantes et se former un herbier.

Ce goût devint bientôt une pasion et commençait à lui faire négliger la médecine. Le docteur Lemonnier, médecin du roi et professeur au Jardin des Plantes, qui prenait un vif intérêt au jeune étudiant breton, comprit que son protégé resterait toujours un médecin médiocre, tandis qu'il deviendrait, sans doute, un naturaliste célèbre. Il présenta donc le jeune homme à Antoine-Laurent de Jussieu, et le pria de recevoir René-Louiche parmi ses élèves. Celui-ci n'eut garde de méconnaître un disciple de cette valeur ; si bien que, sans abandonner tout à fait la médecine, Desfontaines fut nommé pensionnaire du Jardin du Roi. Il faisait, en outre, ce que l'on nomme la petite chirurgie de Lemonnier.

Il atteignit ainsi sa trentième année. Alors seulement il prit les degrés de docteur. Grâce à l'amitié de Lemonnier, sa clientèle n'était pas mauvaise : il se fit même quelque renom par des cures heureuses dues à son savoir et aux soins extrêmes qu'il donnait aux malades, enfin il trouva des protecteurs, et son humeur douce et son caractère facile surent lui conquérir jusqu'à l'affection de ses confrères. Au milieu de ses succès, il se gardait bien de négliger la botanique; il consacrait à l'étude de cette science une partie des nuits, et ces travaux nocturnes le mirent en mesure de publier plusieurs mémoires accueillis avec enthousiasme par l'Académie des Sciences.

Or, à quelques années de là, un matin, le 20 novembre 1783, maître Job, assis au fond de son fauteuil de cuir, chauffait devant le grand feu qui brûlait dans sa cheminée ses jambes grêles et son corps rachitique. Il était devenu bien vieux, et, avec la vieillesse, deux tristes infirmités s'étaient assises près de lui : la goutte et la surdité.

Aussi, ses écoliers avaient déserté la classe, et le pauvre hère serait mort de faim, sans une petite pension que le curé lui payait régulièrement tous les trois mois, de la part d'un bienfaiteur anonyme.

Suivant son habitude quotidienne, le curé vint le visiter, et avec le quartier de la pension, il lui apporta la lettre suivante :

« Maître Job, vos prédictions s'accomplissent. Je finirai

mes jours sur l'échafaud. Je viens d'être nommé aujourd'hui membre de l'Académie des sciences.

» Paris, 23 novembre 1783.

« René-Louiche DESFONTAINES. »

Maître Job entra dans une violente colère.

— Ah ! le misérable ! s'écria-t-il, il ne se souvient de son vieux maître que pour l'accabler et l'injurier !

— Chut ! interrompit le curé, chut ! La pension qu'il vous fait payer depuis six ans, n'est-ce point aussi un souvenir?

Maître Job, stupéfait et attendri, essuya ses yeux et changea en bénédictions les paroles de mauvaise humeur qu'il proférait naguère contre son ancien élève.

Desfontaines n'eût bientôt plus à commettre la malice innocente de faire savoir ses nouveaux succès à maître Job. Maître Job mourut. Et cependant qu'eût-il dit en apprenant que son ancien élève était chargé par le gouvernement de faire un voyage en Barbarie dans l'intérêt de la science phytographique? Les États barbaresques n'avaient pas encore été étudiés par un savant véritable, si l'on excepte toutefois Shaw, observateur superficiel et sans grande portée.

Desfontaines s'acquitta de sa mission avec autant de bonheur que de talent. Grâce à la douceur de son caractère, il se gagna la bienveillance des pachas de Tunis et d'Alger; ceux-ci l'autorisèrent à les accompagner dans l'expédition qu'ils faisaient chaque année jusqu'aux limites de la Barbarie pour percevoir eux-mêmes l'impôt.

Je vous laisse à penser quelles magnifiques collections de plantes recueillit Desfontaines !

Le pacha de Tunis avait donné à Desfontaines, pour guide et pour garde du corps, un janissaire qui l'escortait partout, le fusil sur l'épaule, et qui protégait le savant avec d'autant plus de sollicitude qu'en digne musulman il s'expliquait les recherches botaniques de Desfontaines par le désir de rassembler les plantes nécessaires à la fabrication des enchantements et des philtres. Il veillait sur son magicien avec une craintive sollicitude, dans l'espoir que celui-ci lui apprendrait à découvrir des trésors et qu'il lui donnerait un talisman pour gagner les faveurs du pacha.

L'élève de maître Job put, grâce à ces idées superstitieuses, parcourir les royaumes de Tunis et d'Alger, depuis la Méditerranée jusqu'au sommet et même sur les revers de l'Atlas.

Après deux années de fatigues et de récoltes, Desfontaines se sépara de son turcos, quitta l'Afrique et revint à Paris avec une collection d'une importance inappréciable, et qui lui valut d'être admis parmi les professeurs du Jardin des Plantes, en remplacement de Lemonnier. Ce dernier avait attendu le retour de son ami pour donner sa démission.

Buffon mit une grâce extrême à ratifier cette nomination, et témoigna à Desfontaines une amitié qui prouvait quelle haute opinion il avait du savoir et du caractère de son nouveau collègue.

Dès lors Desfontaines renonça tout à fait à la médecine et se livra sans réserve à sa passion pour la botanique.

Sa vie devint donc paisible, sans événement comme sans agitation. Il faisait ses cours avec beaucoup de charmes, s'exprimait facilement et démontrait avec clarté.

Au milieu de ses chères études, à peine se serait-il aperçu qu'une révolution éclatait autour de lui, si cette révolution n'avait frappé quelques-uns de ses amis. Alors l'homme qui n'était pas pour ainsi dire de ce monde y rentra et retrouva l'audace avec laquelle il avait bravé les dangers des déserts de l'Afrique... Le géologue Ramond était arrêté comme girondin. Aussitôt Desfontaines alla le visiter dans sa prison, sans s'inquiéter des périls auxquels exposaient, durant cette épouvantable époque, quelques témoignages d'intérêt donnés à un proscrit. Lhéritier à son tour fut incarcéré. Desfontaines et Thouin coururent au comité révolutionnaire, ils parlèrent au nom de la patrie; ils déclarèrent que Lhéritier seul pouvait publier les collections recueillies par Dombey; ils crièrent que le pays et la science le réclamaient. Les jacobins ne comprirent point, mais ils lâchèrent leur proie; c'était là l'essentiel. Les deux botanistes emmenèrent chez eux celui qu'ils venaient de sauver, et le cachèrent au Jardin des Plantes jusqu'au moment où quelque sérénité reparut en France, grâce à Napoléon et au Consulat.

Desfontaines fut nommé chevalier de la Légion d'honneur et épousa en 1814 une jeune personne sans fortune. Quoiqu'il eût soixante ans, il ne tarda pas à devenir père, et il s'estimait le plus heureux des hommes, quand une affreuse catastrophe vint tout à coup démentir cette longue existence d'un bonheur jusque-là sans interruption. A la suite d'une seconde couche, sa femme fut frappée d'aliénation mentale, et le pauvre vieillard, obligé de se séparer de celle sur laquelle il avait fondé les espérances de sa vieillesse, se trouva plus isolé que jamais. Il n'était pas encore au bout des épreuves que Dieu réservait à la fin de sa vie. Peu à peu sa vue s'affaiblit, il devint aveugle, et il ne lui restait plus d'autre consolation que de se faire conduire dans les serres. Là, de ses mains tremblantes et ridées, il interrogeait les feuilles des arbustes. Sa joie était extrême quand il parvenait à reconnaître et à nommer une plante.

Le 23 novembre 1833, après avoir exigé que sa fille ne retardât pas d'un jour le mariage qu'elle était près de contracter, Desfontaines mourut doucement, et termina une vie aussi longue que pure par un acte de tendresse et d'abnégation.

L'herbier de Desfontaines fait partie de la collection botanique du Jardin des Plantes. On doit à ce savant naturaliste plusieurs livres sur la science qu'il affectionnait; enfin on appelle *fontanesia*, du nom de Desfontaines, un charmant arbrisseau originaire de la Syrie, et qui appartient à la famille des jasminées.

NOVEMBRE

Animaux fossiles et géologie de l'Attique, par M. Albert Gaudry. — Maladie du poirier, par M. A. Massé.

8 novembre.

M. Albert Gaudry vient de publier les deux premières livraisons des *Animaux fossiles et de la Géologie de l'Attique.*

Les fouilles dont il raconte les riches épaves ont eu lieu de 1853 à 1860 à Pikermi, en Grèce, à vingt kilomètres d'Athènes.

Elles consistent en échinodernes (à peau hérissée de tubercules), en végétaux, en coquilles lacustres, en reptiles, en oiseaux et en mammifères.

On ne lit dans les auteurs anciens aucune mention précise d'ossements trouvés à Pikermi ; cependant la dimension gigantesque de plusieurs d'entre ces os aurait dû frapper l'esprit perspicace des Grecs.

En 1835, M. Georges Finlay, archéologue anglais, résidant à Athènes, découvrit des ossements fossiles dans le lieu dont nous parlons. Un ornithologiste, M. Lindermayer, s'unit à lui pour faire des fouilles dont le produit fut libéralement donné au musée d'Athènes.

Au printemps de 1838, un soldat bavarois qui, après

avoir servi en Grèce, revenait à Munich, apporta au naturaliste Wagner un os long rempli de cristaux de carbonate de chaux, qu'il prenait pour du diamant. Wagner apprit de ce soldat qu'il possédait d'autres os qu'il croyait trop communs pour oser les montrer. Sur les sollicitations du savant, il les lui remit : c'était une dent d'*equus primigenius*, un *doigt de ruminant* et une *mâchoire de singe fossile*. « Ma surprise, dit Wagner, fut grande, car on ne connaissait encore qu'un petit morceau d'os fossile de singe provenant du sud de la France et un autre recueilli aux monts Himalaya. »

Du temps de Cuvier, on n'avait jamais vu de *singes fossiles*.

« Ce qui étonne, a dit ce grand naturaliste, c'est que, parmi tous les mammifères, dont la plupart ont aujourd'hui leurs congénères dans les pays chauds, il n'y ait pas un seul quadrumane, et que l'on n'ait pas recueilli un seul os, une seule dent de singe. »

L'existence d'un singe fossile fut pour la première fois signalée en 1836. MM. Baker et Durand décrivirent dans le journal de la Société asiatique du Bengale une demi-mâchoire supérieure d'un singe grand comme l'orang-outang et voisin des semnopithèques par sa dentition. Cette mâchoire provenait des monts Himalaya, près de Sutley.

En 1837, MM. Falconer et Cautley rencontrèrent dans l'Inde quelques autres débris de singes, appartenant à des espèces différentes de celles qu'avaient décrites MM. Baker et Durand. L'une a la taille de l'espèce vivante nommée Entelle, l'autre est plus grande.

Au commencement de la même année 1837, M. Lartet avait recueilli, non plus dans un pays que les singes habitent de nos jours, mais, chose plus curieuse, sur le sol même de la France, une mâchoire d'un singe voisin des gibbons. Ce fossile est connu sous le nom de *pliopithecus antiquus*.

Par une singulière coïncidence, pendant cette année 1837, M. Lund annonça même également la découverte de débris de singes fossiles dans le Nouveau-Monde. Il indiqua deux espèces trouvées au Brésil : l'une du genre *callithrix,* l'autre d'un genre inconnu, qu'il nomma *protopithecas,* et qui ne mesurait pas moins de quatre pieds de haut. Ces espèces appartiennent à la tribu des singes américains.

En 1839, M. Lyell signala dans le *London-Clay* du Suffolk la trouvaille des débris d'un singe que M. Owen supposait d'abord pouvoir être un macaque, *macacus eocœnus ;* mais, après un plus mûr examen, il substitua à ce premier nom celui d'*eopithecus*.

Dans son histoire des mammifères et des oiseaux fossiles, le même naturaliste figure une dent de *macacus pliocœnus* provenant de la terre à brique d'Essex.

M. Gervais a découvert à Montpellier, dans une marne d'eau douce pliocène, une pièce de l'avant-bras et des dents d'un singe qu'il décrit sous le nom de *semnopithecus monspesulanus*.

Enfin, M. Lartet a fait connaître un fragment de face, une mâchoire inférieure et un humérus de *dryopithecus Fontani,* grand singe qui rentre dans le groupe des singes supérieurs.

Au premier abord, on serait tenté de prendre certain crânes fossiles de singes pour des crânes d'homme. Mais on ne saurait s'y tromper longtemps.

Le singe mâle, même l'orang-outang, est armé de dents canines, véritables armes qu'on ne voit point chez l'homme.

Les singes fossiles, si rares jusqu'aux fouilles entreprises par M. Albert Gaudry, ont été découverts en abondance à Pikermi par ce dernier.

La séparation que notre grand naturaliste Buffon a établie entre les singes de l'ancien continent et ceux du nouveau paraît applicable, non-seulement à l'époque actuelle, mais encore aux temps passés. Les deux singes fossiles trouvés en Amérique appartiennent à la tribu des singes américains, et les diverses espèces découvertes en Europe et en Asie sont de la tribu des singes de l'ancien continent. L'espèce de Grèce, appelée par M. Gaudry *mésopithèque,* appartient aussi à cette dernière tribu, comme le prouve la forme de ses dents.

Le mésopithèque devait être moins fort que la plupart des macaques.

Il différait du magot par sa face allongée, qui ne s'abaisse pas brusquement au-dessous des frontaux par les mamelons de ses molaires, de forme moins conique, par l'absence de lobe au cinquième mamelon de sa dernière molaire inférieure, et par sa longue queue.

Il se rapprochait un peu du mangabey par sa queue, par les proportions de ses membres, et même par sa dentition.

D'après le nombre des individus recueillis, on peut supposer que les mesopithèques vivaient en troupe comme les singes actuels. Adebert affirme « qu'on ne trouve jamais parmi les guenons d'une espèce quelconque des individus d'une espèce différente. »

Puisqu'on ne rencontre à Pikermi qu'une seule espèce de singe, on doit penser qu'il en était du mésopithèque comme aujourd'hui des guenons, et que chaque troupe se composait d'individus appartenant tous à la même espèce.

Les singes vivent aujourd'hui dans des contrées où les hivers sont plus chauds qu'en Grèce ; on peut en conclure qu'à l'époque des mésopithèques la température de ce dernier pays était plus élevée que de nos jours. Plusieurs faits corroborent d'ailleurs cette supposition.

Enfin, les singes fossiles trouvés à Pikermi ne sont pas morts de vieillesse, car aucun d'eux n'a les dents très-usées ; il faut donc expliquer leur destruction par quelque bouleversement de la nature.

Un horticulteur distingué de la Ferté-Macé, M. A. Massé, nous adresse une note sur la maladie des poiriers, qui fait chaque année, en Normandie, de grands ravages dans les vergers et dans les jardins.

L'année dernière, j'ai parlé d'un essai tenté au Muséum de Paris sur les poiriers cultivés dans l'école fruitière.

Ces arbres, fortement attaqués par l'*ecidium consultatus,* étaient, au mois de septembre, à peu de chose près, aussi souffrants que les poiriers de la Normandie placés dans le voisinage du *juniperus sabina*, qui, chaque printemps, se charge d'un champignons ressemblant à une gelée tremblante, désignée par les cryptogamistes sous le nom de *gymnosporanguis fuscum*.

Ce parasite apparaît dès le mois de mars sur les tiges des conifères. D'abord d'une couleur violacée et visible à l'œil nu, quand arrivent les pluies du mois d'avril et la chaleur il prend en peu d'heures un grand développement et meurt presque aussitôt après s'être couvert de milliers de sporules orangées que le moindre vent emporte sur les feuilles des poiriers.

Au bout de quinze à vingt-cinq jours, suivant la température, on voit apparaître sur la face supérieure de ces feuilles une foule de petites taches jaunes, qui acquièrent en peu de temps la grosseur d'une lentille.

Elles restent dans cet état jusqu'au mois de septembre ; alors elles prennent un bien plus grand développement à la face inférieure des feuilles des poiriers, et affectent la forme de petits mamelons, dont le sommet s'ouvre pour donner passage à une poussière très-ténue.

« Là finit l'*ecidium consultatus*. J'en ai, dit M. Massé, cueilli des sporules, qu'au printemps suivant j'ai portées sur des feuilles de poiriers, et jamais le parasite ne s'est reproduit à l'aide de ses *semences propres*, tandis qu'en inoculant les sporules du *gymnosporanguis*, je l'ai obtenu chaque fois là où je le voulais.

« Les deux germes sont mal déterminés, ou il existe une transformation naturelle que les botanistes n'ont point encore aperçue. »

« Plusieurs académiciens ont dit que l'*ecidium consultatus* était endogène, et qu'il fallait compter un peu sur le temps pour s'en débarrasser. Ces messieurs se trompent, car ce parasite est exogène, puisqu'on peut l'obtenir facilement au moyen de l'inoculation des sporules du *gymnosporanguis,* et qu'on fait même développer ce dernier au moyen d'arrosements copieux après l'avoir tenu au sec pendant cinq ou six mois.

« Au reste, une pratique suivie et une étude approfondie des deux champignons parasites m'ont donné pendant cinq années des résultats positifs sur leur manière d'être, et je crois, j'affirme même, qu'ils ne représentent qu'une seule espèce, passant par diverses phases que les cryptogamistes n'ont point encore étudiées. Il serait bon qu'il fissent des essais comparatifs, afin de bien déterminer les genres dans tous les parasites qui attaquent nos végétaux alimentaires, surtout la pomme de terre, la vigne et le poirier. »

Nouveaux procédés d'extraction du sucre. — Appareil pour l'analyse spectrale des métaux. — L'Epeire-Diadème et ses travaux.

13 novembre.

On voit figurer en ce moment à l'Exposition de Londres les produits d'une méthode d'extraction du sucre par l'emploi des alcalins substitué à l'emploi de l'acide sulfureux, enseignée par M. Melsens; elle est due à MM. Possoz et Périer.

De son côté, M. Dumas, dans la dernière séance de

l'Institut, a lu une lettre d'un de ses élèves, M. Reynoso, professeur de chimie à la Havane, qui obtient des résultats analogues d'une méthode à peu près semblable, car elle consiste à alcaliniser le *bisulfite de chaux* en excès employé jusqu'ici, au lieu de le laisser acide. On y arrive en ajoutant de la chaux.

Dans ces conditions, le nouveau procédé débarrasse le jus de certaines matières nuisibles, le décolore parfaitement, empêche les fermentations, modifie les matières qui habituellement résistent à la chaux, au noir animal, assez énergiquement pour qu'elles cèdent sans difficulté à leur action. Le sucre obtenu est très-blanc et le rendement plus considérable.

Ce traitement, suivi avec succès à la Havane pour les cannes à sucre, paraît devoir être appliqué à la betterave.

Il y aurait d'autant plus d'intérêt à l'essayer immédiatement en France, que la prochaine campagne se présente dans des conditions exceptionnellement défavorables.

Presque toutes les betteraves, dans le nord surtout, ont subi une altération particulière, une coloration brune qui fait pressentir de grandes difficultés dans l'extraction du sucre.

M. Jansen a présenté dans la même séance plusieurs appareils destinés à l'*analyse spectrale*, c'est-à-dire à l'analyse des métaux en fusion, au moyen de la décomposition de leur lumière, à l'aide de procédés d'optique dont je vous ai déjà entretenus.

La base de cette opération consiste dans la découverte de certaines raies disposées d'une certaine façon, qui apparaissent dans cette *lumière*.

Avec un de ces instruments de fort petite dimension, on peut voir le spectre solaire pour ainsi dire en tout temps, car la plus faible lumière diffuse suffit pour l'obtenir. Il devient très-facile de suivre les progrès des bandes obscures que l'atmosphère terrestre fait naître dans le spectre solaire, à mesure que cet astre descend sur l'horizon. En substituant le *spectroscope* à l'oculaire d'une lunette de quelques pouces d'ouverture, et dirigeant l'instrument sur la lune, on obtient un spectre lunaire dans lequel on peut reconnaître les raies de Fraunhofer et même quelques bandes atmosphériques terrestres.

Mais c'est surtout pour l'analyse des flammes que ce petit instrument me paraît appelé à rendre des services. Je citerai seulement comme exemple la flamme d'une bougie, dans laquelle on reconnaît de suite la raie du sodium et celles que donne le gaz oxyde de carbone en brûlant dans l'oxygène.

Tandis que l'Académie des sciences se livrait encore naguère moitié aux vacances, moitié au travail de ses séances, l'automne arrivait précipitamment, précédé de ses caractérisques avant-coureurs.

Les feuilles jaunissaient et commençaient à joncher l'herbe de leurs dépouilles marbrées d'or et de pourpre; les hirondelles devisaient de leur émigration prochaine; les insectes se hâtaient de pondre leurs œufs, qu'ils entouraient de toutes sortes d'ingénieuses précautions pour les abriter contre les pluies de l'automne et les âpres froids de l'hiver; enfin les épeires-diadème tendaient de toutes parts leurs larges filets, pour capturer plus sûrement et dévorer ces-insectes dont la mission était désormais accomplie.

Vous connaissez l'épeire-diadème, cette grosse araignée qui, dès le milieu de septembre, apparaît tout à coup par milliers dans les jardins, sur les arbres, sur les haies, sur les murs, au milieu des hautes herbes. Ses toiles, qui souvent mesurent plus de cinquante centimètres de surface, s'amarrent d'une façon ingénieuse, à l'aide de câbles, à des branches ou à un point d'appui souvent distant de quatre ou cinq mètres. Dans l'avenue Frochot, j'ai vu une de ces amarres fixée au haut d'un toit et maintenant une toile qui touchait au sol.

Comment l'épeire parvient-elle à diriger un fil de cette étendue jusqu'à sa destination? De quelle façon s'y prend-elle, soit pour le hisser, soit pour le descendre? Le problème reste encore sans solution, quoique les entomologistes se consacrent depuis bien des années à l'étudier avec une patience que, seule, peut donner et faire excuser l'insurmontable passion de l'histoire naturelle.

Les uns veulent que les épeires s'aident du vent pour se balancer au bout de leur fil, augmenter graduellement les oscillations de ce pendule, et amener ainsi l'amarre où elles veulent l'attacher. D'autres se demandent si les araignées ne lancent pas ce fil comme des flèches. Hélas ! l'un et l'autre de ces procédés paraissent irréalisables, quand on songe à la rapidité avec laquelle les toiles apparaissent par centaines, le matin, là où la veille au soir on n'en apercevait aucune trace.

Le fait est que les épeires-diadème ne travaillent que la nuit et font en quelques heures leur besogne fantastique, sans qu'on ait encore deviné leur secret.

Tout ce qu'on en peut savoir, c'est qu'elles luttent

avec les plus habiles mathématiciens par la manière dont elles placent leurs filets, dont elles en calculent l'élasticité et la résistance nécessaires pour qu'ils ne se brisent point, soit par la violence du vent, soit par les mouvements et la tension des branches qui les supportent.

L'année dernière, j'ai passé huit jours à la campagne avec un des plus brillants élèves de l'Ecole polytechnique. Nous coupions les points d'appui et les amarres des toiles d'épeires, et créions ainsi aux pauvres bêtes des difficultés de combinaisons que nous nous avouions nous-mêmes incapables de résoudre, malgré des études longues et sérieuses.

Le lendemain matin, nous trouvions la toile de l'épeire solidement amarrée au moyen d'un calcul ingénieux et hardi à faire dépiter mon savant compagnon.

Comme trop de mathématiciens, l'épeire-diadème se montre rogue, entêtée et singulièrement susceptible sur le point d'honneur. Il ne faut pas qu'une voisine touche à sa toile, ou même s'en approche de trop près et de façon à intercepter les insectes au passage, car on voit la propriétaire dont l'imprudente lèse les intérêts se jeter sur la toile qui la gêne, la mettre en pièces, en dévorer les lambeaux et poursuivre violemment la propriétaire dépossédée. Souvent celle-ci, exaspérée, se rue sur son ennemie, et il s'engage entre elles un combat qui rappelle les combats des *rétiaires* que les Romains faisaient s'attaquer dans le cirque avec des filets.

Elles se lancent l'une sur l'autre, souvent à trois ou

quatre centimètres de distance, un rets visqueux, toujours mortel pour celle qu'il atteint, car il lui enveloppe instantanément, invinciblement, le corps et les pattes, en paralyse les mouvements et la livre sans défense à son ennemie. Celle-ci se jette sur elle, ajoute d'autres filets aux filets qui déjà enlacent sa victime et la dévore gloutonnement sur place. On voit alors l'aranéophage grossir, grossir et doubler de taille à vue d'œil, après quoi elle fait un effort, crève sa peau devenue trop étroite, s'en dépouille comme on se dépouille d'un vêtement désormais inutile, s'en retourne sur sa toile, et s'y enferme pour digérer sa voisine, dans une tente soyeuse formée à l'aide de feuilles ployées en demi-cercle et entourées de tissus.

Dans un mois il ne restera plus trace de cette armée d'épeires qui foisonnent partout, à la ville comme dans les champs. Que deviennent-elles? S'enterrent-elles pour passer, engourdies, dans quelque abri sûr, l'hiver, le printemps et l'été? Meurent-elles aux premiers froids, laissant à leurs œufs le soin de reproduire l'espèce à neuf mois de là? En ce cas, où déposent-elles la solide bourse de soie qui renferme ces œufs, et qu'on ne parvient à découvrir nulle part? Il y a encore là un de ces innombrables mystères contre lesquels se brisent l'intelligence et la curiosité de l'homme. Hélas! le doigt divin n'a pas laissé de trace que sur le sable, et imposé aux mers seules le : *ne transieris ampliùs.*

Nouveau système de décortication. — Appareil à mesurer la vitesse du son. — Les buveurs d'eau. — M. Grimaud de Caux. — Le carbonate de chaux. — Maladie singulière des ablettes de la Seine et de la Marne.

20 novembre.

Nous ne saurions nous empêcher de signaler une nouvelle manière de faire qui pénètre peu à peu dans les habitudes de l'Académie des sciences, et qui consiste à présenter et à louer des résultats surtout industriels, sans indiquer par quels moyens on obtient ces résultats.

L'autre jour, il s'agissait de la cémentation du fer, lundi dernier, de légumes décortiqués chimiquement par un procédé prompt et économique.

L'Académie des sciences ne saurait, sans perdre de sa dignité, tolérer des réclames de cette nature. Elle se refuse avec raison à s'occuper de mémoires déjà imprimés. Pourquoi laisserait-elle prôner, sous son patronage et sans garantie, des procédés que la spéculation garde secrets et se dispose à exploiter?

M. Kœnig ne fait point, lui, mystère du mécanisme d'un instrument d'acoustique destiné à mesurer la vitesse du son à petites distances.

Cet appareil repose sur le principe des coïncidences. Il consiste essentiellement dans un diapason de dix vibrations maintenu en mouvement par un électro-aimant, et communiquant avec deux compteurs intercalés dans le même circuit, lesquels, par conséquent, battent simultanément les dixièmes de seconde, sous l'influence de l'interrupteur. Les battements des deux compteurs coïncident pour l'oreille lorsqu'ils sont tout près l'un de l'autre, se séparent et s'entremêlent lorsque les compteurs sont éloignés, et coïncident de nouveau toutes les fois que les distances des compteurs à l'observateur sont des multiples exacts de l'espace que le son franchit dans un dixième de seconde, et qui est de trente-trois mètres environ. En constatant ces coïncidences, on a donc un moyen de réaliser des mesures de la vitesse du son dans un espace relativement petit.

Un des progrès caractéristiques de notre époque, c'est qu'on s'y occupe de l'eau pour le moins autant que du vin.

Sans imiter les Sociétés de tempérance anglaises et américaines, qui veulent empêcher leurs adeptes d'approcher les lèvres de tout autre liquide que l'eau, on commence à voir, en France, le vin prendre sur nos tables une place plus restreinte. Pour notre part, nous comptons parmi nos connaissances de nombreux et véritables gourmets d'eau. En la dégustant, ils distinguent parfaitement si elle est filtrée ou si elle ne l'est pas, et et si elle provient d'une fontaine, d'un puits, de la Marne, de la Seine ou du canal de l'Ourcq.

La moindre altération, la moindre sophistication ne saurait leur échapper ; ils sont de force à lutter avec ces dégustateurs brevetés de la halle au vin, chargés, un jour, de dire leur sentiment sur un produit des meilleurs crûs de Bourgogne. Le premier indiqua le lieu et l'année de la récolte ; le second, après mûr examen, déclara que le vin sentait le cuir, et le troisième que le même vin portait avec lui un arrière-goût de fer. On mit sur-le-champ le vin en bouteilles et on trouva au fond du tonneau une très-petite clef attachée à un cordon de cuir encore plus petit que la clef.

Il y a pour l'eau des appréciateurs aussi habiles.

Vous comprenez l'intérêt que prend dès lors un mémoire de M. Grimaud de Caux sur la présence du carbonate de chaux dans les eaux livrées à la consommation.

D'après lui, le carbonate de chaux uni à l'eau, loin d'être nécessaire, n'est même pas innocent, comme on le professe trop généralement, et il craint que ces sels calcaires, même en petite quantité, ne puissent produire de nombreux accidents.

Ces craintes ne sont pas les seules que doivent inspirer les eaux qui baignent Paris.

Une maladie étrange, évidemment accidentelle, quoique déjà connue dans d'autres parties de la France, décime en ce moment les *ables,* nommées par les pêcheurs *ablettes*, et qui peuplent en abondance la Seine et la Marne. En parcourant les berges de ces grands cours d'eau et en regardant avec attention, on y découvre un grand nombre de ces jolis petits poissons, gisant, quoique vivants encore, parmi les hautes herbes de la rive, où on peut les ramasser à la main.

Si l'on observe un peu la surface de l'eau, on ne tarde point à voir de ces malheureuses ablettes tournoyer à la surface, en décrivant des cercles dont le diamètre va diminuant de plus en plus, flotter agonisantes et venir s'échouer sur le sable, où elles se débattent en proie à une agonie convulsive.

Pour connaître la cause de cette mort entourée de tant d'angoisses, il suffit d'ouvrir une des ablettes.

On trouve dans le corps du petit poisson un ou deux longs vers tellement gros, que le corps de la plupart des ablettes en est déformé par de fortes saillies. Ces vers ne se logent pas dans les boyaux de l'able, mais autour de ses organes principaux, tels que le tube intestinal et les lobes du foie. Parfois ils s'engagent tellement dans les replis du mésentère (replis de la membrane qui tapisse la cavité abdominale), qu'on ne parvient pas sans peine à les en détacher.

Ces vers se nomment *ligules.*

Les naturalistes qui, les premiers, avaient observé les ligules, prétendaient qu'elles étaient des larves se développant dans le corps des poissons, et qui, pour parvenir à leur état complet, devaient, au sortir du corps d'un poisson, être avalées par des oiseaux aquatiques. Bloch, Abilguard et Rudolphi professaient cette singulière doctrine, acceptée, comme tant d'autres, sans vérification, par tous les ouvrages d'histoire naturelle et d'helminthologie.

Or, des observations fort bien faites par M. Brullé, de Dijon, dont j'ai d'ailleurs constaté l'exactitude, et que vous pouvez vérifier vous-même avec un peu de patience et d'attention, démontrent que les ligules enfantent des petits vivants et sont, par conséquent, vivipares.

Vous trouverez des ligules de toutes grandeurs dans le corps des ablettes, et si le hasard, cette providence des observateurs, vous sert bien, vous verrez de petites ligules longues d'un ou deux millimètres et semblables à des dauphins microscopiques sortir d'une poche génératrice, avec une grosse tête et une courte queue.

Les ligules abandonnent le corps des ablettes qu'elles ont tuées quand ce corps commence à entrer en décomposition. Que deviennent-elles alors? meurent-elles? regagnent-elles les eaux pour y faire d'autres victimes? J'en ai placé quelques-unes dans un vase plein d'eau, et je les ai trouvées, le lendemain, mortes et mêmes à demi-décomposées.

La ligule mangée par l'homme peut-elle devenir nuisible pour lui? Nous ne le pensons pas; cependant nous engageons les amateurs de friture à y regarder d'un peu près.

Disons en terminant que si les ablettes figurent avantageusement dans la poêle des restaurateurs riverains de la Seine, elles servent encore à la fabrication des perles fausses, un des grands *articles* de la fabrique de Paris.

La base de leurs écailles et la capacité de leur ventre et de leur poitrine, les replis de leurs intestins (parties où, soit dit en passant, vivent les ligules) contiennent une matière nacrée appelée dans le commerce *essence d'Orient.*

Pour obtenir l'essence d'Orient, on écaille les *ables* avec un couteau peu tranchant au-dessus d'un baquet rempli d'eau bien pure.

On jette ensuite cette eau, salie d'ordinaire par le sang et les muqueuses des poissons, et on lave les écailles dans un tamis clair placé au-dessus du baquet qui a déjà servi.

L'essence d'Orient passe seule et se précipite au fond.

Elle se présente alors sous la forme d'une masse gluante, d'un blanc bleuâtre très-brillant.

Après avoir purifié de nouveau ce résidu, on le suspend dans une dissolution clarifiée de colle de poisson, on en verse une goutte dans chaque bulle de verre destinée à devenir une perle et on l'y étend en agitant la bulle dans tous les sens ; on sèche ensuite rapidement, à l'aide d'une forte chaleur, ces enduits, que l'on finit par consolider avec de la cire fondue.

On obtient parfois ainsi des perles tellement bien imitées qu'un bijoutier expert peut seul les distinguer des véritables.

Madame la duchesse de Berry possédait un collier de perles d'une beauté merveilleuse et d'un prix immense, que lui avait offert le roi de Naples, et devant la splendeur duquel s'extasièrent successivement les cours des rois Louis XVIII et Charles X.

En 1830, la princesse exilée proposa à un marchand de diamants de Vienne de lui acheter ce collier.

Le marchand constata que les perles étaient fausses, et qu'un habile voleur avait substitué des perles fausses aux perles véritables, sans que jamais personne eût soupçonné ni cet échange ni l'époque à laquelle il avait été commis.

L'esclavage au moyen âge et particulièrement à Marseille.

27 novembre.

L'esclavage, grâce à Dieu, n'est plus dans la société moderne qu'une anomalie, dont la tache honteuse s'efface chaque jour de plus en plus, et ne tardera point à disparaître tout à fait.

Au moyen âge, et jusqu'à une époque assez voisine de la nôtre, puisque Molière en parle comme d'une chose connue de tous, dans *l'Avare*, *le Sicilien* et *les Fourberies*, cette loi cruelle et antichrétienne se trouvait adoptée sans scrupule par l'Europe entière, et paraissait si juste et si naturelle, qu'il n'était point jusqu'aux prêtres catholiques français qui ne possédassent des esclaves.

Notez bien que je n'entends point parler de la classe que nos vieux coutumiers désignent par le nom de *serfs* et *mainmorte de corps*, mais bien de véritables esclaves achetés, vendus, échangés comme des bêtes de somme.

Dans un travail fort érudit, M. Montreuil a publié, il y a quelque temps, des documents d'un grand intérêt sur l'esclavage à Marseille vers le treizième siècle.

Lors des invasions des tribus germaniques contre les Gaulois, au cinquième siècle, le nombre des esclaves était déjà considérable chez ces dernier, et leurs invasions l'accrurent encore.

En outre, celui qui élevait un enfant délaissé était maître de le classer, soit comme personne libre, soit comme esclave. Les Constitutions de Constantin et d'Honorius, dans le Code théodosien, lui donnaient ce droit, et le second concile d'Arles, se conformant aux usages de l'époque, décréta que la personne qui possédait l'enfant pouvait le traiter comme esclave si elle le jugeait à propos.

Le commerce, qui amenait un grand nombre d'esclaves étrangers à Marseille, y maintint l'esclavage plus longtemps que dans les autres provinces; c'est donc là qu'il faut l'étudier.

Le monument le plus ancien qui parle d'une manière positive de l'esclavage à Marseille est la *Vie de saint Bonnet,* préfet de Marseille, au milieu du septième siècle. Un passage de cette biographie, recueillie par les Bollandistes et écrite deux siècles après la mort du prélat, montre l'esclavage sous deux états différents : d'abord comme condition d'une certaine classe de personnes (*servi originarii*), ensuite comme pénalité infligée pour crimes et délits (les *servi pœnæ* de la législation romaine).

Il est dit, en effet, dans cette histoire, que saint Bonnet, dès qu'on l'investit de la judicature, s'abstint de condamner les coupables à la peine de l'exil et de l'esclavage, interdit le commerce des esclaves, racheta ceux qu'on exposait en vente, et leur rendit la liberté.

Cet exemple resta sans influence sur les mœurs générales de Marseille, car, le 13 juin 923, Manassès, archevêque d'Arles, concédait à Drogon, évêque de Marseille, les abbayes de Saint-Gervais et de Saint-André pour nourrir et vêtir les enfants de son Église *esclaves et libres* (*servi ac liberi*).

Au treizième siècle, l'esclavage florissait en institution enracinée dans les mœurs marseillaises, et le trafic des esclaves se trouvait frappé d'un impôt comme les autres branches du commerce.

L'état des droits municipaux, directs et indirects, rédigé en 1228, sous le podestat Maratius de Saint-Nazaire, contient un pasage d'où il résulte que le trésor public de la cité recevait douze deniers par esclave de l'un ou de l'autre sexe vendu plus de cinq livres, et six deniers pour ceux dont le prix de vente n'atteignait pas cent sols.

Les riches bourgeois marseillais possédaient des esclaves, et les archives publiques, et surtout les anciennes minutes de notaires du quatorzième siècle et du commencement du quinzième contiennent une grande quantité d'actes qui touchent à l'état des esclaves de l'un et de l'autre sexe.

Ces esclaves provenaient d'une double origine. Les uns, principalement ceux du sexe masculin, étaient capturés dans les courses de guerre autorisées en vertu des lettres de marque que la commune délivrait contre ses ennemis. On les vendait à l'encan et aux conditions les plus avantageuses pour le propriétaire. Ainsi, par exemple, en 1372, après une expédition maritime de ce genre, entreprise de concert par divers armateurs marseillais, l'un des associés, Giraud Lurdi, patron du navire, eut dans son lot « deux esclaves (*una sclava et un sclav*), avec quarante quintaux de fer en barre, une pièce de drap, vingt livres de gingembre et autres marchandises. »

La plupart des contrats maritimes prévoyaient et réglaient le cas de captures des esclaves et des prisonniers.

Dans un acte du 18 août 1388, par lequel le pape, la reine Marie et le roi Louis nolisèrent quatre galères appartenant à Adhémar de Brucini, chevalier de Saint-Jean de Jérusalem, pour armer en guerre contre leurs ennemis, la *charte-partie* déterminait la part de chacun aux prises.

Si l'on capturait un ennemi qui pût se racheter pour une rançon de mille florins, le captif devait échoir au lot du pape, de la reine et du roi; si le prisonnier ne pouvait fournir qu'une rançon inférieure, celle-ci était partagée également entre les parties contractantes, à moins que le pape, la reine et roi ne préférassent garder le captif pour leur compte, en indemnisant les autres parties.

Quant aux femmes, on les vendait et on les achetait sur toutes les côtes de Barbarie et de Syrie, où les négociants de Marseille les acquéraient pour les revendre avec bénéfice.

C'étaient des Turques, des Mauresques et surtout des Grecques, car dans plusieurs actes le mot *Grecque* (*Greca*) est employé comme synonyme d'esclave.

Hommes et femmes, à leur arrivée en France, perdaient leur nom musulman. On leur donnait un nom chrétien, sous la garantie du baptême, et on les livrait ensuite au bon plaisir de leur nouveau propriétaire.

Dans certains actes, on vendait l'esclave tel quel, sans aucune garantie de ses vices cachés ou apparents; le vendeur ne répondait que de la légalité de l'esclavage.

Dans les autres, au contraire, la vente n'avait lieu

que sous la garantie de certains vices rédhibitoires; c'étaient la folie (*fantasia*) et l'épilepsie (*malum caducum*).

L'acheteur pouvait exiger que la femme vendue fût bien constituée, *bene formata et bene membrata* ; enfin les notaires usaient, pour la vente des esclaves, d'une forme identique à la vente des animaux. La propriété d'un homme ou d'une femme se transmettait par les mêmes moyens que celle d'un cheval ou d'une ânesse.

Le prix d'un esclave mâle variait de 16 livres royales à 25 florins d'or.

La livre était de 20 sous d'argent; elle contenait 29 grammes 373 milligrammes d'argent fin, ou 7 fr. 50 c.

Le florin d'or de *Regina* valait 32 sous d'argent; il contenait 3 grammes 128 milligrammes d'or pur. Il représentait 10 fr. 77 c. de notre monnaie actuelle.

En 1345, une esclave, commune à deux propriétaires, âgée de vingt-cinq à trente ans, d'origine tartare, se vendit 42 florins d'or. La même année, une autre esclave de même provenance, âgée de vingt-quatre ans, atteignit 50 florins. Elle provenait d'une succession. L'acte se signa dans l'église Saint-Antoine; *un des frères de l'Ordre* y assistait en qualité de témoin.

Les femmes figurent au moins dans une proportion de soixante-quinze dans les transactions sur les esclaves. Presque toutes sont âgées de quinze à trente ans.

Le maître possédait un droit de propriété tellement étendu qu'il était autorisé à poursuivre, par toutes sortes de moyens, son esclave fugitif, et à le revendiquer entre les mains de tous détenteurs et possesseurs. Les statuts de Marseille allouaient deux deniers au crieur public chargé de publier à son de trompe la fuite d'un esclave.

On se sent un peu consolé en pensant que parfois on affranchissait les esclaves soit par un acte entre-vifs, soit par testament, sans constituer, comme dans l'antiquité, une classe intermédiaire d'affranchis entre les esclaves et les homme libres.

Les affranchissements entre-vifs se faisaient sans intervention du magistrat; il suffisait d'une simple déclaration devant un notaire, qui dressait les clauses de l'*afranquimentum*. L'esclave, à genoux, entendait lire par le notaire l'acte qui contenait le don de sa liberté, après quoi le maître tendait la main à son esclave et le déclarait libre.

La plupart des actes confèrent la liberté immédiatement; dans d'autres, l'affranchissement ne doit produire son effet qu'après un certain délai ou sous certaines conditions.

Le 12 juin 1372, dame Raynaude Ode, veuve de Raymond Ode, pour se conformer aux intentions bienveillantes de son mari, donne la liberté à Jean de Brindisi, son esclave, à la condition de servir encore pendant un an. Le même jour, Jean de Brindisi épouse Hugonette, fille d'Étienne Garin, reçoit en dot une pièce de terre de quatre carterées, sise au camp de Mantel, territoire de la ville supérieure, et quinze livres royales en argent. Plus tard, le fils de ce même Jean de Brindisi devint un des personnages les plus importants de la cité; on le voit figurer au nombre des membres du conseil municipal.

Dans un autre acte du 10 avril 1394, Pierre Fabri affranchit son esclave, amené tout enfant des côtes de la Tartarie, et de suite, le nouvel affranchi, en reconnaissance du bienfait qu'il vient de recevoir, s'engage à servir son maître pendant quatre ans encore.

A l'expiration de ce délai, le 12 avril 1398, Pierre Fabri se déclare satisfait des services qui lui ont été rendus et ratifie l'affranchissement concédé dans l'acte primitif.

L'affranchisement par acte de dernière volonté était un legs de liberté fait à l'esclave dans une clause du testament. L'esclave devenait libre, soit au moment où l'acte testamentaire sortissait effet, soit après un certain délai déterminé par le testateur.

Quelquefois la clause testamentaire contenait en outre une libéralité en faveur de l'esclave affranchi.

En lisant ces lignes, on accuse de barbarie nos aïeux. Et cependant pareilles choses se passent en Amérique, de nos jours, et semblent toutes naturelles à ceux qui les voient s'accomplir sous leurs yeux!

Un ptérodactyle emplumé. — Les végétaux de la région des neiges. — Amour des plantes pour leur pays natal. — Le canal Saint-Martin. — Ch. Léclancher.

29 novembre.

On vient de découvrir en Bavière, à Solenhofen, dans une carrière d'ardoise, une grande plaque portant l'empreinte d'un squelette fossile d'un caractère curieux, et qui appartient à une espèce d'animal jusqu'ici inconnue aux paléontologistes.

Ce squelette, auquel manquent le crâne, le col et deux pattes, se compose d'ossements semblables, sinon pareils, aux ossements du ptérodactyle.

Le ptérodactyle est, on le sait, une sorte de dragon volant, fossile, avec des ailes membraneuses, comme la chauve-souris; sa tête, emmanchée au bout d'un long col qu'on dirait un serpent, se termine par un vaste museau armé de dents aiguës.

Le bassin, les ailes, les vertèbres de l'animal de Solenhofen sont intacts, surtout les vertèbres de la queue, au nombre de dix-neuf; elles se terminent par une vingtième, plus petite, au rebours de la queue des oiseaux, qui ne compte au plus que cinq à dix vertèbres allant toujours en grossissant.

Or, à ces vertèbres, ou plutôt à cette queue, sont fixées des plumes, et de longues rémiges couvrent les ailes.

Voici donc un saurien recouvert de plumes!

Le naturaliste hanovrien Wagner donne au singulier fossile le nom de *grisphosaure* (saurien-énigme).

Assurément, cette découverte d'un être qui vivait il y a tant de siècles présente à l'imagination un sujet profond de rêverie. Toutefois la nature, sans cesse inépuisable et nouvelle dans ses merveilles et dans ses fécondités, n'est pas, de nos jours, moins riche et moins surprenante :

Je ne veux, pour en témoigner...

comme disait la Fontaine, que les végétaux qui naissent, vivent, fleurissent, se fécondent, produisent des graines, mûrissent, meurent et se reproduisent dans les régions des neiges éternelles du Mont-Blanc.

M. Venanco-Payot publie, au sujet de la flore, des *Grands-Mulets*, c'est-à-dire de la partie la plus élevée du Mont-Blanc, un mémoire d'un vif intérêt.

Les rochers qu'on nomme les *Grands-Mulets* (inférieur et supérieur) s'élèvent au-dessus du niveau de la mer à 3,455 mètres d'après Pictet, et à 3,050 d'après Martins.

Vus de Chamounix, ils paraissent former une ligne non interrompue. Toutefois, cette illusion disparaît aussitôt qu'on s'élève sur une hauteur quelconque du versant opposé. On constate alors qu'un glacier les sépare : de là la dénomination de *rocher inférieur* et *supérieur*.

Le massif du *rocher supérieur* s'élève, en maximum, à environ 100 mètres au-dessus de la surface du glacier des Bossons et des Taconnaz, et se dirige à peu près du nord au sud.

La composition géologique du *rocher inférieur* est un schiste cristallin légèrement *chloriteux*, à couches verticales, se dirigeant, comme l'autre massif, à peu près du nord au sud.

L'aiguille du *rocher supérieur* se compose de schiste cristallin, dans lequel se trouvent de nombreuses alternances d'*amphibolite*, substance minérale à cristaux d'un vert foncé, ou de *diorite*, roche de formation ignée.

Malgré leurs pentes abruptes, verticales, dénuées de terre, la végétation se cramponne aux moindres fissures de ces rochers, pour se soustraire aux violences des vents du sud et du sud-ouest, qui les empêchent de prendre racine sur le revers.

La température sur les *Mulets*, au mois d'août et à l'ombre, est ordinairement de neuf degrés au-dessous de zéro, et en plein air de onze degrés.

Jusqu'ici, on a recueilli dans ces lieux étranges vingt-six espèces de mousses, deux d'hépathiques, trente de lichens, presque tous saxicoles, et vingt-quatre sortes de plantes vasculaires.

Parmi ces dernières, on remarque la *cardamine*, la *potentille*, des *saxifrages*, des *chrysanthèmes* et plusieurs *graminées*, surtout des *fétuques*.

La cardamine du Mont-Blanc (*bellidifolia*) a, dans les lieux humides des environs de Paris, un frère dont l'aspect rappelle beaucoup le sien, et qu'on nomme *cresson des prés*.

Vivace, à tige verticale haute d'un pied, feuillue, il se couronne de fleurs purpurines assez grandes, portées par de longs pédoncules et disposées en corymbes, c'est-à-dire en bouquets.

La cardamine jouit, on ne sait trop pourquoi, de la réputation d'annoncer aux pêcheurs l'époque où les saumons remontent les rivières.

Castel, dans son poëme des plantes, chante gravement cette vertu de la cardamine :

> Sitôt que dans les prés s'élève le cresson,
> De la mer, à l'envi, franchissant la barrière,
> Les saumons, en sautant, remontent la rivière.

En Écosse, la légende s'est emparée de cette croyance, vraie ou fausse, et elle raconte que le saint roi Canut, grand amateur de pêche, gisait malade sur son lit depuis près d'un an. Or, ce qui l'affligeait le plus, c'était de ne pouvoir jeter la ligne ou poursuivre dans l'eau le saumon à coups de trident, comme on le fait encore aujourd'hui.

Un matin, un page qu'il ne connaissait point entra dans la chambre où Canut gémissait, étendu sur un lit de peaux de bêtes fauves; broya une plante qu'il tenait à la main, en versa le jus dans une coupe et le présenta au malade, en lui prescrivant, par un geste, de boire cette liqueur.

Le roi obéit, et, à peine eut-il touché de ses lèvres la coupe, qu'il se sentit pour ainsi dire renaître. Aussi supplia-t-il le page mystérieux de remplir une seconde fois le vase de cette potion bienfaisante.

Le page sourit, étendit deux ailes blanches, s'envola dans les airs pour retourner aux cieux, et en disparaissant jeta sur le lit de Canut une plante de cresson des prés.

Il n'est pas besoin de dire que le roi désormais but du jus de cardamine du matin au soir, *a matutina usque ad noctem*, guérit promptement et se remit bientôt plus que jamais à pêcher... du poisson, bien entendu.

Depuis ce miracle, les pêcheurs ne manquent jamais de placer à leur coiffure une branche de cardamine quand ils se mettent en quête de saumon. En agissant ainsi, ils honorent le roi Canut et ils espèrent s'assurer une bonne pêche.

Un duvet épais et chaud recouvre les feuilles des chrysanthèmes des régions des neiges. Dieu leur a donné ce bon vêtement ouaté pour préserver les pauvrettes contre les rigueurs de l'atmosphère et du sol. Mais, hélas! les graminées ne jouissent pas du même privilége; aussi présentent-elles un aspect chétif et rabougri qui leur donne un caractère tout particulier.

Comment leurs graines sont-elles venues dans ces

lieux sauvages et glacés? Comment leur espèce s'y perpétue-t-elle, *quamvis frigore perpetuo urantur*, quoique un froid perpétuel les *brûle*, comme dit Justin en parlant des Scythes? Nul n'en sait rien, et voici un fait que je soumets aux botanistes.

Un de mes amis rapporta, l'année dernière, une dizaine de touffes d'*agrostide des rochers*, provenant du Mont-Blanc. Il avait enlevé soigneusement avec leurs racines tout entières ces plantes robustes et vivaces, en laissant la terre qui entourait ces racines parfaitement intacte; enfin il rapporta le tout à Berlin, dans un linge humide.

A peine arrivé, il planta les agrostides dans son jardin et les plaça dans les meilleures conditions du monde, à l'abri du vent, dans un terrain à la fois caillouteux et fertile.

Hélas! il vit bientôt ces agrostides jaunir, languir, dépérir et se dessécher. Il leur fallait pour vivre un froid de dix degrés, l'eau glacée qui parfois coule sous la neige, l'air pauvre et rare de la montagne, et un sol durci et gelé. Aussi celles qui résistaient depuis longtemps à des conditions si misérables ne tardèrent point à mourir, entourées de soins, dans un climat tempéré et sous un ciel relativement doux!

Cet ami est le même auquel est arrivée l'aventure suivante :

Il y a quatorze ans, George S..., jeune médecin, devenu aujourd'hui un des plus savants entomologistes de l'Allemagne, se trouvait à Paris au moment de nos plus cruelles guerres civiles.

Au sortir de l'hôpital Saint-Louis, où il suivait la clinique du docteur Cazenave, les insurgés, qui voulaient s'assurer les secours d'un chirurgien, le firent prisonnier. Or, comme le pauvre garçon n'entendait rien à l'art d'extraire les balles et de faire une amputation, on attribua au mauvais vouloir son ignorance et sa maladresse, et on finit par le jeter bel et bien dans le canal Saint-Martin, d'où grâce à Dieu, il parvint à s'échapper à la nage, au milieu des balles qu'échangeaient l'armée et les insurgés.

Je n'ai pas besoin de vous dire que, du jour où les voies de communication redevinrent libres, George S... repartit en toute hâte pour sa petite principauté natale, fort peu soucieux de s'exposer de nouveau aux risques des guerres civiles de la France.

Or George S... entra hier à l'improviste dans mon cabinet, et j'eus d'abord quelque peine à reconnaître l'étudiant d'autrefois dans le savant un peu chauve, la boutonnière surchargée de huit ou dix rubans d'ordres étrangers et accompagné d'une jeune femme et de deux enfants.

La jeune femme resplendissait de cette beauté sans rivale des Allemandes quand elles se piquent d'être belles. Sa luxuriante chevelure d'un blond cendré, et sa démarche exotique, rappelaient à la fois Marguerite et Mignon. Quant aux enfants, une mère anglaise en eût été jalouse, et cependant je ne sais rien de plus adorable que les enfants anglais, si ce n'est toutefois les enfants maures.

Tandis que les deux petits espiègles, d'abord intimidés par *mademoiselle Mine*, mon joli maki de Madagascar, s'apprivoisaient et se mettaient à jouer avec elle, leur mère n'avait pas assez de ses deux grands yeux bleus pour regarder la collection d'ethnographie qui tapisse mon cabinet de travail et ma bibliothèque. Une Française n'y eût vu que des objets bizarres et peut-être mal plaisants; Greetchen non-seulement comprenait leur valeur, mais encore connaissait l'origine de la plupart de ces armes et de ces costumes provenant de l'Asie, de l'Océanie, des deux Amériques, des côtes et de l'intérieur de l'Afrique.

Quant à Georges et moi, après nous être affectueusement embrassés, nous devisions entomologie.

— Mon ami, me dit-il après m'avoir longuement exposé ses nombreuses découvertes sur les mœurs des insectes, étude à laquelle il se consacre exclusivement, savez-vous quel quartier de Paris je compte revoir et visiter le premier?

— Le Muséum, sans doute?

— Non pas; le canal Saint-Martin, où j'ai failli si bel et si bien me noyer il y a quatorze ans.

Je ne pus retenir un sourire, et je répondis :

— Eh bien, je veux vous acompagner dans cette visite.

Et, quelques minutes après, une voiture découverte emmenait Georges, sa femme, leurs enfants et votre serviteur vers le canal Saint-Martin. J'avais donné ordre au cocher de prendre par le boulevard et de s'arrêter à la rue du Faubourg-du-Temple.

— Nous voici arrivés, dis-je au docteur qui ouvrait démesurément les yeux.

— Mais c'est le canal Saint-Martin que je voulais revoir, et ces lieux ne lui ressemblent guère.

— Vous voyez cependant le canal Saint-Martin.

— Quelle plaisanterie ! Je me trouve au milieu d'un large boulevard planté d'arbres, avec des squares de distance en distance.

— Mon ami, répliquai-je, si vous tenez à toutes forces à revoir le canal Saint-Martin, il faut descendre dans le souterrain dont voici l'ouverture et monter sur ce bateau.

— Je savais bien que les Français étaient des magiciens, dit-il en riant et un peu revenu de sa surprise, mais je ne les croyais point, je l'avoue, capables d'improviser de pareils prodiges.

— Vous en verrez bien d'autres, ajoutai-je en présentant mon bras à madame S..., tandis que son mari prenait les deux enfants par la main pour les aider à descendre les marches du souterrain et à monter sur un bateau prêt à faire la traversée.

Assurément, on ne saurait voir un spectacle plus merveilleux que celui qui frappa nos regards. Une série de véritables ogives de lumières formées par les rayons du soleil qui tombaient à travers les puits ménagés de distance en distance, offrirent à nos regards, d'abord devant le bateau, ensuite par derrière, une illumination sans exemple, une véritable perspective de feu.

Joignez à cela les nuages de la machine à vapeur, qui se brisant contre une voûte vaste et sombre, s'échappaient en tourbillons à travers les larges ouvertures ménagées çà et là, et je puis vous assurer que rien de pareil n'avait jamais frappé les regards de mes étrangers.

— Les canaux de Saint-Denis et de Saint-Martin, leur dis-je, abrégent de vingt-neuf kilomètres le trajet par la Seine entre Saint-Denis et le pont d'Austerlitz. On ordonna l'exécution de ces canaux en 1802, dans le but d'éviter les difficultés que présentait, à cette époque, la navigation de la Seine dans l'intérieur de Paris. La dérivation de l'Ourcq, qui amène à vingt six mètres au-dessus du niveau de la Seine une partie des eaux nécessaires aux besoins des habitants de la capitale, alimente ces canaux.

« En 1860, la ville de Paris, devenue propriétaire de la concession du canal Saint-Martin, résolut de faire voûter, comme vous le voyez, la partie comprise entre la rue de la Tour et la place de la Bastille, c'est-à-dire sur un parcours de dix-huit cents mètres. Sans compter les crimes et les accidents qui chaque jour, ou plutôt chaque nuit, se commettaient dans ce canal à fleur d'eau, il gênait singulièrement la circulation et empêchait le développement de la capitale au milieu de ce quartier sauvage et dangereux ; enfin les ponts tournants, presque toujours ouverts pour le passage des bateaux, rendaient la plupart du temps impossible aux voitures et aux piétons le passage du canal.

« Le magnifique travail dont je vous parle s'est exécuté sous la direction de MM. Belgrand et Rozat de Mandcs, ingénieurs en chef des ponts et chaussées ; il est achevé depuis environ un an.

« La voûte mesure quinze mètres de largeur sur quatre mètres d'élévation. A la hauteur du boulevard du Prince-

Eugène, où nous voici arrivés, le souterrain forme, vous le voyez, une courbe de trois cent cinquante mètres de rayon. Des puits ménagés de soixante mètres en soixante mètres, rendent le souterrain assez clair pour qu'on puisse lire sous tous les points de son parcours.

« La traction des bateaux se faisait autrefois par des hommes. La ville de Paris renonce à ce moyen lent et insuffisant ; elle a établi entre la rue du Temple et la Seine un système de remorque à vapeur sur chaîne noyée dû à M. Bouquié, ingénieur belge.

« Dans ce système, la chaîne, au lieu de s'enrouler plusieurs fois sur deux tambours placés au centre du bateau, prend son point d'appui sur une roue spéciale placée sur le côté. La roue reçoit ainsi directement l'action de la machine sans l'intermédiaire d'engrenages.

« L'ensemble des dispositions mécaniques de ce bateau offre une grande simplicité et de sérieux avantages au point de vue de l'utilisation de la force motrice.

« La dimension de quelques bateaux de la Seine ne leur permettait pas d'entrer dans les écluses du canal Saint-Martin avec leurs gouvernails, et le remorquage de ces bateaux présentait de grandes difficultés ; on les a levées par l'emploi d'un *bateau-frein* placé à l'arrière des trains de bateaux.

« Ce bateau-frein porte une poulie à empreintes, sur laquelle on fait repasser la chaîne ; lorsque à l'aide d'un frein on empêche la poulie à empreintes de tourner, elle prend un point d'appui sur la chaîne, qui se tend alors à l'arrière et permet de modérer ou d'arrêter la vitesse des bateaux remorqués, constamment ainsi maintenus entre deux points.

« Enfin, un signal électrique, de l'invention de M. Robert Houdin, avertit le remorqueur de se rendre à l'extrémité du canal quand des bateaux à remorquer y stationnent.

« Le service de hallage offrait cet inconvénient, qu'il fallait que le remorqueur allât incessamment d'une station à l'autre, même sans utilité, sous peine de voir les bateaux remorqueurs faire une station trop prolongée à l'une des extrémités de ce trajet.

« M. Huet, ingénieur des ponts et chaussées, chargé de la direction de l'exploitation du canal, frappé de cet inconvénient, et pour y porter remède, eut l'idée d'établir sur cette ligne des communications électriques, afin d'appeler le remorqueur lorsque les besoins du service l'exigeraient. Il s'adressa à M. Robert Houdin, qui organisa le service suivant :

« Sur la muraille du pont de chacune des deux stations, et en face de l'endroit où s'arrête le toueur, se trouve un disque de trente centimètres de diamètre au-dessus duquel pend une cloche.

« Le toueur est-il à la station du Temple, et le service exige-t-il qu'il revienne à la station de l'Arsenal? L'éclusier de cette dernière station envoie à son confrère un double signal : en même temps que la cloche résonne e disque se divise en huit segments noirs et en autant de segment blancs.

« Pour apprendre à l'éclusier que ces signaux ont été transmis, un petit disque de la grandeur d'une pièce de deux francs, placé devant ses yeux, s'agite, frappe autant de coups que le marteau de la sonnerie opposée et ne s'arrête qu'au moment où le bateau se met en marche pour revenir.

« Si quelque accident survenait dans les fils électriques, l'immobilité du petit disque avertirait l'éclusier qu'il ne doit pas compter sur les signaux. »

Comme j'achevais de parler, nous touchions au terme de notre excursion.

— Georges, m'écriai-je, levez la tête et regardez bien. Savez-vous sous quel monument vous passez en ce moment avec tant de sécurité?

— Je ne m'en doute pas, répliqua-t-il.

— Nous passons sous la place de la Bastille, et la colonne de Juillet surplombe sur nos têtes.

Je vous ai souvent entretenu de la violence de la passion que l'étude de l'histoire naturelle développe chez ses adeptes.

Un chirurgien de la marine française que la science vient de perdre, vous en fournira de nouveaux exemples.

Charles Léclancher, né de parents français, en 1804 à Alexandrie, dans le royaume de Piémont, avait perdu de bonne heure son père. Pauvre, isolé, forcé de se frayer un chemin à travers les obstacles et les mécomptes de la vie, il devint insensiblement mélancolique, peu communicatif et d'un commerce difficile. Il n'aimait qu'une seule chose, l'histoire naturelle, mais il l'aimait autant qu'on peut l'aimer, c'est-à-dire avec une sorte de frénésie.

Parti pour les Antilles sur la *Belle-Gabrielle*, puis pour l'océan Atlantique à bord de la *Favorite*, il combla de ses dons le Muséum de Paris, qui lui doit des objets aussi nombreux que précieux de minéralogie, de conchyliologie, d'erpétologie, d'entomologie et de mammologie, entre autres deux orangs d'aspect nouveau.

Il fit la campagne d'Algérie, partit ensuite pour stationner sur les côtes occidentales de l'Afrique, visita l'Islande et s'embarqua avec la *Vénus* pour un voyage de circumnavigation.

« J'ai vu, dit-il, en allant de Valparaiso à Lima, un combat entre une baleine et un espadon. On me fit remarquer un grand mouvement dans la mer, à un quart de lieue de nous environ : c'était une baleine qui frappait l'eau avec sa queue ; elle était poursuivie par plusieurs grands poissons d'au moins douze à quinze pieds de long, qui la harcelaient : ils s'élançaient hors de l'eau et retombaient, le museau piqué dans le corps de la baleine; il y en eut un qui, après être retombé, resta la queue en l'air en se balançant pour se dégager. Cette bataille dura une demi-minute à peu près; la baleine plongea, reparut plus loin, et était toujours poursuivie.

« Je demandai à plusieurs matelots du bord, qui ont fait la pêche de la baleine, s'ils avaient vu de semblables combats. Brasseur, le chef de la hune de misaine, qui est harponneur et patron de pirogue, m'a dit que les baleiniers appellent ces poissons des *tueurs* (killers); qu'ils se réunissent en troupe pour attaquer une baleine; qu'ils ont la forme d'un marsouin, avec l'extrémité du museau garnie d'une longue pointe ; que leur gueule est armée d'un très-grand nombre de petites dents recourbées, et que, lorsqu'ils ont tué une baleine, ils en mangent la langue, qui, comme on sait, est très-grosse. »

J'arrive aux actes de fol héroïsme scientifiques de Léclancher :

« J'étais sur la côte occidentale du Mexique; je venais de tirer une aigrette que je voyais sur un îlot couvert de palétuviers ; je l'avais seulement blessée : je me mis à la nage, portant mon fusil au-dessus de ma tête. Parvenu à terre, j'allais tirer mon second coup, quand un caïman de sept à huit pieds de long sauta dans l'eau à quelques pas de moi. Je ne l'avais pas aperçu ; il était couché parmi les racines des palétuviers. Je voulais avoir mon aigrette : je fis le tour des broussailles; bientôt j'avisai des caïmans au nombre de huit ou dix, dont le plus rapproché n'était pas à vingt pas de moi ; j'étais entièrement nu ; je n'avais dans mon fusil qu'un coup chargé à plomb. Je tirai l'animal le plus voisin en visant à la tête, au niveau de l'œil : partout ailleurs le plomb ne pouvait rien produire; la maudite bête ne parut pas seulement avoir été touchée, et toute la compagnie sauta dans l'eau.

Il me fallait repasser à la nage pour reprendre mes habits et charger mon fusil; à la première traversée, je n'avais pas songé aux crocodiles, mais pour celle-ci j'étais certain qu'il y en avait, et beaucoup, à quelques pas de moi. Il n'y avait pourtant pas à balancer ; je me mis à l'eau avec mon fusil et mon aigrette, que je portais d'une main au-dessus de ma tête, nageant de l'autre et des pieds, le plus vite possible ; j'arrivai sans encombre à l'autre bord, heureux d'en être quitte à si bon marché, sauf un peu de peur. J'avais failli être mangé, mais je possédais mon aigrette. »

Arrivé aux îles Marquises, Léclancher risqua de nouveau sa vie pour une coquille.

« Le 7 août, j'ai fait ma dernière promenade à l'île Christine, et peu s'en est fallu que ce ne fût la dernière de toute ma vie. Débarqué avec mon fusil et mon attirail de chasse sur des rochers qui forment un des côtés de la baie, je voulais aller tuer quelques oiseaux sur la montagne, lorsque, en marchant sur le bord de la mer, cherchant un endroit commode par où je pourrais monter, j'aperçus quelques coquilles assez jolies, attachées aux pierres. Je posai mon fusil, ma carnassière, et descendis sur une roche creuse en dessous ; ne voulant pas me mouiller, je me retirais de quelques pas lorsque la mer venait la battre.

« Je faisais ce manége depuis un moment, lorsqu'une lame sourde, qui montait doucement, s'éleva tout à coup de sept à huit pieds, passa par-dessus ma tête, me culbuta et m'arracha, en se retirant, de la roche où je me cramponnais de toute mes forces, m'entraîna, me roula je ne sais combien de fois au fond, à vingt pieds du rivage, et me poussa enfin sous la roche creuse. J'avais beau lutter, je ne gagnais rien ; l'idée me vint de plonger au large, et je sortis enfin de l'abîme à dix pas du bord, en dehors de la première lame où le ressac était moins fort. Il était grand temps, car j'étais à bout d'haleine et n'en pouvais plus. Je continuai en nageant à m'écarter un peu du ressac et à chercher un endroit où je pourrais monter aisément; ce que je fis le plus promptement possible, comme on le pense bien; j'en ai été quitte pour faire sécher mes habits et pour la perte de mon couteau et des coquilles que j'avais dans la main.

« Si je n'avais pas nagé et surtout plongé aussi bien que je suis habitué de le faire, j'aurais été infailliblement noyé et emporté hors de la rade; on n'eût trouvé que mon fusil et ma carnassière. »

Ce n'est pas seulement de ses propres aventures que Léclancher parle dans les notes manuscrites qu'il a laissées; il y donne de curieux détails sur les lieux qu'il a visités et sur les phénomènes dont il a été le témoin.

« Le 5 février, à quinze lieues sous le vent de Mascate, la mer était couverte, jusqu'à l'horizon et par bancs immenses, d'une sorte de peinture d'ocre ou de vermillon, très-épaisse à la surface de l'eau, plus diluée en dessous. Après en avoir recueilli dans un filet de canevas, je vis que ce phénomène était dû à la présence d'une immense quantité de petits globules rouges, enveloppés d'une légère couche de matière d'apparence albumineuse; ces globules ressemblaient à des œufs de poisson. Mais je ne crois pas qu'il soit possible que tant d'œufs soit réunis; j'ai pensé que ce devaient être des animalcules qui se développent dans cette saison. J'en ai conservé dans l'alcool pour être examinés en France, n'ayant à bord ni loupe très-forte ni microscope.

« Déjà, au mois de mars 1839, au cap de Bonne-Espérance, lors de la relâche de la frégate la *Vénus*, j'avais observé, pendant deux jours, le même phénomène, et M. de Tessan en a rendu compte à l'Académie des sciences de Paris.

« Chaque fois que ces bancs rouges étaient traversés par la corvette, on était désagréablement affecté par une odeur analogue, mais beaucoup plus intense, à celle que répandent de larges surfaces de vase pendant les chaleurs de l'été.

« Le soir, la mer était d'une phosphorescence prodigieuse; la carène de la *Favorite* était tout illuminée; et dans ses balancements, quoique légers, elle était entourée d'une large et brillante auréole de lumière un peu verdâtre.

« Dès le 31 janvier, jour de notre départ de Bender-Abassi, le même phénomène s'était montré le matin jusque vers midi, et avait disparu à l'arrivée de la brise; mais, comme nous étions à l'ancre, l'odeur était tellement infecte, que je crus devoir faire, dans l'entre-pont et le carré des officiers, une fumigation avec le chlorure de chaux.

« Le 6 février, dans la journée, une faible brise se faisant sentir, je n'ai aperçu aucun globule rouge à la surface de la mer; mais vers une heure il y eut calme plat, et bientôt la mer devint presque entièrement rouge; à la nuit, la même phosphorescence que la veille se fit remarquer autour de la corvette. »

Son séjour aux îles Sandwich et le récit d'un bain qu'il y prend sont fort amusants.

« Comme on m'avait vu fumer en passant, une femme m'offrit du feu pour allumer ma pipe. Il y en avait environ une quinzaine, avec quelques hommes et des enfants ; je m'assis et fumai ma pipe entouré de tout ce monde-là ; j'y restai environ un quart d'heure ; puis elles allèrent se baigner et me firent signe d'en faire autant, ce qui ne fut pas long, et je sautai à l'eau au milieu de ces femmes, hommes et enfants ; tout cela nage parfaitement bien. La blancheur de ma peau contrastait singulièrement avec la couleur cuivrée de toute la population qui nageait autour de moi et plongeait au fond pour me chercher des coquilles, comme ils avaient vu que je le faisais.

« Leur grand plaisir, au bain, est d'aller jusque dans les brisants en traînant une planche longue de six pieds, large de deux pieds et demi, et assez épaisse pour supporter le poids d'un homme sans enfoncer. Lorsque l'on est arrivé à l'entrée des brisants, on se met sur la planche, et on nage de manière à la repousser en avant, en la maintenant le bout à la lame, et lorsqu'il en vient une bien grosse, on se couche sur la planche, et on se laisse emporter presque jusqu'à terre par la lame, qui vous y pousse avec une rapidité prodigieuse, et puis l'on recommence. Ils me prêtèrent aussi une planche, et je fis comme les autres ; c'était à qui me donnerait la sienne.

« Ce sont de bien bonnes et honnêtes gens que ceux de Watité. J'avais laissé au bord de l'eau mes habits, ma montre, mon argent, ma pipe, etc., tous objets faits pour les tenter; on ne toucha à rien

« Après le bain, je revins m'asseoir avec tout le monde; je fumai encore, et toutes les femmes fumèrent dans ma pipe; nous étions assis en rond par terre; et lorsque l'une d'elles avait fumé une gorgée, une autre femme prenait la pipe, tirait sa bouffée, puis la passait à une autre, et ainsi de suite, jusqu'à ce qu'elle me revînt, pour recommencer de même.

« Elles étaient rieuses et charmées de fumer ainsi dans ma pipe. Je riais de leurs grimaces et de les voir rire; nous étions tous joyeux et contents. Je leur fis à chacune une cigarette en papier, pleine de tabac, chos qu'elles ne connaissaient point, je crois, et nous fumâmes tous si bien que mon sac à tabac se trouva vidé entièrement. Elles m'offrirent du taro cuit, de l'eau et du poisson cru, dans lequel elles mordaient à pleines dents et de bon appétit. Je fis usage du taro et de l'eau, mais, pour le poisson, je n'en voulus pas. »

Terminons ces citations par une réception de la reine Pomaré :

« La reine nous reçut dans une grande case, isolée des autres habitations, et située au milieu d'une cour que l'on avait recouverte d'herbe sèche, ainsi que le plancher de la case. Celle-ci est un grand ovale d'environ quarante pieds de longueur, fait en bambous placés à trois pouces les uns des autres, de manière que l'air circule librement. La charpente du toit est également en bambous, attachés très-proprement et avec beaucoup d'art au moyen de petites tresses d'écorce de bourre de coco. Au milieu de la case était étendue une grande natte, sur laquelle on avait placé quelques chaises de formes diverses venant probablement de chez les missionnaires. La reine seule avait un fauteuil; son mari était sur une chaise, à sa droite; le commandant était à sa gauche, avec M. Mœrenhaut, nommé de la veille consul français, et nous autres étions assis autour de la natte. Derrière nous se tenaient accroupis à terre les chefs de l'île, et derrière la reine ses sœurs et d'autres femmes.

« Le commandant adressa à la reine un long discours en anglais, que l'un des missionnaires présents lui traduisait à mesure. N'entendant que très-imparfaitement l'anglais, je n'y ai rien compris; mais ce que j'ai cru voir, c'est que tout cela n'amusait que très-médiocrement la reine; si bien qu'au beau milieu de la conférence, elle quitta son fauteuil pour s'accroupir à terre, à la mode du pays, et, sans plus de façon, elle se mit à donner à téter à son moutard. Quand le commandant eut terminé son discours, nous nous en allâmes en défilant devant la reine, et en lui donnant chacun une poignée de main. Une masse de peuple nous avait suivis et regardait la scène à travers les bambous. »

Seule, jusqu'à ce jour, la *Société Linnéenne de Normandie* a consacré quelques pages de ses mémoires aux travaux inédits de Léclancher. Il serait à désirer que le ministère de la marine fît recueillir et publier des documents précieux pour l'histoire naturelle. Les hommes qui se consacrent à cette science avec tant d'abnégation et de dévouement, en dehors de toute pensée personnelle, ne sont point, hélas! nombreux. On leur doit, après leur mort, une publicité qu'ils n'ont point recherchée pendant leur vie. A eux surtout doit s'appliquer cette pensée de l'Évangile : *Les derniers seront les premiers.*

Le Muséum de Paris a reçu, le 16 novembre, le plus beau convoi d'animaux vivants qui lui soit arrivé depuis 1822, alors que le célèbre naturaliste Delalande lui amena du cap de Bonne-Espérance plus de deux cents spécimens des animaux de la côte occidentale et de l'intérieur de l'Afrique.

Ce convoi se compose de dons des deux rois de Siam, de dons offerts par diverses personnes, et d'achats faits pendant le voyage.

L'Empereur, sur la demande de M. Rouland, ministre de l'instruction publique, par décret du 8 novembre 1861, ouvrit un crédit de 10,000 francs au Muséum, pour mener à fin l'expédition scientifique dont il s'agit.

De son côté, le Muséum confia la délicate mission de recevoir les animaux et de les amener de Siam en France à un de ses naturalistes-peintres, M. Bocourt. On lui donna pour aide M. Royer, employé à la ménagerie. Tous deux partirent le 21 septembre 1861.

Malgré les soins dévoués prodigués aux animaux pendant une longue traversée, malgré la rare intelligence mise en œuvre pour les emménager, comme nous le prévoyions, une certaine quantité d'entre eux a péri en route. Toutefois, ces pertes sont beaucoup moins nombreuses et moins importantes qu'on ne devait le supposer. Pour s'en convaincre il suffit de comparer la liste des dons des rois de Siam et la liste des animaux arrivés dimanche.

Les dons des rois de Siam se composent de deux magnifiques éléphants de neuf à dix ans, de trois macaques blonds d'une espèce que nous n'avons pu déterminer à un premier examen, de trois genettes d'espèce nouvelle et familières comme des petits chats, et de quatre porcs-épics. Deux francolins, un coq sauvage Bankiva, des tourterelles, des pigeons et deux petits chevaux noirs ont été immédiatement envoyés en don au Jardin d'Acclimatation.

On remarque encore un axis d'espèce nouvelle et jaspé de taches plus blanches, plus grandes et d'une forme caractéristique qu'on ne retrouve pas chez l'axis de l'Inde, et un cerf de Duvaucelle, dont Cuvier n'avait pu établir l'espèce que d'après une paire de cornes faisant partie des collections du Muséum.

Viennent ensuite deux crocodiles de deux mètres de long, une grue antigone, la première qui arrive vivante en Europe, un ibis leucon, presque aussi rare, une biche voisine du cerf-cochon, mais qui en diffère par les proportions de sa taille, encore plus petite; enfin, deux gibbons.

Les gibbons sont de grands singes noirs, sans queue, à joues blanches et d'une extrême rareté. Déjà familiers avec leur nouvelle cage, ils s'y livrent aux plus gais ébats, et savent parfaitement tendre la patte aux curieux.

L'un d'eux est un excellent jongleur; il jette en l'air une noisette, la fait bondir d'une main à l'autre, la rattrape dans la bouche, la souffle en l'air, et paraît charmé qu'on apprécie et qu'on loue son adresse.

Les dons reçus, chemin faisant, par l'expédition, se composent d'abord d'un faisan opifère et d'un chat domestique, dont la queue se termine en forme de *grecque*. Le P. la Renaudie, missionnaire à Bangkok, à qui l'on doit ces deux animaux, affirme que la singulière anomalie de la queue du chat est non-seulement naturelle, mais encore commune à la plupart des chats cochinchinois.

Deux pélicans ont été donnés par M. d'Istria, consul à Bangkok, et un tigre royal, qu'ont pris adulte des Annamites, a été offert par l'amiral Bonnard.

Chemin faisant, M. Bocourt a fait acquisition d'un orang de cinq à six mois, destiné à remplacer celui qui est mort il y a huit jours au Muséum, d'une antilope de Smering, de plusieurs gazelles, de cinq chevrotins de Java, hauts de vingt centimètres tout au plus, de trois écureuils bruns à queue blanche, d'un tamia et d'un chat-huant d'espèce encore indéterminée.

M. Milne-Edwards vient en outre de faire au Havre l'acquisition de deux jeunes panthères et d'un guépard d'Afrique.

Disons, en passant, que des dons tels que le Muséum vient d'en recevoir lui sont d'autant plus nécessaires que, depuis 1848, il n'existe à son budget, pour l'achat d'animaux vivants, qu'un crédit dérisoire de *dix-sept cents francs*.

DÉCEMBRE

Dantan jeune et la Malibran. — Comme quoi il ne faut pas toujours se fier aux femmes. — Rentoilage des tableaux et des fresques. — Barilli et Mi-Bémol. — Brazier.

1er décembre.

Un jour, madame Malibran visitait l'atelier de Dantan jeune : la célèbre cantatrice, qu'avait beaucoup amusée la collection des caricatures en plâtre du statuaire, voulut absolument qu'il fît sa charge. En vain celui-ci résista-t-il de toutes ses forces ; il lui fallut finir par céder, car la jeune femme, avec une ténacité d'enfant, pria, supplia, ordonna, se fâcha même. Si bien que Dantan, malgré sa profonde répugnance, prit un ébauchoir, et, en quelques instants, fit une tête grotesque qui ressemblait d'une façon à la fois exacte et bouffonne aux traits plus poétiques que réguliers de celle qui nous charmait et nous émouvait tant alors dans *Otello*, dans la *Semiramide* et dans *Il Barbiere*.

Quand elle se trouva face à face avec cette figurine, elle rougit, elle pâlit, elle voulut rire, mais son dépit était évident.

Dantan, doué, on le sait, d'une faculté d'improvisation qui tient du prodige, reprit son ébauchoir, et, presque aussi vite que je le raconte, fit de la malencontreuse caricature le petit buste si frappant de ressemblance, dont il fut moulé des milliers d'exemplaires, et qui rappelle avec tant de vérité à ceux qui l'ont aimée et qui la pleurent encore, la grande artiste morte jeune, dans tout l'éclat de son talent et dans toute la force de son génie.

J'ai vu l'autre jour au Louvre quelque chose qui m'a fait souvenir de cette transfiguration instantanée de la charge de Marie Malibran : j'ai vu la restauration de la *Naissance de la Vierge* de Murillo.

Bien peu de personnes savent par quels procédés d'une audacieuse simplicité on enlève les tableaux des toiles et des panneaux sur lesquels ils ont été peints primitivement, pour les reporter ensuite sur des toiles ou des panneaux nouveaux.

On commence par attacher sur le tableau, à l'aide d'une colle dans la préparation de laquelle entre beaucoup d'ail, une soie écrue et d'une extrême finesse. Vingt-quatre heures après, sur cette soie parfaitement séchée, on met une feuille de papier sans colle, et on continue ainsi jusqu'à ce que la peinture se trouve recouverte d'une épaisse couche de carton.

Ceci fait, une table parfaitement lisse reçoit le tableau couché sur sa face cartonnée. Là, on le maintient à l'aide de bandes de papier ou de toiles agglutinées, de façon à le rendre parfaitement immobile.

Plus tard, à l'aide d'une scie et d'un rabot, si l'on a affaire à un panneau, on enlève le bois jusqu'à ce qu'on arrive près de la peinture; aux outils succèdent ensuite des grattoirs maniés avec une dextérité et des précautions extrêmes.

— Quand il s'agit d'une toile, on la mouille et on la détache, soit par petits lambeaux, soit fil à fil.

Il ne reste plus alors qu'une pellicule mince à faire peur et couverte d'une couche grisâtre. Cette couche enlevée, on distingue nettement les coups de crayon, les préparations de l'ébauche et ce que les artistes nomment des *repentirs*, c'est-à-dire les tâtonnements de l'esquisse.

La couche grisâtre provient de la préparation primitive de la toile. Faite, on le sait, avec du blanc d'Espagne délayé dans de l'eau encollée, on en recouvre préalablement les toiles ou les panneaux, pour atténuer les petites inégalités de la surface et faciliter l'action du pinceau.

A l'aide d'une substance qui se dessèche rapidement, on applique, sur la pellicule mise à nu, une autre toile ou un autre panneau, et on les foule à l'aide d'un pesant cylindre qui les fait adhérer sur tous les points à la peinture.

Douze ou quinze jours après, on détache de la table l'œuvre rentoilée, on mouille, à l'aide d'une éponge, le cartonnage qui se détache avec une extrême facilité, enfin il ne reste plus qu'à laver la toile et qu'à la vernir.

Notez bien que les fresques elles-mêmes peuvent se détacher ainsi des murs sur lesquels on les a peintes primitivement et passer ensuite sur une toile. On les recouvre, comme les tableaux ordinaires, d'un cartonnage. Au moyen de ciseaux et de divers autres outils, on taille, on creuse et on amincit la pierre qui a reçu la fresque ; on arrive ainsi jusqu'à la pellicule de la couleur, bien plus friable que celle des tableaux ordinaires, parce que l'huile n'entre pour rien dans sa préparation. A mesure que l'on avance de quelques centimètres, on roule le cartonnage.

Que de précautions il faut prendre ! Que de craintes doivent faire battre le cœur des artistes qui se dévouent à exécuter ces opérations dangereuses, sans lesquelles néanmoins périraient à jamais tant de chefs-d'œuvre ! Cependant, à l'aide de patience, d'adresse et de persévérance, on arrive presque infailliblement à se rendre maître de la fresque, et une fois qu'elle a quitté le mur natal, on la transpose sur toile avec autant de facilité qu'une simple peinture à l'huile.

Le dévernissage a longtemps été traité de profanation quand il s'attaquait aux vieux tableaux des grands maîtres.

Ceux du Louvre recevaient, tous les cinq ou six ans, à tour de rôle, une couche d'un affreux mélange de térébenthine et de gomme. Ils avaient fini par prendre une couleur brune que certains fanatiques admiraient comme la patine que l'action de l'air, de l'humidité et du temps dépose sur les bronzes antiques.

Certes, il a fallu du courage et une profonde conviction pour attaquer en face et pour prendre par les cornes un préjugé aussi général.

On l'a fait hardiment et carrément, comme nous aimons qu'on fasse les choses.

Un matin, les tableaux de Rubens, débarrassés de

leur triple ou quadruple couche de vernis grossier, ont apparu jeunes, frais, purs, ainsi qu'ils devaient l'être au sortir de l'atelier du maître flamand. Comme justification et preuve de conviction dans ce procès entre le droit et l'abus,on avait laissé çà et là sur les toiles de larges plaques des vernis anciens. Par ce fait seul, le procès était jugé.

L'enlevage du vernis se fait au moyen du frottement des doigts. Ce frottement transforme le vernis en écailles blanchâtres qui tombent ensuite en poussière. Le vernis résiste-t-il au frottement, on emploie une préparation à base d'ammoniaque. Le tableau commence par devenir complétement terne, et presque invisible. Peu à peu il renaît, semblable au phénix sorti de ses cendres. Passez-moi cette vieille et vulgaire comparaison qui, toutefois, rend bien l'espèce de métamorphose que subit une toile dévernie et revernie avec habileté.

Il y aurait à craindre que les frottements et les lavages alcalins n'enlevassent ces fines touches, ces frottis légers, ces glacis imperceptibles, ces vaporeuses teintes, par lesquels l'artiste donne la dernière perfection à son travail, au moment de s'en séparer. *Ultima verba.*

En compagnie de notre ami le baron Wappers, assurément le juge le plus compétent et le plus impartial en pareille matière, nous avons vu de nos yeux, et même touché de nos doigts, le *Miracle des Anges* et la *Naissance de la Vierge* de Murillo. Il ne manquait pas à ces deux chefs-d'œuvre une seule parcelle de la couleur qu'y avait déposée le pinceau de l'artiste espagnol. Mais cependant la *Naissance de la Vierge* a subi une opération bien autrement redoutable que le dévernissage ; on l'a débarrassé des repeints.

La plupart des chefs-d'œuvre italiens et espagnols nous arrivent honteusement falsifiés. Une audacieuse ignorance, un esprit de vertige inexplicable, les a presque toujours profanés. Dans ce cas, il faut leur appliquer un remède héroïque et en baigner la surface d'alcool. La peinture primitive résiste, la superfétation disparaît et reste attachée au tampon qui passe sur sa surface menteuse.

Ce n'est pas sans émotion et sans anxiété, je vous l'assure, qu'on voit entreprendre ce travail périlleux. A mesure qu'il avançait, le tableau changeait d'aspect ; les draperies lourdes et ajoutées s'en allaient en fumée, *seu fumus in aura;* le ciel se débarrassait de nuages lourds pour montrer un outremer pur et une atmosphère éclatante, enfin tout un bras armé d'un bourdon et assez bêtement emmanché s'évanouissait et rendait à la figure primitive sa grâce, sa force et sa naïveté. Jamais changement à vue de théâtre n'a opéré de magie semblable.

Tels sont des travaux qui, pour les profanes, tiennent du fantastique, dont la donnée paraît impossible, et qui cependant s'accomplissent chaque jour avec une sécurité d'exécution presque voisine de l'infaillibilité.

Tout à l'heure j'ai prononcé le nom de la Malibran, laissez-moi vous parler maintenant d'une autre cantatrice aussi chère à l'art.

Il y a juste aujourd'hui cinquante-quatre ans que

Marie-Anne Barilli débutait dans la salle Louvois.

N'est-il point juste d'évoquer de temps en temps le souvenir des grands chanteurs qui ont illustré la scène, puisque ce souvenir est tout ce qui reste de leur gloire?

Personne n'a plus de droit à cette évocation du passé que madame Barilli, née à Dresde, le 18 octobre 1780. Son père, Bondini, était Italien. Il dirigeait le théâtre de Prague avec succès, lorsqu'un incendie vint tout à coup dévorer la salle, les magasins, les costumes et les partitions de l'impresario. De l'aisance et de l'espoir de la fortune Bondini passa brusquement, dans une seule nuit, à la misère la plus profonde et la plus décourageante.

Après avoir rassemblé quelques misérables ressources, dues surtout à la commisération qu'il inspirait, il repartit avec sa nombreuse famille pour l'Italie, afin de s'y engager comme artiste, de gagner quelque argent, et de revenir ensuite tenter de nouveau la fortune en Allemagne.

Dieu réservait à la jeune Marie-Anne d'autres épreuves et d'autres malheurs. Les souffrances et les privations de la pauvreté sont presque toujours l'initiation indispensable du talent. Bondini mourut dans la traversée, et ce fut orpheline et sans ressources que la jeune fille, ou plutôt l'enfant, mit le pied sur le sol italien.

Elle ne perdit pas courage. Arrivée à Bologne, elle alla trouver le professeur Sartorini, alors célèbre dans toute l'Italie, et dont elle avait entendu souvent parler par son père. Sartorini accueillit d'abord assez mal cette enfant, d'une beauté fort médiocre, qui ne s'exprimait qu'en italien germanique, et, par-dessus le marché, qui se trouvait escortée d'une mère malade et de frères en bas âge. Elle ne se découragea point et supplia le professeur au moins de l'entendre. Quand celui-ci eut reconnu à quelle voix admirable et à quelle organisation musicale il avait affaire, il changea de manières à l'égard de mademoiselle Bondini, devint pour elle un protecteur dévoué, et l'initia aux secrets de son art et aux admirables traditions laissées par Farinelli et par son école.

Marie-Anne puisa près de Sartorini la pureté de goût, l'exécution brillante qui plus tard excitèrent tant d'enthousiasme en Italie et en France.

Comme elle achevait son éducation, elle rencontra chez le professeur une basse déjà célèbre, quoique fort jeune encore : c'était Luigi Barilli.

Barilli ne tarda point à apprécier les excellentes qualités de la jeune fille et à l'aimer ; il demanda sa main et l'obtint. Chose assez bizarre ! une des clauses du contrat de mariage imposée par mademoiselle Bondini fut que son mari ne l'obligerait jamais à paraître sur un théâtre.

Barilli était amoureux ; il signa tout ce qu'on voulut et emmena sa femme à Paris, où l'appelait un riche engagement à l'Opéra-Buffa, comme on disait en 1805.

Tandis que son mari se montrait non-seulement un admirable chanteur, mais encore un admirable comédien dans *le Cantatrice villane, la Prova d'un opera seria, Gli Virtuosi ambulanti, Gli Nemici generosi, Il Matrimonio segreto, la Griselida,* et qu'il déployait tour à tour le même talent en remplissant des rôles bouffons et des rôles dramatiques, madame Barilli, de son côté, se faisait entendre dans quelques concerts.

Elle excita un enthousiasme si grand, qu'il triompha de son extrême timidité, timidité que ne contribuait pas médiocrement à lui inspirer la conscience de son peu de beauté.

Insensiblement, néanmoins, elle se familiarisa avec l'idée de paraître sur la scène, et, malgré la fameuse clause de son contrat de mariage, elle signa un engagement avec la direction du Théâtre-Italien. Sur le désir que lui en exprima lui-même l'empereur Napoléon, elle débuta, le 14 janvier 1807, à la salle Louvois, par le rôle de Clorinda dans les *Due Gemelli* de Guglielmi

L'Empereur l'applaudit plusieurs fois, et l'on sait qu'il était exquis connaisseur en musique. L'impératrice Joséphine lui envoya la parure qu'elle portait le soir même de la représentation. Enfin Paër écrivit ou du moins retoucha pour elle sa partition de *la Griselida.*

On ne saurait plus, de nos jours, se former une idée des transports fanatiques qu'excita, sans interruption, la Barilli depuis ses débuts jusqu'en 1813, époque où la mort vint tout à coup la frapper à la fleur de l'âge et dans toute la force de son talent.

Cette mort causa un deuil général à Paris. Madame Barilli était une femme remarquable par sa douceur, par l'élévation de son caractère, par l'irréprochable régularité de sa conduite. Séveliuge, journaliste de quelque renom à cette époque, écrivait dans *le Rideau levé,* « C'était une femme incomparable ; le ciel a envié la moderne Cécile à la terre; elle a été réunie au chœur des anges pour chanter les louanges de l'Éternel. »

Un autre contemporain, M. Audiffret, trace de madame Barilli le portrait suivant :

« Si sa taille un peu ramassée manquait d'élégance, si ses traits étaient dépourvus de noblesse, la nature l'avait dédommagée par un assemblage très-rare de qualités non moins essentielles. Sa physionomie intéressante exprimait la douceur et la décence; sa voix, d'une justesse incomparable, brillait aussi par une facilité étonnante, perfectionnée par une admirable méthode. Madame Barilli n'avait pas moins de droit à l'estime publique par la régularité de ses mœurs, par ses vertus privées et par sa modeste bienfaisance. »

Bientôt de nouveaux malheurs frappèrent Barilli. Devenu un des quatre administrateurs du Théâtre-Italien, la direction fit faillite et le ruina. Il avait trois enfants ; tous les trois succombèrent lentement à la plus cruelle, à la plus inexorable des maladies, à la phthisie pulmonaire.

Tant de coups ne pouvaient manquer d'altérer la santé et d'affaiblir les moyens du célèbre chanteur. Aussi, dès lors, parut-il rarement sur la scène. Les spectateurs, qui ne savaient pas quels chagrins avaient brisé le cœur du pauvre *buffo cantante*, se demandaient avec étonnement ce qu'étaient devenus sa voix puissante et pure, sa verve et son entrain.

Barilli, en perdant sa femme et ses enfants, avait perdu l'amour de l'art. Quand l'Opéra-Italien fut réinstallé à la salle Louvois, il accepta le titre de régisseur, et remplit ces obscures fonctions sans murmurer et avec une laborieuse exactitude. Pendant quatre années il ne sortit du logement qu'il occupait dans la salle même que pour remplir sur la scène les devoirs de sa nouvelle profession. Sombre, taciturne, brusque, quoique bienveillant, il ne supportait d'autre société que celle de son chien *Mi-Bémol*.

Ce chien était un carlin que l'impératrice Joséphine avait donné à madame Barilli. L'âge n'avait rien ajouté de gracieux à son museau, naturellement refrogné, et il devait à un monstrueux embonpoint une tournure des plus grotesques.

En dépit de sa corpulence et de son humeur, chagrine comme celle du maître, sur les talons duquel il marchait constamment, Mi-Bémol se trouvait comblé de caresses par tous les artistes du théâtre. Il ne recevait néanmoins qu'en grognant les témoignages d'affection qu'on lui prodiguait ; il n'était point de gimblettes, si fraîches et si appétissantes qu'elles fussent, qui le déterminassent à quitter d'une minute Barilli. Barilli, de son côté, ne pouvait souffrir qu'on touchât à son chien.

Plus d'une fois il l'arracha des mains des cantatrices, au grand divertissement de celles-ci.

Cependant, si l'on riait des boutades et des gronderies du pauvre régisseur, on professait pour lui une profonde estime, car il consacrait une partie de ses appointements à payer en totalité les dettes qu'il avait laissées en quittant l'administration de la salle Favart, quoiqu'il ne fût responsable que d'un quart de ces dettes. Quant à la petite somme qu'il se réservait chaque mois pour vivre, la plupart du temps elle se trouvait épuisée par quelque bonne œuvre.

C'est ainsi qu'un jour, en traversant le faubourg Saint-Germain, il fut témoin de la douleur d'une famille dont on vendait les meubles; il fallait seize cents francs pour les racheter. Barilli donna tout ce qu'il avait sur lui, laissa, pour le reste, une délégation sur ses appointements et se sauva. Il lui fallut plusieurs mois de privations avant de s'acquitter de l'engagement qu'il avait pris, mais il les supporta sans mot dire. Quand ceux qu'il avait si généreusement obligés vinrent pour le remercier, il prétendit qu'il n'était point le Barilli qui avait racheté leurs meubles, les trompa par une habile scène de comédie, et les renvoya convaincus qu'ils n'avaient point vu leur bienfaiteur.

En 1820, un nouveau malheur frappa Barilli; il se cassa la jambe, et fut condamné à rester au lit pendant deux longs mois.

Ce dernier coup de la fortune ranima l'affection un peu engourdie de ses amis; on organisa pour lui une représentation à bénéfice; on voulut le faire rentrer au théâtre, et Paër et Balochi écrivirent pour lui une partition intitulée l'*Ajo nell' imbarrazzo* (*le Précepteur dans l'embarras*).

L'idée de reparaître sur le théâtre rendit Barilli fou de joie; il retrouva tout le talent de sa jeunesse, et les artistes qui devaient jouer et qui répétaient avec lui l'*Ajo nell' imbarrazzo* interrompaient souvent par leurs applaudissements leur vieux camarade ému jusqu'aux larmes.

Encore quelques jours, et il allait donc de nouveau goûter le bonheur enivrant de faire saluer par les bravos des spectateurs son talent et sa verve !

Un matin, en se levant, il se mit à son bureau pour annoncer à madame Pasta, son amie, alors à Londres, la grande nouvelle qui le faisait si heureux. Tout à coup il se sentit pris d'un étouffement et tomba pour ne plus se relever. Les émotions qu'il éprouvait depuis quelques jours l'avaient tué, en provoquant une apoplexie foudroyante.

Mi-Bémol, voyant choir son maître, se prit d'abord à pousser des cris lamentables ; puis ensuite, avec une présence d'esprit et un instinct merveilleux, il s'élança hors de la chambre, courut sur le théâtre, prit le régisseur par le pan de sa redingote et le tirailla pour l'emmener. Celui-ci, inquiet d'ailleurs de voir sans son maître, et dans cette agitation, le vieux compagnon qui ne quittait jamais d'un pas Barilli, consentit à le suivre et à l'accompagner chez le chanteur.

Celui-ci gisait sur le parquet.

Le régisseur appela au secours ; les artistes qui arrivaient pour la répétition accoururent ; on amena un médecin. Hélas ! la science ne pouvait plus rien pour le pauvre homme !

Elle ne put même rien pour Mi-Bémol, à qui personne ne prit garde d'abord, et qu'on finit par trouver en proie à de violentes convulsions et mourant aux pieds de son maître.

Barilli, grâce à sa probité et à sa charité, ne laissa pas un sou pour subvenir aux frais de son enterrement.

Il fallut que ses camarades ouvrissent une souscription afin de payer ses obsèques et de lui élever un modeste monument au cimetière de l'Est, près de la tombe de celle qu'il avait tant aimée.

On plaça les restes de Mi-Bémol dans un coin de la fosse du *buffo cantante.*

Je ne suis ni de ceux qui regrettent les diligences en face des chemins de fer, ni de ceux qui se lamentent en voyant les vieux quartiers de Paris disparaître pour faire place à de magnifiques boulevards. Cependant, si fort que j'aime la libre circulation, la salubrité, l'air et les grandes voies de communication, je ne saurais retenir un soupir en apprenant l'arrêt de mort d'une rue à laquelle se rattachent pour moi des souvenirs.

Par exemple, la rue de la Barillerie, qu'en ce moment on efface de la carte de Paris, m'a causé quelque peu de cette émotion involontaire.

C'est dans la rue de la Barillerie que j'ai rencontré, pour la dernière fois, un excellent homme, un vaudevilliste charmant, un vieil ami.

Hélas! il y a de cela déjà bien des années!

J'achetais des fleurs sur le quai, lorsqu'un bras se passa sous mon bras : c'était Brazier qui m'accostait :

— Que fais-tu là ? me demanda-t-il.

— Vous le voyez, j'achète des fleurs. Et vous, cher maître?

— Moi, mon ami, je viens revoir le théâtre où ma première pièce a été jouée.

— Le théâtre! fis-je en portant avec surprise les yeux autour de moi.

Brazier se prit à rire, et me conduisit dans la rue de la Barillerie.

— Tu ne vois point de théâtre, reprit-il, mais tu te trouves en face du lieu où il s'en élevait un, en 1791, sur les ruines d'une église dédiée à saint Barthélemy. Cette église, soit dit en passant, était l'une des plus anciennes de Paris. Elle s'enorgueillissait d'avoir pour fondateur, au neuvième siècle, le comte Eudes, et on l'a profanée jusqu'à brailler sous ses voûtes sacrées les ignobles quolibets du *Tombeau des Sans-Culottes*, du *Jugement dernier des rois* et d'*A bas la calotte!*

« Quoi qu'il en soit, elle accueillit les débuts d'une foule de jeunes comédiens, dont quelques-uns n'ont point encore aujourd'hui succombé tout à fait à la vieillesse. Deux de ces apprentis de l'art dramatique eurent, par parenthèse, bientôt jeté là les grelots de Thalie (je te parle en langue classique) pour suivre des routes bien différentes. Le premier était Barba, fort médiocre comique, qui fonda une excellente librairie; l'autre se nommait Martainville!

« J'ai vu plus d'un futur académicien apporter humblement ses pièces au directeur du théâtre de la Cité, entre autres Picard et Tissot. Il est vrai que ces pièces étaient jouées par Brunet, Tiercelin, Closel et Cartigny; Faure, de la Comédie-Française, dansait dans les pantomines.

« Que d'événements étranges se sont succédé dans

cette pauvre église, à qui on donna les noms de *Théâtre-du-Palais* et de *Cité-des-Variétés*.

« Un soir, entre autre, un auteur avait fait représenter une pièce intitulée *l'Époux républicain*. Un mari y dénonçait au comité de salut public sa femme, qu'il accusait d'être aristocrate. Un pareil acte de tendresse conjugale et de vertu de famille ne pouvait alors manquer d'obtenir le plus grand succès. Le vaudeville terminé, on demanda l'auteur : il parut, un bonnet rouge sur la tête, salua le public et dit d'une voix émue : — Citoyens, je n'ai pas eu de mérite en traçant ce petit tableau patriotique. Quand le cœur conduit la plume on fait toujours bien, et je suis sûr qu'il n'y a pas dans la salle un mari qui ne soit prêt à faire comme mon *Époux républicain*. Moi, tout le premier, si ma femme était aristocrate, je la dénoncerais.

« — Oui! oui! cria-t-on de toutes parts.

« Et une nouvelle salve d'applaudissements accueillit la harangue de cet homme.

« Baulieu, qui jouait avec tant de naïveté les *Cadet Roussel*, qu'il avait créés, se brûla la cervelle au *Théâtre-du-Palais*, pour avoir eu la fantaisie d'aborder le rôle de Mahomet dans la tragédie de Voltaire; enfin, un artiste nommé Verteuil a offert le plus effrayant exemple de fatalité qui puisse frapper un homme. »

— Verteuil? dis-je. Ce nom ne m'est pas étranger. Il me semble l'avoir entendu prononcer, il y a peu de jours, sans me rappeler bien précisément en quel lieu et en quelles circonstances.

— Verteuil était un jeune homme riche, de beaucoup

d'esprit et d'une rare beauté. Il commença par écrire de petits vaudevilles pour une actrice du théâtre de la Cité, nommée Rose, qu'il aimait éperdument, et il finit par jouer lui-même ses pièces. Aussi faisait-il la fortune de la direction, et tout Paris accourait-il admirer l'auteur-acteur.

« Un matin, Verteuil arriva à la répétition le cou enveloppé d'une cravate de laine. Il se plaignait d'un violent mal de gorge. Le soir, il ne put achever de jouer la pièce dans laquelle il remplissait le rôle principal ; la voix lui avait manqué complétement.

« Cette indisposition, qui paraissait d'abord sans gravité, ne tarda point à devenir incurable. Verteuil prit courageusement son parti d'une si cruelle infirmité.

« Il ne montra pas moins de force d'âme un an après, lorsque la faillite d'un banquier, aux mains duquel il avait confié toute sa fortune, le laissa sans autre ressource que sa plume. Verteuil conserva, malgré cette catastrophe, une sérénité dont on s'étonnait d'autant plus qu'il commençait à devenir sourd, et que la myopie dont il avait été atteint toute sa vie allait s'augmentant et menaçait de le rendre aveugle.

« Sur ces entrefaites, je partis pour le midi de la France, où je restai plus d'une année. A mon retour, personne ne put me donner des nouvelles de Verteuil. Il avait changé de logement sans laisser son adresse. Bref, je n'en entendis plus jamais parler, ni au théâtre, ni parmi mes camarades, et j'ignore ce qu'il est devenu. »

— Je le sais, moi, répliquai-je. Montons en cabriolet; je vais vous mener près de Verteuil.

Le cabriolet longea les quais, atteignit les rues tortueuses du quartier Mouffetard, passa devant les Gobelins, laissa derrière lui la barrière de Fontainebleau, et s'arrêta devant Bicêtre.

Bicêtre était encore à cette époque un lugubre séjour. Dès les premiers pas qu'il y fit, Brazier sentit son cœur se serrer. Je ne l'en conduisis pas moins au fond d'une alle sombre et fétide, près d'un vieillard assis devant une table.

— Regardez! dis-je à mon compagnon. Cet homme est sourd, muet et aveugle.

— Fais-moi grâce de cet affreux spectacle, et mène-moi bien vite près de mon pauvre Verteuil, je ne t'en demande pas davantage.

Je pris la main du pensionnaire de Bicêtre, et, avec mon doigt, je traçai quelques caractères sur la paume de cette main flétrie.

Le vieillard chercha à tâtons sur la table une ardoise et un crayon qu'on mettait toujours à sa portée, les trouva et écrivit :

— Je supporte mes infirmités avec résignation. J'espère en Dieu et en une autre vie.

— Depuis combien de temps habitez-vous Bicêtre? continuai-je en employant les mêmes moyens de correspondance, c'est-à-dire en promenant le bout de mon doigt sur la paume de la main du vieillard.

— Depuis vingt ans.

— Qu'y faites-vous.

— Je prie et je me souviens.

— Ne voulez-vous point, à votre tour, interroger cet homme, mon cher Brazier?

— Je veux voir Verteuil et m'en aller d'ici au plus vite!

Écrivez le nom de Verteuil sur la main de ce vieillard.

Brazier me regarda avec anxiété et prit la main de l'aveugle.

Celui-ci tressaillit.

— Il me semble, dit-il, que j'ai déjà touché cette main!

Brazier écrivit son propre nom sur la main qu'il tenait. A peine en avait-il achevé les trois premières lettres, que le vieillard se jeta dans ses bras. Jamais on ne vit de joie plus déchirante que ces étreintes convulsives et muettes.

Quand l'un et l'autre se trouvèrent un peu remis de leur émotion :

— Il faut que tu quittes ces lieux, Verteuil, écrivit Brazier. Je ne puis te laisser à l'hôpital.

— J'y suis depuis vingt ans, repartit l'aveugle, et je veux y mourir. Il me reste si peu de temps à vivre!

— Non, tu souffres ici! Ici, tu es malheureux!

— J'ai l'habitude de mes infirmités et de mon isolement.

— Mais en quoi, du moins, puis-je adoucir ta position?

— En me faisant une pension de trente sous par mois pour acheter du tabac.

— Voici trente francs. Chaque mois, mon pauvre ami, je viendrai te rendre visite et t'apporter moi-même ton quartier de pension.

L'infirme prit les pièces d'argent, en mit une seule dans sa poche et repoussa les autres.

— Je suis plus riche que je ne l'ai été depuis vingt ans, écrivit-il.

— Pourquoi n'avoir point fait connaître ta détresse à tes amis ?

— J'avais fait écrire à ma maîtresse, la petite Rose, tu sais ? Voici comment elle me vint en aide... Un matin la police m'amena dans cet hospice ! J'habitais Bicêtre depuis deux ans, sans que mes infirmités me permissent de communiquer avec personne, sans connaître où j'étais et sans avoir pu demander un crayon pour écrire. Dieu prit enfin pitié de moi. Un morceau de craie se trouva sous mes pieds : je me baissai, je le ramassai. J'aurais recouvré la vue que je n'aurais pas éprouvé une joie plus immense ! Je traçai sur le mur :

Écrivez-moi quelques mots dans le creux de la main.

Hélas ! mon inscription resta là deux mois, sans que personne y prît garde. Enfin le médecin la lut, devina qu'elle venait de moi et fit ce que je demandais. Dès lors je ne restai plus tout à fait au fond de ma solitude, et je pus échanger quelques pensées avec mes semblables.

Quand Brazier fut sorti de Bicêtre et qu'il se retrouva en plein air, une crise nerveuse le saisit, et il pleura comme l'eût fait un enfant.

— Me voilà triste pour longtemps, dit-il en essuyant ses yeux. Quoi ! la jeunesse, la beauté, le talent, la fortune, peuvent aboutir à cette effroyable fin ! Comment cet infortuné supporte-t-il une pareille misère ? Que lui reste-t-il, mon Dieu !

— Il vous l'a dit tout à l'heure, mon ami : il lui reste le souvenir, la prière et l'espérance.

A trois mois de là, les amis de Brazier lui rendaient les derniers devoirs.

Quant à Verteuil, j'appris sa mort, à peu près vers la même époque, par hasard, en allant faire de l'anatomie avec mon ami le docteur Debout, alors interne à Bicêtre, et aujourd'hui directeur de l'un de nos meilleurs journaux de médecine : *le Bulletin de thérapeutique.*

Appareil de M. L. Foucault. — Décret du 18 juin 1862, relatif au titre de docteur en médecine. — La terre plus grosse qu'on ne le croit. — Nouvelle théorie anglaise sur le soleil. — Les prédictions de M. Coulvier-Gravier et les prophéties de M. Mathieu (de la Drôme). — Qu'un coup de poignard en plein cœur ne tue pas.

7 décembre.

M. Le Verrier a présenté à l'Académie la note suivante de M. Léon Foucault, sur la détermination expérimentale de la vitesse de la lumière :

Malgré le peu d'espace et le manque de figures, j'essayerai de décrire dans ses parties principales l'appareil qui vient de me servir à recueillir sur la vitesse de la lumière une valeur si différente de celle qui avait cours dans la science.

L'appareil se compose :

D'une mire micrométrique taillée à jour à la surface d'une lame de verre argenté;

D'un miroir tournant porté sur l'axe d'une petite turbine à air;

D'une soufflerie à pression constante;

D'un objectif achromatique ;

D'une série impaire de miroirs sphériques concaves en verre argenté ;

D'une glace à réflexion partielle ;

D'un microscope à micromètre ;

Et d'un écran circulaire en forme de roue dentée mis en mouvement par un rouage chronométrique.

Je décrirai d'abord l'appareil au repos :

Un faisceau de lumière solaire, horizontalement réfléchi par un héliostat, vient tomber sur la mire micrométrique qui consiste en une série de traits verticaux distants les uns des autres de 1/10e de millimètre. Cette mire, qui, dans l'expérience, est le véritable étalon de mesure, a été divisée avec beaucoup de soin par M. Froment. Les rayons qui ont traversé ce plan d'origine se rendent sur le miroir rotatif à surface plane, où ils éprouvent une première réflexion qui les renvoie à quatre mètres de distance vers le premier miroir concave. Entre ces deux miroirs, et le plus près possible du miroir plan, vient se placer un objectif dont les courbures sont telles que le plan de la mire et la surface du miroir concave se trouvent précisément en deux de ses foyers conjugués. Ces conditions étant remplies, le faisceau de lumière, après avoir traversé l'objectif, va former une image de la mire à la surface du premier miroir concave.

De là le faisceau se réfléchit dans une direction assez oblique pour éviter l'appareil du miroir rotatif, dont il va former l'image à une certaine distance dans l'espace. Au lieu où cette image se produit, on place le second miroir concave, orienté de telle sorte que le faisceau encore une fois réfléchi repasse auprès du premier miroir sphérique en formant une seconde image de la mire ; celle-ci est reprise par une troisième surface concave, et ainsi de suite, jusqu'à formation d'une dernière image de la mire à la surface d'un miroir concave d'ordre impair.

J'ai vu employer ainsi jusqu'à cinq miroirs qui développent une ligne de vingt mètres de long. Le dernier de ces miroirs, séparé de l'avant-dernier qui lui fait face par une distance de quatre mètres, égale à son rayon de courbure, renvoie le faisceau exactement sur lui-même, condition qu'on remplit sûrement en superposant à la surface du miroir opposé l'image d'aller avec l'image de retour; cela fait, on est certain que le faisceau repasse tout entier par le plan de l'appareil rotatif et que finalement tous les rayons repassent par la mire, point par point, comme ils sont entrés.

On s'assure qu'effectivement les rayons de retour donnent de la mire une image bien nette en détournant par réflexion partielle à la surface d'une glace inclinée une partie du faisceau qu'on examine avec un microscope faible. Ce dernier semblable en tout point aux microscopes micrométriques en usage dans les observations astronomiques, forme avec la mire et la glace inclinée un tout solidaire très-stable.

Dans l'appareil ainsi décrit, l'image renvoyée vers le microscope, et formée par les rayons de retour, occupe une position définie par rapport à la glace et à la mire elle-même. Cette position est précisément celle de l'image virtuelle de la mire vue par réflexion dans le plan de la glace. Mais quand le miroir plan vient à tourner, cette image change de place, attendu que pendant le temps que la lumière emploie à parcourir deux fois la ligne des miroirs concaves, le miroir rotatif continue de tourner, et que les rayons au retour ne le trouvent plus sous la même incidence qu'au moment de l'arrivée. Il en résulte que l'image du retour est déplacée dans le sens du mouvement du miroir, et cette déviation augmente avec la vitesse de rotation; elle augmente évidemment aussi avec la longueur du trajet et avec la distance qui la sépare du miroir tournant; la manière dont ces diverses quantités interviennent dans l'expérience, ainsi que la vitesse de la lumière elle-même, s'expriment par une formule très-simple qui a déjà été établie, et que je n'aurai qu'à rappeler ici.

Appelant V la vitesse de la lumière, n le nombre de tours du miroir, l la longueur de la ligne brisée comprise entre le miroir tournant et le dernier miroir concave r la distance de la mire au miroir tournant, et d la déviation, on trouve, par la discussion de l'appareil :

$$V = \frac{d}{8\pi n l r}$$

expression qui donne la vitesse de la lumière au moyen des quantités l, r, d, n, qu'il faut mesurer séparément.

Les distances l et r se mesurent directement à la règle ou par un ruban de papier qu'on reporte ensuite sur l'unité de longueur. La déviation d s'observe micrométriquement, mais il reste à montrer comment on mesure le nombre n des tours du miroir par seconde.

Disons d'abord comment on imprime au miroir une vitesse constante :

Ce miroir en verre argenté, qui a quatorze millimètres de diamètre, est monté directement sur l'axe d'une petite turbine à air d'un système connu, admirablement construite par M. Froment; l'air est fourni par une soufflerie à haute pression de M. Cavaillé-Coll, qui s'est acquis une juste renommée dans la fabrication des grandes orgues; et, comme il importe que la pression soit d'une grande fixité, au sortir de la soufflerie, l'air traverse un régulateur récemment imaginé par M. Cavaillé, et dans lequel la pression ne varie pas de $1/5$ de millimètre sur 30 centimètres de colonne d'eau. En s'écoulant par les orifices de la turbine, l'air représente donc une force motrice remarquablement constante; d'un autre côté, le miroir, en s'accélérant, rencontre bientôt dans l'air ambiant une résistance qui, pour une vitesse donnée, est aussi parfaitement constante. Le mobile, placé entre ces deux forces contraires qui tendent à s'équilibrer, ne peut manquer de prendre et garder une vitesse uniforme. Un obturateur quelconque, agissant sur l'écoulement de l'air, permet d'ailleurs de régler cette vitesse dans des limites très-étendues.

Restait enfin à compter le nombre de tours, ou plutôt à imprimer au mobile une vitesse déterminée. Ce problème a été complétement résolu de la manière suivante :

Entre le microscope et la glace à réflexion partielle se trouve un disque circulaire, dont le bord finement denté empiète sur l'image qu'on observe au microscope et l'intercepte en partie; le disque tourne uniformément sur lui-même, en sorte que, si l'image brillait d'une lumière continue, les dents qu'il porte à sa circonférence échapperaient à la vue par la rapidité du mouvement; mais l'image n'est pas permanente, elle résulte d'une série d'apparitions discontinues qui sont en nombre égal à celui des révolutions du miroir; et, dans le cas particulier où les dents de l'écran se succèdent aussi en même nombre, il se produit pour l'œil une illusion, facile à expliquer, qui fait apparaître la denture comme si le disque ne tournait pas. Supposons donc que ce disque, portant n dents à sa circonférence, fasse un tour par seconde, et qu'on mette la turbine en marche; si, en réglant l'écoulement de l'air, on parvient à maintenir l'apparente fixité des dents, on pourra tenir pour certain que le miroir fait effectivement n tours par seconde.

M. Froment, qui avait fait la turbine, a bien voulu se charger de composer et de construire un rouage chronométrique pour faire mouvoir le disque, et la réussite est tellement complète, que journellement il m'arrive de faire tourner le miroir à quatre cents tours par seconde et de voir les deux appareils marcher d'accord à un dix-millième près pendant des minutes entières.

Cependant, après avoir obtenu toute sécurité du côté de la mesure du temps, j'ai été surpris de constater, dans mes résultats, des discordances qui n'étaient pas en rapport avec la précision des moyens de mesures. Après avoir sacrifié beaucoup de temps à ces observations défectueuses, j'ai fini par trouver que la cause d'erreur était dans le micromètre, qui ne comporte pas à beaucoup près le degré de précision qu'on lui attribue volontiers.

Pour faire face à cette difficulté imprévue, j'ai introduit dans le système d'observation une modification qui, finalement, revient à un simple changement de variable : au lieu de mesurer micrométriquement la déviation, j'ai adopté pour celle-ci une valeur constante, soit sept dixièmes de millimètre en sept parties entières de l'image observée, et j'ai cherché par expérience quelle était la distance à établir entre la mire et le miroir tournant pour produire cette déviation ; les mesures portant alors sur une longueur d'environ un mètre, les dernières fractions gardaient encore une grandeur directement visible qui ne laissait plus place à l'erreur.

Par ce moyen, l'appareil a été purgé de la principale cause d'incertitude. Depuis lors les résultats se sont accordés dans les limites des erreurs d'observation, et les moyennes se sont fixées de telle sorte, que j'ai pu donner avec confiance le nouveau chiffre qui me paraît devoir exprimer, à peu de chose près, la vitesse de la lumière dans l'espace, à savoir : 298,000 kilomètres par seconde de temps moyen.

Le décret du 18 juin 1862, rendu sur la proposition de de M. Rouland, ministre de l'instruction publique et des cultes, et relatif au doctorat en médecine, a été mis en vigueur à dater du 1er novembre.

Désormais, personne ne pourra donc obtenir le titre de docteur en médecine s'il n'a suivi comme élève stagiaire, depuis sa huitième inscription validée jusqu'à la seizième inclusivement, le service d'un des hôpitaux relevant de la Faculté ou de l'école préparatoire où il prend ses inscriptions.

Le stage des aspirants au grade d'officier de santé commencera à la quatrième inscription validée, et se continuera jusqu'à la quatorzième inclusivement.

Les élèves des Facultés qui obtiendront au concours le titre d'externe ou d'interne, dans un hôpital, seront toujours admis à faire compter la durée de leurs services en cette qualité pour un temps équivalent de stage.

A l'avenir, les élèves seront donc soumis, non plus à une étude superficielle et théorique de l'art médical, mais à son initiation pratique, réelle et féconde.

On peut oublier ce qu'on entend au cours des professeurs, mais on ne saurait oublier ce que l'on apprend au lit d'un malade. *Laster bildüa, laster urratüa,* ce qui est tôt amassé est tôt dissipé, dit un proverbe basque.

En revanche, un proverbe flamand-rouchi dit : *Attin pour acater ein cahière neuf d'savoir si qu'alle vaut cheulle viel.* Attends pour acheter une chaise neuve de savoir si elle vaut la vieille.

Et ce proverbe a raison, surtout en matière de science.

En effet, par exemple, si le temps et l'user, ces deux grandes épreuves que toute idée nouvelle doit subir avant d'être acceptée, confirment l'exactitude d'expériences soumises, l'autre mois, à l'Académie des Sciences, par M. Léon Foucault, la masse terrestre serait d'un dixième plus grande qu'on ne l'a cru jusqu'ici.

Il faudra donc réformer les millions d'exemplaires de géographies dont on se sert dans les cinq parties du monde, et, comme Clovis, pour en adopter une autre, brûler une croyance que l'on adorait à l'égal d'un article capital de foi !

Hélas ! ce n'est pas tout, et voici bien une autre affaire que raconte le *Cosmos* :

M. J. Nasmith a professé, devant *l'Association britannique pour l'avancement des sciences*, que les trois enveloppes gazeuses qu'on avait cru jusqu'ici envelopper le soleil doivent désormais passer, de l'état de *credo* scientifique, à l'état de fable absurde.

« En effet, dit-il, comment admettre qu'au sein d'une triple enveloppe embrasée, un noyau métallique puisse se conserver à l'état solide et obscur? S'il n'était pas incandescent, ce noyau le deviendrait en peu de temps par l'action de leur rayonnement interne. »

Quant aux taches du soleil, toujours d'après le même M. Nasmith, elles ne seraient décidément pas autre chose que des nuages ou des agglomérations de vapeurs condensées.

Leur couche extérieure et lumineuse se composerait d'une infinité de morceaux allongés et d'une forme lenticulaire, qui rappellerait les *feuilles de saule*. Ces morceaux, entre-croisés dans toutes les directions et sans cesse en mouvement, nageraient sur la couche immédiatement inférieure.

La longueur de ces morceaux dépasserait cent fois leur largeur, et les vides qu'ils laisseraient par-ci par-là formeraient les taches du soleil ; enfin, jetés en travers de ces taches, ils en relieraient parfois les deux bords, comme le feraient des ponts très-étroits.

Ce système nouveau, et qui ne tend à rien moins, on le voit, qu'à révolutionner les théories plus ou moins justes faites jusqu'ici par l'astronomie à propos du soleil, repose particulièrement sur une photographie qui montre les bords des taches de l'astre formés d'aiguilles entre-croisées.

Nous ne savons pas grand'chose de la nature du soleil, mais, en conscience, avant de répudier ce peu de connaissances et d'accepter les idées de M. Nasmith, je crois qu'il est prudent d'attendre...

Comme aussi pour croire que la terre est d'un dixième plus grande qu'on ne le supposait.

Nous ne quitterons pas le domaine des choses célestes sans dire un mot de la communication faite lundi dernier à l'Institut par M. Coulvier-Gravier, et relative à la tourmente atmosphérique qui a produit tant de sinistres en octobre.

Un grand nombre de météores lui ont, dit-il, annoncé cette tourmente dès le 14 octobre.

Dès le 14 au soir, on était parfaitement renseigné sur la tourmente atmosphérique qui existait dans les hautes régions, provoquée par des perturbations venant du sud à l'ouest. La température s'est refroidie, comme les signes précurseurs l'avaient annoncé. Le 14, le 15 et le 16, jusqu'à deux heures du soir, le baromètre, qui avait subi quelques oscillations provenant d'observations antérieures au 14, atteint un maximum de hausse, pour descendre du 16 à deux heures du soir jusqu'au 17 à quatre heures du soir, de 9 millimètres, jusqu'au moment où la tempête commence à sévir. Sauf une légère station, il atteint le 18 un maximum de baisse de 19 millimètres. Le baromètre avait donc commencé à baisser juste quarante-deux heures après l'apparition des signes; ce qui prouve encore une fois que pour la météorologie prise dans le ciel des étoiles filantes, les instruments ne sont que des moyens de contrôle.

D'après le système d'observations de M. Coulvier-Gravier, on a, dans le lieu même où on fait les observations, tous les renseignements nécessaires sur la venue successive des produits météoriques. Mais, pour localiser ces produits, M. Coulvier-Gravier a besoin de moyens d'exécution, afin de calculer la résistance des différents courants les uns vis-à-vis des autres. Il a été unanimement reconnu jusqu'à présent qu'on ne pourrait rien tirer de la météorologie tant qu'on ne posséderait pas à l'avance la cause des oscillations barométriques, ne serait-ce que quelques heures à l'avance seulement.

En présence des nombreux sinistres qui viennent d'arriver sur les côtes d'Angleterre, on voit facilement que le télégraphe sans l'observation des étoiles filantes est impuissant, puisque même avec son secours, ce n'est que le samedi 18 que l'amiral Fitz-Roy faisait arborer les signaux de tempête.

Tandis que M. Coulvier-Gravier prévoyait les tempêtes, M. Mathieu (de la Drôme) annonçait les sinistres jour par jour, et criait aux populations des départements voisins de la Méditerranée : « Préparez-vous à subir les plus rudes épreuves de la part des tempêtes et des torrents ! »

Le prophète Jonas ne témoignait pas une foi plus vive et plus absolue quand il prédisait, aux temps bibliques : « Encore quarante jours, et Ninive sera détruite ! »

Dieu veuille qu'il en soit de la prophétie de M. Mathieu comme de celle de Jonas, qui ne s'accomplit point !

Puisque nous voici devisant de choses étranges et qui bouleversent les idées reçues, laissez-moi terminer en vous racontant un fait bien digne de figurer à côté de toutes les nouveautés que vous venez de lire.

Une des opinions les plus anciennes, les plus répandues et le plus généralement acceptées est sans contredit celle qui professe que la plus petite lésion au cœur entraîne fatalement la mort.

Eh bien ! des expériences récentes ont démontré que le cœur pouvait, sinon tout à fait sans danger, du moins sans causer la mort, être piqué par une aiguille extrêmement fine. Nous avons assisté à des expériences de cette nature faites sur plusieurs animaux ; un gros chien n'a paru prouver aucune douleur, quoiqu'une de ces aiguilles, enfoncée dans son cœur, y portât en outre du fluide électrique.

Mais voici bien autre chose. Dans le *Bulletino delle scienze mediche*, qui s'imprime à Bologne, le professeur Brugnoli raconte qu'un cordonnier de Bologne fut atteint, le 23 août 1835, d'un de ces coups de poignard dont on se montre assez prodigue en Italie. Le poignard frappa au-dessus du mamelon gauche, à peu de distance du sternum, et pénétra jusqu'au cœur.

Transporté à l'hôpital, le blessé en sortit guéri après soixante-dix-huit jours de traitement, et vécut encore *dix-neuf ans*, puisqu'il ne mourut que le 12 avril 1855.

Le docteur Brugnoli constata à l'autopsie que la lame du poignard dont le cordonnier avait été frappé lui avait percé le cœur *presque d'outre en outre, de haut en bas*.

Nous laissons toutefois la responsabilité de ce fait au docteur Brugnoli, au *Bulletino delle scienze mediche* et à *l'Union médicale*, à qui nous l'empruntons fraternellement.

Encore les collectionneurs. — Une sculpture néo-zélandaise. — Mythologie de la Nouvelle-Zélande.

13 décembre.

Les plaisirs des collectionneurs ne consistent pas, comme on serait tenté de le croire au premier abord, dans l'unique satisfaction de découvrir, de conquérir et de classer parmi d'autres reliques de même nature un objet rendu rare, soit par le temps, soit par l'éloignement.

Mille études curieuses, piquantes, irritantes même, se rattachent à une passion assurément la plus inoffensive de toutes les passions.

L'objet conquis et possédé, il s'agit la plupart du

temps de le déchiffrer, de lui assigner une patrie, un usage, de le *déterminer*, en un mot; et il y a dans l'accomplissement de cette besogne toutes les émotions de l'attente, toutes les impatiences du doute, toutes les satisfactions d'une victoire difficile, presque toujours obtenue à force de travail, de persévérance, et, il faut bien l'avouer, trop souvent à force de hasard.

Il y a près d'un an qu'un collectionneur d'objets ethnologiques, c'est-à-dire d'armes, de costumes et d'ustensiles des pays étrangers, trouva chez un marchand de bric-à-brac un large panneau sculpté à jour dans un bloc d'une de ces diverses essences de bois dur que, faute de mieux les connaître, on désigne sous le nom générique de bois de fer.

Ce panneau représentait un être fantastique, aux yeux de nacre, qui mordait, dans sa large bouche à dents aiguës, des doigts terminés en fourche, et autour duquel des oiseaux, des plantes et des herbes formaient un treillage d'un effet aussi étrange que pittoresque.

De quelle contrée provenait ce panneau? Quel était son usage? Quelles mains l'avaient façonné? Après avoir bien cherché, son acquéreur alla au Louvre consulter M. Morel-Fatio, conservateur du Musée ethnographique. Celui-ci, du premier coup, mena droit son visiteur à une proue de pirogue néo-zélandaise, sur laquelle se trouvait la même figure entourée des mêmes emblèmes.

Donc le panneau provenait de la Nouvelle-Zélande, où il formait soit le fronton d'une case, soit l'arrière d'une pirogue; donc il représentait une des divinités les plus en faveur chez les sauvages néo-zélandais.

Mais quelle était cette divinité?

C'est tout à l'heure seulement que l'énigme a été résolue ; encore la solution en est-elle due à un missionnaire qui a longtemps habité la Nouvelle-Zélande, et que le hasard, — toujours le hasard! — a conduit chez le collectionneur.

— Tiens! dit-il en jetant les yeux sur le panneau, voici *Tawhiri-Matea*, le *Père des vents et des orages*, qu'adorent les Néo-Zélandais!

— Quel est donc, au nom du ciel! ce *Père des orages* qui me préoccupe depuis plus d'un an? s'écria le collectionneur.

Le missionnaire sourit et répondit :

— Selon les naturels de la Nouvelle-Zélande, les hommes ont deux ancêtres : l'un, *Rangi*, descendit du ciel, et l'autre, *Papa*, surgit du sein de la terre.

« L'obscurité régnait alors dans les espaces, et les enfants engendrés par *Rangi* et *Papa* ne connaissaient pas la lumière. Cet état de choses dura des milliers de temps et finit par fatiguer la race de *Rangi* et de *Papa*.

« Ils se consultèrent entre eux pour savoir s'ils se contenteraient de s'affranchir du joug de *Rangi* et de *Papa*, ou s'ils les tueraient.

« *Tumatanenga*, le plus fier des enfants, s'écria : « Mettons-les à mort! » Mais *Tane-Mahuta*, le père des forêts et de tous leurs habitants, ne fut pas de cet avis.

« Il proposa de séparer leur père et leur mère, de ne plus s'occuper du ciel, et de rester sur la terre, leur grande nourrice. Tous ses frères y consentirent, à l'exception de *Tawhiri-Matea*, le père des vents et des orages.

« Alors *Rango-ma-Tane*, père des moissons, se leva, et, par un effort suprême, essaya de séparer le ciel de la terre ; mais il ne put y parvenir.

« Après lui, *Tangaroa*, père des poissons et des reptiles, ne fut pas plus heureux.

« Enfin *Tane-Mahuta*, père des forêts, commença l'épreuve. Il appuya sa tête sur sa mère *Papa* (la terre), et arcbouta ses pieds contre son père *Rangi* (le ciel).

« Une voix lui cria alors : « Enfant criminel et impie, « pourquoi veux-tu séparer tes parents? »

« Mais *Tane-Mahuta* ne tint pas compte de cet avertissement ; par un suprême effort, il poussa sa mère la terre en bas, et, de son pied puissant, lança son père le ciel dans les espaces supérieurs. Alors l'obscurité se concentra ; la lumière apparut et montra tous les êtres engendrés par le ciel et par la terre, qui avaient vécu dans les ténèbres avant la séparation de ces derniers.

« La jalousie s'empara de *Tawhiri Matea*, père des vents et des orages. Il abandonna ses frères, qui restaient avec leur mère, et remonta vers le ciel.

« Là, de sa poitrine puissante il créa des enfants. Il en envoya un au nord, un autre au midi, un troisième à l'est, et un quatrième à l'ouest. Il leur donna mission de souffler fortement sur la terre et de tâcher de tout détruire. Il créa ensuite les trombes, les orages, les nuages, les tempêtes, les lança sur les forêts de son frère, *Tane-Mahuta*, et les détruisit en partie.

« Avec ses enfants les plus puissants, il attaqua son frère *Tangaroa*, père des eaux et de la mer. Il mit tout en confusion dans l'empire de ce frère, et les habitants s'en enfuirent éperdus.

« Tangaroa avait deux fils, *Ikatere*, le père des poissons, et *Tute-Wehiwehi*, le père des reptiles. Dans la confusion produite par leur oncle, Ikatere et ses enfants s'écrièrent : — Fuyons sur la terre ! Tute-Wehiwehi et les siens voulurent, eux, rester dans la mer. De là grande querelle.

« Ikatere, en fureur, leur dit : — Si vous restez dans l'eau, je vous prédis toutes sortes de malheurs. Il n'y aura pas de bons repas sur la terre sans qu'on vous y mange, et on vous fera une guerre acharnée.

« Les autres répondirent : — Si vous fuyez sur terre, toutes sortes de malheurs vous menacent. A l'avenir, excepté nous, tous les êtres vivants trouveront la mort dans les eaux et seront dévorés.

« Ces discours ne produisirent aucun effet et la séparation eut lieu.

« Il survint ensuite de grandes luttes entre les puissances de la terre et des eaux, toujours tourmentées par le terrible Tawhiri-Matea, que protégeait le ciel pour sa fidélité filiale.

« Bien souvent les maîtres des eaux l'emportèrent, et c'est pourquoi aujourd'hui les mers sont beaucoup plus étendues que la terre ferme.

« Depuis cette époque, la terre est restée séparée du ciel ; mais leur amour n'est pas éteint.

« Les soupirs de Papa (la terre) montent toujours vers

son époux et sont appelés brouillards par les hommes.

« La nuit *Rangi* (le ciel) pleure sa séparation d'avec la terre. Ses larmes tombent sur le sein de cette dernière et sont appelées par les hommes gouttes de rosée.

« Quant à *Tawhiri-Matea*, père des vents et des orages, comme il fait chavirer les pirogues, qu'il démolit de son souffle puissant les habitations, et qu'il est le plus redoutable et le plus fatal des enfants de *Rangi* et de *Papa*, il reçoit des naturels un culte fervent.

« On place son image au-dessus des maisons, on la sculpte à la proue et à la poupe des pirogues, et on l'invoque dans les moments de danger et dans les jours de fête, car, disent les naturels, il ne faut point flatter les puissants, surtout les dieux, seulement quand on en a peur ou besoin. »

Les floraisons de la gelée et les floraisons artificielles. — Le nitrate de soude. — La baleine et le Muséum. — Rituel funèbre des Egyptiens.

19 décembre.

On le sait, les vitres, très-minces plaques de verre, se trouvent placées entre l'atmosphère extérieure et l'atmophère intérieure de l'appartement.

Quand l'air intérieur se trouve surchauffé, il met en dissolution une grande abondance de vapeur d'eau, vapeur nécessaire, soit dit en passant, au jeu normal de la respiration.

L'hiver, cette vapeur, en contact avec les vitres conductrices du froid extérieur, s'y congèle et y forme par ses cristaux des floraisons étranges.

Jusqu'à présent, la science n'a pu expliquer quelles causes donnent à ces floraisons leurs contours pittoresques. On suppose toutefois que la forme des fleurs et celle des courbes dépendent en partie des veines presque invisibles qui sillonnent la surface du verre, et en partie des traces qu'on y a laissées en le nettoyant.

M. S. Pascalis a consacré l'année dernière une grosse brochure avec gravures à ces floraisons.

Il a constaté, en Russie particulièrement, qu'elles prennent huit formes différentes, selon l'abaissement de la température.

La première, lorsque le froid ne sévit pas très-fort, ressemble à un treillis. Ce treillis se compose de lignes horizontales et perpendiculaires, traversées par des lignes obliques, entrelacées ensemble et formées par de petites étoiles de glace, dont l'un des rayons, plus long, sert à unir une étoile à l'autre. Observé à une petite distance, il ressemble à un amas de branches de sapin.

Dans la seconde catégorie, les étoiles représentent une broderie feuillacée.

Dans la troisième, les broderies prennent une forme plumacée arborescente.

Dans la quatrième, la forme dendroïdique (à rameaux) est très-variée, très-élégante, et plus grande que les précédentes. Souvent les branches se terminent par un petit dessin de dentelle feuillacée ou plumacée.

La cinquième, qu'on ne voit que par un degré très-bas

de température, affecte la figure palmifère, et parfois ses feuilles ressemblent à celle de l'acanthe.

Dans la sixième forme, le dessin arborique ne représente plus des plantes feuillacées, mais des rameaux très-élégants, sans feuilles, et entrelacées ensemble comme des sarments.

La septième consiste en une espèce de plante ayant l'apparence de tronçons de chou.

Enfin la dernière, qu'on aperçoit seulement sur les vitres des magasins ou sur celles des maisons qui n'ont pas été ou qui ont été mal chauffées, consiste en une couche de neige blanchâtre, épaisse, opaque, sans aucune forme.

L'autre jour, en compagnie de M. Pouillet, j'ai vu chez M. Auguste Bertsch, sur ses vitres, des floraisons analogues à celles que produit la gelée. Ces floraisons, par un beau et tiède soleil d'automne, en dépit de la sérénité du ciel, donnaient au laboratoire du savant l'apparence d'une journée rigoureuse d'hiver.

M. Bertsch arrive à ce résultat par l'emploi de certains sels métalliques solubles dans l'eau.

Il choisit un sel non *déliquescent*, c'est-à-dire qui s'altère le moins possible à l'humidité.

Le sulfate de magnésie, connu sous le nom de *sel d'Epsom*, réunit à peu près les conditions voulues.

On le dissout dans de la bière épaisse ou dans de l'eau mélangée à un peu de dextrine, et on l'étale sur la vitre au moyen d'une petite éponge.

A mesure que l'eau s'évapore, les cristaux naissent et apparaissent sous des formes beaucoup plus variées que les huit catégories constatées par M. Pascalis. En répétant l'expérience, j'en ai obtenu pour mon compte trente-deux espèces différentes. Jamais une seule d'entre elles n'était identique à une autre.

Ces arborisations tiennent solidement sur le verre, ne se détachent point au frottement, résistent même au grattage de l'ongle, mais s'évanouissent quand on les lave avec un linge humide.

Elles rendent, en outre, le verre assez imperméable à la lumière directe pour lui donner les qualités des glaces dépolies et empêcher qu'on ne soit vu de l'extérieur, quoiqu'on voie parfaitement soi-même au dehors.

En colorant le mélange de sel d'Epsom et de bière avec des laques transparentes, on crée des cristallisations colorées en rose, en bleu et en jaune.

Enfin si l'on emploie des sels qui polarisent chromatiquement la lumière, tels que le sulfate de quinine, la salicine et l'acide gallique, non-seulement on voit naître des cristallisations qui rivalisent avec celles du sulfate d'alumine, mais encore qui, regardées sous certaines inclinaisons, avec un prisme analysateur, revêtent les plus admirables couleurs du spectre solaire. Ces couleurs semblent s'animer d'une vie réelle, se jouer sur les cristaux, se croiser, s'enchevêtrer, se confondre, se séparer, et présentent un spectacle vraiment féerique.

Si l'on veut se donner le plaisir de faire naître sous ses yeux les floraisons merveilleuses dont je vous parle, floraisons fort amusantes, je vous l'assure, il suffit de les produire sur un morceau de verre et de les effacer quand on les a observées, pour leur en substituer d'autres. Le kaléidoscope lui-même n'offre rien d'aussi charmant, d'aussi imprévu et d'aussi varié.

Parmi les agents chimiques qui peuvent servir à la création des floraisons sur le verre, on peut encore placer le nitrate de soude.

Par parenthèse, on a découvert, il y a quelques années, et l'on exploite aujourd'hui au Pérou, à Iquique, dans la province de Taracapa, des gisements considérables de cette substance.

Iquique, ville pour ainsi dire improvisée, et qui compte quinze mille habitants, ne se compose guère que de mineurs venus pour exploiter les couches plantureuses de nitrate de soude associées à d'autres sels : elles se rencontrent partout dans la plaine d'Iamaragal, entre la vallée de Bamarones et la rivière Lox. Cette dernière sépare au midi le Pérou de la Bolivie.

On trouve, principalement à l'ouest de cette ligne, d'au moins cent cinquante milles de développement, le nitrate de soude.

Bien qu'abondants, ces gisements sont extrêmement irréguliers. Situés à une faible profondeur sous la surface du sol, et recouverts souvent par de l'argile, ils mesurent une épaisseur au minimum de quinze centimètres. Dans leur voisinage, on trouve également des carbonates et des sulfates de soude, des biborates de chaux et de soude, de l'alun magnésien et du chlorure de sodium. Le nitrate de soude renferme des traces d'iode, et presque toutes les eaux de la plaine contiennent de l'acide borique en petites proportions.

Depuis que cette industrie existe dans le pays, les procédés d'extraction et la fabrication sont restés tout à fait rudimentaires, en dépit des tentatives d'amélioration faites à diverses reprises.

Le mineur (*barratero*) creuse un large trou en terre et le remplit jusqu'à la gueule avec une poudre de mine grossière préparée sur place. Le peu de soin qu'on apporte à ce travail en rend les résultats très-variables; cependant un seul coup de mine produit quelquefois jusqu'à cent trente kilogrammes de déblais. On procède alors à un premier cassage pour en lever les parties terreuses, on charge le reste sur des mulets et on l'envoie à une usine voisine.

Là, par un nouveau cassage, on réduit le minerai en petits morceaux, et on en trie les parties les plus riches, qu'on jette dans une cuve remplie d'eau, sous laquelle on allume du feu. On prend soin de remuer constamment la matière pour en séparer les substances terreuses et insolubles, qu'on rejette.

Après une cuisson qui varie de deux à quatre heures, on verse dans la cuve une certaine quantité d'eaux-mères provenant des opérations précédentes, puis on transvase la liqueur dans un bassin de dépôt, où elle abandonne encore une grande quantité de substances étrangères; après quoi on la transvase dans des cristallisoirs.

Les ports principaux d'embarquement du nitrate de soude sont Patillos, Mexillones et Pisagua. La quantité de sel jusqu'ici exporté s'élève à 8,036,108 quintaux.

On a placé le long des murs du cabinet d'anatomie

et l'on va recouvrir d'un abri vitré une baleine montée d'une manière fort remarquable par M. Portmann, et placée en regard de son squelette. Les fonds manquaient pour mener à bonne fin cette curieuse exhibition, et MM. les professeurs Milne-Edwards et Serres ont avancé la somme nécessaire.

Nous mentionnons ce détail, sans précédent, du reste, dans l'histoire administrative du Muséum, d'abord pour démontrer la nécessité d'augmenter les ressources d'un établissement qui n'est pas et qui devrait être le premier du monde, et ensuite pour faire toucher du doigt l'inconvénient de certaines formes de budget trop méticuleuses.

Ajoutons que M. Milne-Edwards continue son travail de régénération de la Ménagerie, et sa croisade contre les exactions qu'on prélève au Jardin des Plantes sur les visiteurs. Vienne l'année prochaine, et le public, sans privilége, sans distinction, sera admis à visiter chaque jour toutes les parties d'un établissement qui, plus que tout autre, doit lui appartenir.

« Laissez passer la justice du roi, » disait le moyen âge.

« Laissez passer le plaisir et l'instruction populaires, » doit dire le dix-neuvième siècle.

On ne saurait en effet se figurer combien le public des dimanches, c'est-à-dire les petits bourgeois et les artisans, se montrent ardents à s'initier aux merveilles de nos grands établissements publics. Le Louvre et ses magnifiques collections reçoivent seuls, les jours fériés, plus de trente mille visiteurs. Les galeries du Luxembourg, le musée de Cluny, l'Exposition des colonies, le

Conservatoire des Art-et-Métiers, regorgent littéralement de curieux, enfin les jardins et les galeries du Muséum sont trop petits pour recevoir tout le monde.

Parcourez les groupes formés par cette foule, vous entendrez partout des questions intelligentes, des explications ingénieuses, des interprétations à damer le pion à plus d'un artiste, voire d'un antiquaire et d'un savant de profession.

Dimanche dernier, j'ai suivi pendant deux heures, sans qu'elle s'en aperçût, une famille d'ouvriers qui parcourait la galerie égyptienne du Louvre. Je vous atteste, sérieusement et sans exagération, que ces braves gens m'ont résolu, sans s'en douter, plus d'un problème archéologique sur lequel discute encore sans doute à l'heure qu'il est l'Académie des Inscriptions et Belles-Lettres.

Il n'était point jusqu'aux jeunes filles qui ne se missent de la partie et qui ne brodassent quelque petit roman de leur façon sur tant de mystérieux débris d'une civilisation perdue, *vains restes de ce qui n'est plus*, comme disait Bossuet.

Ainsi, par exemple, elles voyaient une scène d'amour dans le premier tableau d'une cérémonie funéraire gravée sur un tombeau.

Cette scène, je dois le dire, n'était rien moins que la déclaration d'un amant à sa maîtresse. Elle représentait l'entrevue d'une âme avec Osiris, au moment de commencer les épreuves imposées aux morts pour leur complète purification, et décrites dans un mémoire de M. Ch. Lenormand sur le *Rituel funèbre des anciens Égyptiens*.

Le mort, à deux genoux, et s'adressant à la divinité infernale, énumère tous ses titres à parvenir dans le séjour des bienheureux. Le chœur des âmes glorifiées intervient et implore la clémence divine pour le défunt, et Osiris répond à ce dernier : « Ne crains rien ; en m'adressant ta prière pour l'éternelle durée de ton âme, j'ordonnerai que tu franchisses ce seuil. »

Dans le tableau suivant, l'âme pénètre dans *l'Amenti*, où elle reste éblouie de l'éclat du soleil, qui se manifeste à elle pour la première fois dans l'hémisphère inférieur.

Les tableaux suivants montrent les luttes de l'âme avec une foule de monstres ; son passage du fleuve qui sépare *l'Amenti* des *Champs-Élysées*, et enfin son introduction par Anubis devant les sages, qui décident du sort de la pauvre âme. Celle-ci fait en ces termes son examen de conscience :

Je n'ai pas commis de fautes, je n'ai pas blasphémé, je n'ai pas trompé, je n'ai pas volé, je n'ai pas divisé les hommes par mes ruses, je n'ai traité personne avec cruauté, je n'ai excité aucun trouble, je n'ai pas été paresseux, je ne me suis pas enivré, je n'ai pas fait de commandements injustes, je n'ai pas eu une curiosité indiscrète, je n'ai pas laissé aller ma bouche au bavardage, je n'ai frappé personne, je n'ai causé de crainte à personne, je n'ai pas médit d'autrui, je n'ai pas rongé mon cœur d'envie, je n'ai mal parlé ni du roi ni de mon père, je n'ai pas intenté de fausses accusations.

Aucun orphelin n'a été maltraité par moi, aucune veuve n'a été violentée par moi, aucun mendiant n'a été bâtonné par mes ordres, aucun pâtre n'a été frappé par moi, aucun chef de famille n'a été opprimé par moi, je n'ai pas enlevé ses gens à leurs travaux, je n'ai pas fait de mal à mon esclave en abusant de ma supériorité sur lui.

Dans le tableau final, le tribunal admet l'âme en présence des *archanges royaux*, c'est-à-dire de tous les dieux et de toutes les déesses.

Esquirol et sa nouvelle statue. — Armand Toussaint. — Frein pour les wagons en marche. — Transformation botanique du bois de Boulogne. — Espèces nouvelles. — La luzerne orbiculaire. — L'immortelle des sables. — Les théories scientifiques.

25 décembre.

C'est, je vous l'assure, un spectacle plein d'émotions étranges et mélancoliques que de voir dresser une statue à un homme que l'on a connu. Tandis que tous proclament unanimement et avec un enthousiasme trop souvent voisin de l'exagération la gloire de cet homme, en quelque sorte passé à l'état de demi-dieu, on se le rappelle naguère combattu, contesté, nié même, et traité comme un vieillard depuis longtemps distancé par ses jeunes rivaux.

Telles devaient être les réflexions de bien des spectateurs, le 22 novembre, lorsqu'on inaugurait solennellement la statue d'Esquirol dans la cour de la maison de santé de Charenton.

Quant à moi, pendant que cinq orateurs prenaient tour à tour la parole, portaient le génie d'Esquirol aux nues et entouraient sa tête du nimbe de l'apothéose, j'évoquais le souvenir du héros de la fête, se promenant avec moi dans cette même cour, et se riant quelque peu des illusions de ma jeunesse. Il déshabillait lestement et en un tour de main mes naïves erreurs, et me forçait à regarder face à face la réalité trop souvent brutale. Ensuite, comme passe-temps, il me disait :

— Voici un aliéné et un écrivain de génie. Je vous mets au défi de deviner lequel des deux est le fou.

A la vue de mon hésitation, il riait de ce rire fin et muet qui n'appartenait qu'à lui, et il frottait l'une contre l'autre ses petites mains sèches, rèches, et d'où, à chaque instant, je m'attendais à voir jaillir des étincelles, comme de la fourrure d'un chat.

Puis, après avoir prolongé pendant un temps assez long un jeu quelque peu cruel et d'où je ne me tirai pas à mon honneur — car je pris le fou pour l'homme de génie — il continua en me démontrant que le moins à plaindre des deux n'était pas l'homme de génie. Ce dernier, soit dit en passant, n'était rien moins qu'Honoré de Balzac.

— Voyez, me disait-il, il lutte contre la nécessité, contre ce *duris urgens in rebus egestas*, terrible initiation sans laquelle il ne saurait exister ni génie ni gloire. L'émulation, c'est-à-dire l'envie, ronge son cœur, et, si haut qu'il arrive, il trouvera encore au-dessus de lui Lesage et Walter Scott. Que de travail nuit et jour! que de combats, que de chagrins ! que de déceptions ! Puis peut-être, au bout, une mort douloureuse, hâtée par cette vie d'agitation, sans une heure de paix et de joie !

« Le fou, au contraire, marche dans la conviction

profonde, imperturbable, immense de soi. Rien ne saurait ébranler la foi qu'il met dans ses erreurs ; il se croit le plus grand homme de son siècle et le croira jusqu'à sa mort. De quel côté se trouve donc le sort enviable ?

« Allez, conclut-il avec amertume, j'ai vu de près la renommée, mais elle ne vaut pas ce qu'elle coûte ! »

Peu d'hommes, en effet, avaient plus souffert qu'Esquirol, dans cette longue carrière qui aboutit cependant à une statue de bronze !

Spiritualiste, il subit, entre autres, la douleur — et c'en fut une grande pour lui — de voir la plupart de ses disciples l'abandonner pour courir aux erreurs de Gall et d'autres, renchérir même sur ces derniers. En effet, de nos jours, sous nos yeux, ces anciens disciples ne professent-ils pas que le génie, le talent, l'intelligence résultent d'un état maladif du cerveau — d'une névrose, comme ils disent ?

Esquirol était un enfant du midi, dans l'acception la plus élevée de ce mot, c'est-à-dire ardent, bienveillant et d'une imagination forte et active. Destiné dans sa jeunesse au sacerdoce, il conservait de l'éducation reçue au séminaire de Saint-Sulpice un sérieux sentiment de piété.

La Révolution ramena Esquirol à Toulouse avant qu'il eût reçu les ordres. Ne pouvant se consacrer à Dieu, le jeune séminariste se consacra aux malades, et il suivit la clinique des médecins de l'hôpital de la Grave en compagnie de Larrey, qui, lui aussi, a sa statue au Val-de-Grâce.

Quelque temps après, il quitta Toulouse pour

Narbonne, où se tenait réfugié Barthêz, médecin de Louis XVI, et l'un des professeurs les plus renommés de la faculté de Montpellier.

A cette époque, il joignit à l'étude de la médecine une seconde étude assez dangereuse en ces temps funestes, celle du droit : il s'en servit pour devenir défenseur au tribunal révolutionnaire de Narbonne, où il parvint à arracher à la mort quelques victimes. Mais on ne tarda point à lui faire savoir sans détour que s'il ne voulait point avoir à défendre sa propre vie devant le même tribunal, il fallait qu'il quittât la ville sur-le-champ.

Il revint à Paris, retourna plus tard à Montpellier comme élève du gouvernement à la Faculté, y passa quatre années, remporta quelques prix, et finit par rentrer à Paris, sans autre ressource qu'une vingtaine de louis.

Pour plus de précaution, sa mère avait cousu le petit trésor dans la doublure d'une vieille houppelande. Or, en descendant de diligence, Esquirol mit sur ses épaules cette houppelande, dont l'aspect bizarre arracha un éclat de rire à une jeune et jolie personne en compagnie de laquelle il avait fait une partie du voyage et dont il se sentait fort charmé.

L'enfant du midi, blessé dans son amour-propre et dans sa passion naissante, se hâta de rejeter le vieux vêtement, en déclarant qu'une pareille guenille ne lui appartenait point, et qu'il ne s'en était revêtu que par mégarde. Après quoi, non sans se retourner pour voir encore une fois la belle inconnue, il se dirigea lentement vers le quartier Saint-Sulpice, où l'un de ses amis lui avait loué une petite chambre garnie. Quand le logeur demanda au voyageur, suivant l'usage, le prix des quinze premiers jours de loyer, Esquirol se rappela seulement alors qu'en se débarrassant de sa houppelande il avait jeté tout son argent : il lui restait huit sous!

Il lui fallut recourir bien vite à un de ses amis, M. de Puisieux, instituteur chez M. le comte Molé. Celui-ci non-seulement lui ouvrit sa bourse, mais même lui offrit une bienveillante hospitalité au nom du comte.

Esquirol ne tarda point à devenir l'élève favori de Pinel, dont il allait chaque jour entendre les leçons à Bicêtre. Dès lors sa vocation se décida, et il se consacra à l'étude des maladies mentales.

Je ne suivrai point Esquirol dans sa longue carrière, pleine de luttes, de triomphes et parfois de défaites proclamées un peu trop haut par ses adversaires. « Ils ont beau, me disait-il, crier victoire ; il faudra bien qu'on revienne à mes idées, qui ne sont point malsaines comme les leurs. »

La dernière fois que je vis le docteur Esquirol, ce fut dans sa maison de santé d'Ivry, où j'allai avec Alphonse Royer et Gustave Vaëz visiter Donizetti.

Le célèbre compositeur ne reconnut ni moi, ni même ses deux collaborateurs. Seulement, quand Royer se pencha vers lui et murmura à son oreille un refrain d'un de ses opéras, il se fit comme un éclair de souvenir dans les yeux du malade, et puis celui-ci retomba, pour toujours sans doute, dans sa sinistre somnolence.

Esquirol me serra la main.

— Sortons, dit-il. J'ai beau me trouver sans cesse en face des plus terribles émotions, celle-ci me brise le cœur !

La statue élevée à Esquirol le représente assis, écrivant et abritant des plis de son manteau un enfant malade.

Elle est la dernière œuvre d'Armand Toussaint, mort quelque temps après l'avoir terminée, et qui a succombé à l'une de ces fatales maladies contre lesquelles la science reste, hélas! impuissante.

Le statuaire a donné à la physionomie d'Esquirol une expression de mélancolie que n'excluaient pas les traits fins et un peu railleurs de ce dernier. On y sent l'observateur profond et désillusionné qui se rejette violemment vers Dieu, le travail et la science, ces trois tout-puissants consolateurs.

Il y a toujours des traces de la personnalité de l'artiste dans son œuvre ; ceux qui connaissaient Armand Toussaint peuvent facilement constater l'exactitude de cette pensée en étudiant avec attention la statue d'Esquirol. Jamais Toussaint n'a mieux fait ; on retrouve dans l'ensemble entier du groupe je ne sais quoi de triste et de réfléchi qui semble dicté par le pressentiment vague du voisinage de la mort.

— Il y a loin de tous ces souvenirs à une communication faite au nom de M. Leseure par M. le Verrier, sur un nouveau frein destiné à arrêter les wagons en mouvement :

Ce frein se compose d'une paire de roues réunies par un essieu à la façon des essieux ordinaires de chemin de fer. Cet essieu s'intercale entre les deux essieux du wagon, et leur est relié par deux traverses portant les coussinets des trois essieux, dont la position relative devient ainsi invariable.

Comme nous l'avons fait pressentir, ces roues ne sont pas circulaires; chacune présente deux moitiés symétriques formées d'un arc spiral dont les rayons vecteurs croissent à mesure qu'ils s'écartent de la verticale.

Les mesures sont prises de telle sorte que, dans l'état habituel, l'axe de symétrie étant vertical, le frein reste suspendu au-dessus du rail; mais s'il tourne sur son essieu, il vient toucher le rail, et si en ce moment le wagon est animé d'une vitesse de sens convenable, les roues, en vertu du frottement, s'arc-boutent sur le rail, tandis que le wagon, poussé par sa vitesse acquise, les force à tourner encore en le soulevant, jusqu'à ce qu'un arrêt disposé à l'avance interrompe la rotation du frein et réduise le wagon à ne plus avancer que par voie de glissement.

Ceci posé, voici comment fonctionne le frein : dès que le chef du train, qui se trouve sur le wagon de tête, aperçoit l'obstacle, il amène à l'aide du levier la roue au contact du rail.

Dès lors le rôle de l'homme est terminé; l'enrayement du train entier va s'opérer sans lui et même au besoin malgré lui.

En effet, une fois la roue amenée au contact du rail, le wagon s'enraye par sa propre vitesse acquise. Reste à montrer comment l'enrayement de tous les autres wagons, fussent-ils cinquante, va résulter de l'enrayement du premier.

A cet effet, chaque essieu de frein est armé en son milieu d'un petit bras de manivelle vertical qui commande deux bielles parallèles au rail, égales chacune à la demi-longueur du wagon sous lequel elles s'étendent en sens opposé et formant tampon à leur extrémité.

Ainsi, au repos, tous les wagons se touchent, toutes ces bielles forment à peu près une seule ligne s'étendant sous toute la longueur du train, de sorte que si l'on fait tourner en avant le premier frein, sa rotation se communique par les bielles à tous les freins suivants.

De fait, ni au repos, ni pendant la marche, les wagons ne se trouvent tout à fait au contact, et la ligne des bielles présente des interruptions correspondantes. Mais lorsque l'on voudra s'arrêter, ces intervalles s'évanouiront, et l'enrayement, au lieu d'être rigoureusement simultané, sera successif. En effet, le premier wagon étant enrayé, sa vitesse se ralentit et permet au deuxième wagon de le rattraper.

Dans ce mouvement, sa bielle antérieure venant buter contre la bielle postérieure du premier wagon, le deuxième frein tourne et s'enraye à son tour; et ainsi de suite chaque wagon s'enraye successivement à mesure qu'il arrive au contact du précédent.

Lorsque toute la vitesse acquise du train se trouvera éteinte, tous ces wagons, perchés sur un rayon oblique, tendront à revenir d'eux-mêmes en arrière, et par ce recul, dégageront leur frein, que son propre poids, aidé si l'on veut d'un ressort, rappellera dans la position primitive.

Voilà une théorie excellente, sans doute; mais il lui reste à subir l'épreuve de l'expérimentation et de l'user. Or, si le doute est permis, c'est assurément en matière de frein de chemin de fer. Espérons, mais attendons.

Le jour où l'on songea à transformer le sauvage bois de Boulogne que vous avez connu en un parc magnifique, une désolation générale éclata parmi les entomologistes et les botanistes.

— Où récolterons-nous de quoi remplir nos herbiers? s'écriaient les premiers. — Où trouverons-nous des insectes à observer et à piquer sur l'élytre gauche, pour les classer dessus le liége de nos boîtes de carton? répondaient en chœur les autres, le bois de Boulogne est perdu pour la science!

En effet, qui pouvait s'attendre, en voyant les arbres exotiques se mêler aux vieux arbres, le long d'allées régulières ou de rivières artificielles, qui se serait attendu, dis-je, à trouver dans ce bois désormais autre chose que du ray-grass venu à force de fumier et d'eau?

Eh bien, ces craintes si naturelles et appuyées sur tant de probabilités se sont évanouies; le bois de Boulogne n'a point perdu une seule des plantes que les botanistes venaient y récolter et qu'ils ne trouvaient nulle autre part aussi belles, surtout le *géranium couleur de sang* et la *véronique en épis*. Ceux-ci y prospèrent plus que jamais. Vous trouverez dans les terrains calcaires et sablonneux la tige à demi velue et les fleurs de pourpre du premier; quant à la seconde, elle affectionne pour sa belle corolle bleue, qu'accompagnent des feuilles oblongues, crénelées et alternantes, les pelouses sèches voisines de la Muette et du Ranelagh.

Notez que je ne dis rien du trèfle jaune aux mignonnes houppes d'or, de la douce-amère aux feuilles larges et aux fleurs violettes, de la vipérine, sur les corolles de laquelle se nuance la pourpre, de l'herbe au charpentier, du millepertuis, dont les feuilles sont percées de mille petites trous comme le fond d'un tamis, du sceau de Salomon, de l'euphorbe, de la barbe de bouc, et même des trente-six espèces de luzerne connues, y compris l'*orbiculaire*, trouvée un jour par M. Decaisne, perdue ensuite et retrouvée par MM. Cosson et Germain de Saint-Pierre, qui compte parmi leurs belles journées botaniques celles où ils ont redécouvert à leur tour la précieuse plante au fond d'un coin inculte.

La luzerne orbiculaire se distingue de ses trente-six sœurs par deux ou trois petites fleurs jaunes qui donnent naissance à une gousse lenticulaire à deux ou trois spires (en forme de tire-bouchon) inégales.

Non-seulement le bois de Boulogne n'a rien perdu de ses trésors botaniques d'autrefois, mais encore chaque jour, comme vient de l'exposer M. Adolphe Gubler à la Société botanique, il en conquiert de nouveaux.

D'où proviennent-ils? Faut-il en savoir gré aux oiseaux qui transportent leurs graines, aux vents qui poussent ces graines dans les airs, à cette marche mystérieuse, lente, mais incontestable, qui permet aux végétaux de changer peu à peu de climat quand d'incompréhensibles et partant d'inexplicables nécessités les y forcent? Nul n'en sait rien; mais le fait est que le *pigamon brillant*, la *glaucienne blonde*, la *potentille pensylvanique* et l'*immortelle des sables* se récoltent maintenant dans le bois de Boulogne, et c'eût été plus qu'un miracle, il y quinze ans, d'en rencontrer là un seul exemplaire.

Le pigamon brillant, *thalictrum lucidum*, recherche les parties boisées du parc. Ses petits fruits affectent la forme de fuseaux droits ou légèrement courbées en dedans; ses pédoncules sont longs et nus, ses fleurs violacées.

Longtemps le pigamon a marché de front, dans l'officine des pharmaciens et les ordonnances des médecins, avec la rhubarbe; et seul, parmi la famille sinistre des renoncules, il n'était point regardé comme un poison.

On extrayait de sa racine un suc jaune assez amer et purgatif. Sous le règne de Louis XIV et de Fagon, son médecin, l'usage voulait qu'au printemps on mélangeât une certaine quantité de feuilles et de tiges du pigamon à des potages rafraîchissants, traditionnellement prescrits à cette époque de renouveau.

Le pigamon fournissait encore une belle teinture jaune.

Aujourd'hui, personne ne songe plus à recourir à lui, ni pour se purger ni pour faire de la teinture. Quand on y prend garde, c'est pour l'arracher dans les pâturages; car, après l'avoir prôné comme un bienfait de la nature, on l'extirpe soigneusement et sans pitié sous prétexte qu'il altère la qualité du foin.

La *glaucienne blonde* est un pavot âcre et caustique, dont la graine, imprudemment mangée, produit une ivresse plus redoutable encore que celle causée par l'alcool, et qui devient une démence véritable, heureusement de courte durée.

Au premier coup d'œil, la *potentille* ressemble à un fraisier, mais elle diffère essentiellement de ce dernier en ce que son fruit, ou, pour parler plus correctement, le réceptale de ses graines, est sec, tandis que celui du fraisier est succulent. On connaît trente espèces de potentilles françaises.

Quant à l'*immortelle des sables*, vous la reconnaîtrez sans hésitation à ses tiges raides, dressées, simples, naissant parfois plusieurs ensemble dans la même souche et entièrement herbacées, à ses feuilles d'un blanc laineux, à ses fleurs (calathides) disposées en grappes, qui ressemblent à un bouquet (corymbiformes) et d'une teinte d'or.

L'*immortelle des sables* est, du moins on le suppose, originaire des confins orientaux de la Sibérie.

Pour arriver au bois de Boulogne, — car les lieux où on la rencontre indiquent sa marche, — elle a dû successivement et insensiblement gagner les régions solitaires circum-caspiennes, la Perse, l'Arménie, la Russie d'Europe, contourner la Baltique, se propager en Danemark, aborder le Palatinat, la basse Alsace, la Lorraine et le bois de Boulogne.

Combien de temps a-t-elle mis à accomplir un voyage de quinze cents lieues environ ?

Je laisse à qui le voudra le soin de répondre à cette question, et je me bornerai à vous dire que M. Gubler a découvert l'*immortelle des sables* sur la lisière du bois de Boulogne, en face du champ de courses et non loin de la Seine ; il en a compté plus de cinq cents pieds sur un espace de terrain qui ne mesurait guère plus d'un mètre carré. Vu de quelque distance, ce coin ressemblait à un petit tapis bleu de végétation.

Pas un seul pied d'*immortelle des sables* ne poussait autre part, ni dans le voisinage, ni plus loin, quoique le terrain sec et sablonneux en parût plus favorable aux habitudes de la plante que le petit espace retreint adopté par elle.

Je suis trop habitué au merveilleux prodigué par la nature dans ses œuvres pour objecter le moindre petit mot à l'itinéraire attribué à l'*immortelle des sables;* itinéraire constaté d'ailleurs par les observations des botanistes des différentes régions où on l'a vu successivement apparaître.

Cependant, pour l'acquit de ma conscience, je dois raconter une anecdote qui a quelque peu trait à ce qu'on vient de lire :

Il y a un quart de siècle environ, mon vieil ami Pierre Boitard, « grand doubteur, » comme dit Montaigne, était le plus impitoyable mystificateur qui se soit complu à tromper les savants, à les induire en erreur, à les mettre en défaut et à leur rire au nez des mauvais tours qu'il leur jouait.

Il commit entre autres un jour, à leur égard, la damnable malice de semer dans diverses parties des environs de Paris des graines de plantes venues souvent d'une autre moitié du globe; il les laissa récolter ensuite aux botanistes comme appartenant à la flore parisienne, sauf plus tard à les railler sans merci de leur crédulité.

Comme je faisais partie des mystifiés, je jurai tout bas de les venger en ma personne, et, pour cela, un jour j'amenai peu à peu Pierre Boitard, avec lequel j'herborisais de par le bois de Vincennes, vers une des mares profondes et larges qui formaient alors de petits lacs en miniature dans certaines parties basses du bois. Tout à coup, je jetai un cri d'admiration.

— Regardez, m'écriai-je, regardez, maître! Quelle est cette magnifique plante?

Je vois encore mon Pierre Boitard s'agenouiller péniblement, car il était fort obèse, devant la plante, qui n'était rien moins que le nénuphar bleu, un vrai fils de l'Orient.

Pierre Boitard, qui nourrissait dans son imagination l'amour du merveilleux tout autant que les confrères dont il se raillait, se lança aussitôt dans une théorie très-savante, très-logique, très-motivée, selon lui, et à perte de vue, sur la manière dont la graine de nénuphar bleu avait été apportée d'Orient en Europe.

Je le laissai parler ainsi sans conteste pendant un bon quart d'heure.

Puis, dépouillant mon habit et relevant la manche de ma chemise, je plongeai mon bras au bord de la mare et j'en retirai un pot à fleur dans lequel se trouvait planté le nénuphar, et dont la panse portait en gros caractères noirs les chiffres de Pierre Boitard, P. B.

J'avais pris, en effet, la plante dans l'aquarium de sa propre serre.

Il ne se déconcerta pas, car il se déconcertait rarement.

— Mon cher ami, se contenta-t-il de me dire, votre tour est fort habile et honorerait M. Comte, le prestidigitateur; ce qui le prouve, c'est que j'y suis pris. Qu'il vous serve toutefois de leçon et vous tienne en garde contre les théories; vous le voyez, sur ce terrain-là les plus fins sont attrapés.

Et, plaçant paisiblement sous son bras le nénuphar et le pot, il reprit avec moi en silence le chemin de Paris.

Curabilité des plaies du cerveau et siége de l'âme, par M. Flourens. — Les oiseaux à bosquet. — Le docteur Strauss. — Les maris parisiens. — La femme d'un chimiste. — Ce qu'on peut faire avec un fromage à la pie et du sirop de mélasse.

31 décembre.

Lundi, M. Flourens a lu à l'Académie des Sciences un mémoire sur *la Curabilité des plaies du cerveau*, mémoire emprunté à un travail publié déjà dans le *Journal des Savants*.

Ce mémoire ne contient guère de faits nouveaux. Il ne se compose que d'une revue rapide d'expériences signalées et résumées récemment pour la plupart dans ces *petites chroniques*, et faites de 1822 à 1862 sur des animaux.

Elles consistent à introduire des balles de plomb sur les différentes parties du cerveau mis à nu de ces martyrs de la science; les balles pénètrent par leur propre poids, peu à peu, au milieu et jusqu'à la base de la masse cérébrale et y déterminent des abcès qui finissent par se guérir.

Assurément, démontrer mathématiquement à la chirurgie des phénomènes que l'observation clinique avait déjà sans doute appris quelque peu à celle-ci, c'est arriver à des résultats expérimentaux que nous apprécions et que nous comprenons comme nous avons apprécié et compris les études du célèbre savant sur la régénération des os par le périoste.

Mais, nous l'avouons humblement, ce que nous ne comprenons pas, c'est le passage suivant, qui vient, dans le mémoire de M. Flourens, brusquement et sans transition, après la description de la nature des cicatrices qui succèdent aux abcès du cerveau.

Chose bien remarquable, dans toutes ces plaies, dans tous ces abcès du cerveau, je n'ai jamais vu se former de membrane ou de poche qui contînt le pus.

Je viens à la plus délicate difficulté de toutes celles que je soulève. Cette difficulté est celle du *siége de l'âme*. Ceux qui m'ont suivi jusqu'ici ne conservent aucun doute sur le siége précis de l'âme. Le siége de l'âme ou de l'intelligence est le cerveau proprement dit (lobes ou hémisphère cérébraux). J'ajoute que c'est le cerveau proprement dit tout entier, et le cerveau proprement dit tout seul; ni le cervelet, ni la moelle allongée, ni les tubercules quadrijumeaux, ni les couches optiques, etc., ne sont siéges de l'intelligence.

Reste donc, encore une fois, le cerveau prepremement dit, et le cerveau seul; mais, dans ce cerveau proprement dit, y a-t-il un point particulier qui puisse être appelé, par préférence à tout autre, *siége de l'âme?* C'est là l'éternel objet de nos discussions. Dans ce cerveau proprement dit, il n'est ni coin ni recoin où quelqu'un ne se soit avisé de placer notre âme.

Pourquoi cette confusion de l'âme avec l'intelligence? Qu'ont de commun les cicatrices obtenues dans le cerveau d'animaux avec le siége de l'âme humaine? En quoi démontrent-elles que l'âme réside dans les deux lobes cérébraux?

Comment M. Flourens a-t-il pu songer sérieusement à localiser l'âme dans un organe dont on peut, d'après lui, enlever impunément la moitié, l'âme immatérielle et d'essence divine? On ne connaît, hélas! même pas la nature des lobes du cerveau, ni leur mécanisme, ni la manière dont ils fonctionnent! On suppose — mais on suppose seulement — que le cerveau perçoit la pensée, comme l'œil perçoit la lumière, l'oreille les sons, la bouche le goût, le nez les odeurs, et voilà tout! Pourquoi donc, quand on sait si peu de l'organe cérébral, y vouloir loger l'âme, qui ne loge nulle part? Pourquoi lutter de rêverie avec Descartes, qui, dans un moment de défaillance, assignait à l'âme pour gîte la glande pinéale?

L'âme et son union mystérieuse, j'allais dire mystique, avec le corps, reste et restera toujours un de ces innombrables problèmes insolubles devant lesquels les plus hautes intelligences se trouvent réduites à s'humilier humblement.

Aussi, chose remarquable chez un logicien éminent comme M. Flourens, les conclusions de son rapport en détruisent les prodromes; après avoir écrit : *Ceux qui m'ont suivi jusqu'ici ne conservent aucun doute sur le siége de l'âme,* il termine en citant cet admirable passage de Georges Cuvier :

C'est pour avoir confondu la simplicité métaphysique de l'âme avec la simplicité physique attribuée aux atomes, qu'on a voulu placer le siége de l'âme dans un atome ; mais la liaison de l'âme et des corps étant par sa nature insaisissable pour notre esprit, les bornes plus ou moins étroites que l'on voudrait donner au sensorium n'aideraient en rien à la concevoir.

Hegel est plus net encore que Cuvier :

Ou l'âme existe, ou elle n'existe pas.

Si elle existe, elle ne saurait être qu'immatérielle et immortelle : songer à la loger dans un organe quelconque serait un rêve-creux insensé ;

Ou elle n'existe pas, et en ce cas elle ne peut se localiser nulle part.

C'est un ange dans un animal, ou ce n'est rien.

Le mieux est de conclure, avec l'anatomiste catholique Sténon, que :

L'âme qui connaît si bien le monde extérieur et tout ce qui est hors d'elle, une fois rentrée dans sa propre maison, ne sait plus où elle loge.

Laissez-moi maintenant, sans autre transition, passer à un volume d'histoire naturelle que vient de publier le docteur Strauss, de Vienne.

Le docteur Strauss, quoique jeune encore, est aveugle : néanmoins il parcourt sans cesse les différentes parties du globe pour y observer les mœurs des oiseaux, étude à laquelle il se consacre exclusivement. Une sœur jeune encore et d'une merveilleuse beauté, dit-on, mademoiselle Siona, l'accompagne partout dans ses voyages et lui *sert d'yeux*, pour employer les propres expressions du docteur dans sa préface. Tous les deux ont visité ainsi l'Amérique du nord, l'Amérique du sud et la plupart des îles de l'Océanie.

En attendant que je puisse vous raconter les épisodes les plus saisissants contenus dans le livre du docteur, livre qui n'est point encore connu en France, laissez-moi vous traduire de mon moins mal le passage suivant sur une espèce de perroquet australien nommé l'*oiseau à berceau* :

« Les oiseaux à berceau, *bower-bird*, se contruisent non pas des nids, mais des salons.

« Ces salons consistent en une sorte de plate-forme solidement convexe et composée de branches légèrement entrelacées.

« Au centre, s'élève un pavillon construit de rameaux légers et flexibles, reliés à la base, disposés en courbes rapprochées et se rejoignant au sommet comme un faîtage. Ce pavillon forme une voûte régulière, et les ogives que produit leur assemblage à l'extérieur figurent de véritables ornements.

« L'entrée de cette singulière pièce est tapissée de divers objets de couleurs brillantes où domine le bleu, pour lequel le bower-bird paraît éprouver une vive prédilection ; tantôt ces objets sont des plumes de perroquet, habilement assorties et tressées sur les parois, tantôt de petits coquillages ou bien des cailloux ronds et polis disposés symétriquement.

« Les bower-bird se réunissent dans leur salon et s'y livrent à des jeux très-animés, à des exercices joyeux et presque à des conversations bruyantes.

« Un jour le hasard nous fit rencontrer, à ma sœur et à moi, un nid d'oiseau à berceau à moitié démoli, sans doute, par quelque indigène qu'avait tenté un des cailloux brillants incrustés dans le toit de ce palais d'été. Nous nous cachâmes derrière un buisson, et nous ne tardâmes point à voir une troupe des jolis perroquets accourir de dessus tous les arbres de la forêt où sans doute ils s'étaient réfugiés pendant qu'on pillait leur maison. Ils se mirent aussitôt à l'œuvre pour réparer le dommage. La bande ne se composait que de femelles, et il fallait les voir à l'œuvre, piaillant, volant, cherchant partout des matériaux, se servant de leurs pattes et de leurs becs avec une adresse qui tenait du prodige.

« Ces oiseaux étaient au nombre de trente à quarante environ, et il leur suffit de deux heures pour rendre à leur *berceau* sa physionomie primitive.

« La besogne terminée, les uns ramassèrent avec leur bec les petits morceaux de pierre et de bois qui jonchaient le parquet; les autres balayèrent littéralement, à l'aide de leurs ailes, ce même parquet, après quoi toutes les ouvrières reprirent leur vol et s'éparpillèrent dans le bois en jetant un cri particulier. Dix minutes ensuite, chacune d'elle revenait accompagnée d'un mâle. Le joli couple portait dans son bec et dans ses pattes des provisions de graines et d'insectes qu'on déposa en commun au milieu du berçeau.

« Après cela commença une sorte de fête que moi, d'après les cris joyeux des oiseaux, et ma sœur, d'après la manière dont ils s'évertuaient à sauter et à trépigner, nous ne pouvions mieux comparer qu'à un bal.

« Par malheur, Siona se pencha pour mieux voir, et ne prit point garde à une sentinelle placée sur un figuier géant au pied duquel s'élevait le berceau.

« Cette sentinelle donna l'alarme en jetant un cri aigu. Aussitôt toute la troupe joyeuse s'envola, s'éparpilla et disparut au milieu de la forêt.

« Nous eûmes beau attendre jusqu'à la nuit et même revenir le lendemain, nous ne pûmes désormais voir les oiseaux à berceau se livrer de nouveau à leurs fêtes. »

Bientôt j'aurai à vous raconter d'autres épisodes du voyage de Strauss, épisodes aussi dramatiques que celui-ci est gracieux; car il y a de tout dans le livre des voyageurs : des bals d'oiseaux et des dîners d'anthropophages, des naufrages et des fêtes, des attaques de Pieds-Noirs et des descentes dans des mines pleines d'or. L'aveugle *a tout vu*, tout ce que *peut voir une créature humaine*, comme il se complaît à le répéter.

Ce qu'à Paris une femme connaît le moins le jour de son mariage, disait l'autre jour madame O..., assurément c'est le caractère de son mari. Quand les deux familles ont discuté la dot de la jeune fille, constaté la position du futur, pesé, soupesé, resoupesé les avantages et les inconvénients de l'union projetée, et qu'elles tombent enfin d'accord, alors on prévient la fiancée, et on lui montre celui à qui va s'attacher pour toujours sa destinée. L'entrevue se passe soit au spectacle, soit dans un dîner, soit même dans le salon d'une amie. « Vous déplaît-il ? — Non. — Comment le trouvez-vous ? — Mais pas trop mal. — Eh bien ! le contrat se signera demain, les bans se publieront dès samedi, et à quinze jours la célébration du mariage. »

Le moyen est-il bon et sage? Faut-il le préférer aux mariages d'inclination, dont la conclusion presque toujours fait tomber des nimbes de la poésie dans le purgatoire, et quelquefois dans l'enfer de la réalité? Je n'ai pas à le discuter. Tout ce que je puis dire, c'est qu'une jeune fille, brusquement soumise à tant d'étranges émotions, ne sait trop comment marcher dans la voie nouvelle où elle se trouve jetée tout à coup sans guide possible.

Ainsi, moi, par exemple, continue madame O..., j'aime sincèrement mon mari, cœur d'or, caractère un peu bourru, et l'un des chimistes les plus distingués dont s'honore la science. Mais jugez de ce que j'ai dû éprouver avant de découvrir le cœur d'or sous l'humeur bourrue? sans compter que je ne savais pas trop ce qu'était un chimiste.

Je n'oublierai jamais de ma vie qu'une des premières matinées de mon mariage, je fis à Charles la surprise, que je croyais fort agréable, de lui servir un ananas, fruit alors cher et rare. Depuis un an on colporte au mois de juin les ananas dans des charrettes, mais en ce temps-là il fallait les acheter aux marchands de comestibles, qui ne les donnaient pas, je vous l'assure.

Le malheureux ananas se trouvait trop mûr.

— Ma chère Marthe, me dit mon mari, combien vous a coûté ce fruit?

— Vingt-cinq francs, répondis-je, attendant l'explosion de la reconnaissance de mon mari, pour lui avoir servi un dessert de si grande valeur.

— Je vous demande pardon de cette question de ménage, reprit-il avec le sourire fin et séduisant que vous lui connaissez ; mais en conscience, il y aurait faute à vous laisser désormais payer un pareil prix la saveur mauvaise d'un fruit que je peux vous procurer excellente quand il vous plaira.

— Comment cela? demandai-je un peu déçue et en rougissant.

— Rien de plus simple, ma chère amie, répliqua-t-il. Faites monter le fromage blanc que voici dans mon laboratoire...

— Où vous me permettrez de vous accompagner?...

— Oui, mais à la condition que vous ne renverserez pas mes matras avec vos jupes, et que vous vous assiérez silencieusement dans un fauteuil.

— J'accepte aveuglément toutes vos conditions, mon seigneur et maître! m'écriai-je. Mais, dites-moi, me faudra-t-il mettre sur le visage un masque de verre, comme les romans racontent que le faisaient les alchimistes d'autrefois?

— Non, ma jolie persifleuse, dit-il en me présentant son bras, sur lequel je m'appuyai triomphalement.

« Ah! fit-il, et le fromage blanc que nous allions oublier!

Je pris le fromage, fort en peine de ce que Charles en comptait faire, et je pénétrai, à ma grande joie, dans le *sanctum sanctorum* de mon mari. Dès mes premiers pas, je faillis, malgré mes serments et mes précautions, renverser avec ma jupe deux ou trois cornues. Grâce à Dieu, rien ne se brisa, et si Charles s'aperçut de mes méfaits, il eut au moins la générosité de ne point paraître les voir.

Il prit de mes mains le fromage blanc, le pesa gravement dans des balances et fit la même opération pour une substance noirâtre.

— Ma chère Marthe, je mêle à ce fromage, comme vous le voyez, dix fois son poids de la dissolution de mélasse que voici, et je vais ensuite abandonner cette ripopée à une température de vingt-cinq à trente degrés centigrades, à peu près celle qui règne dans mon laboratoire, pour que la fermentation s'établisse doucement dans l'intérieur de la masse... Maintenant, au revoir. Vous reviendrez dans six semaines, car il faut ce temps pour que la fermentation s'opère complétement et que les gaz cessent de se dégager.

— Dans six semaines! m'écriai-je fort désappointée.

— Dans six semaines. En chimie comme en ménage, il faut de la patience, ajouta-t-il en m'embrassant et en me conduisant avec tendresse... à la porte.

Je comptai quotidiennement chacun des jours — je devrais dire chacune des heures — qui composèrent ces interminables six semaines. Quand ils se trouvèrent accomplis, j'allai frapper résolûment à la porte du laboratoire. — Qui est là? — Moi, Marthe. — Que voulez-vous? — Voir le mélange de fromage blanc et de sirop de mélasse que vous avez fait il y a juste aujourd'hui six semaines à pareille heure. — Madame est dans son droit, répliqua mon mari avec un sérieux comique. Et tirant le verrou qui fermait intérieurement sa porte, il m'en ouvrit les deux battants.

— Regardez attentivement, ma chère Marthe. Vous aurez quelque peine à reconnaître les deux substances que vous m'avez vu mélanger il y a six semaines; un liquide d'une espèce particulière surnage à leur surface; je vais le décanter au moyen d'un syphon. Mouillez-en maintenant le bout de votre joli doigt effilé, et portez-le à vos lèvres.

— Mais c'est du beurre rance, que vous me faites goûter là! m'écriai-je.

— Non pas du beurre rance, mais de l'acide butyrique. Il est vrai que cet acide donne au beurre vieilli le goût odieux qui vous soulève le cœur. Maintenant regardez : je mêle à cet acide butyrique une quantité égale d'alcool absolu, c'est-à-dire complétement pur, et j'y ajoute un peu d'acide sulfurique. Soyons exacts, et résumons en chiffres les proportions du dosage : c'est-à-dire 500 grammes d'alcool, 500 grammes d'acide butyrique et 15 grammes d'acide sulfurique.

Maintenant que j'ai chauffé ce mélange pendant quelques minutes, vous pouvez voir l'éther butyrique qui vient former une couche à la surface du liquide; j'ajoute un volume égal d'eau, j'enlève la couche supérieure, et, au moyen d'une faible addition de solution alcaline, c'est-à-dire de bicarbonate de soude, j'obtiens l'acide libre. Enfin je place le tout dans un flacon d'une forme assez élégante, vous l'avouerez, et je remets dans vos mains mignonnes une fort jolie provision d'*essence d'ananas*. Une goutte suffit pour que vous parfumiez toute une crème, et pour qu'une pomme de terre, un navet ou une carotte rivalise de saveur avec le fruit exotique. Si vous voulez de l'essence de poires, ne vous gênez pas, je puis vous en procurer en mariant de l'huile de pomme de terre à de l'éther acétique. Quant aux compotes de pommes sans pommes, vous parfumerez n'importe quoi avec cette solution alcoolique d'éther valérianique et d'huile de pommes de terre. Vous avez beau me regarder avec vos deux grands yeux bleus, il en est ainsi.

Les saveurs les plus exquises s'obtiennent par ces manipulations peu ragoûtantes, mais économiques ; car désormais vous pouvez faire acheter par votre cuisinière des fruits médiocres et passés, puisque vous possédez les moyens de leur rendre leur finesse de goût.

L'essence de fraise, *l'essence de framboise*, *l'essence d'amande amère* n'exigent pas d'autres façons. Depuis longtemps, dans le commerce, même le plus aristocratique de la confiserie, on ne se fait point faute de se servir de ces drogues. Les bonbons soi-disant *anglais*, qui font une si rude concurrence au sucre d'orge traditionnel, le *pine-apple-ale* de nos voisins d'outre-mer, *l'essence de cognac* avec laquelle, en Allemagne surtout, on donne l'arome de cognac même aux eaux-de-vie de plus mauvaise qualité, le parfum d'amande amère du savon de votre toilette, tout cela provient de la même source et sort de nos laboratoires.

Jugez donc du respect que vous devez à un mari chimiste, *de tout ceci plus grand que vous*, ajouta-t-il en élevant son bras au-dessus de sa tête comme nous l'avions vu faire, la veille au soir, au Théâtre-Français, par Sganarelle dans le *Médecin malgré lui*.

TABLE DES MATIÈRES.

JANVIER.

FÉVRIER.

MARS.

AVRIL.

Pages.

MAI.

JUIN.

JUILLET.

AOUT.

SEPTEMBRE.

OCTOBRE.

NOVEMBRE.

DÉCEMBRE.

FIN DE LA TABLE DES MATIÈRES.

Clichy. — Impr. Paul Dupont, rue du Bac-d'Asnières, 12. (1651-74.)

www.ingramcontent.com/pod-product-compliance
Lightning Source LLC
LaVergne TN
LVHW011938220826
846092LV00001B/25

9782329740782